# Journal
für
# die Baukunst.

In zwanglosen Heften.

---

Herausgegeben

von

Dr. A. L. Crelle,
Königlich-Preufsischem Geheimen-Ober-Baurathe, Mitgliede der Königlichen Akademie der Wissenschaften zu Berlin, Correspondenten derjenigen zu Neapel und Ehrenmitgliede der Hamburger Gesellschaft zur Verbreitung der mathematischen Wissenschaften.

---

Siebenter Band.

In 4 Heften.

Mit 18 Kupfertafeln.

---

Berlin,
bei G. Reimer.

1834.

# Inhalt des siebenten Bandes.

## Erstes Heft.



## Zweites Heft.

## Drittes Heft.



## Viertes Heft.

# Journal

für

# die Baukunst.

In zwanglosen Heften.

Herausgegeben

von

Dr. A. L. Crelle,

Königlich-Preufsischem Geheimen-Ober-Baurathe, Mitgliede der Königlichen Akademie der Wissenschaften zu Berlin, Correspondenten derjenigen zu Neapel und Ehrenmitgliede der Hamburger Gesellschaft zur Verbreitung der mathematischen Wissenschaften.

Siebenter Band.

Erstes Heft.

Mit 6 Kupfertafeln. (Taf. I.—VI.)

Berlin,

bei G. Reimer.

1833.

# 1.

# Einiges über den Bau feuerfester Treppen.

(Von dem Kaiserlich-Russischen Bau-Intendanten, Herrn *Engel*, zu Helsingsfors.)

Im dritten Hefte ersten Bandes dieses Journals ist auf die Möglichkeit und Nothwendigkeit der allgemeineren Anwendung feuerfester Treppen in massiven Gebäuden aufmerksam, und bemerklich gemacht worden, wie unzureichend und lebensgefährlich die üblichen hölzernen Treppen für die Bewohner der obern Stockwerke der Häuser bei Feuersgefahr werden können, wenn die in Brand gerathene Treppe ihnen den Ausweg zur Flucht und Rettung versperrt. An traurigen Erfahrungen und Beispielen solcher Unglücksfälle, die durch verbrennliche Treppen veranlafst worden sind, fehlt es leider nicht; sie haben aber zur Abhülfe dieser Unvollkommenheit der Wohngebäude noch wenig beigetragen.

Die hie und da in Vorschlag gebrachten und versuchsweise benutzten Rettungs-Anstalten, um jenen Unglücksfällen zu begegnen, und um die in Todesgefahr schwebenden Menschen aus den oberen Stockwerken eines brennenden Hauses, oder in welchem die Treppe in Brand gerathen ist, zu retten, haben sich nur zu oft unzulänglich gezeigt; auch sind die meisten von der Art, dafs ihr Gebrauch Übungen voraussetzt, welche die in Gefahr gerathenen Leute weder vorher damit angestellt haben, noch anzustellen geneigt sein möchten. Jedes Mittel, welches möglicher Weise zur Rettung in solchen Fällen dienen könnte, aber nicht immer vorhanden ist, nicht jeden Augenblick zu Gebote stehet, und nicht nöthigen Falls von mehreren Personen zugleich benutzt werden kann, sondern im Augenblicke der Gefahr erst hervorgesucht, herbeigeschafft, und mühsam angebracht werden mufs, und dann besondern Muth, Entschlossenheit, Nachdenken und Vorsichtsmaafsregeln, folglich erst eine Gebrauchs-Anweisung vor dem Gebrauch, wenn schon Alles auf dem Spiele steht, und der in Gefahr Schwebende sich dessen bedienen soll, erfordert, ist unzweckmäfsig und untauglich. Und das, was, unter solchen Umständen der gröfsten Lebensgefahr, allenfalls noch dem entschlossenen, besonnenen Manne zur Rettung seines Lebens möglicher Weise gelingen könnte, wird doch immer den Frauen und den Kindern unausführbar bleiben. Wo viele Menschen, in einem stark bewohnten Hause, blofs durch eine mechanische Vorrichtung der Lebensgefahr entrückt werden sollen, wird immer meistens ein Theil der Unglücklichen die fehlerhafte Bauart der Gebäude, mit hölzernen Treppen, mit dem Leben bezahlen müssen, weil Furcht, Angst und Verzweiflung der Bedrohten, unvermeidliche Verwirrung herbeiführt, die dann den gehörigen und besonnenen Gebrauch des Rettungs-Apparats hindert und unmöglich macht.

Nur der allgemeine Gebrauch und die Einführung feuerfester Treppen in den Wohngebäuden sichert die Rettung der Bewohner der obern Stockwerke eines in Flammen gerathenen Hauses gänzlich, da bei solchen Treppen Anordnungen sich treffen lassen, dafs selbst das Feuer des brennenden Dachwerks sich niemals durch die Treppe, vom Boden herab, dem nächsten Stockwerke mittheilen, dort verbreiten und die Ausgänge der Zimmer nach der Treppe hin versperren kann, so dafs der Treppenflur nicht allein zu einem sicheren Rettungswege für die Bewohner der obern Etagen und eines Theils ihrer Halbseligkeiten oder ihres Vermögens wird, indem sie, auf der unverbrennlichen Treppe, sich sowohl einzeln, als in Masse, der ihnen drohenden Gefahr entziehen, und äufsere Hülfe und Beistand auf diesem Wege erwarten können; sondern, dafs der sichere, vom Feuer nicht zerstörbare Treppenflur auch den zur Rettung und Löschung des Feuers herbei geeilten Personen einen gefahrlosen und kräftigen Angriffspunct zur Hemmung und Unterdrückung des um sich greifenden Elements gewährt, weil man durch die Thüren der neben dem Flure oder dem Vorhause liegenden Zimmer, und die feuerfeste Treppe, nach dem Boden hin, sich den gefährlichsten Stellen, gleichsam dem Heerde des Feuers, in der Mitte des Gebäudes, wirksam nähern und darauf kräftig wirken kann, indem das Löschungsmittel, das Wasser, in gröfserer Quantität, als durch Spritzen, auf diesem Wege, durch Eimer und Zuber sich herbei schaffen läfst, während man einem Gebäude, dem dieser Rettungsweg gebricht, und welches blofs eine hölzerne Treppe hat, nur von den benachbarten Häusern aus, mittelst Spritzen, zu Hülfe zu kommen vermag *).

*) Man tröstet sich häufig über die Feuergefährlichkeit der hölzernen Treppen damit, dafs in gröfseren Häusern zwei oder mehrere Treppen vorhanden sind, hoffend, dafs nicht alle zugleich brennen werden. Wollte man, blofs der Feuersicher-

Der Bau steinerner Treppen ist daher für alle Wohngebäude ein höchst wichtiger Gegenstand; denn die feuerfeste Treppe trägt bei Feuersgefahren unmittelbar zur Sicherung und Rettung des Lebens und des Eigenthums der Hausbewohner wesentlich bei; sie macht die schnellere Löschung und Unterdrückung des Feuers möglich, und gewährt zur Rettung eines gröſseren Theils des brennenden Gebäudes mehr Gelegenheit, als wenn, im entgegengesetzten Falle, nur hölzerne Treppen vorhanden sind.

Die Gegenreden gegen steinerne Treppen, und der Einwand, daſs hölzerne weniger als steinerne kosten, und dergleichen, sind im Vergleich der Vortheile, welche letztere gewähren, von zu geringem Gewichte, als daſs sie eine ernstliche Berücksichtigung verdienten, oder überhaupt ernstlich gemeint sein könnten *). Im Gegentheil dürfte die Anordnung feuerfester, steinerner Treppen, vielleicht nicht mit Unrecht, gleich derjenigen sicherer Feuerungsanlagen, zu den wichtigsten baupolizeilichen Maaſsregeln gezählt, und gesetzlich zur unabänderlichen Bedingung bei massiven Häusern gemacht werden müssen, wie es in manchen Ländern auch wirklich der Fall ist, wo kein massives Gebäude mit hölzernen Treppen erbaut werden darf **).

heit wegen, zwei Treppen statt einer machen, so würde wenigstens die Ersparung der vermeinten Mehr-Kosten einer steinernen Treppe wieder verloren gehen. In kleineren Häusern aber, die nur eine Treppe haben können, fällt der Nutzen zweier Treppen für die Sicherheit bei Feuersgefahr weg. Für die gröſsern Häuser wäre durch zwei Treppen zufällig einigermaaſsen gesorgt, aber nicht für die kleinern; was gleichwohl eben so nöthig ist. Sind aber zwei, oder mehrere Treppen in einem Hause der Bequemlichkeit wegen nöthig, so mache man, wenn man von den hölzernen Treppen einmal nicht ganz sich trennen will, alle, bis auf eine, von Holz; aber diese Eine muſs nothwendig von Stein sein, wenn die Bewohner nicht immer noch in der Gefahr sein sollen, in dem Hause zu verbrennen.

Anm. d. Herausg.

*) Doch, doch sind sie zuweilen leider nur allzu ernstlich gemeint.

Anm. d. Herausg.

**) Nach den Bau-Ordnungen aller Schwedischen und Finnländischen Städte müssen jedem von Ziegeln erbauten Hause feuersichere, steinerne Treppen gegeben werden, obgleich in diesen Ländern kein überflüssiger Reichthum vorhanden ist, und in Finnland die Steine zu den Treppen aus Stockholm, St. Petersburg oder Reval verschrieben werden müssen. †)

Anm. d. Verf.

†) Wohl diesen Städten und Ländern in dieser Beziehung! In Deutschland ist es vielen Städten noch nicht so gut geworden, und kaum begreiflich und erklärbar ist hier das Zurückbleiben in einem Puncte, wo es so augenfällig gradezu das

Der Bau steinerner Treppen wird in vielen Gegenden am meisten durch die Kostbarkeit der steinernen Stufen, in ihrer gewöhnlichen Form,

---

Leben der Menschen gilt, während man gleichwohl die Abwendung so mancher anderen Unvollkommenheiten, auch beim Bauen, mit Recht berücksichtiget. Man duldet z. B. mit Recht nicht, dafs die Feuerungen die geringste Gefahr bringen; man hält darauf, dafs die Häuser in den Städten von Stein gebaut und mit Ziegeln bedeckt werden; man achtet selbst auf geringere Gefahren; man gestattet nicht Ausbaue, selbst kaum ein Blumenfenster, was den Vorübergehenden möglicher Weise gefährlich werden könnte: aber man setzt sich durch die hölzernen Treppen einer immer währenden, stets schwebenden Gefahr der Verstümmelung und des martervollsten und schmählichsten Todes aus! Was kann wohl der Grund einer solchen Seltsamkeit sein? Dafs die steinernen Treppen mehr kosten, als die hölzernen, ist entweder unrichtig, oder die höheren Kosten sind so unbedeutend, dafs sie, selbst an sich, in keinen Betracht kommen. Wären sie aber auch bedeutend, so kommen sie doch gewifs gegen das Leben der Menschen nicht in Anschlag. Auch die festgegründeten, feuersicheren Schornsteine kosten ja mehr, als die aufgesattelten, und, ohne Fundament, auf die Gebälke gesetzten, wie sie noch vor nicht gar langer Zeit gebräuchlich waren, und in manchen Gegenden es noch sind. Auch die Mauern und Ziegeldächer kosten mehr, als hölzerne Wände und Strohdächer, und sehr bedeutend mehr. Warum macht man denn nun in den Städten nicht auch die altmodigen Schornsteine, und die wohlfeileren hölzernen Wände und Strohdächer? Warlich, sie sind um Nichts gefährlicher für das Leben der Bewohner, als die hölzernen Treppen! Und aufser dem Vorwande der höheren Kosten, der theils unrichtig, theils nichtig ist, sollte man glauben, sei es kaum möglich, noch etwas Anderes gegen die steinernen Treppen einzuwenden. Aber man geht oft weit, wenn es gilt, Vorurtheile und alte Gewohnheiten zu beschönigen. Noch kürzlich hörte der Herausgeber gegen die steinernen Treppen den Einwand, dafs sie das Haus kalt und dumpfig machen! Als ob die Treppen-Mauern kälter wären, als die übrigen Mauern des Hauses! Schwerlich würde man doch ein Haus von Holz bauen wollen, um die kalten Mauern zu vermeiden, wenn es auch in der Stadt erlaubt wäre. Aber die gegen die Haus-Mauern so geringe Zahl von Cubic-Fufsen Treppen-Mauerwerk soll nicht gestattet sein, weil sie das Haus kalt mache! Solche erkünstelte, seltsame Ansichten, die leider nur zu oft leichter Eingang und Vertheidiger finden, als das einfach Natürliche und Rechte, befördern aber leider das Übel sehr, statt es endlich zu hemmen, wie es wohl nöthig wäre, grade in einem Zeitpuncte, wo es zuzunehmen scheint. In der That scheinen die Treppen sogar noch immer luftiger und verbrennlicher zu werden, also noch immer drohender mit Gefahr und Verderben. Man scheut bei ihnen keinesweges die Kosten. Man sieht einen seltsamen Treppen-Luxus Mode werden. Man sieht eingelegte Arbeiten an den hölzernen Treppen; man sieht die Wangen mit kostbaren Hölzern belegen u. s. w., während man die geringsten Kosten für steinerne Treppen scheut. Warlich, das ist betrübt!

Man verzeihe dem Unterzeichneten die gegenwärtigen lebhaften Äufserungen. Er hat nicht etwa das geringste persönliche Interesse bei dem Gegenstande. Er läfst weder hölzerne noch steinerne Treppen bauen, und für sein Theil kann er ja seine Wohnung in einem Erdgeschosse nehmen; aber es ist ihm unmöglich, bei einem Gegenstande, der für das Wohl und das Leben seiner Mitbürger so wenig gleichgültig ist, gleichgültig zu bleiben, und nicht, wo es die Gelegenheit giebt, seine Stimme, mit Andern, die es eben so gut und redlich mit ihren Mitbürgern meinen, zu vereinigen und den Wunsch auszusprechen, dafs man endlich auf diesen Gegenstand aufmerksam werden und dem Übel Einhalt thun möge. Möchte doch die obige Mahnung, aus dem fernen Norden, von einem verdienten und geachteten Architekten, einiges Gehör finden!

Anm. d. Herausg.

vertheuert, und unterbleibt deshalb; allein diese Form ist keinesweges durchaus nothwendig, sondern der Zweck läfst sich auf mancherlei Art und Weise auch wohlfeiler und leichter erreichen.

Im Eingangs genannten Aufsatze ist schon der Vorschlag gemacht worden, die Treppenstufen, zur Verminderung der Kosten, statt sie von Stein zu machen, mit Bohlen zu belegen. Diese Construction ist unstreitig die wohlfeilste von allen; auch wird sie, in vielen Fällen, für die verschiedenen Stockwerke eines Gebäudes als genügend betrachtet werden können; besonders wenn die Fufsböden der An- und Austritte der Treppen aus einem Steinpflaster von Mauerziegeln oder Fliesen, und nicht aus Brettern bestehen. Jedoch dürften die Bohlenstufen bei der Treppe nach dem Dachboden wohl immer zu vermeiden sein, weil sonst das Feuer, wenn es das Dachwerk ergriffen hat, und dasselbe nun zusammenstürzt, zu leicht Gelegenheit behält, durch das Holzwerk der Bodentreppe, sich der nächsten Etage ungehindert mitzutheilen, und den Treppenflur unsicher und unzugänglich zu machen, wodurch dann der Vortheil kräftigen Gegenwirkens, und die Möglichkeit der Rettung des Gebäudes selbst, zum Theil verloren gehen würden, indem Hitze und Rauch, in dem kleinen Raume des Flurs, das Vordringen auf demselben zum Feuer, wo nicht unmöglich, doch sehr beschwerlich machen würden. Eine Treppe, ganz von unverbrennlichem Stoffen erbaut, welcher auch böser Wille nichts anhaben kann, wird also, um keinen der Vortheile, die sie gewähren kann, zu verlieren, immer vorzuziehen sein, besonders da sich steinerne Stufen auf verschiedene Weise, auch wohlfeiler als gewöhnlich, machen lassen*).

Um Treppen ganz von Stein zu erbauen, ist es nicht absolut nöthig, dafs die Steine zu den Stufen die ganze Höhe oder Dicke derselben haben, wie man sie ihnen in manchen Gegenden giebt, und welche Gewohnheit insbesondere den allgemeinern Gebrauch steinerner Treppen so

*) Der Herausgeber ist in diesem Puncte ganz mit dem geehrten Herrn Verfasser einverstanden, besonders was die Treppen nach den Dachböden betrifft. Für die übrigen Treppen, in den Stockwerken, aber glaubt er, werde man schon viel gewonnen haben, wenn man die Stufen auch selbst nur, auf die wohlfeilste Weise, mit Bohlen belegt, was zugleich für den Tritt des Fufses bequem ist, und gut aussieht. Gewölbte Decken über die Flure und Corridore sind übrigens noch ein vorzügliches, und nicht kostbares, Beförderungsmittel der Feuersicherheit der Gebäude.

Anm. d. Herausg.

sehr verhindert hat. Es ist vielmehr, unter allen Umständen, bei Treppen im Innern der Gebäude hinreichend, wenn die Steine der Stufen nur 3 Zoll dick sind. Eine gröfsere Dicke vertheuert den Treppenbau, ohne wesentlichen Nutzen, weder für die erste Anlage, noch für die Folge; denn sind die Stufen einer solchen Treppe einmal so tief ausgetreten, dafs sie der Umarbeitung bedürfen: so werden sie immer erneuert werden müssen, und der übrig bleibende Stein geht, wenn auch nicht ganz, so doch für die Treppe, zu welcher er diente, verloren, indem Stufen mit Rundstäben selten nach so viel Nacharbeitung werden ertragen können, um, in Rücksicht auf die Breite, noch ferner brauchbar zu bleiben; wäre es aber auch so, so müssen doch die Stufen nachher um so viel untermauert werden, als von ihrer Oberfläche weggearbeitet wird, um wieder hinreichende Höhe oder Steigung zu bekommen. Es können daher sehr füglich, gleich von Anfang an, bei der Anlage einer Treppe, die Stufensteine von geringerer Dicke genommen und bis zur Steigungshöhe untermauert werden, wodurch die Kosten des gehauenen Steins, in Gegenden wo derselbe sehr theuer ist, sich auf die Hälfte vermindern lassen. Aufser der geringeren Steinmasse, die man zu solchen Treppenstufen zu kaufen hat, ist auch die Arbeit, der Transport, und das Versetzen derselben leichter, bequemer, und folglich in demselben Verhältnifs wohlfeiler, als bei dickern Stufen, indem sie beinahe mit eben der Leichtigkeit, wie Bohlenstufen, können gehandhabt und gelegt werden; wozu noch kommt, dafs sie die Treppe im Ganzen weniger als dicke Stufen belasten, und eine schnellere Ausführung gestatten.

Zu Treppenstufen von dieser Beschaffenheit ist jede Steinart, welche, fliesen- oder schieferartig, in dünnen Lagen und Platten, von 3 bis 4 Zoll dick, bricht, und welche die Härte und Festigkeit des guten Sand- und Kalksteins hat, zu gebrauchen. Gegenden, wo sich dergleichen Flötzformationen finden, sind daher geeignet, andere damit zu versorgen, und diese Steinarten zu genanntem Zweck brechen und bearbeiten zu lassen. Für die Gegend von Berlin, und für die Städte, die an derselben Wasser-Verbindung liegen, würde vielleicht der Rüdersdorfer blaue Kalkstein, der, so viel ich mich noch erinnere, sehr viel Ähnlichkeit mit dem Öländischen Kalkstein hat *), welcher in Schweden und Finland

*) Nur dafs dieser vielleicht mehr Versteinerungen als jener enthält.
Anm. d. Verf.

mit grofsem Vortheil zu dergleichen Treppenstufen verarbeitet wird, ein wohlfeiler Stellvertreter des kostbaren Sandsteins abgeben, wenn man versuchen wollte, den Steinbruch zur Gewinnung grofser, regulairer Steinplatten aufzudecken und danach zu bearbeiten *).

Am gewöhnlichsten ist es, die Treppenstufen, ihrer Länge nach, aus Einem Steine zu machen, weil sie dann, mit ihren Enden, in den Seiten-Mauern der Treppe aufliegen, und die Gewölbe darunter gar nicht belasten. Jedoch ist diese Belastung für die Gewölbe einer Treppe zu unerheblich, wenn auch das ganze Gewicht der Stufen darauf drückte, als dafs deshalb die Stufen durchaus aus einem Steine bestehen müfsten. Wo es daher nicht sein kann, weil entweder die Treppe für eine Steinlänge zu breit ist, oder die Steinbrüche nicht hinreichend lange Steine liefern, können auch kürzere Steine die Stelle der längeren vertreten. Reichen zwei Steine zur Breite der Treppe, mit dem nöthigen Auflager in den Mauern, hin, so fügt man dieselben, in der Stofsfuge, mit einem Schlofs, oder halbzirkelförmigen Zapfen, nach (Taf. I. Fig. 1.) zusammen. Müssen die Stufen aber aus drei Steinen bestehen, so läfst man die Stofsfugen nach schrägen Linien bearbeiten, und giebt dem mittleren Steine eine keilförmige Gestalt, so dafs seine längste Seite nach hinten und die schmälere nach vorne zu liegen kommt (Fig. 2.), wodurch der Stein eine

---

*) Nicht zu Treppenstufen allein sind grofse Kalksteinplatten von Nutzen, sondern auch noch zu vielen anderen Zwecken. Sie würden z. B. ebenfalls den theueren Sandstein, der so häufig zu Gesimsen da verwendet werden mufs, wo gebrannte Gesimssteine, mit Verankerung, nicht mehr zureichen, entbehrlich machen; weil solche Kalksteinplatten, von der nöthigen Länge, zu Gesimssteinen genommen, jede gröfsere Ausladung der Gesimse erlauben, ohne der Verankerungen zu bedürfen. †)
Anm. d. Verf.

---

†) Ob in Rüdersdorf so grofse Kalkstein-Platten zu haben sein werden, scheint dem Herausgeber zweifelhaft. Aber mit grofsem Vortheile könnte man sich der Granit-Platten zum Belegen der Treppenstufen bedienen, von der Art, wie man sie seit einiger Zeit zu den Trottoirs auf den Strafsen nimmt. Dergleichen Platten sind nicht theuer (der Quadrat-Fufs kostet nur noch 10 bis 12 Silbergroschen) und dabei ungemein dauerhaft. Übrigens hält auch ein fester Sandstein sehr lange vor, und man könnte also auch Platten von Sandstein zum Belegen der Stufen nehmen; desgleichen selbst dicke Platten von gebranntem Thone, wie jetzt ähnliche Stücke von der höchst interessanten Feilnerschen Ofen-Fabrik von ausnehmender Gröfse und Festigkeit geliefert werden. Man macht z. B. in dieser Fabrik aus gebranntem Thone Gesimse von grofser Ausladung, und hohl, die ungemein leicht, dauerhaft und schön sind. Man sehe die Beschreibung des Gesimses an einer neuen Caserne zu Berlin im dritten Hefte sechsten Bandes dieses Journals. Anm. d. Herausg.

festere Lage erhält, weil sein schwerster Theil nach hinten liegt und er dort von dem darauf liegenden Mauerwerke der folgenden Stufe fest und niedergehalten wird. Wären die Steine sehr klein, oder kurz, so läfst sich die feste Lage derselben unter einander noch dadurch vermehren, dafs man die Stofsfugen *a*, *b* (Fig. 3.), nach der Dicke der Steine, schwalbenschwanzförmig zurichtet, so, dafs die obere Fläche des mittelsten Steins etwas schmäler als die untere wird. Seine Lage wird hierdurch unverrückbar werden, weil die Steine rechts und links, die an zwei Seiten fest eingemauert sind, in den Stofsfugen *a* und *b* ihn ebenfalls fest und herunter halten. Bei dieser Zusammensetzung der Treppenstufen wird es nicht schwer sein, längliche Steine zu solchem Behufe zu finden, indem Steine von etwa 18 Zoll, oder 2 Fufs lang, und 13 bis 14 Zoll breit, zu den meisten Treppen hinreichend sein werden. Die steinernen Stufen dürften sogar, sobald dieser Bau-Artikel erst gesucht wird, und die Stufen sogleich in den Steinbrüchen bearbeitet werden*), selbst wenig theuerer als eichene Bohlenstufen zu stehen kommen.

Da, wo es gänzlich an tauglichen, wohlfeilen, leicht zu bearbeitenden Steinen gebricht, lassen sich die Stufen einer feuerfesten Treppe auch ganz aus gut gebrannten Mauerziegeln machen. Damit sie weniger ausgetreten und die Kanten nicht beschädigt werden, darf man nur den Rundstab Fig. 4. *a*, *a*, von etwa 4 Zoll Breite des Auftritts, oder so weit, als der Fufs bei dem Hinauf- und Hinabsteigen die Stufen am stärksten berührt und angreift, von Eisen, $\frac{1}{2}$ bis $\frac{3}{4}$ Zoll dick, giefsen lassen, und zur Oberfläche der Stufen ausgewählte, glatte, scharfkantige Mauerziegel oder Fliesen nehmen, die sich scharf aneinander schleifen lassen; mit welchen einfachen Mitteln dann ein sauberes und nettes Werk kann geliefert werden, dessen Aussehen, erforderlichen Falls, durch wiederholten Anstrich mit Ölfarbe sich noch verschönern läfst. Die Oberfläche der eisernen Kante mufs im Gufs diagonale Reifen erhalten, damit man beim Heruntergehen von der Treppe nicht abgleiten könne. Wollte man die Vorderkante der Stufe nur von oben allein mit Eisen bedecken und den un-

*) Wo man diesen Industrie-Zweig in's Leben rufen will, mufs man nicht theuere Steinmetzer dazu nehmen, sondern gewöhnliche Tagelöhner, oder Bauern, wie man sie in der Nachbarschaft des Steinbruchs findet, zu der Bearbeitung anlernen. Bei der Einfachheit der Arbeit lassen sich in drei bis vier Wochen mehrere brauchbare Arbeiter dazu einüben. Anm. d. Verf.

tern Rundstab weglassen, so würde die Deckplatte, wegen der Sprödigkeit des Gufseisens, von unsanften Stöfsen, etwa beim Transport schwerer Körper über die Treppe, zu leicht beschädigt und zerbrochen werden können. Der untere Ansatz an der Deckplatte verhütet solches, indem er die Vorderkante verstärkt.

In Gegenden, wo Gips-Estriche üblich sind, die eine grofse Festigkeit und Härte annehmen, lassen sich auch die Treppenstufen, durch eiserne Kanten geschützt, mit dieser Estrichmasse ausgiefsen und formiren. Desgleichen würden sehr zweckmäfsig die Fufsböden in den Etagen, vor den Treppen, so wie die Ruheplätze, damit ausgegossen werden können.

Die Stufen der Treppen nach dem Dachboden und den Kellern lassen sich aus Mauerziegeln, auf die hohe Kante gestellt, oder durch sogenannte Rollschichten machen. Wird die Treppe häufig betreten, oder sollen grofse Lasten oft darauf auf und ab bewegt werden, so legt man über die Vorderkante der Stufen zwei Zoll breite Schienen von geschmiedetem Eisen, weil, ohne diese Sicherung, die Kanten der Stufen zu leicht beschädigt werden würden, obgleich sie aus den festesten Mauerziegeln (den Rathenauern gleich) gemacht wären. Wo die Treppen solchen Erschütterungen nicht ausgesetzt sind, sondern nur zum Auf- und Abgehen dienen, oder nur mäfsig schwere Gegenstände darüber hin bewegt werden, können die eisernen Schienen wegbleiben.

Zu den Verbindungstreppen der übrigen Etagen eines Hauses sind aber die Stufen aus Rollschichten von Ziegeln nicht zu empfehlen, weil Blockstufen nicht bequem sind, und, um es zu werden, verhältnifsmäfsig breiter gemacht werden müssen, als ausgekehlte Stufen. Auch hat die eiserne Schiene auf der Vorderkante der Stufe, wenn sie auch noch so sorgfältig in die Ziegel eingelassen wird, den Mangel, dafs sie sich durch Schmutz und Sand, der sich durch ihre Vibration, beim Darauftreten, darunter drängt, über die Oberfläche der Ziegelsteine erhebt, wodurch die Stufe uneben und beim Hinabgehen unsicher wird, weil man leicht mit der Fufsspitze hinter der Erhöhung hängen bleiben, straucheln und fallen kann. Bei der gegossenen Eisenkante, von der beschriebenen Form, kann dieser Umstand nicht eintreten; denn eines Theils ist das Gufseisen weniger elastisch, als das geschmiedete, andern Theils hindert der untere Ansatz an der Kante jede schwingende Bewegung, die der obere Theil möglicher Weise zu machen geneigt sein könnte; auch kann man, wenn die

Oberfläche der Stufe 4 Zoll breit bedeckt ist, niemals mit den Fufsspitzen hinter das Eisen kommen, indem der Raum dazu zu klein ist, wenn auch die Ziegelsteine mit der Zeit sich austreten.

Der Bau feuerfester, ganz steinerner Treppen läfst sich also auf verschiedene Weise ausführen, sobald man ihn nur nicht durch hergebrachte, örtliche Gewohnheiten hindern will, sondern die Mittel anwendet, die zur Erreichung des Zwecks, nach den Umständen, zu Gebote stehen. Von ganz eisernen Treppen sprechen wir hier nicht, da sie nicht zu den wohlfeilen Mitteln, sondern nur zum Luxus gehören, ihr Bau auch ganz andere Regeln hat, als der der steinernen Treppen.

Wenn nun gleich steinerne Treppenstufen, von den beschriebenen Arten, auch noch etwas mehr kosten können, als die von eichenen Bohlen, so werden doch die Kosten einer ganz steinernen Treppe schwerlich die im Eingangs gedachten Aufsatze zur Vergleichung beigefügte Berechnung bedeutend überschreiten; denn vergleichen wir das, was vielfältig und täglich Erfahrungen bei dem massiven Treppenbau, rücksichtlich der Dicke der Mauern und Pfeiler, so wie der Bogen und Gewölbe, zur Belehrung an die Hand geben, mit dem, was in jenem Aufsatze, und den vergleichenden Kosten-Anschlägen der hölzernen Treppe gegen eine feuerfeste steinerne, von dem Verfasser für die benannten Theile massiver Treppen angenommen worden ist: so findet sich, dafs der Verfasser sich mehrerer Vortheile begeben hat, die ihm die Erfahrung wirklich zugesteht. So z. B. kann die Verstärkung der Mauern, neben Treppen von so geringer Breite, wie sie gewöhnlich in ordinairen Wohngebäuden vorkommen, und wie sie in den, zu jenem Aufsatz gehörenden Zeichnungen vorgestellt sind, gänzlich erspart werden, indem, mit Ausnahme der Frontmauern, die gewöhnlich, wegen der Verstärkung in der untern Etage, auch in den übrigen stärker bleiben, die Seitenmauern und die freistehenden Pfeiler, bei 6 Fufs Breite der Treppen, wenigstens durch drei Etagen, nicht mehr als 18 Zoll Dicke nöthig haben, und Mauern und Pfeiler, von 2 Fufs Dicke (letztere im Quadrat) zu Treppen von 8 und 10 Fufs Breite, hinreichend sind, ohne im geringsten etwas Wagliches damit zu unternehmen, oder dem Werke ein schwächliches oder gebrechliches Ansehen zu geben, und ohne auch, als etwa bei sehr langen Treppen-Armen, und vielleicht in der obersten Etage, Verankerungen zu bedürfen, die überhaupt nur erst in besonderen Fällen nöthig sind. Verwendet man daher die Ersparung der Mauerverstärkung auf die Anschaffung steinerner Stufen, so wird, wie gesagt, die ganze massive Treppe schwerlich höher, als die mit eichenen Bohlen belegte, zu stehen kommen *).

Man kann, ohne Nachtheil und Schwächung der Treppen, bei der Ersparung der Materialien zu den Seitenmauern noch weiter gehen, wenn man die Gurtbogenpfeiler, die das Netz bestimmt, etwa 3 bis 6 Zoll aus den Mauern vortreten läfst, wie in Fig. 5. *a*, *b*. In diesem Falle können noch Mauervertiefungen *c* und *d*, von 3 bis 6 Zoll, in den Mauern angebracht werden. Ja man kann sogar die ganze Mauer-Ausfüllung *e*, *f* zwischen den Pfeilern *a*, *b*, wenn es die Umstände erfordern sollten, weglassen, wie es bei Treppen (Fig. 6.) mit doppelten Auftritten *a*, *a*, bei dem mittelsten Treppen-Arme *b*, auf den man in die obere Etage austritt, immer der Fall ist, wenn die Treppe zwischen und auf freistehenden Pfeilern sich aufschwingt. Die Treppe gewinnt durch diese Mauervertiefungen nicht nur an Breite, sondern die Vertiefungen und die vortretenden Gurtpfeiler geben ihr auch ein gefälligeres und bedeutsameres Aussehen, als wenn die Mauern und Gewölbe glatt gelassen werden.

Wo man aber, wegen der grofsen Höhe einer Treppe, eine Verstärkung der Mauern und freistehenden Pfeiler nöthig erachtet, ist dieselbe immer nur auf die beschriebene Weise, als Gurtbogenpfeiler, oder in Form von Pilastern nöthig, weil die Pfeiler die Hauptstützpuncte sind, auf welchen die Stärke und Festigkeit des Treppenbaues, mehr als auf der Dicke der übrigen Mauern, beruhet, indem alle Bogen und Gewölbe ihre spannende Wirkung hauptsächlich nur auf diese Puncte äufsern. So wie man aber durch verhältnifsmäfsiges, mehr oder weniger Vortreten der Gurtpfeiler vor die Mauern und freistehenden Pfeiler, die Stärke einer Treppe in den untern Etagen vermehrt: so erzeugen diese Verstärkungen der Bogenpfeiler auch eine angenehme Abwechselung im Äufsern des Treppensystems, in welches dadurch einige Abwechselung gebracht wird, die

*) Die Mauern, Pfeiler und Bogen sind in dem erwähnten Aufsatze deshalb so stark angegeben worden, damit die Treppen auch dann noch sicher genug ausfallen, wenn sie auch von ungeübten Maurern gebaut würden. Wären sie so schwach gezeichnet worden, dafs sie nur unter der Voraussetung einer sehr sorgfältigen Maurer-Arbeit, zu verbürgen gewesen wären, und es wäre dann bei irgend einer Treppe, nach diesem Vorbilde, ein Schaden geschehen: so hätte, aufser demselben, auch der Sache selbst ein grofser Nachtheil zugefügt werden können.

Anm. d. Herausg.

die Einförmigkeit aufhebt, welche sonst bei einer hohen, durch viele Stockwerke steigenden Treppe, wegen der beständigen Wiederkehr der nemlichen Formen, in den verschiedenen Etagen, unangenehm ist.

Wie die Verstärkungen der Mauern und Pfeiler über einander folgen können, sieht man aus (Taf. I. Fig. 9., 10. und 11.) oder aus (Fig. 12., 13. und 11.), wo Mauern und Pfeiler in der obern Etage (Fig. 11.) ganz ihre Normalstärke behalten. Man kann indessen hier sehr füglich Vertiefungen in den Mauern anbringen, welche in den untern Stockwerken wegbleiben, wodurch ebenfalls eine Verstärkung der Mauern nach unten hervorgebracht wird. Da, wo nur das bloſse Bedürfniſs befriedigt, und jede Neben-Absicht auf zweckmäſsige Verschönerung bei Seite gesetzt werden soll, braucht man, bei 45 Fuſs Höhe des Gebäudes, keine Verstärkungen zu machen; sondern es kann Alles, bis zu dieser Höhe, in der gröſsten Einfachheit bleiben, und, nur erst wenn die Treppe jene Höhe übersteigt, werden Verstärkungen der Mauern und Pfeiler nothwendig sein. Da indessen die Ersparung durch das Weglassen der den Treppenbau so sehr charakterisirenden Wandpfeiler und Bögen, von einigen Zollen Vorsprung, im Ganzen höchst unbedeutend ist, so sollte man sie, wegen der Correspondenz mit den Gurtbögen, niemals weglassen, wenn selbst die übrigen Umstände sie auch entbehrlich machen.

Das Netz der Treppengewölbe, bestehend aus den verschiedenen Gurt- und Stirnbögen, welche die Rahmen zu den übrigen Gewölben der Vor- und Ruheplätze und der steigenden Treppen-Arme darstellen, verbindet die Einschlieſsungsmauern mit den Pfeilern, und giebt letzteren, wenn sie nöthig sind, durch die gegenseitige Spannung, die erforderliche Sicherheit und unverrückbare Haltung. Diese Gurte und Stirnbögen sind im Allgemeinen überall stark genug, wenn sie 18 Zoll breit und hoch sind (Fig. 4. *be* und *dc*, so wie Fig. 7. *a*). In den meisten Fällen bedürfen sie aber nicht mehr als 12 Zoll Höhe, bei 18 Zoll Breite, bei *fg* und *hi* in (Fig. 4.) und bei *ab* in (Fig. 8.). Änderungen dieser Dimensionen können herbeigeführt werden, wenn man sich nicht der vortheilhaftesten Gewölbe zur Ausfüllung des Treppennetzes bedient: wenn man nemlich, statt Kreuzgewölbe, Kappengewölbe macht, für welche der Stirnbogen, z. B. *a* Fig. 7., der die steigende Kappe zwischen den Pfeilern begrenzt, beinahe so viel tiefer gesetzt werden muſs, als die Kappe Zirkel hat. Reicht dann auch die angegebene Stärke des Bogens aus, so muſs doch so viel Mauerwerk

$bc$, als ungefähr die Höhe des Zirkels der Kappe beträgt, auf den Stirnbogen $a$ aufgemauert werden, um die erforderliche Gleiche $cf$, zum Auflager der Stufen $e$, zu gewinnen. Eine andere Abänderung kann bei den Stirnbögen eintreten, wenn die Treppe, wie $cdef$ (Fig. 6. oder Taf. II. Fig. 16.), im Gevierte angeordnet ist, und die einzelnen Arme derselben nur 4, 5, 6 Fuſs lang sind. Unter solchen Umständen, und in Verbindung mit Kreuzgewölben, können Bogen von 12 Zoll dick und hoch Genüge leisten.

Da das Netz der Gurt- und Stirnbögen das Gerippe des Treppenbaues darstellt, so muſs dasselbe, zur Charakterisirung der Construction, auch immer sichtbar bleiben, und der Bau muſs nie so angeordnet werden, daſs die untere Seite der Bögen und Gewölbe in eine Fläche zusammenfallen, wie man es wohl öfters findet. Die kleinen Gewölbe zur Unterstützung der Stufen, und zur Bildung der Vor- und Ruheplätze, die in die Rahmen der Bögen gespannt werden, müssen deshalb immer 3 bis 6 Zoll höher stehen, als die unteren, sichtbaren Scheitelpuncte dieser Bögen, je nachdem man es den Umständen, der Breite und Höhe der Treppe, und der Wirkung, die das vollendete Werk hervorbringen soll, angemessen erachtet. Bei schmalen Treppen, und in niedrigen Etagen, kann das Vortreten des Bogengerippes natürlich nicht so stark sein, als es bei breiten Treppen und in hohen Etagen nöthig ist, weil erstere eine leichter scheinende Behandlung, letztere aber ein kräftigeres Hervortreten und Bezeichnen der Construction fordern; indessen verdient hier der Umstand einige Berücksichtigung, daſs, in dem Verhältniſs, in welchem man die Gewölbe der Unterkante der Gurtbögen nähert, der Raum über denselben sich bis zu den Stufen vergröſsert, der dann mit Mauerwerk zum Auflager der Stufen ausgefüllt werden muſs, weshalb also auch Treppen, bei welchen die Gurtbögen und die Gewölbe unterhalb in einer Linie fortlaufen, und erstere gar nicht markirt sind, durch diese obere Ausfüllung nicht nur viel überflüssiges Material erfordern, sondern auch die Gewölbe und die ganze Treppe ohne Zweck belastet werden.

Die Überwölbung der Räume zwischen den Gurtbögen geschieht entweder mit Kreuz- oder mit Kappengewölben, deren Axe mit der Neigungslinie der Treppe parallel liegt; denn die Gewölbe müssen sich überall der Form und Neigung der Treppe so viel als möglich anschlieſsen, weil sie dann am wenigsten kosten. Die Kreuzgewölbe eignen sich vorzüglich zum massiven Treppenbau, besonders bei Treppen mit freistehenden

Pfeilern, indem sie nur leichtere Stirnbögen nöthig haben, als Kappengewölbe, sich nur auf die Eckpuncte stützen, und keinen Seitendruck auf die Seitenmauern und die Bögen ausüben, da ihr Schub sich vielmehr, in der diagonalen Richtung der Grate, den Mauern und Pfeilern mittheilt. Auch entspringt ihre Form aus der Construction und der Verbindung des Treppen-Netzes, und giebt dem Werke ein leichtes, gefälliges, angemessenes Aussehen. Die Kappengewölbe dagegen sind passend zu schmalen Treppen, welche zwischen festen Mauern liegen (für breite Treppen ist auch hier das Kreuzgewölbe besser); bei Vor- und Ruheplätzen, wo die Thüren und Fenster, in der Fronten- oder in der Mittelmauer, nicht auf die Mittellinie der Treppenschenkel zutreffen, oder keine symmetrische Stellung haben können, so dafs man sich mit Stichkappen helfen kann; ferner da, wo die Treppen Viertel- oder halbe Windungen bekommen müssen; so wie da, wo die Treppen nach irgend einer Zirkellinie zu bauen sind. In den beiden letzten Fällen sind ausschliefslich nur Kappengewölbe angemessen, weil sie sich den geschwungenen, schraubenartigen Formen sehr bequem und schicklich anpassen lassen. In allen diesen Fällen fehlt es den Kappengewölben nicht an hinreichenden Widerlagen, weil sie ihren Schub überall gegen feste Mauern äufsern können.

Was die Dicke der Kreuz- und Kappen-Gewölbe bei den Treppen betrifft: so zeigen Erfahrungen, dafs Gewölbe von 8 bis 10 Fufs Spannung, selbst mit dem fünften oder sechsten Theile der Spannweite zur Höhe, nicht dicker als 6 Zoll zu sein brauchen, selbst in einer Caserne, wo die Treppen besonders stark sein müssen*). Daraus ergiebt sich die Dicke der Gewölbe für schmalere Treppen von selbst, weil sie sich schwächer als 6 Zoll, oder einen halben Ziegel dick, nicht ausführen lassen**). Man giebt zwar nicht selten den Treppen-Gewölben auch die doppelte Dicke, d. h. die eines ganzen Ziegelsteins, selbst bei sehr schmalen Treppen, obgleich die entscheidendsten Beispiele und Erfahrungen, dafs die Hälfte der Dicke zu einer soliden Treppe hinreichend sei, vorhanden sind. Dieses geschieht aber dann nicht nach gründlichem Urtheil, sondern vermöge der unmotivirten Meinung: man mache etwas Besseres, was aber nicht so ist;

---

*) Auch diese Regel setzt wohl, gleich der vorigen, eine besonders gute Maurer-Arbeit voraus. Anm. d. Herausg.

**) Doch aber, wenn die Ziegel kleiner sind. Anm. d. Herausg.

denn man belastet vielmehr das Gebäude unnütz mit einer Menge Materialien, die den Schub und Druck der Gewölbe auf Mauern und Pfeiler ohne Nutzen vergrößsern und dem Bauherrn unnöthige und zwecklose Kosten verursachen. Giebt man den Treppengewölben den vierten, den dritten Theil, oder die Hälfte der Treppenbreite zur Höhe, so sind sie unter allen Umständen stark genug, jede Last zu tragen, und jeder Erschütterung zu widerstehen, die möglicher Weise, sowohl in Privat- als öffentlichen Gebäuden, vorkommen können. Treppen in Casernen geben hier ein sicheres Maafs, wie weit man bei dem Bau steinernen Treppen überhaupt gehen kann; weil nirgend die Treppen häufiger betreten und stärker belastet und erschüttert werden, als bei dem Aus- und Einrücken der Soldaten, wo sie sich plötzlich mit Menschen von oben bis unten bedecken, die mit Gepäck und Waffen beladen sind, und die, durch den gewohnten gleichförmigen Tritt, den Treppen Erschütterungen mittheilen, wie sie für die Gewölbe nicht nachtheiliger sein können. Was also hier wiederholt probehaltig sich erwiesen hat, darf für alle andere Fälle als zureichend und als Norm betrachtet werden.

Die Anordnung der Treppen in den Gebäuden ist zwar sehr mannigfaltig, beschränkt sich jedoch, in den gewöhnlichen Wohnhäusern, meistens auf die Fälle und die Formen, die auf Taf. XIII. und XIV. des 3. Heftes, I. Bandes dieses Journals vorgestellt sind, weshalb wir uns der Wiederholung derselben enthalten. Nur für Treppen, die ihren Anfang aus einer Durchfahrt nehmen, fügen wir noch einen Entwurf (Taf. II. Fig. 23.) hinzu, der mancherlei Vorzüge und Bequemlichkeiten vor der gewöhnlichen Einrichtung gewähren dürfte. Es ist nemlich, sowohl für eine hölzerne, als noch mehr für eine steinerne Treppe, vortheilhafter, dieselbe, neben die Durchfahrt, in einen besondern Raum zu legen, als sie, wie es gebräuchlich, von ihrem Anfange ab, zur Seite der Durchfahrt, über dieselbe hin, bis zur entgegengesetzten Mauer zu ziehen. Man erspart zwar, auf die letztere Art, in der untern Etage einige Fufs breit Raum, verliert aber in allen folgenden Etagen daran um so mehr, weil die Treppe, um Stützpuncte zu bekommen, und der Festigkeit wegen, immer zwischen den beiden, weit von einander stehenden Seitenmauern, bleiben mufs, woraus unnöthig grofse Flure entstehen, deren Raum, bei einer veränderten Anordnung der Treppe, ein Zimmer giebt, welches sich über der Durchfahrt *abcd* von selbst darbietet, sobald die Treppe ihren

Platz neben der Durchfahrt erhält. Unten nimmt die Treppe zwar etwas mehr Raum weg: man gewinnt ihn aber über der Durchfahrt reichlich wieder, und es vereinigen sich damit noch andere wesentliche Vortheile, die sonst nur mit großer Beschränktheit zu erreichen sind.

Die erste Schwierigkeit bei solchen Treppen, nach üblicher Weise, ist die der Stufen von der Sohle der Durchfahrt *e* nach dem Fußboden der ersten Etage. Damit dieselben so wenig Raum wegnehmen mögen, als möglich, vermindert man die Höhe der Plinte, erhebt den Fußboden der Durchfahrt über das Steinpflaster der Straße und des Hofes, und läßt noch eine Stufe in die, gewöhnlich schon sehr beschränkte, Durchfahrt vortreten. Alle diese Unbequemlichkeiten fallen weg, sobald man die Treppe von der Durchfahrt absondert, und ihr die Form einer gewöhnlichen Treppe giebt; denn die kleine Seitentreppe hat in dieser Verbindung jederzeit hinreichenden Platz, ohne weder die Thüren *g* und *h*, auf dem ersten Auftrittsplan, zu beschränken, noch denselben hinderlich zu sein, weil sie die Breite der Treppe *i*, und zwei Mauerdicken *k* und *l* zur Länge bekommen kann. Man kann dem Gebäude also eine viel höhere Plinte geben, als sonst; kann größere Fenster für Keller-Wohnungen, wenn sich solche unter dem Hause befinden sollen, erhalten; braucht diese Räume nicht so tief in die Erde zu versenken, oder, wenn es dennoch geschähe, so können dieselben höher, heller und folglich gesunder als sonst werden; die Durchfahrt braucht nicht erhöht zu werden, und, um das Wasser vom Hofe nach der Straße zu leiten, sind nicht unangenehme, künstliche Vorkehrungen, wie gewöhnlich, nöthig, sondern der Abfluß des Wassers kann auf die einfachste Art Statt finden; der Eingang nach dem Keller wird bequemer, weil die Thür mehr Höhe bekommen kann, man mag sie an der Hofseite bei *m*, oder in der Durchfahrt bei *n* anbringen; und die Treppe nach dem Keller bedarf weniger Stufen, als wenn die Durchfahrt erhöht ist. In den oberen Stockwerken hat man überall Gelegenheit, drei Thüren *n*, *g*, *e* und Vorgelege, nach Belieben, bei *l* und *p*, anzubringen. Diese Zugänglichkeit der Stockwerke aber hat nicht allein den Nutzen, die Zimmer mehr vereinzeln und zu mancherlei Bestimmungen verwenden zu können, sondern bei Feuersgefahr ist auch Rettung und Hülfeleistung in größerem Maaße möglich. Auch kostet die Treppe in der beschränkteren Situation weniger, als in der andern. Giebt man derselben, unten bei *kq*, und oben nach dem Boden, Thüren: so wird nicht allein jeder Zug im Hause vermieden, sondern der Flur wird auch im Winter, durch die beim Aus- und Eingehen den Zimmern entströmenden Wärme, die er aufnehmen und bewahren kann, angenehm erwärmt werden *).

Die Treppen haben zwar immer nur denselben Zweck, nemlich den, einen bequemen Weg zu gewähren, um leicht aus einem Stockwerk in das andere zu gelangen; auch sind die wesentlichsten Theile derselben, die Stufen, bei allen von gleicher Form. Nach Anordnung und Ausführung unterscheiden sich aber drei Arten von Treppen, auch der massiven, nemlich:

1) Treppen, die sich zwischen festen Mauern erheben, wie (Fig. 5. und 23.),

2) Treppen, welche auf und um freistehende Pfeiler sich emporschwingen (Fig. 6. und 16.), und

3) Treppen, die sich selbst tragen, und bei welchen ein Schenkel auf dem andern in die Höhe steigt, wie (Fig. 17., 18. bis 22.).

Die Treppen erster Art, zwischen festen Mauern, sind die, welche in bürgerlichen Wohnhäusern am häufigsten vorkommen, und zwar, entweder grade aufgehend, mit oder ohne Windung am obern Ende, oder, in zwei Arme sich theilend, mit einem oder zwei Ruheplätzen, oder mit einer halben Windung, im Halbzirkel, oder im Viereck. Auch gehören in diese Ordnung die Treppen mit doppelten Antritten, in drei neben einander liegenden Schenkeln, mit den möglichen Abänderungen von Windungen und Ruheplätzen. Bei allen diesen Treppen kann die mittelste Mauer, oder Wange, an welcher sich die Treppe zu beiden Seiten (Fig. 5.

---

*) Der Flur und das Haus wird also nicht etwa durch die Schuld der steinernen Treppe kalt und dumpfig sein, wie es bei dem oben erzählten Einwande gegen steinerne Treppen befürchtet wurde. Ist der Flur eines Hauses ungebührlich kalt, so liegt die Schuld warlich nicht an der steinernen Treppe, sondern daran, dafs man nicht bedacht gewesen ist, ihn so zu bauen, dafs kein Zug Statt finde, der allerdings nicht allein unangenehm, sondern für die Gesundheit der Bewohner höchst schädlich und gefährlich ist. Eine steinerne Treppe, auf einem gegen den Zug geschützten Flur, kann nicht die Kälte des Flurs und des Hauses vermehren, sondern, möglicher Weise, im Gegentheil eher nur vermindern; denn wenn allmälig auch die Mauern der Treppe, eben wie die der Wände, durch Mittheilung der Wärme aus letztern und aus den Zimmern erwärmt werden, so findet sich durch sie die wärmehaltende Masse vergröfsert, und folglich wird der Flur und das Haus wärmer, nicht kälter sein. In der Sommerhitze dagegen wird die Kühlung der Mauern, ohne Zug, angenehm sein. Anm. d. Herausg.

und 23.) hin- und herzieht, nicht gut freie Pfeiler oder Mauerdurchbrechungen erhalten, weil die Öffnungen (Fig. 14. *a*, *b*, *c*, *d*) keine gute Form bekommen können, auch in jeder Abtheilung der Treppe zwei Öffnungen über einander liegen, welche durch Geländer geschützt werden müssen. Man vermeidet solches, wenn man hier auf die Durchsichten verzichtet, und sich blofs mit Mauer-Vertiefungen, von 3 bis 6 Zoll, zu beiden Seiten der Wange (Fig. 5. und 15. *a*, *b*, *c*) begnügt, welche auch fast dieselbe Ersparung an Material geben, wie die Öffnungen (wenn man eine solche Ersparung verlangt); die Treppe bekommt dann ein regulaireres und solideres Ansehen, und man erspart die Geländer zum Schutze an den Durchsichten.

Freistehende Pfeiler mit Durchsichten machen die Unterscheidung der zweiten Art der Treppen aus, die sich, nach (Fig. 6. und 16.), um einen offenen Platz in der Mitte herumziehen. Sie erfordern um die Hälfte mehr Raum, als die vorigen, und kommen daher in Privathäusern seltener vor, als jene, sind aber schöner, und haben manche Bequemlichkeiten bei der Vertheilung der Fenster und Thüren. Sie werden oft in Treppen der ersten Art verändert, wenn man etwa den mittelsten freien Raum, in jeder Etage, zu einer kleinen Kammer benutzen und der Treppe nicht mehr Raum opfern will, als unumgänglich nöthig ist.

Die Treppen der dritten Art bedürfen weder Wangenmauern, noch freistehender Pfeiler, indem ihre verschiedenen Schenkel *a*, *b* und *c*, *d*, *e* (Fig. 17. und 18.) aus aufsteigenden, sich gegenseitig stützenden und tragenden Gewölben bestehen, deren Axen nicht nach der Richtung der Treppe, sondern nach der Richtung der Stufen laufen, und zu deren Unterstützung keine Seitenbegrenzungen nöthig sind. Sie sind nach (Fig. 17.) sehr zweckmäfsig in engen Räumen anzubringen, und da, wo man den Platz der Wangenmauern zwischen beiden Schenkeln ersparen will, oder mufs, so, dafs die Treppe nicht mehr Raum als eine hölzerne wegnehmen soll. In Quadrat-Form, mit drei Schenkeln, *c*, *d*, *e* (Fig. 18.), sehen diese Treppen sehr leicht und kühn aus, weil sie, wie die hölzernen Treppen, einen freien Raum umschliefsen, und sich ein Schenkel über dem andern, jeder auf den vorigen sich stützend, erhebt; jedoch müssen bei dieser Anordnung, wenn die Treppe grofs und breit ist, die Einschliefsungs-Mauern des Flurs verstärkt werden, indem die einzelnen, weitgespannten Schenkel, und die starken Gewölbe derselben, die hier nicht unter Einem Ziegel dick sein können, einen gröſseren Schub und Seitendruck auf die Mauern ausüben, als bei Pfeiler-Treppen. Zur Erleichterung kann man die Gewölbe unterhalb cassetiren, was diesen Treppen, besonders dem Gewölbe des Vorplatzes *g* (Fig. 18.) ein angenehmes, groſsartiges Aussehen giebt. Aber, wegen der groſsen Gewölbe, deren Anfänge, in Folge ihrer Krümmung, sehr tief heruntertreten und die oberhalb eine starke Ausfüllung haben müssen, weil die Gewölblinien nicht den Neigungslinien der Treppe parallel sind, kann man sie nur in hohen Etagen und in Fällen anbringen, wo die tief herabgehenden Gewölbe den Thüren nicht hinderlich fallen; wie aus den Profilen (Fig. 19., 20., 21., 22.) zu ersehen ist.

So wie nun die Anlage der Treppen auf mancherlei Weise sich anordnen läſst: so läſst sich auch ihre Ausführung, man mag Kappen- oder Kreuzgewölbe machen, auf verschiedene Art bewerkstelligen, woran, nach den Umständen, die eine Art Vorzüge vor der andern hat, was daher nicht ohne Vortheil und Einfluſs auf die Baukosten einer massiven Treppe ist, weshalb wir noch die verschiedenen Verfahrungs-Arten dabei mit einigen Worten erwähnen und sie andeuten wollen.

Die Mauern, welche einen Treppenraum umschlieſsen, werden, wie sich von selbst versteht, mit den übrigen Mauern des Gebäudes zugleich aufgeführt, wobei aber auf Alles Rücksicht zu nehmen und Nichts auſser Acht zu lassen ist, was das festgestellte Treppenproject, in Rücksicht auf Pfeiler, Gurt-Bogen und Mauervertiefungen, vorschreibt und näher bestimmt. Die Errichtung der Treppe selbst beginnt aber erst, wenn das Gebäude unter Dach gekommen ist, und man zu der innern Einrichtung, zum Wölben der Keller u. s. w. schreitet.

Nehmen wir z. B. den einfachsten Fall: den der gerade aufsteigenden Treppe zwischen festen Mauern an, bei welcher Alles, nemlich, auſser der steigenden Kappe, welche die Treppe trägt, auch die übrigen Räume, vor und neben der Treppe, mit Kappengewölben überwölbt werden sollen; und setzen wir voraus, daſs das Fundament zu der Wangenmauer schon vorbereitet sei, wenn nicht etwa auch die Wangenmauer, mit den übrigen Mauern zugleich in ihrer ganzen Höhe aufgeführt worden ist. (Ob eine Treppe nach dem Keller vorhanden sein soll, ist gleichgültig.) Dann wird man gewöhnlich, wie bei Kellertreppen, die Wangenmauern bis zur Höhe der ersten Etage aufmauern lassen, hierauf die Ausrüstung und Bogenstellung, mit ihrer Verschalung, zum aufsteigenden Kappengewölbe veranstalten, oder diese Vorbereitung zugleich über alle zu überwölbende Räume des Treppenflurs ausdehnen; sodann wird man die steigende Kappe wölben, und wenn dieselbe vollendet ist, die Treppenstufen darauf ausmauern und legen lassen, damit dieselben zugleich als Zugang zur folgenden Etage, und zum Herbeischaffen der Materialien zu den anderen Gewölben dienen mögen. Allein diese Ausführungsart hat große Unbequemlichkeiten, sowohl für die Anfertigung des steigenden Gewölbes, als für die Verfertigung und Lagerung der steinernen oder hölzernen Stufen; denn, theils hat der Arbeiter auf der schiefen Fläche des Kappengerüstes, oder der Kappe selbst, und, eingezwängt zwischen den beiden Mauern, nur einen unsichern und unbequemen Stand zur Arbeit, und entfernt sich, bei dem Fortschreiten des Gewölbes, immer weiter von den Materialien, die er nur hinter sich haben kann; theils ist auch das Aufmauern, Legen und Zurichten der Stufen und Stufensteine, in dem engen Raume der Treppe, mühevoll und beschwerlich, weil die Stufensteine immer wenigstens 6 Zoll länger sein müssen, als der Treppenraum breit ist; welche Hindernisse und Beschwerlichkeiten die Arbeit verzögern und theurer machen.

Besser und bequemer ist es, wenn man die Wangenmauer *a*, *b* (Fig. 24.) nicht vorher aufführen, sondern dieselbe mit der Aufmauerung und dem Legen der ersten Stufen *c*, *d*, *e* zugleich anfangen, das Kappengewölbe *g*, unter den Stufen, schwalbenschwanzförmig, wie bei Rauchfängen, aus freier Hand wölben, und, so wie das Gewölbe fortschreitet, die Wangenmauer *a*, *b* erhöhen und eine Stufe nach der andern auf das Gewölbe legen und vermauern läfst. Man stellt zu diesem Ende einen Maurer innerhalb, zum Wölben der steigenden Kappe *g*, an, den andern aufserhalb derselben, zum Anlegen und Mauern der Stufen *c*, *d*, *e*. Beide unterstützen sich gegenseitig in ihren Arbeiten, wie die Umstände es erfordern, besonders bei dem Legen und Abrichten der Stufensteine, welche auf diese Weise unbehindert und mit Bequemlichkeit können gehandhabt werden, da die Arbeiter durch Nichts eingeschränkt sind, und einander gegenüberstehen. Die Wangenmauer, oberhalb der Treppe, wird nur immer so weit mit genommen, als das Festlegen der Stufen und die etwanige Rüstung für den auf der Treppe stehenden Arbeiter es erfordert. Der übrige Theil der Wangenmauer wird erst dann nachgeholt, wenn die Treppe, mit ihrem Gewölbe, die nächste Etage erreicht hat, und vollendet ist; worauf die Bögen zu den übrigen Gewölben über dem Flur aufgestellt und ausgerüstet werden. Durch dieses Verfahren wird nicht allein die Arbeit des massiven Treppenbaues sehr erleichtert, und mehr beschleunigt, als durch das gewöhnliche, sondern man erspart auch die ganze Ausrüstung, mit ihren Bögen und deren Verschalung zur steigenden Kappe, und ihre Aufstellungskosten. Ist die Treppe aber doppelarmig, mit einer halben Windung, so kann das Werk bis auf den Vorplatz, im Fall dieser auch mit einem Kappengewölbe überspannt werden soll, ohne Bogengerüste und Verschalungen ausgeführt werden. Schlägt man über den Vorplatz ein Kreuzgewölbe, so wird die ganze Ausrüstung auf einige Lehrbogen reducirt, die aber in allen folgenden Etagen wieder brauchbar sind, und die ganze Treppe kann, ohne alle Verschalung, mit wenigen Bögen, aus freier Hand gewölbt werden.

Eben so, wie man bei der einfachsten Treppe mit Kappengewölben verfährt, geht man auch bei anderen Formen der Treppen, rücksichtlich der Wangenmauern und Pfeiler, zu Werke, sobald Kreuzgewölbe gemacht werden sollen (welche jedoch bei einer gerade aufgehenden Treppe, wegen der großsen Länge gegen die geringe Breite, nicht passend sind). Es mufs aber dann immer zuerst das ganze Gewölbe eines Treppenschenkels, mit dem dasselbe oberhalb begrenzenden Gurtbogen, vollendet sein, ehe die Stufen darauf gelegt werden können; weshalb, bevor ein Kreuzgewölbe sich machen läfst, die Wangenmauer oder die Pfeiler *c*, *b* (Fig. 16.), so hoch, als es das Gewölbe erfordert, aufgemauert und der obere Gurtbogen *cd* geschlagen sein mufs, weil diese Theile des Mauerwerks die Umgrenzung des Gewölbes ausmachen, innerhalb welcher es nur sich aufführen läfst.

Übrigens pflegt man die Kreuzgewölbe, wie die Kappengewölbe, entweder auf bloſsen Lehrbogen *aa* (Fig. 25.) und aus freier Hand, oder auf verschalten Bohlengerüsten *bb* zu wölben, je nachdem Eines oder das Andere nach den Umständen vortheilhafter ist. Ist z. B. die Treppe nur schmal, oder sind die Schenkel nur kurz, so, dafs die einzelnen Räume *c*, *d*, *e*, *f*, zwischen den Gratbögen, zu eng und zu klein sind, als dafs ein Arbeiter darin sich frei bewegen könnte; so ist es nöthig, die Lehrgerüste mit Schalbrettern zu bedecken, und das Kreuzgewölbe auf diesem zu wölben. Eben so ist die Verschalung nothwendig, wenn die Stirnbogen *g*, *h*, *i* zwischen freistehenden Pfeilern, mit den Kreuzgewölben *k*, *l*, *m* der steigenden Schenkel zugleich, und im Verbande stehend, sollen gewölbt werden, wie (Fig. 25.) *g*, *k* und (Fig. 26. und 27.) zeigen. Alsdann müssen die Stein-Schichten des Gewölbes nicht in diagonaler Richtung, sondern mit den sich durchkreuzenden Gewölb-Axen parallel gelegt werden, um mit den Stein-Schichten des Stirnlagers in gleiche Lage zu kommen, weil sonst kein in einander greifender Verband beider Theile entstehen würde.

Da nach dieser Anordnung die Gewölbe *a* und die Stirnbogen *b* (Fig. 26. und 27.) Ein Ganzes ausmachen, so ist die Lage des Kreuzgewölbes, in solcher Verbindung, die sicherste und stärkste, welche bei dem Treppenbau möglich ist; denn die Stützpuncte *c*, auf der Seite des Stirnbogens *b*, vergröfsern sich um seine ganze Dicke *cd*. Der Stirnbogen selbst kann, von der geringsten Dicke, Einen Stein stark und hoch im Schlufspuncte angenommen und ausgeführt werden, weil man, sowohl bei ihm, als bei den Anfängen der vier Gewölb-Ecken, die Dicke beider, nach oben hin, bis unter die Stufen heraufgehen lassen, und die Räume, welche man sonst mit Hintermauerung auszufüllen pflegt, gleich mit der Gewölbmasse ausfüllen kann (Fig. 4.), wodurch das Gewölbe grofse Festigkeit und Stärke erhält, indem die Ruhe- und Stützpuncte, gegen welche der Druck und Schub gerichtet ist, sich in demselben Verhältnisse vermehren, in welchem die Verstärkungen der Gewölb-Anfänge nach obenhin sich ausbreiten.

Die Verfertigung, Aufstellung und Verschalung der Bogengerüste zu Kreuzgewölben geschieht zum Theil auf die Weise, wie bei Kappengewölben; d. h. man stellt, zuerst nach der Breite des Gewölbes, einige Lehrbögen *n*, *n*, *n* (Fig. 25.), in gehöriger Entfernung, neben einander hin, verschalt dieselben mit Brettern *o*, *o*, oder Latten, auf gewöhnliche Weise, setzt hierauf gegen die anderen Seiten des Raums, auf jeden einen Bogen *p*, *p*, und legt kürzere und längere Schalbretter *q*, rechtwinklig gegen die ersten *o*, *o*, mit dem einen Ende auf die Bögen *p*, *p*, mit dem andern, welches nach der Gratlinie schräg und scharf zugehauen wird, auf die erste Verschalung, wodurch dann die Form des Gewölbes gebildet wird, und worauf die Wölbung, wie bei einem Kappengewölbe, von Statten geht.

Soll der Stirnbogen mit dem Kreuzgewölbe in Verbindung stehen, so müssen die Bogen *r*, *r* (Fig. 25.) dazu ebenfalls zugleich mit aufgestellt werden. Will man aber mit diagonalen Schichten *ss* wölben, so pflegt man, bei einer Pfeilertreppe, das Netz der Gurt- und Stirnbögen, *g*, *h*, *i* und *t*, vorher vorzubereiten, und nach und nach die Ausfüllung des Netzes mit Gewölben folgen zu lassen, und die Schenkel mit Stufen zu belegen.

Bei dem Aufstellen der Gewölbegerüste und Bögen muſs man auf die Beschaffenheit, Breite und Dicke der Stufensteine achten, und sich dabei nach den breitesten und dicksten Steinen richten, wenn sie vielleicht nicht alle genau nach einem Maaſse zugerichtet, sondern nur auf der obern Seite und an der vordern Ansicht, wie es nur nothwendig ist, bearbeitet wären, damit die Gewölbe nicht zu hoch zu stehen kommen, und die Steine nicht in der Mitte, wie man zu sagen pflegt, darauf reiten, was Nachhülfe und Aufenthalt verursacht; die Stufensteine können jedoch dem Gewölbe so nahe als möglich gebracht werden. Bei den Vor- und Ruheplätzen können aber nicht immer die Gewölbe bis dicht unter das Pflaster des Fuſsbodens erhöht werden, sondern nur dann, wenn die Austritts-Stufe des Treppenschenkels mit der Vorderlinie des Gurtbogens, gegen welchen die Treppe sich lehnt, gleich hoch liegt. Die meisten dieser Gewölbe kommen etwas tiefer zu liegen, nach (Fig. 14. und 15. *f*, *g*), weil man, um Raum zu gewinnen, und den Treppen-Flur zu beschränken, über dem Gurtbogen gern noch eine oder zwei Stufen anbringt, und die letzte Stufe mit der hintern Linie des Gurtbogens gleichlaufend legt. Die Ausfüllung, die deshalb über dem Gewölbe nöthig ist, braucht nicht aus Mauerwerk zu bestehen, sondern es kann dazu, ohne allen Nachtheil, feiner Bauschutt, oder trockener Sand genommen werden, der recht fest eingetreten wird. Diese Füllung kostet und belastet das Gewölbe weniger als Mauerwerk, und ist, als Träger des Steinpflasters, völlig hinreichend. Das Pflaster darauf wird immer in Kalkmörtel gelegt.

Treppen, welche zwischen Mauern aufgeführt werden, bedürfen eigentlich keiner Geländer, sondern es ist nur, um alten Personen und Kindern das Treppensteigen zu erleichtern, ein Handgriff von Eisen oder Holz, längs der Mauer hin, nöthig. Windet sich aber die Treppe um freistehende Pfeiler in die Höhe, so müssen Geländer an den Durchsichten zwischen den Pfeilern angebracht werden. Die einfachsten, dauerhaftesten und wohlfeilsten Geländer sind die von Mauerwerk. Man mauert sie, einen ganzen Stein dick, nach (Fig. 8. *d*), oder nach (Fig. 7. *g*), einen halben Stein dick, mit Fuſs- und Kranzgesims, auf dem Stirnbogen auf, und bedeckt sie mit einem Brette *d* (Fig. 7.), oder mit einer Bohle oder

Planke *c* (Fig. 8.), die mit ihren Enden in die Pfeiler befestigt wird. Aufser der Wohlfeilheit haben diese Geländer noch die gute Eigenschaft, dafs sie durch ihr Gewicht nicht nur die Standfestigkeit der Stirnbögen gegen den Seitendruck vermehren, sondern auch die Pfeiler verstärken, indem sie sich mit ihnen verbinden, den freistehenden Theil derselben verkürzen, und dem Ganzen ein festes und zuverlässiges Ansehen geben. Die obere hölzerne Bedeckung *c* kann übrigens, so wie die Fufsleiste, auch von behauenen Steinen gemacht werden. Will man aber, dafs die Durchsichten zwischen den Pfeilern, bis auf die Treppe hinunter, frei bleiben, und sie nur mit leichten, hölzernen oder eisernen Geländern beschützen, so mufs man entweder die Treppenstufen (Fig. 26. *e*) bis über den Stirnbogen *b* hinausreichen, und sie, in der Seiten-Ansicht (Fig. 28. *f, g*), ebenfalls mit einem Rundstabe, wie in der Vorder-Ansicht, ausarbeiten lassen, weshalb die Stufen 12 bis 18 Zoll länger sein müssen, als die Treppe breit ist: oder man mufs den Stirnbogen, nach (Fig. 27.), mit einer an beiden Seiten ausgekehlten, 2 bis 3 Zoll dicken Bohle *h*, oder mit einem ihr ähnlichen Steine bedecken, der sich als Wangenstück zeigt, je nachdem das Geländer von Holz, oder von Eisen sein soll.

In der Ausübung gewähren oft kleine Hülfsmittel grofse Erleichterung und Bequemlichkeit; daher ist es nützlich, sie zu kennen. Bei dem Treppenbau ist ein sehr einfaches Hülfsmittel gebräuchlich, wodurch das Aufmauern, Legen und Abrichten der Stufensteine sehr gefördert wird, welches aufserdem mühsam und zeitraubend ist, wenn es blofs nach Setzwage und Winkel geschieht. Es besteht in einer Chablone, welche die Höhe und Breite der Treppenstufen bestimmt, und aus einem Brette geschnitten ist, nachdem die beiden Dimensionen der Stufen aus der Etagenhöhe und dem Längenraume der Treppe genau ermittelt worden sind. Die Gestalt der Chablone zeigt (Fig. 29.); ihr Gebrauch ist folgender. Ist die erste Stufe *a* der Treppe in die gehörige Lage, nach Winkel und Setzwage, gebracht und fest vermauert worden, so schreitet der Maurer zum Legen und Aufmauern der zweiten *b*, indem er die Chablone *c* auf die Enden der ersten Stufe so aufsetzt, dafs der unterste Einschnitt *d* an und auf dieser Stufe anliegt. Er erhebt hierauf den Stein der zweiten Stufe *b*, erst an einem Ende, und dann an dem andern, so hoch, auf Keilen und zwei kleinen Unterlagen von Holz oder Stein, bis er genau in den zweiten Einschnitt *e* der Chablone, sowohl nach der Höhe als nach der

Breite, pafst; worauf er alsdann die Stufe untermauert und festlegt. Nachdem drei bis vier Stufen auf solche Weise gelegt worden sind, untersucht man ihre Lage einmal wieder mit der Setzwage, verbessert eine etwanige Unrichtigkeit, und setzt so die Arbeit, bis zur Vollendung der Treppe, fort. Da die Chablone jedesmal die genaue Lage der folgenden Stufe angiebt, so wird der Maurer des Versuchens, Wägens und Winkelns bei jeder Stufe, um die richtige Lage und Höhe zu treffen, überhoben, und das Werk geräth genauer, als ohne die Beihülfe.

Wenn eine massive Treppe vollkommen feuersicher sein soll, so mufs der Flur der letzten Etage ganz überwölbt, und die Überwölbung des letzten Schenkels so darüber hingeführt werden (Fig. 30.), dafs vor der obersten Stufe *a* des Treppenhalses eine eiserne Thür sich anbringen läfst. Will man aber das letzte Gewölbe ersparen, so läfst sich die Thür auch nach *cd* versetzen, weil die aus Stein oder Ziegel bestehende Treppe durch das bei einem Brande darauf fallende Feuer nicht in Gefahr ist; doch ist die erste Art besser, weil sie das Feuer von der Treppe ganz abhält, und die zur Rettung Herbeieilenden völlig schützt, so dafs sie weiter zum Feuer vordringen können.

Bei dem Überwölben des Flurs in der obern Etage eines Hauses kann es kommen, dafs man um den nöthigen Widerstand der Einschlufsmauern gegen die Gewölbe besorgt sein mufs, wenn vielleicht die Treppe sehr breit ist, und die Gewölbe flach sind. In diesem Falle legt man entweder einige Anker durch die Gurtbögen und Seitenmauern, oder man erhöhet die Mauern, auf dem Boden, um 3 bis 4 Fufs, über die Gewölbe, und giebt ihnen dadurch diejenige Stärke und Widerstands-Kraft, die ihnen möglicher Weise fehlen könnte.

Führt aus der letzten Etage keine Treppe nach dem Dach-Boden, weil vielleicht eine andere Bodentreppe in einem Seitenflügel vorhanden ist, oder weil man dem Flure ein besseres Ansehen geben und den Zug im Hause vermeiden will: so wird auch der Flur nicht überwölbt, sondern nur, gleich den übrigen Räumen der Etage, mit Balken überdeckt. Um eine solche Decke so feuersicher als möglich zu machen, läfst man hier die Deckenbalken nicht in Eins über das ganze Haus durchgehen, sondern durchschneidet und stöfst sie auf der Mittelwand, und sondert beide Hälften von einander ab, so dafs, wenn auch die eine Hälfte, über den Zimmern, in Brand geräth, doch die andere, über dem Flur, wenigstens nicht sogleich ebenfalls entzündet werden kann. Aufserdem mufs man die Balkenlage, über dem Flure, mit einem festen, etwa 6 Zoll dicken Lehm-Estriche, oder mit einem Steinpflaster, von Ziegeln auf die hohe Kante gesetzt, und in Kalk gelegt, bedecken; zu welchem Ende man die Mauern des Flurs, 6 Zoll über die Balkenlage hinauf gehen lassen mufs, um eine Einfassung um den Estrich oder das Steinpflaster zu bilden. Ist die Balkenlage über dem Treppenflure auf diese Weise angeordnet, so werden die Bewohner der obern Etage immer Zeit zur Rettung behalten, wenn auch schon das ganze Dachwerk in Flammen steht, oder zusammengestürzt ist; indem die Balken über dem Flure nicht eher sich entzünden können, als bis die Mauerziegel, oder der Estrich darüber, erglüht sind, wozu das Holzwerk des Daches oft kaum hinreichen dürfte; wenigstens wird immer eine längere Zeit vergehen, ehe die Decke über dem Flure in Brand geräth, weil die bedeckten Balken nur erst verkohlen können.

Nimmt man die Vortheile, die in den vorstehenden Bemerkungen über Erleichterung und Beförderung des massiven Treppenbaues angegeben worden sind, gehörig in Acht: so wird sich überall, wo auch nur blofs eine einseitige Vergleichung der Kosten den Vorzug bestimmen soll, ohne auf die übrigen grofsen Vorzüge der steinernen Treppen Rücksicht zu nehmen, bald zeigen, dafs kein hinreichender Grund vorhanden ist, die verbrennlichen, hölzernen Treppen, die ein unglücklicher Zufall in Asche verwandeln kann, den unverbrennlichen, steinernen, die kein Feuer bedeutend zu beschädigen vermag, und die nur erst mit dem Ruine des ganzen Hauses zu Grunde gehen können, wo sie dann noch immer der zuletzt übrig bleibende Theil des verwüsteten Gebäudes sind, vorzuziehen. Denn, alles was der furchtbarste Brand (wie wir ihn bei dem Untergange fast einer ganzen Stadt erlebt haben) den steinernen Treppen anhaben kann, besteht in der Beschädigung einiger Stufen, wenn sie aus solchen Steinen bestehen, die von der Hitze leiden. Alles Übrige bleibt völlig unzerstört, und der an der Treppe angerichtete Schaden ist mit der Auswechselung und Herstellung einiger Stufen, also mit höchst unbedeutenden Kosten, bald wieder ersetzt, während hölzerne Treppen nur mit den nemlichen Kosten, die sie anfänglich erfordert haben, wieder erneuert werden können.

Warlich aber nicht die einseitige, beschränkende Ansicht eines blofsen Kosten-Vergleichs kann und darf da den Ausschlag allein geben, wo bedeutendere Zwecke entschieden für den Gegenstand sprechen. Und selbst die Festigkeit der Gebäude, und die Regeln der Baukunst berechtigen diese, einen der wichtigsten und interessantesten Theile, die nie von massiven Gebäuden hätten getrennt werden sollen, sich nicht ferner durch Scheingründe vorenthalten zu lassen. In der That verbindet sich die steinerne Treppe, vermöge ihrer Construction, mit einem Gebäude nicht nur innig zu einem unzertrennlichen Ganzen, da ihre Bögen und Gewölbe in die Seitenmauern eingreifen, und von ihnen getragen werden: sondern auch selbst die äufsere Schönheit, und der Styl des Gebäudes, lassen sich leicht und angenehm, gleichsam als eine Fortsetzung des Äufseren, auf das innere Werk der Treppe übertragen, so dafs die Wirkung und der Eindruck davon den Beschauer bis zum Eintritt in die Zimmer begleitet; wogegen eine hölzerne Treppe, gerüstartig blofs zwischen die Mauern eingeklemmt, den Eindruck der Festigkeit und des Styls zerstört, und sich gleichsam nur als eine fremdartige, provisorische Vorrichtung darstellt, deren Dasein nicht bleibend, sondern nur vorübergehend sein zu sollen scheint.

Helsingfors, im Januar 1831.

---

# 2.
# Schwimmende Schleuse zu Medemblick in Nord-Holland.

(Vom Herrn *Dan de Lavanterie.* Aus dem *Recueil des planches de l'école des ponts et chaussées, tome I.* 1827. gezogen vom Herrn Ober-Bau-Inspector, Dr. *Dietlein* zu Berlin.)

---

Die Admiralität besitzt ein Werft (*chantier de radoub*) und ein besonderes Bassin am hintern Ende des Kauffahrteihafens von Medemblick. In diesen Hafen, eben so wie in den zu Amsterdam, können gröſsere Schiffe nur gelangen, wenn sie durch andere (sogenannte Kameele) gehoben und getragen werden, damit sie weniger tief eintauchen. (Man sehe den vom Herrn Bernhard mitgetheilten Querschnitt eines durch Kameele gehobenen Schiffs Taf. III. Fig. 1.).

Wenn nun ein mit den Kameelen verbundenes Schiff hätte durch eine gewöhnliche Schleuse gehen sollen, so hätten die Thore derselben ungemein breit sein müssen, und wären also kostbar zu unterhalten und schwer zu öffnen und zu schlieſsen gewesen. Auch würde es, wegen der Schwierigkeit des Öffnens und Schlieſsens so groſser Thore, nöthig gewesen sein, neben der gröſsern Einfahrt der Schleuse nach dem Bassin der Admiralität, noch eine andere für die kleineren Schiffe, deren täglich mehrere ein- oder ausgelassen werden müssen, anzuordnen. Die Schleuse würde also ungemein theuer gewesen sein, und doch den Übelstand der auſserordentlichen Gröſse der Thore gehabt haben. Die Öffnung aber durfte nicht enger sein, wenn das Bassin der Admiralität nicht bloſs höchstens für Fregatten zugänglich sein sollte.

Herr Goudriaan, Inspecteur beim Waterstaat, ist nun auf den sinnreichen Gedanken gekommen, in einem Ponton- oder Kahnthore, von der Art wie man sich ihrer zum Sperren der Eingänge der Schiffsdocken in mehreren Häfen bedient, eine 21 Fuſs (6,033 Meter) weite, durch Ebbe- und Fluth-Thore zu verschliefsende Durchlafs-Öffnung für die kleineren Fahrzeuge anzubringen.

Für die gewöhnliche Schiffahrt ist der Durchgang durch das Kahnthor bestimmt, wenn es in seinen Falzen im Mauerwerke liegt, und das Bassin schliefst. Will man aber ein mit Kameelen verbundenes Schiff durchlassen, so wird das Kahnthor flott gemacht und bei Seite geschafft.

Herr Goudriaan hat auf diese Weise die obige Schwierigkeit auf die einfachste und wohlfeilste Weise gehoben, und durch seinen glücklichen Gedanken das Admiralitäts-Bassin zu Medemblick in kurzer Zeit den gröfsten Schiffen zugänglich gemacht.

Seine Kahn-Thor-Schleuse hat den einfachen und bezeichnenden Namen: Schwimmende Schleuse erhalten.

Diese Schleuse besteht aus vier verschiedenen Theilen: erstlich, den beiden äufsern Enden, welche zu Wasserbehältern bestimmt sind; zweitens, dem Boden zwischen den beiden Behältern, welcher dieselben mit einander verbindet und zum Schleusenboden der Durchgangs-Öffnung dient; drittens, den Kielen, welche den gedachten Boden unterstützen, und die verschiedenen Theile zu einem Ganzen verbinden, und viertens, den Ebbe- und Fluththoren, welche die Durchgangs-Öffnung zwischen den Wasserbehältern verschliefsen.

Man senkt die schwimmende Schleuse dadurch in die zu ihrer Aufnahme bestimmten Falze der Docke, dafs man die Behälter an den beiden Enden mit Wasser füllt. Das Wasser wird durch zwei starke, quer, und nach entgegengesetzten Richtungen angebrachte abhängige Röhren hineingelassen. (M. s. die im Folgenden erwähnten Zeichnungen; insbesondere Taf. III. Fig. 2.) Diese Röhren gehen durch das Verdeck und durch die Seitenwände des Pontons. Ihre unteren Öffnungen liegen in der Aufsenseite der Seitenwände, etwas über dem Boden der Wasserbehälter. Diese Öffnungen werden durch Pfropfen verschlossen, die man vermittelst eiserner Stangen, an welche sie befestigt sind, und welche vom Verdeck aus in Bewegung gesetzt werden können, nach Aufsen stöfst, worauf dann das Wasser in die Röhren dringt. Man zieht hernach die Pfropfen wieder einwärts, um die Röhren zu verschliefsen. In den Wänden der Röhren befinden sich mehrere Löcher, in verschiedener Höhe, durch welche das Wasser in die Behälter fliefst. Die Ausleerung der Behälter geschieht durch gewöhnliche Pumpen.

Die schwimmende Schleuse hat drei Kiele, welche in drei Falze greifen, die sich im Boden und in den Wänden eines von Mauerwerk aufgeführten, zur Aufnahme des Kahnthors bestimmten Hauptes befinden. Die Falze in den Wänden sind so tief, als die im Boden. An den Enden des Pontons springen die Kiele nur um so viel vor, als die Falze tief sind; aber, obgleich sie überall gleich tief in die Falze greifen, ragen sie doch, unter dem Boden des Pontons, nach der Mitte zu immer weiter vor, und in der Mitte der zum Durchschleusen bestimmten Öffnung selbst, bis zu etwa 3 Meter, in dem Halbmesser durch die Mitte des Bogens gemessen, der den Aufrifs oder den Längendurchschnitt des Kahns auf der untern Seite begrenzt.

Dieses ist nöthig, um über dem steinernen Boden so tiefes Wasser zu bekommen, dafs die gröfsten Schiffe ohne Hülfe der Kameele in das Bassin einlaufen können, wenn das Kahnthor bei Seite geschafft ist, und zugleich, damit die Ebbe- und Fluththore des Schleusendurchlasses im Kahnthore nicht unnöthig hoch sein dürfen, also, damit der Boden des Durchlasses nicht tiefer gelegt werden darf, als nöthig, um den Fahrzeugen, deren Breite noch gestattet, sie durch den Durchlafs zu führen, hinreichend tiefes Wasser zu verschaffen. Durch den starken Vorsprung der Kiele, welche drei lothrechte Wände oder Holzverbände unter der Mitte des Bodens bilden, wird zugleich die Festigkeit der schwimmenden Schleuse verstärkt, und verhindert, dafs sie, wenn sie flott ist, schlingert (in sich schwankt), was für die Thore sehr nachtheilig sein würde.

Die Wasserbehälter sind durch Scheidewände in mehrere Theile getheilt, die nach Belieben mit einander in Verbindung gebracht und wieder von einander abgesondert werden können. Dadurch beherrscht man besser das Wasser in den Behältern, und kann verhindern, dafs es, wenn der Kahn schwankt, nicht zu sehr nach der einen oder andern Seite ströme, und die Kiele verhindere, in die Falze zu greifen und sich gleichförmig in dieselben zu pressen.

Ist die schwimmende Schleuse in die Falze gebracht, so liegt ihr Verdeck mit der Oberfläche der Kais in Einer Ebene. Die Ebbethore, auf welchen sich eine Laufbrücke befindet, sind mit dem Verdeck gleich hoch; aber die Fluththore sind 1,35 Meter höher, weil sie die Höhe des Deichs haben müssen, in dessen Mittellinie die Schleuse liegt, und der den Polder, in welchem das Admiralitäts-Bassin ausgegraben ist, von demjenigen trennt, in welchem sich der Kauffahrteihafen befindet. Diese Höhe ist nach der der außerordentlichen Fluthen bestimmt.

Da das Verdeck nur mit der Oberfläche der Kais gleich hoch liegt, die Fluththore aber 1,35 Meter höher reichen, so bleiben neben den Thoren, zwischen den Säulen, an welchen die Thorflügel hängen, und der Bekleidungsmauer des Deichs, Öffnungen, welche, wenn man eine außerordentliche Fluth befürchtet, durch Fallhölzer verschlossen werden, die mit dem einen Ende in Falze in den äußern Seiten der Säulen, an welchen die Thorflügel hängen, mit dem andern in Falze der Bekleidungsmauer des Deichs greifen. Durch diese Fallhölzer wird die Abdämmung bis zur Höhe der Deichkrone gebracht.

Die Verbindung zwischen dem Wasser im Bassin und im Hafen erfolgt durch zwei Canäle, welche in dem Mauerwerk des Schleusenhaupts, in welchem das Kahnthor sich lagert, symmetrisch angeordnet sind. Jeder Canal wird durch zwei Schützen geöffnet und verschlossen, welche durch Wagenwinden aufgezogen werden, die sich in hölzernen Gehäusen über den Enden der Canäle befinden.

Unter dem steinernen Boden des Schleusenhaupts sind Grundpfähle und Spundwände eingerammt, auf welche ein doppelter Schwellenrost und ein doppelter Belag gelegt ist. Auf diese Weise fundamentirt man in Holland gewöhnlich. Denn der aufgeschwemmte Boden daselbst ist gleichförmig und seine Lagerung unbekannt mächtig. Es kommen auf den verschiedenen Baustellen nicht so verschiedene Umstände und Schwierigkeiten vor, daſs es nöthig wäre, die Art der Fundamentirung nach örtlichen Umständen zu ändern.

Der untere Gurt des steinernen Schleusenhaupts, zwischen dem letzten Falz und dem Ende des Haupts auf der Hafenseite, springt überall um 0,2 Meter vor der reinen Mauer des hohlen Bodens und der Wände vor, so daſs er der schwimmenden Schleuse zum Anschlag dient.

Mit Ausnahme der Deckplatten, der Falze, der Kanten des Schleusenhaupts, und der Häupter der Canäle, welche sämmtlich aus Quadern sind, ist das ganze Mauerwerk von gebrannten Ziegeln aufgeführt.

Die Flügel, von den Häuptern der massiven Schleuse an bis zu den Kais, sowohl an der Bassin- als an der Hafenseite, sind durch Deckwerke von Faschinen gebildet. Dieser Bauart bedient man sich in Belgien und in Holland häufig und mit vielem Vortheile. Sie ist in Frankreich nicht hinlänglich bekannt. Der Öffnung zum Durchschleusen im Kahnthore gegenüber hat man, oberhalb und unterhalb des steinernen Schleusenbodens, ein Sturzbette von Faschinen gemacht, die mit Steinen belastet sind.

Die Zeichnungen (Taf. III. und IV. Fig. 1. bis 6.) werden die Einrichtung der schwimmenden Schleuse zu Medemblick, welche unstreitig zu den wichtigeren Holländischen Wasserbauwerken gehört, vollends deutlich machen. Sie ist in den Jahren 1805 und 1806, nach Herrn Goudriaans Entwurfe, von Herrn Glavimans, *Chef de constructions* zu Medemblick, ausgeführt worden.

# 3.

# Beschreibung nebst Abbildung einer Holländischen Klinkerstrafse, mit Bemerkungen über den Bau von Kunststrafsen, deren Fahrbahn mit Ziegelsteinen befestigt ist.

(Vom Herrn Dr. *Reinhold*, Königl. Hannöverschen Wasserbau-Inspector, Ritter des Königl. Niederländischen Löwenordens etc.) *)

---

## §. 1.

Gute und zweckmäfsig geleitete Handelsstrafsen zu Wasser und zu Lande sind das Band, welches nahe und ferne Völker umschlingt: die Adern, worin das Herzblut der Staaten seinen Kreislauf macht: die Mittel: den Absatz der Producte der Erde sowohl, als der Gewerbe, Fabriken und Künste zu erleichtern, Handel und Schiffahrt zu beleben, den Wohlstand der Völker und mit ihm ihre physische und moralische Kraft emporzubringen, uns mit den Künsten und Wissenschaften anderer Völker sie bekannt zu machen und ihnen die unsrigen mitzutheilen.

Gute Handelsstrafsen sind also ein Zeichen der Bildung der Völker, ein redender Beweis ihrer guten Verwaltung, eine Zierde des Landes und eines väterlichen Beherrschers. **Die Wasser- und Strafsen-Baukunst ist daher ein ehrenwerther Theil der staatswirthschaftlichen Verwaltung, der denjenigen ziert, welcher ihm gut vorsteht** **).

---

*) In meiner Abhandlung über Eisenbahnen, welche im 4ten Hefte des 2ten Bandes dieses Journals enthalten ist, versprach ich Seite 416. die gegenwärtige Abhandlung zu liefern, was nun hier geschieht. Anm. d. Verf.

**) Schon die alten Römer kannten den grofsen Nutzen der Kunststrafsen, verstanden sie meisterhaft zu bauen, und ehrten deswegen ihre Wege- und Brückenbaumeister nach Verdienst, wie Cicero *de leg. c. III.* von den Baumeistern der Römer sagt: „*Suntoque aediles curatores urbis, annonae ludorumque solennium: ollisque ad* „*honoris amplioris gradum is primus adscensus esto.*"

Der Kaiser Augustus wurde von den Römern zum Beweise grofser Achtung zum Curator der nächsten nach Rom führenden Strafse ernannt.

Cicero sagt von einem edlen Römer Thermus irgendwo: „*Thermus est* „*curator viae Flaminiae, quae cum erit absoluta, sane eum Caesari consulem addiderim.*" Ein schönes Vorbild für unsere Zeiten! Anm. d. Verf.

So wie im Innern schon jedes wohlverwalteten Staates auf dem Festlande, der auch nicht unmittelbar an das Meer grenzt, feste, sichere und bequeme Kunststraſsen, schiffbare Canäle, Flüsse und Ströme zur Beförderung des Wohlstandes der Völker unentbehrlich sind: so sind sie es in den Seeküstenländern noch insbesondere, weil die Küstenvölker, mittelst ihrer Schiffahrt zur See, den Handel nicht allein mit ihren eigenen natürlichen und künstlichen Producten, sondern auch mit denen der überseeischen und innern Staaten des Festlandes treiben, und die wechselseitige Zusendung der Kaufmannsgüter, oder den Speditionshandel, besorgen.

Die Küstenländer des Festlandes müssen also zu obigem Zwecke hinreichende Anstalten und Mittel besitzen, um alle Handelsgegenstände zu Wasser und zu Lande möglichst schnell, sicher und wohlfeil weiter zu schaffen.

Der Ocean ist der groſse Weltmarkt, auf welchen die Völker der Erde ihre natürlichen und künstlichen Producte bringen und gegen einander austauschen. Die Wege zu diesem groſsen Weltmarkte aus dem Innern aller Welttheile müssen also möglichst zahlreich, kurz, bequem und sicher sein.

Die Schiffahrt bietet die Mittel dar, jene Producte von einem überseeischen Staate zum andern zu bringen. Die Steuermannskunst zeigt die Wege zu den entferntesten Völkern der Erde. Ihr muſs Leben, Habe und Gut vieler Menschen anvertraut werden. Sichere Schiffahrt, gute Häfen und Schiffahrts-Anstalten aller Art, sind, mit den Land- und Wasser-Straſsen im Innern, ein unentbehrliches Bedürfniſs zur Emporhebung des Wohlstandes aller Völker, wie die Geschichte aller Zeiten lehrt. Es bedarf keiner weiteren Beweise davon.

## §. 2.

Bei der ersten Bildung unsers Erdkörpers sowohl, als bei der nachherigen, durch groſse Natur-Ereignisse bewirkten theilweisen Ausbildung der Erdrinde, sind in manchen Inseln und Küstenländern, wie in England, Norwegen u. s. w., Ur-, Flötz- und Übergangsgebirge entstanden, die die zum Land- und Wasserbau nöthigen natürlichen Steine, so wie Metalle und Steinkohlen, liefern. In der Regel sind diese Gebirgsländer auch mit einer hinreichenden Menge Bau- und Brennholz versehen. Andere Küstenländer dagegen, wie Holland, Ostfriesland, Oldenburg, Bremen und Hamburg u. s. w. an den diesseitigen Küsten der Nord-See, zwischen der Schelde, Ems, Weser und Elbe u. s. w., sind, als ein ursprünglich, oder nach und nach aufgeschwemmter Theil der Oberfläche der Erdrinde, von obigen Gebirgsarten, mithin auch von den daraus erfolgenden natürlichen Steinarten, Metallen und Brennstoffen entblöfst, so wie auch von hinreichenden Waldungen. Betrachtet man die äufsere Gestaltung des Bodens der genannten Küstenländer am diesseitigen Ufer der Nord-See, zwischen der Schelde und Elbe, so findet man, dafs sie, von dem Innern des Festlandes nach der Nordsee zu, von Süden und Südosten nach Norden und Nordwesten hin allmälig niedriger werden, oder abdachen. Dies beweisen nicht allein die vielen Ströme und Flüsse, welche, in dieser Richtung fliefsend, sich in die Nordsee ergiefsen; sondern auch die Höhenmessungen, welche Naturforscher, z. B. Herr Benzenberg und Andere, mit dem Barometer angestellt haben. So hat z. B. die Ems von der Stadt Rheine bis zur ostfriesischen Grenze, wo die tägliche Ebbe und Fluth eintritt, auf eine Strecke von etwa 22 Postmeilen Stromlänge, ein Gefälle von etwa 80 Fufs Rheinländisch, wie ich gefunden habe, als ich diesen Strom in den Jahren 1817 und 1818, der Schiffbarmachung wegen, nivellirte u. s. w.

Nimmt man nun mit den Naturforschern an, dafs diese und ähnliche Küstenländer der Nordsee ursprünglich und stufenweise sich als mechanischer Niederschlag der Sinkstoffe aus der See und den landwärts herabkommenden Strömen nach und nach ablagerten; so folgt, dafs ein aufgeschwemmter Boden entstand, der in den Küstenländern aus drei vorwaltenden Hauptmassen: Moorland, Sandland und Thonland besteht, und worin keine Ur-, Flötz- und Übergangsgebirge angetroffen werden.

Der Moorboden, oder die sogenannten Hochmoore, sind in der Regel die am höchsten über dem Meeresspiegel liegenden Gegenden. Die Hochmoore ruhen auf Sandgrunde, und dachen allmälig nach dem Meere zu ab, über dessen Spiegel die höchsten Moore in Ostfriesland etwa 25 Fufs erhoben liegen. Nach den Hochmooren folgt seewärts der am Saume derselben zu Tage kommende Sandboden, in etwas geringerer Höhe, wie der Moorboden, ebenfalls nach den Strömen und der See, in nördlicher und nordwestlicher Richtung, abdachend.

Die höheren und mittleren Sandgegenden sind entweder Haiden, Wälder oder cultivirte Felder. Sie bestehen aus kleinern und gröfseren Quarzkörnern und sonstigen Trümmern ehemaliger, durch grofse Fluthen, Vulkane und andere Natur-Ereignisse zerstörter und durch lange Fortwälzung im Wasser zerriebener und abgerundeter Gebirgstrümmer, unter denen man sowohl einzelne, als lagerweise gröfsere Trümmer von Granit und anderen festen Urgebirgen findet, die die Gröfse kleinerer und gröfserer Pflastersteine haben, und als solche verbraucht werden. Der geringste Theil derselben ist von bedeutender Gröfse, welche Steine dann zum Strafsenbau in kleinere Stücke mit Pulver gesprengt werden. Diese Gebirgstrümmer sind in den Nordsee-Küstenländern selbst ursprünglich wohl nicht entstanden, sondern höchstwahrscheinlich bei grofsen Veränderungen der Erde durch bedeutende Fluthen dahin gewälzt worden.

Auf den Sandboden folgt seewärts in der Regel Klai oder Thon, bis an die Ufer der Ströme oder der Nordsee, welche indefs auch theilweise, wie in Nord-Holland etc., oft unmittelbar mit Sanddünen begrenzt ist. Der Untergrund des nach und nach aufgeschwemmten Klaibodens ist in der Regel sogenannter Darg, ein mit Schilf, Rohr und anderen Vegetabilien vermengter Moorboden, der, getrocknet, ebenfalls wie Moor oder Torf brennt, aber einen höchst unangenehmen Geruch beim Brennen verbreitet, wie ich hier in Ostfriesland bei Ausgrabung von Canälen oft bemerkt habe, wenn die Arbeiter den getrockneten Darg verbrannten. Die Ufer des Meeres und der Ströme in den diesseitigen Küstenländern der Nordsee, und zwar so weit die tägliche Ebbe und Fluth reicht, besteht also aus aufgeschwemmten Klaiboden, der den äufsersten Streifen des Küstenlandes von etwa 500 bis 1500 Ruthen Rheinl. breit bildet, wie es z. B. in Ostfriesland der Fall ist.

In den Sand- und Moorgegenden findet man aber auch oft ganze Lager von Lehm und Töpferthon (sogenannten Pottklai), welcher, eben so wie der Klai an den Strom- und Meeresufern, zu Ziegelsteinen und Töpfergeschirr brauchbar ist.

Die aus Klaiboden bestehenden Strom- und Meeresküsten an der Nordsee sind die Marschen, Polder oder Groden, welche fruchtbare Kornfelder, Wiesen und Weiden darbieten, und auf denen sich unzählige Ziegelfabriken befinden, die für das In- und Ausland jährlich viele Millionen Mauersteine und Dachpfannen liefern.

Über die ursprüngliche Entstehung des Klai's giebt es verschiedene Hypothesen der Naturforscher. Die vorzüglichste darunter ist hier zu Lande die*), dafs der Klai ein chemischer Niederschlag aus dem salzigen Seewasser mit dem süfsen, bituminösen Moorwasser sei, die sich bei Ebbe und Fluth in der Ausmündung der Ströme in's Meer in der Nähe der Küste mechanisch miteinander vermengen, und dann jenen chemischen Niederschlag bilden, den man, im fliefsenden oder weichen Zustande, hier Schlick, und im festen Zustande Klai nennt, woraus sich See- und Strom-Anwächse bilden, wodurch aber auch die Strombetten, Hafenstrafsen und Entwässerungs-Canäle schädlich erhöht und verschlämmt werden, in welchen die Sinkstoffe sich während des Stillstandes des Wassers ablagern, die dann in dem Maafse die Ebbe nicht seewärts wieder abführt, wie sie mit der täglichen Meeresfluth landwärts, als feine schwimmende Sinkstoffe herauf kommen **). Die Erzeugung des Klaischlicks durch die mechanische Vermengung des See- mit dem Moorwasser, oder des daraus sich bildenden chemischen Niederschlags, kann man um desto mehr für wahrscheinlich halten, als diese Erscheinung ebenfalls Statt hat, wenn man z. B. in einer Flasche beide Arten von Wasser, etwa zu gleichen Theilen, mit einander vermischt, woraus sich ein ähnlicher Niederschlag bildet, der die Farbe, den Geruch und die Eigenschaft des Thons oder Klaies hat, wie der vorhin angeführte Ostfriesische Historiker Freese, seiner Angabe nach, durch einen solchen Versuch ausgemittelt hat. Es ist wünschenswerth für die Wissenschaft, dafs die jetzigen Chemiker mehrere Versuche und Untersuchungen hierüber anstellen, oder, wenn sie schon angestellt sein sollten, sie öffentlich bekannt machen möchten.

Die Erzeugung dieses Klaischlicks in der Mündung der Ströme, nahe an der Küste, und nicht weiter seewärts, wird dadurch

---

*) Siehe des verstorbenen Kammerraths Freese Schrift: „Ostfries- und Harrlingerland" S. 348 etc. (Aurich 1796), worin diese Hypothese aufgestellt wird.
Anm. d. Verf.

**) Holland liefert ein Beispiel im Grofsen, bis zu welcher Stufe der Gefahr für ein ganzes Land grofse Ströme verschlämmen können, wovon ich in einer Abhandlung: „Nachricht von grofsen und merkwürdigen Wasserbauten, welche an den Haupt-Strömen im Königreiche der Niederlande bald ausgeführt werden und über 13 Millionen Gulden Holländisch kosten sollen etc." (Bremen 1832, bei Wilh. Kaiser), eine geschichtliche Übersicht mitgetheilt habe.
Anm. d. Verf.

bewiesen, dafs die weiter seewärts liegenden Sandplatten, und der Strand, so wie die, einige Meilen vom Lande entfernten Inseln nicht aus Klai, sondern aus Sand bestehen, der mit Klai vermischt oder überschwemmt sein würde, wenn der Klai oder Schlick, als mechanisch aufgelöseter schwimmender Sinkstoff, weiter seewärts herkäme, und mit der täglichen Meeres-Fluth dem Lande stromaufwärts zugeführt würde, was man nicht bemerkt, wiewohl bei heftigen Sturmwinden und Sturmfluthen, durch die Geschwindigkeit des Wassers und den starken Wellenschlag auf den Untiefen des Strombettes und an den Ufern, auch viel Klai aufgelöset und landwärts stromauf getrieben wird, so wie auch bei jenen vieler Sand und andere Sinkstoffe stromauf- und abwärts getrieben und mitgeführt, und bei ruhigem Wasser abgelagert werden, wodurch Untiefen und Anwächse entstehen.

Aus diesen und mehreren andern Gründen, die wir hier der Kürze wegen übergehen, scheint die Hypothese Glauben zu verdienen, deren oben über die Erzeugung dieser Thonart, des Klaies, gedacht wurde.

Man sieht nun hieraus, dafs und warum die diesseitigen Nordseeküstenländer keine hinreichende Masse von natürlichen Bausteinen, keine eigenen Metalle, keine Steinkohlen zum Verarbeiten derselben, und zu wenig Bau- und Brenn-Holz zum eignen Bedarf besitzen, und dafs sie also genöthigt sind, das ihnen Fehlende aus andern Ländern zu beziehen, oder sie durch künstliche inländische Producte zu ersetzen. Diesen letzten Zweck erreichen diese Küstenländer durch ihren Klai-, Lehm- und Thon-, Moor- oder Torfboden und Sand, als durch ihre natürlichen Hauptbestandtheile.

## §. 3.

Nachdem die genannten Nordseeküstenländer, welche zur Zeit, als die Römer, etwa 10 Jahre vor Christo, sie eroberten, noch nicht bedeicht waren, etwa im 12ten, 13ten und 14ten Jahrhundert der christlichen Zeitrechnung, nach und nach regelmäfsiger bedeicht, und dadurch gegen die Überströmung der täglichen Meeresfluth, so wie der innern Gewässer, besser geschützt, und zugleich in jener Zeit die Entwässerungsschleusen, oder Syle, zur Entwässerung des Binnenlandes angelegt, und etwa um das Jahr 1450 in den niedrigsten Gegenden Hollands die Entwässerungsmühlen eingeführt worden waren, wie es aus der Geschichte der Hydrotechnik zu entnehmen*), wurde das eingedeichte Binnenland, nach und nach mehr bewohnt und cultivirt; es entstanden nach und nach mehr einzelne Wohnungen, Dörfer, Flecken, Klöster und Städte. Dazu hatte man nun immer mehr Brennmaterialien nöthig, und da es an natürlichen Bausteinen mangelte, so war es nothwendig, dafs man künstliche an deren Stelle setzte, wozu das Land selbst die Materialien lieferte, nemlich Klai, Thon, Lehm, Torf und Sand. Die Erfindung der in der Luft getrockneten und im Feuer gebrannten Ziegelsteine verliert sich in das graueste Alterthum, indem bekanntlich schon die Israeliten in Egypten, zu Moses Zeiten, Ziegel streichen mufsten, und gewifs auch die früheren Völker, so wie spätere, z. B. Griechen und Römer, Ziegelsteine gekannt, verfertigt und gebraucht haben, wie Vitruv lehrt.

Zunächst wurden nun wohl in den früheren Zeiten die Ziegelsteine mehr zum Land- und Wasser- als zum Strafsen-Bau in den Küstenländern angewendet, indem der innere Verkehr wohl mehr auf gewöhnlichen Erdwegen, auf den von der Natur gebildeten Strömen und Flüssen, und auf den zur Entwässerung des Binnenlandes gegrabenen Canälen, als auf Kunststrafsen Statt hatte, welche mit natürlichen oder künstlichen Steinen befestigt waren. Ausnahmen davon mögen diejenigen Heerstrafsen machen, welche die Römer nach Eroberung Hollands und Deutschlands, z. B. am Rheine und in Holland, gebaut haben, wovon man noch in neuern Zeiten Spuren durch Aufgraben entdeckt hat. Es ist aber höchst wahrscheinlich, dafs die Römer damals ihre Kunststrafsen mehr in der Absicht anlegten, theils ihre Armeen zur Eroberung fremder Länder desto schneller zu bewegen, theils auch um sie zu beschäftigen, und dadurch gegen Müfsiggang und Aufruhr zu bewahren, als um den innern Verkehr und den auswärtigen Handel zu beleben und die Völker zu beglücken, was doch der eigentliche Hauptzweck ist.

*) In der Niederländischen gelehrten Zeitschrift: „*Nederlandsche Letteroefeningen voor Mai* 1832. *No. VI. Bladz.* 268 *etc.*" ist ein Aufsatz über die Anlage der ersten Deiche, Schleusen und Entwässerungsmühlen in Holland enthalten, betitelt: „*Geschiedkundige Aantekeningen betrekkelyk het Hoogheems raadschap van Rhynland en des zelfs verschillende uitwateringen. Door F. W. Conrad, Ing. by den Waterstaat.*" worin Nachrichten über diese Gegenstände aus der Geschichte mitgetheilt werden.

Anm. d. Verf.

Die **Strafsenbaukunst** ist mit der Zunahme der Cultur und der Bedürfnisse der Völker stufenweise auf die Höhe ihrer jetzigen Vollkommenheit gestiegen.

Unter den Völkern, die am diesseitigen Gestade der Nordsee wohnen, haben sich die alten Batavcr, oder jetzigen Niederländer, seit den ältesten Zeiten bis jetzt, besonders in der Wasserbaukunst rühmlichst ausgezeichnet, worin sie die besten Lehrmeister für alle cultivirten Völker der Erde sind. Durch Bedeichung ihres dem Meere entrungenen Landes, durch Anlegung von Canälen, Häfen, Leuchtthürmen, Schiffszimmerwerften, Schleusen und Brücken, durch den Unterricht in Navigationsschulen und grofse Praxis in der Seefahrtskunde, hat dieses, an Anzahl kleine, aber gediegene Volk, das so eben wie eine Heldenschaar für die Erhaltung seines Vaterlandes kämpft, dessen Handel und Schiffahrt bedroht ist, sich mit Klugheit, Fleifs und Einigkeit, die Quellen des Wohlstandes eröffnet, welche Ackerbau, Handel, Schiffahrt und Industrie aller Art gewähren, und sich dadurch auf den ehrenvollen Standpunct erhoben, den es bisher in der Geschichte der Völker einnahm, und auf welchem es noch steht. Alles, was zu diesem Zwecke dienen kann, haben die Holländer von jeher unter sich kräftig befördert. Hierhin gehört unstreitig auch die Wegebaukunst! —

So wie Holland reich an schiffbaren Strömen, Flüssen und Canälen ist, durch deren kluge Benutzung es zu seinem Wohlstande gelangte: so hat es nicht minder auch nach und nach gut gebaute und zweckmäfsig geleitete Kunststrafsen zu Lande angelegt, um den Verkehr im Innern des Landes und den Transport der Handelsgüter von und nach den Strom- und Seehäfen zu erleichtern, vorzüglich in den letzten 18 Jahren unter der Regierung seines jetzigen wahrhaft weisen und väterlichen Monarchen *).

---

*) So beabsichtigt man auch jetzt in Holland Eisenbahnen zu bauen, ungeachtet der Menge von schiffbaren Strömen, Canälen und Klinkerstrafsen. Die *Hollandsche Maatschappy der Wetenschappen te Haarlem* hat kürzlich eine Preisfrage zur Beantwortung bis zum 1. Januar 1834 aufgestellt: „Auf welche Weise in den Niederlanden Eisenbahnen am zweckmäfsigsten angelegt werden können u. s. w." Anm. d. Verf.

Aus Mangel an natürlichen Steinen, die entweder aus Deutschland, Frankreich, Braband, England oder Norwegen, mit vielen Kosten herbeigeschafft, und entweder zu den Deichen und Schleusen als Bedürfniſs, oder zur Verzierung bürgerlicher und Staats-Gebäude als Luxusartikel verbraucht werden, bedient Holland sich hauptsächlich, als Hauptmaterial zu allen Anlagen, seiner eignen künstlichen Steine, die es aus inländischem Material, nemlich Klai, verfertigt, und mit inländischem Torfe brennt, wodurch jährlich viele Tausende von Einwohnern beschäftigt, die Cultur und der Preis der inländischen Torfgräbereien befördert, und viele Millionen Gulden im Lande zurückbehalten werden.

Die besondere Güte der Holländischen Ziegelsteine ist bekannt, und wird durch die Festigkeit und lange Dauer alter Wasserbau- und Festungs-Werke, die den Angriffen der Natur und Kunst am meisten ausgesetzt waren, hinreichend erwiesen. Die Güte dieser künstlichen Steine hängt aber nicht allein von der natürlichen Eigenschaft der Materialien ab, woraus sie verfertigt werden, welche wiederum auf der chemischen Zusammensetzung der Stoffe und deren Verhältniſs beruht, woraus das Ziegelmaterial, der Klai, gebildet ist; sondern auch noch vielmehr von der guten und fleiſsigen Zubereitung des Klais, von den Abmessungen der daraus geformten Steine, und von dem guten und hinreichenden Gar- und Hartbrennen derselben, so wie die lange Dauer des daraus gebildeten Mauerwerks von dem guten Verbande und der Güte des Mörtels oder Cements abhängig ist.

Es würde zu weitläufig sein, hier die Verfertigung der Holländischen Ziegelsteine zu erzählen, was Raum und Zweck nicht gestatten; daher beschränke ich mich auf obige allgemeine Bemerkung, und bin der Meinung, daſs in den benachbarten Küstenländern Hollands, wo keine so gute und dauerhafte Ziegelsteine, wie dort, verfertigt werden, die nachlässige Bearbeitung und Auswahl der rohen Materie, das unzureichende Brennen derselben, und Mangel an Kenntniſs der Fabrikenbesitzer, so wie deren Gewinnsucht, mehr als die Beschaffenheit des rohen Materials selbst, an der minderen Güte ihrer Waaren Schuld ist.

In dem ersten Hefte des 1sten Bandes Seite 61., im 3ten Hefte desselben Bandes S. 305. und im 2ten Hefte des 2ten Bandes S. 144. u. s. w.

des gegenwärtigen Journals sind sehr lehrreiche Erfahrungen über die Fabrication der Ziegel und deren Kosten u. s. w. mitgetheilt worden, auf welche ich mich der Kürze wegen hier beziehe.

Die hartgebackenen Ziegelsteine, welche in Holland zu Wasser- und Festungsbauten, und insbesondere zur Befestigung der Fahrbahnen auf den Kunststraſsen gebraucht werden, heiſsen „Moppen" auch „Klinker." Den letztern Namen haben sie daher, daſs sie klingen (klinken), wenn man mit einem Hammer daran schlägt, was ein nothwendiger Beweis ihrer Güte ist, nemlich, daſs sie gar oder hart gebrannt sind, als Bedingung, um zum Wasser- und Straſsen-Bau brauchbar zu sein, besonders wenn die Ziegel dem Wechsel der Luft und des Wassers, so wie der Wärme und des Frostes unmittelbar ausgesetzt sind. In Holland wird auf die gute Eigenschaft dieser Steine, sowohl bei ihrer Fabrication, von Polizei wegen, als bei der Ablieferung zu irgend einem Baue, von der Baubehörde sehr strenge gesehen. Zum Straſsenbau werden die sogenannten Moppen, oder Klinker, ungefähr von derselben Gröſse, wie die zu Mauern bestimmten Steine fabricirt, und haben auch in der Regel dieselbe röthliche Farbe, was von dem mehreren oder minderen Eisengehalte des Thones abhängt, der durch das Brennen von den darin enthaltenen Eisentheilen roth gefärbt wird. Es giebt nicht allein weiſse, gelbe und graue, sondern auch bläulich-rothe und ganz rothe Klinker und Moppen, von verschiedener Gröſse und von verschiedenen Eigenschaften, auf welche die Farbe keinen Einfluſs hat, die man auch durch künstliche Mittel bekanntlich verändern kann. Die gröſsten Klinker werden Moppen genannt, die kleinen schlechtweg Klinker. Die Moppen werden zum Straſsenbau etc., die kleineren zu Fuſswegen und wasserdichtem Mauerwerk in Cisternen (Regenbakken) und Kellern vorzugsweise verwendet. Die Haupterfordernisse der Klinker sind, daſs sie, gut zubereitet, gut gebrannt, fest und dauerhaft gegen die Einwirkung der Witterung sind. Ihre Gröſse und Form hängt vom Zwecke und der Bestellung Dessen ab, der sie verlangt. Der Verband derselben, beim Straſsen-, Wasser- und Land-Bau, so wie der dazu nöthige Mörtel, ist ein zweites Erforderniſs zur Haltbarkeit der Bauwerke, wovon wir das Nähere hier der Kürze wegen ebenfalls übergehen müssen.

## §. 4.

Nach diesen allgemeinen Bemerkungen gehe ich nun zu dem Hauptgegenstande der vorliegenden Abhandlung über, nemlich zu der

„Beschreibung und Abbildung einer Holländischen Klin-
„kerstrafse."

Ich habe dazu ein praktisches Beispiel aus der Erfahrung entnommen, nemlich den Bau der Haupthandelsstrafse durch Holland, von Leyden nach Münster, so wie derselbe von der höchsten Behörde, dem Minister des Innern und des Waterstaates etc., im Jahre 1820 ausgeführt und ausverdungen werden sollte, was auch damals und in der Folgezeit gröfstentheils geschehen ist, so wie in andern Gegenden Hollands seitdem danach bedeutende neue Strafsenzüge von Klinkern angelegt worden sind, um die Hauptpuncte des Innern unter sich und mit den auf die Grenzen des Landes instradirten Haupt-Handels- und Post-Strafsen möglichst zu verbinden.

Die damals von dem Königlich-Niederländischen Ministerio des Innern und Waterstaates unterm 14ten Februar und 16ten Mai 1820, Behufs der öffentlichen Ausverdingung an die Mindestfordernden einer Wegestrecke zwischen Wageningen und Arnheim, durch den Druck bekannt gemachten Bedingungen lasse ich, der Kürze wegen, in wörtlicher Übersetzung folgen, nemlich:

1) über die Anfertigung der Erdbahn vom 14ten Februar, und
2) über die Befestigung der Fahrbahn mit Ziegelsteinen vom 16ten Mai 1820.

Da diese Bedingungen die genaue Beschreibung der Maafse, der Construction, so wie der Art und Weise der Ausführung enthalten, und durch die beigefügte Zeichnung des Querprofils (Taf. V.) hinreichend erläutert werden, so wird es hinreichend sein, ohne irgend eine weitere, nähere, Beschreibung die Bauart einer Klinkerstrafse dadurch verständlich darzustellen.

Die Bedingungen von andern Wegestrecken jener Hauptstrafse sind in der Hauptsache die nemlichen, wie die obigen, und weichen nur in den Einzelnheiten der Örtlichkeit ab, weshalb ich sie zur Vermeidung von Wiederholungen übergehe.

Für Diejenigen, welche mit dem in Holland eingeführten Maafse (der Elle, oder dem Französischen Meter) eine Vergleichung mit einem bekannten Fuſsmaaſse ohne weitere Rechnung anzustellen wünschen, habe ich eine Reduction der im Texte befindlichen Zahlen auf Rheinländisches Maaſs, durch Einschaltung, oder Anmerkung, beigefügt.

Die Bedingungen über die Ausführung der Erdbahn sind überschrieben:

Bestek en Conditien tot den aanleg van den aardenbaan voor de bestrating van den grooten weg No. 6. van Leyden naar Münster, en wel bepaaldelyk in het gedeelte, beginnende aan het einde van den Straat buiten Wageningen en gaande tot aan het posthuis by de de Rynpoort te Arnhem.

Die Bedingungen über die Pflasterung dieser Strecke haben dieselbe Überschrift, mit Ausnahme des Wortes Pflasterung (*bestrating*) statt Erdbahn (*aardenbaan*), wie die nachfolgende Übersetzung zeigt:

---

Besteck und Bedingungen für die Anlage der Erdbahn zur Pflasterung der Heerstraſse No. 6. von Leyden nach Münster, und namentlich in der Strecke vom Ende der Straſse von Wageningen bis an das Posthaus vor dem Rheinthore zu Arnheim.

### Art. 1.
Maaſs und Pegel.

Das Maaſs, wovon hier die Rede ist, ist die durch Königl. Beschluſs vom 29. März 1817 eingeführte Elle (Meter). (3 Fuſs 2 Zoll 2,6 Linien Rheinl.)

### Art. 2.
Richtung der Straſse.

Die Strecke fängt an der vorhandenen gepflasterten Straſse bei dem Hause, wo der Pfahl No. I. steht, an, und läuft 270 Ellen (71 R. 8 F.) lang bis zur zweiten Mühle nach dem Pfahle No. II. Vom Pfahle No. II. geht sie in gerader Linie bis zum Pfahle No. III. auf 1100 Ellen (291 R. 11 F. 9 Z.) Länge, wo der Pfahl, etwa 90 Ellen (23 R. 10 F.) an dem sogenannten Hohlwege vorbei, auf dem alten Wege steht.

Vom Pfahle No. III. bis No. IV. wird der jetzt bestehende Weg verfolgt auf 1730 Ellen (459 R. 2 F. 6 Z. Rheinl.) lang, vom Pfahle No. IV.

bis an den Weg durch das Dorf Renkum bis zum Hause, de Maat genannt, wo der Pfahl No. V. steht.

Vom Pfahle No. V., grade neben dem Hause, zur Heide genannt, her 1795 Ellen (476 R. 5 F. 6 Z.) lang bis zum Pfahle No. VI., wo die Strafse längs dem Wege über die Schaafbrücke sich wendet, und bis zum Pfahle No. VII. 300 Ellen (79 R. 7 F. 7 Z.) lang ist.

Von hier in gerader Linie auf die Achse, oder Mittellinie des nach Arnheim gehenden Weges am Mastbusche zum Pfahle No. VIII. auf 550 Ellen (145 R. 11 F. 11 Z.), von wo an die Linie den obgenannten vorhandenen Weg 3655 Ellen (970 R. 2 F.) in der alten Richtung geht, bis zur sogenannten kalten Herberge, oder Pfahl No. IX. Von hier geht die Richtung in gerader Linie 800 Ellen (212 R. 4 F.) lang auf einen Punct der Achse der bestehenden Strafse, der durch den Pfahl No. X. bemerkt ist.

Von diesem Puncte folgt die Linie dem bestehenden Wege nach Arnheim auf 1250 Ellen (331 R. 9 F. 7 Z.) bis zum Pfahle No. XI., dann ferner bis in die Achse des bestehenden Weges, bis zum Pfahle No. XII. auf 400 Ellen (106 R. 2 F.), von da den bestehenden Weg nach Arnheim bei dem Hügel und der langen Scheune her, bis zu dem untern Wege nach benannter Stadt beim Pfahle No. XIII., und von da, den obern Weg folgend, bis zum Posthause vor dem Rheinthore von Arnheim. Diese hier angegebenen Richtungslinien sollen durch regelmäfsige Biegungen mit einander vereinigt werden, so wie es abgebaakt ist, und während der Arbeit näher angewiesen wird.

### Art. 3.

#### Abmessung der Höhen.

Die Erdbahn mufs überall durch Erhöhung, oder Durchgrabung, auf die Höhe gebracht werden, welche die eingeschlagenen Pfähle anweisen, und welche hier von Punct zu Punct näher angewiesen wird. Es wird die Höhe der Mittellinie, oder Achse, des Weges verstanden, so dafs die Oberfläche des Weges von einem Puncte zum andern in eine Ebene und in geraden steigenden oder fallenden Linien zu liegen komme, ausgenommen in solchen Strecken, wo der bereits vorhandene Weg nur geebnet und abgerundet werden soll, die auch besonders angegeben werden.

Die Höhe der Bahn wird folgendermaaſsen bestimmt. Beim Pfahle No. I. bleibt die jetztige Höhe. Beim Pfahle No. II. desgleichen, so daſs von einem Puncte zum andern die Oberfläche so genau als möglich in gerader Linie geebnet wird.

Im Fache vom Pfahle No. II. bis No. III. sind zwei Senkungen auszufüllen und die Höhen zu ebnen, nach den Pfählen No. I. und II. und nach den in dieser Strecke geschlagenen kleinen Pfählen 1., 2., 3., 4.

In der Strecke vom Pfahle No. III. bis IV. wird die Höhe durch die Pfähle III. und IV. und 1., 2., 3., 4., 5. und 6. bestimmt, wobei bemerkt wird, daſs der Pfahl No. 4. 2 Ellen (6 F. 4 Z. 5,35 L.) gesenkt werden muſs.

In der Strecke zwischen No. IV. und V. wird, auſser durch diese beiden Hauptpfähle, die Höhe durch die Pfähle No. 1., 2., 3. bestimmt, mit dem Vorbehalt, daſs zwischen 2. und 3. und zwischen III. und V. die Höhe des Weges beibehalten werde.

In der Strecke zwischen den Pfählen No. V. und VI. wird die Höhe, auſser durch die Haupt-Pfähle V. und VI., durch 1., 2., 3. angewiesen, und die Puncte 2. und 3. sind wasserpas.

In der Strecke von No. VI. bis VII. wird die Höhe, auſser durch diese Hauptpfähle, durch den Pfahl auf der obersten Schaafbrücke bestimmt, der mit No. 1. bezeichnet ist.

In der Strecke zwischen No. VII. und VIII. wird die Höhe durch beide Hauptpfähle bestimmt, wonach die Oberfläche in gerader steigender Linie von einem Puncte zum andern geht. In der Strecke vom Pfahle No. VIII. bis IX. wird die Oberfläche geebnet.

Vom Pfahle No. IX. bis X. wird die Höhe zwischen beiden durch die Pfähle No. 1. und 2. bestimmt.

In der Strecke zwischen No. X. und XI. wird der vorhandene Weg geebnet, so wie vom Pfahle No. X. bis No. I.; vom Pfahle No. I. bis zum Zeichen am Pfahle No. XI. wird theils abgetragen, theils aufgefüllt bis zu einer ebenen Oberfläche.

In der Strecke vom Pfahle No. XI. bis XII. wird die Höhe durch die Zeichen an den beiden Haupt-Pfählen angewiesen, nach welchen die Oberfläche des Weges geebnet werden muſs.

In der Strecke vom Pfahle No. XII. bis XIII. wird der vorhandene Weg durch Erhöhung und Abschlichtung möglichst geebnet und unter das bestimmte Profil gebracht, so daſs im Durchschnitt 4 Palmen (1 F. 3 Z. 3,47 L.) hoch Erde in der Mitte aufgebracht werden.

In der Strecke vom Pfahle No. XIII. bis XIV. stehen die folgenden Pfähle, welche auſser den beiden Hauptpfählen die Höhe angeben, als: No. 1., 2., 3., 4., 5., 6., 7., wobei bemerkt wird, daſs die Oberfläche von Pfahl zu Pfahl eben sein muſs, mit Ausnahme von 4. bis 5., wo eine Schlichtung mit einiger Auffüllung hinreichend ist.

### Art. 4.

Maaſs der Breite, der Dossirungen und Form der Oberfläche, Rinnen und Gräben längs dem Wege.

Die Breite des Weges ist überall auf 10 Ellen (31 F. 10 Z. 2,769 L., also beinahe 32 Fuſs Duodecimalmaaſs Rheinl.) festgesetzt, von der Achse oder Mittellinie des Weges nach jeder Seite hin 5 Ellen (15 F. 11 Z. 1,384 L., oder beinahe 16 Fuſs Rheinl.). Einige Strecken sind ausgenommen, wo der Weg zwischen Gebäuden und durch andere kostbare Gegenstände beschränkt ist, die dem Annehmer angewiesen werden sollen. Auſserdem bleibt die Breite unverändert, und es wird hinsichtlich derselben noch bestimmt, daſs in allen Puncten, wo der Weg in Anhöhen eingeschnitten, und dieselben deshalb abgegraben werden müssen, diese Einschnitte eine solche Breite haben sollen, daſs auch in diesen Strecken, zu beiden Seiten des Weges, die nachbemerkten Rinnen oder Gräben angelegt werden können.

Die beiderseitigen Dossirungen, oder Abdachungen, von der Oberkante der Erdbahn bis auf die Oberfläche des Landes, oder bis auf den Boden der Gräben, soll überall zweifüſsig sein, das heiſst: das Ufer soll auf Zwei Fuſs horizontale Ausladung Einen Fuſs Höhe haben. Diese allgemeine Bestimmung soll auch für die Abdachung der Ufer der Anhöhen gelten, in welche der Weg eingeschnitten wird, auch für die in und aus dem Hauptwege gehenden Nebenwege. Ausgenommen davon ist die Auſsendossirung des hohen Weges vom Pfahle No. VI. an bis zur Scheune bei der Herberge, der B o c k genannt, bei R e n k u m, und bis zur Kirche von R e n k u m, ingleichen die unterste Dossirung des Querweges über die Schaafbrücke, welche dreifüſsig sein soll.

Die Oberfläche des Weges muſs rund sein, so daſs die Mittellinie desselben 20 Duimen (7 Z. 7,74 L. Rheinl. oder Ein Funfzigtheil der ganzen Breite) höher, wie die Seitenlinien der Erdbahn liegt.

An den Seiten des Weges sollen da, wo es nöthig ist, und angewiesen werden soll, Gräben gezogen werden, so tief als die Beschaffenheit der Anlage es erfordert, aber die Breite des Bodens soll stets 30 Duimen (oder 3 Palmen; oder 11 Z. 5,6 L. Rheinl.) und die Dossirung des äufsern Ufers $1\frac{1}{2}$füfsig sein. In den Strecken, wo die Gräben zu Wasser-Leitungen dienen müssen, mufs der Boden durch das Nivellement bestimmt und übrigens möglichst gleichlaufend mit der Erdbahn angelegt werden.

### Art. 5.

#### Art der Bearbeitung.

In der ganzen Oberfläche, wo der Weg angelegt wird, mufs der Grund vorher von allen Gewächsen befreit werden, sie seien Haide, Gras oder Holz, welches alles mit der Wurzel ausgerottet werden mufs. Hierauf wird die Erde mit Sturzkarren angefahren, welche die aufgebrachte Erde sowohl beladen, als ledig befahren müssen. Da, wo das Anbringen der Erde mit Schubkarren, oder durch das Aufwerfen mit der Schaufel, angemessener sein sollte, soll die aufgebrachte Erde mit schweren Handrammen, oder mit schweren steinernen oder hölzernen Walzen, von wenigstens 40 Duim. (1 F. $3\frac{1}{4}$ Z. Rheinl.) im Durchmesser, und durch ein Pferd gezogen, befestigt werden, so dafs die Direction damit zufrieden ist.

Das ausgerottete Holz und Wurzeln bleibt Eigenthum der Grundbesitzer, die der Annehmer verpflichtet ist, zeitig davon zu benachrichtigen, auch zu ihrem Gebrauche das Holz von der Arbeitsstelle zu bringen und regelmäfsig aufzusetzen.

### Art. 6.

#### Beschaffenheit der Erde, und woher sie genommen wird.

Die Erde zur Aufführung der Erdbahn kann aus derselben Erdart bestehen, wie das Land, worüber der Weg geführt wird; sie mufs aber von allen Wurzeln, Gewächsen und Stoffen, die der Anlage schädlich werden könnten, gereinigt werden. Diese Erde kann der Annehmer aus zu beiden Seiten zu ziehenden Gräben bekommen, die übrige mufs er von den, an den Weg grenzenden Grundstücken holen lassen.

Behufs Gewinnung dieser Erde darf der Annehmer ohne Noth keine Gruben oder Löcher graben lassen, noch die Erde näher, als auf einen Abstand von 20 Ellen (5 R. 3 F. 8. Z.) vom Wege nehmen; die Grundstücke, worüber der Erdtransport geschehen mufs, soll er möglichst schonen und ist verpflichtet, muthwillige Beschädigungen zu vergüten und für das Betragen seiner Arbeiter einzustehen.

### Art. 7.

Brücken und Dücker.

Der Annehmer mufs während der Arbeit, oder bis zur Zeit der völligen Erneuerung dieser Gegenstände, die im Wege befindlichen Brükken und Dücker in einem für die Passage guten und gangbaren Stande unterhalten, und zwar durch das Verstärken des Brückenbelags und der Geländer, sobald solches nöthig gefunden und so wie es angewiesen werden wird. Die Deckpfosten der Fahrbahn sollen aus 4 Duim. (1 Z. 6,35 L. Rheinl.) starken nordisch-greinen Dielen, und die Geländer aus tannenen Sparren von der nöthigen Stärke und Länge bestehen.

### Art. 8.

Werkzeuge und Geräthschaften.

Alle zu dieser Anlage nöthigen Werkzeuge und Geräthschaften, ohne Ausnahme, mufs der Annehmer sich selbst anschaffen. Ingleichen kommt auf seine Rechnung aller Transport und Arbeitslohn, so wie die Pfähle, Latten und Sparren, und Alles, was zur Ausbakung der Anlage erfordert wird. Ferner ist er verpflichtet, dem Ingenieur, oder Aufseher, durch seine Leute bei der Arbeit Hülfe zu leisten, so oft es von ihm verlangt wird.

Auch mufs der Annehmer an einer ihm anzuweisenden Stelle eine gut gezimmerte Bauhütte aufschlagen, die von greinen, 3 Duim. (1 Z. 1,76 L. Rheinl.) starken Dielen, und greinem Riegelholze von 10 und 13 Duim. (3 Z. 9,87 L. und 4 Z. 11,63) so angefertigt wird, dafs sie leicht auseinander genommen und wieder zusammengesetzt werden kann. Diese Bauhütte ist mit 3 Fenstern, einem geschlossenen Kasten, einem Tische und 4 Stühlen, und einer Thür mit gutem Verschlusse zu versehen, und soll nur zum Gebrauche für die Direction bestimmt sein. Diese Bauhütte soll nach Beendigung der Arbeit ein Eigenthum des Landes sein, und mufs der Annehmer sie alsdann abbrechen und an einer ihm anzuweisenden Stelle aufschichten oder setzen.

### Art. 9.

Vergessene Kleinigkeiten.

Wenn in diesem Bestecke etwas vergessen oder übersehen sein sollte, was zu der oben beschriebenen Arbeit gehört, oder dazu für nöthig gehalten werden sollte, so mufs der Annehmer ein solches Werk auf die erste Aufforderung machen, eben so, als wenn es wörtlich in dem Bestecke mit ausgedrückt wäre, falls es nicht über 100 Gulden kostet.

Im Falle einige Dunkelheiten in diesem Bestecke vorkommen sollten, behält sich der Minister die Auslegung vor, welcher der Annehmer sich unterwerfen mufs.

### Art. 10.

Zeit des Anfangs und der Ablieferung.

Sofort nach Genehmigung der Annahme ist die Ausführung dieser Anlage, nebst Zubehör, für Rechnung und Gefahr des Annehmers, welcher verpflichtet ist, sobald er die Genehmigung erhalten hat, die nöthigen Vorbereitungen zu machen, mit einer hinreichenden Menge von Leuten, Karren u. s. w. auf allen Puncten zugleich anzufangen und fortzusetzen, und drei Monate nach Dato das ganze Werk in vollkommenem Stande nach dem Bestecke abzuliefern.

Wenn der Annehmer diese Bedingung nicht erfüllt, so mufs er für jeden Tag, den er nacharbeitet, 10 Gulden bezahlen. Es sollen aber die Tage hievon ausgenommen sein, an welchen der Annehmer durch schlechte Witterung oder andere Vorfälle verhindert gewesen ist, seine Arbeit fortzusetzen, und soll ihm diese Anzahl von Tagen zur Nacharbeit zugestanden werden.

Wenn es sich aber zutragen sollte, dafs der Annehmer die Arbeit nicht hinreichend förderte, so soll sie auf seine oder seiner Bürgen Kosten, es sei durch eine neue Ausverdingung, die für seine Rechnung geschieht, oder auf Tagelohn, unter Direction und unter unmittelbaren Befehlen der Ingenieure ausgeführt werden.

Diese aufserordentlichen Kosten, so wie die Zinsen der aufzunehmenden Gelder, und alle Kosten, die darauf fallen, werden durch Zurückhaltung der Annehmungssumme und Beschlagnahme des Vermögens des Annehmers und seiner Bürgen gedeckt werden.

Der Annehmer ist verpflichtet, die Erdbahn während 5 Monaten, in der in diesem Bestecke beschriebenen Richtung, Höhe und Breite zu unterhalten, zu welchem Ende er alle Senkungen, die darin entstehen, wieder ausfüllen und die Anlage so machen mufs, dafs die Pflästerung nirgends gehindert wird, wobei er sich pünctlich nach den Aufträgen richten mufs, die ihm während der Arbeit gegeben werden.

### Art. 11.
Zeit und Art der Bezahlung.

Die Bezahlung wird in baarem Gelde, in zwei gleichen Terminen erfolgen. Der erste Termin wird bezahlt, wenn zwei Drittheile der Anlage beendigt, und der zweite und letzte Termin, wenn bei der Aufnahme befunden wird, daſs der Annehmer die Bedingungen erfüllt und die Annahme vollständig überliefert hat. Von dem letzten Termine sollen dem Annehmer aber so lange 3000 Gulden zurückbehalten werden, bis er, nach einer fünfmonatlichen Unterhaltung, die Anlage zum zweiten Male vorschriftsmäſsig abgeliefert haben wird.

Die Bezahlung geschieht ohne irgend einen Abzug, baar, in 8 Wochen nach Abgabe des Abnahme-Attestats vom Ober-Ingenieur, mittelst Anweisung auf die Landeskasse.

### Art. 12.
Eigenschaft des Annehmers und der Bürgen.

Der Annehmer muſs ein sachverständiger und bekannter, redlicher Mann sein, zur vollkommenen Zufriedenheit des Staatsministers, der einstweilen den Wegebau leitet. Er ist auſserdem verpflichtet, zu mehrerer Sicherheit dieser Bestimmung, zwei hinreichend vermögende inländische Bürgen zu stellen, zur Zufriedenheit obiger Behörde. Diese Bürgen müssen, auſser dem Annehmer, einer für alle und alle für einen, als Haupt-Annehmer, durch Unterzeichnung versprechen, die Bedingungen und Bestecke zu erfüllen, unter rechtskräftiger Verbindung ihrer Personen und Güter.

### Art. 13.
Verpflichtung des Annehmers, bei der Arbeit gegenwärtig zu sein.

Der Annehmer ist verpflichtet, bei der Arbeit selbst gegenwärtig zu sein. Bei seiner Abwesenheit muſs er sich durch eine sachverständige Person vertreten lassen, welche die Eigenschaften besitzt, die verschiedenen Vorschriften, die ihr in Beziehung auf die Anlage gegeben werden, auszuführen.

### Art. 14.
Angestellte des Annehmers.

Der Ingenieur hat das Recht, solche Arbeiter, oder Angestellte des Annehmers, die sich nicht gut betragen, oder die keine hinreichenden

Kenntnisse vom Werke haben, wegzuschicken, und vom Annehmer Andere zu verlangen.

Art. 15.

Ausführung des Bestecks.

Der Annehmer soll unter keinerlei Vorwande eine Veränderung in dem Bestecke machen, welches ihm sofort nach erhaltener Genehmigung eingehändigt werden soll. Wenn hiergegen gehandelt wird, so wird keine Bezahlung für Werke, die gegen das Besteck gemacht sind, erfolgen: im Gegentheil wird eine solche Anlage auf seine Kosten abgebrochen und in Ordnung gebracht werden.

Art. 16.

Art des Verdings.

Der Verding geschieht durch Einschreibung und Aufgebot, und es soll auf keine Einschreibungs-Billette Rücksicht genommen werden, wenn nicht der Annehmungslustige, der sich einschreibt, persönlich beim Verdingen gegenwärtig ist; auch darf niemand annehmen, der sich nicht eingeschrieben hat. Der, welcher sich mit der kleinsten Summe einschreibt, erhält sofort 25 Gulden, welche vom Annehmer ersetzt werden müssen.

Art. 17.

Genehmigung des Verdings.

Der Minister behält sich auf alle Fälle das Recht vor, die Arbeit dem Mindestfordernden zu übertragen oder nicht, oder sie auszusetzen, und so damit zu verfahren, als nach Umständen nöthig erachtet werden wird.

Art. 18.

Bezahlung der Kosten.

Alle Kosten von Stempelgebühren, Leges-, Ordonnanz-Geldern etc. sind zur Last des Annehmers, und müssen von ihm bezahlt werden.

Gesehen und genehmigt durch den Staats-Minister, der einstweilen mit dem Wegebauwesen, zufolge heutigen Befehls No. *a.* 985., beauftragt ist.

Gravenhaag, den 14ten Februar 1820.

Repelaer van Driel.

§. 5.

Aus diesen Bedingungen gehen die Vorschriften zur Aufführung der Erdbahn hervor. Wir lassen nun die Bedingungen folgen, wonach die Pflasterung derselben geschehen ist. Die Holländische Überschrift derselben ist folgende:

„Besteken Conditien tot de bestrating van den grooten weg „no. 6. van Leyden naar Münster, en wel bepaaldelyk van het „gedeelte, beginnende aan het einde van de straat buiten Wage-„ningen, en gaande tot de straat by het posthuis buiten de Ryn-„poort te Arnhem."

Ministerium des Innern und Waterstaats.

**Besteck und Bedingungen zur Pflasterung der Heerstrafse No. 6. von Leyden nach Münster, und zwar der Strecke vom Ende der Strafse vor Wageningen bis an die Strafse beim Posthause vor dem Rhein-Thore zu Arnheim.**

Art. 1.

Maafs.

Das Maafs, wovon hier die Rede ist, ist die durch Königl. Beschlufs vom 29sten März 1817 eingeführte Elle *). Die Höhe der Mittellinie der Strafse ist durch die Piket- oder Höhen-Pfähle und Merkzeichen für die Erdbahn angegeben.

Art. 2.

Vertheilung des Werkes in Parcelen.

Die Arbeit ist in drei Parcelen abgetheilt. Die erste beginnt beim Pfahl No. 1. und geht bis Pfahl No. 5., welcher beim Hause, de Maat genannt, steht. Die zweite Parcele beginnt beim Pfahle No. 5. und geht bis zum Pfahl No. 9. bei der sogenannten kalten Herberge. Die dritte

*) Die Niederländische Elle, oder der Französische Meter, ist in 10 Palmen (Decimeter), die Palme in 10 Duim. (Centimeter) und der Duim in 10 Streep (Millimeter) getheilt. 1 Elle ist 3 Fufs 2 Zoll $2\frac{6}{10}$ Linien, 1 Palm 3 Zoll $9\frac{7}{8}$ Linien, 1 Duim $4\frac{6}{10}$ Linien, 1 Streep $\frac{46}{100}$ Linien Duodecimal-Maafs Rheinländisch. Eine neue Niederländische Meile (*Myl* oder *Kilometer*) ist 1000 Ellen oder $265\frac{1}{2}$ Rheinl. Ruthen lang. Eine Niederländische *Uur*, oder Stunde Weges, ist 5554 Ellen, oder 1476 Ruthen Rheinl. lang. Eine Deutsche Postmeile von 2000 Ruthen hat 7534,716 Niederl. Ellen. Eine Englische Meile von 5280 Fufs ist 1609 Ellen oder 427,1 Rheinl. Ruthen lang.
Anm. d. Verf.

Parcele beginnt beim Pfahle No. 9. und geht bis zur Strafse beim Posthause zu **Arnheim.** Diese Parcelen sollen erst jede für sich, dann alle drei zusammen in Masse ausverdungen werden.

### Art. 3.

#### Alignement, Höhe und sonstige Form des Weges und dessen Pflasters.

Zur Information des Annehmers dient, dafs die Erdbahn, worauf das Pflaster gelegt werden soll, und mit deren Aufnahme man jetzt beschäftigt ist, nach dem Bestecke, wonach sie ausverdungen wird, eine Breite von 10 Ellen (31 Fufs 10 Zoll Duodecimalmaafs Rheinl.) erhält, dafs sie mit einer Abrundung von 20 Duim. (7 Zoll|7,74 Linien Duod.-Maafs Rheinl., also Ein Funfzigtheil der Breite der Fahrbahn) aufgeführt werden mufs, so dafs die Höhe der Mittellinie, oder die Axe der Bahn mit den dazu aufgestellten oder angewiesenen Merkzeichen übereinkommt; ferner, dafs durch die Direction dafür gesorgt werden soll, dafs durch den Annehmer der Erdbahn danach pünctlich verfahren, und dieselbe in allen Puncten, wo das Pflaster angefangen wird, in der vorgeschriebenen Form geliefert werde.

Da das Strafsenpflaster überall auf die Mitte der Erdbahn gebracht werden mufs, so dafs die Axe oder Mittellinie des Pflasters mit der Mittellinie der Erdbahn eine und dieselbe ist, so folgt, dafs mit dem Alignement des Pflasters dem Alignement der Erdbahn gefolgt werden mufs.

Die Form, welche die Oberfläche des Weges, wenn er gepflastert und vollendet ist, haben mufs, ist folgende: das Pflaster soll eine Breite von 4 Ellen 5 Palmen (14 Fufs 4 Zoll Rheinl. Duodecimal-Maafs), mit einer Abrundung von 15 Duimen (5 Zoll 9 Linien Rheinl. Duod.-Maafs, oder Ein Funfzigtheil der ganzen Breite des Pflasters) erhalten, während die übrige Breite des Weges, oder die Berme zu beiden Seiten des Pflasters, 3 Duimen (1 Zoll 1,76 Linien Rheinl.) auf jede Elle nach Aufsen zu fallen müssen; wobei bestimmt wird, dafs die Mittellinien des Pflasters 5 Duimen (1 Zoll 11 Linien Rheinl.) höher gelegt werden soll, als für die Höhe der Erdbahn festgesetzt worden ist *).

*) Da die Breite der Erdbahn auf 10 Ellen, und die Breite des Pflasters auf 4 Ellen 5 Palmen bestimmt ist, so bleibt für beide Bermen über 5 Ellen 5 Palmen, und für jede Berme 2 Ellen 7 Palmen 5 Duimen, oder, nach Rheinl. Duodecimalmaafs, 8 Fufs 9 Zoll übrig. Da nun die Berme auf jede Elle der Breite 3 Duimen Fall vom Pflaster nach Aufsen bis zum Graben haben soll, so wird jede Berme einen Fall von 8 Duimen $2\frac{1}{2}$ Streep bekommen, oder 3 Zoll $1\frac{8}{15}$ Linien Duodec. Maafs Rheinl., welches

## Art. 4.

### Pflasterung.

Wenn die Erdbahn in gehöriger Ordnung und nach der im Bestecke (wonach die Anlage ausverdungen ist) bestimmten Höhe vollendet und abgeliefert sein wird, ist der Annehmer verpflichtet, vor Anlegung des Pflasters, und nach vorgängiger genauer Ausbakung der Richtung und Höhe, den Grund gehörig vorzubereiten und von allen Gegenständen zu reinigen, die nur irgend nachtheilig für die Anlage des Werkes sein können; wobei er aufserdem verbunden ist, den Sand zu ersetzen, der zur Abrundung der Bahn noch nöthig sein möchte.

Wenn die Erdbahn auf diese Weise gehörig vorbereitet und das Erdreich recht fest gestampft ist, mufs der Annehmer sie, von der Strafse vor Wageningen anfangend, bis an das Posthaus zu Arnheim (mit Ausnahme einer Strecke im Dorfe Renkum, wovon im Art. 6. die Rede sein wird), mit Klinkersteinen pflastern.

Diese Steinbahn mufs, so wie oben im Art. 3. bestimmt ist, eine Breite von 4 Ellen 5 Palmen (14 Fufs 4 Zoll Rheinl.) erhalten, einschliefslich der Kantsteine, mit einer Abrundung von 15 Duimen (5 Zoll 9 Linien Rheinl.). An den Stellen, wo Quer- oder Beiwege von der Hauptstrafse abgehen, und an allen Puncten, wo es für nöthig gehalten werden wird, mufs die Steinbahn an diesen Seiten auf eine Länge von 4 Ellen (12 Fufs 8 Zoll 10 Linien Rheinl.) um 2 Ellen (6 Fufs 4 Zoll 5 Linien) verbreitet werden. Diese Verbreitung mufs am Aufsenende so tief in den Boden eingelassen werden, als man es während der Arbeit anweisen wird.

Zu den Kantsteinen des Pflasters sollen an jeder Seite drei Reihen Steine auf der hohen Kante und nach der Länge der Strafse streckend

---

etwa Ein Dreiunddreifsig-Theil der Breite einer Berme beträgt. Da die Erdbahn auf 10 Ellen Breite schon eine Abrundung von 20 Duimen, oder Ein Funfzigtheil der ganzen Breite bekömmt, und die Mittellinie des Pflasters, mithin der Erdbahn, noch 5 Duimen darüber erhöhet werden soll, so beträgt der ganze Fall, von der Axe des Pflasters bis zum Grabenrande, $12\frac{1}{2}$ Duimen, und beide zusammen 25 Duimen oder Ein Vierzigtheil der ganzen Breite der Erdbahn zwischen den beiden Seitengraben; die 5 Duimen Überhöhung der Mitte des Pflasters über die Mittellinie der Erdbahn, scheinen deswegen hier vorgeschrieben zu sein, weil die aufgekarrte Erde sich nach der Pflasterung noch etwas setzt, und man die gebrannten Steine, ohne sie zu zerbrechen, nicht so fest rammen darf wie natürliche Pflastersteine. Nach hinreichender Setzung des Pflasters wird die Überhöhung der Mitte von 5 Duimen minder oder mehr verschwinden, und das Pflaster die der Erdbahn gegebene Abrundung ungefähr annehmen. Anm. d. Verf.

gesetzt werden. Mit der innersten der drei Kantlagen wird der Anfang gemacht, so dafs die besten Kanten der Steine nach Oben und nach der innern Seite zu gesetzt, und die beiden folgenden Kantlagen jede einen Duimen (4,6 Linien Rheinl.) niedriger gesetzt werden. (Die äufserste Reihe Kantsteine wird auf den Kopf gestellt, wie das Querprofil zeigt.) Alle diese Kantlagen müssen mit der Axe, oder Längenrichtung des Weges, mithin auch miteinander parallel sein; sie müssen an den Aufsenseiten gehörig angefüllt, und das Erdreich mufs recht fest angestampft werden.

Zwischen die vorbeschriebenen Kant- oder Bord-Steine mufs das Pflaster von Steinen auf der hohen Kante gesetzt werden, so dafs die lange Seite der Steine einen rechten Winkel mit der Achse, oder Mittellinie, der Bahn macht.

Sowohl in den Kantsteinen, als im Pflaster selbst, sollen die Steine, nach Erfordernifs, in guten Verband gesetzt, lothrecht aneinander gefügt und gestofsen werden, wobei der Annehmer sich in Acht nehmen mufs, zerbrochene Steine, noch weniger aber Steinstücke im Pflaster verarbeiten zu lassen, und sollen in jeder Querlage nicht mehr als einer, oder auswärts zwei halbe Steine zur Ausschliefsung gestattet werden

Um die Pflasterung mit der gröfsten Genauigkeit zu verrichten, mufs der Annehmer eine Chablone für die Abrundung des Weges verfertigen lassen, wovon auf jeder Baustelle eine, oder mehrere, vorhanden sein müssen.

Nach Maafsgabe, wie dafs Pflaster beendigt wird, mufs dasselbe mit hölzernen Stampfen (oder Handrammen) festgestofsen, dann wiederholt nafs gemacht und, mittelst Besen, mit Sand eingewaschen werden, so wie diese Arbeit es erfordert.

Alsdann mufs das ganze Pflaster mit einer Lage festen Sandes von 5 Duimen (1 Zoll 11 Linien Rheinl.) hoch bedeckt, und an beiden Seiten desselben längs ein 60 Duimen (1 F. 10 Z. 11 L. Rheinl.) breites Band von lebendigen Grassoden, oder, in Ermangelung derselben, von festen Haidsoden, 13 Duimen dick (4 Zoll 11 Linien Rheinl.) gelegt und fest angeschlagen werden, so dafs die Oberfläche des Weges die in Art. 3. bestimmte Form erhält.

Sowohl das Einwaschen, als das Bedecken mit Sand, soll nicht eher Statt haben, als bis die gepflasterten Fächer jedesmal zuvor von der Direction nachgesehen und für gut anerkannt worden sind.

## Art. 5.

### Rad-Stöfser.

Auf jede Hundert Ellen (26 R. 6 F. 6 Z. 3 L. Rheinl.) Entfernung mufs an beiden Seiten des Weges ein Rad-Stöfser von Eichenholz fest in den Boden gesetzt werden, von 2 Ellen (6 F. 4 Z. 5 L. Rheinl.) Länge, oben oder am Kopfe 25 Duimen (9 Z. 6 L. Rheinl.) im Durchmesser stark, und mit einem abgerundeten Kopf versehen achtkantig beschlagen, so weit er über den Boden zu stehen kommt. Das übrige im Grunde befindliche Ende mufs rauh sein. Über dem Grunde müssen die Rad-Stöfser erst einmal mit Leinöl, zweimal mit (grauer) Grundfarbe, und zum dritten Male mit reinem Bleiweifs überfärbt werden, und zwar alle Farben mit dem besten alten (gekochten) Leinöl angemengt.

## Art. 6.

### Pflaster im Dorf Renkum.

Der Annehmer mufs das jetzige Kiesel-Pflaster im Dorfe Renkum aufnehmen und aufs Neue legen; dabei mufs er nach der Aufnahme der Kiesel dieselben gehörig sortiren, und die, welche ausgeschossen werden, vom Bauplatze wegbringen lassen. Alsdann mufs er den Grund und Boden zu der neuen Pflasterung gehörig vorbereiten, von allen Hindernissen reinigen und die darin befindlichen niedrigen Stellen mit Sand ausfüllen, welchen er liefern mufs.

Da die Breite, welche dem neuen Strafsenpflaster gegeben werden mufs, sich nach dem Local richtet, so mufs der Annehmer sich hierin, so wie bei der Abrundung des Pflasters nach der Anweisung richten, die ihm während der Arbeit gegeben werden wird.

Nachdem die Erdbahn zur Pflasterung vorbereitet sein wird, und die Kieselsteine nach Vorschrift sortirt sind, mufs der Annehmer die gröfsten und schwersten Kiesel zu den Kanten-Steinen verarbeiten, die er gehörig tief in den Boden eingraben, recht fest stofsen, und an der Hinterseite an rauhe Kiesel anschliefsen lassen mufs. Zu den Querbändern, die nicht mehr als 40 Duimen (1 F. 3 Z. 3 L. Rheinl.) von einander gelegt werden dürfen, müssen Kiesel von mittler Gröfse genommen und die Fächer zwischen diesen Bändern mit der kleinsten Sorte Steine ausgefüllt werden.

Alle Kieselsteine, sowohl zu den Kantsteinen, als Bändern und Zwischenfächern, sollen auf die hohe Kante gesetzt werden, ohne einen einzigen Stein auf die platte Seite zu legen. Die Ausfüllung der Zwischenfächer mufs mit einer Rundung gemacht werden, um die Steine beim Stampfen desto fester aneinander zu drängen.

Sodann mufs dieses Pflaster gehörig eingewaschen und mit schweren Stampfen recht fest gestampft werden, worauf dann endlich das ganze Pflaster, 5 Duimen (1 Zoll 11 Linien Rheinl.) hoch, mit Sand bedeckt werden mufs.

Wenn sich während der Arbeit finden sollte, dafs die aus der alten Strafse erfolgenden brauchbaren Kiesel nicht zureichen, um die ganze Länge, die damit gepflastert gewesen ist, wieder herzustellen, so mufs der Annehmer die dazu nöthigen Strafsen-Klinker liefern und verarbeiten. Da vorher keine zutreffende Berechnung gemacht werden kann, wieviel Klinkersteine dazu nöthig sein werden, so wird bestimmt, dafs der Annehmer für jede Quadrat-Elle ($10\frac{1}{7}$ Quadr. Fufs Rheinl.), die durch ihn, wegen Mangel an Kieseln, mit Klinkersteinen pepflastert werden mufs, eine Summe von 1 Gulden 60 Cents (21 Ggr. 10 Pf. Preufs. Courant) über die Accordsumme erhalten soll.

### Art. 7.

Ausschneiden der Bäume.

Alle Bäume, die am Wege gefunden und beibehalten werden, mufs der Annehmer ausschneiden lassen, so dafs alle Äste, die über dem Wege hängen, auf jeder Seite 3 Ellen (9 Fufs 8 Zoll 8 Linien Rheinl.), von der Axe des Weges gemessen, weggenommen werden. Inzwischen ist der Annehmer verpflichtet, die Besitzer davon zu benachrichtigen, und aufserdem die abgeschnittenen Äste an einer bequemen Stelle aufserhalb des Weges aufschichten zu lassen.

### Art. 8.

Die Materialien zu dieser Anlage müssen von folgender Art und Beschaffenheit sein:

Die Steine zum Strafsenpflaster müssen flache Klinker-Moppen aus den Ziegelöfen an der Waal, dem Rhein, oder der Gelderschen Yssel sein, von der besten und härtesten Sorte, welche zu haben ist. Die Steine müssen mit den vorhandenen Mustern, die bei der Ausverdingung vorgelegt werden sollen, übereinkommen, wobei ausdrücklich bestimmt wird, dafs keine andere, als ebene, scharfkantige, gut geformte und hellklingende Steine als gut angenommen werden sollen.

Das Eichenholz zu den Radstöfsen mufs gesund und gut, inländisches oder Weselsches Holz, im Winter gefällt, ohne Splint und ohne alle Fehler sein.

Die Ölfarbe mufs aus gutem alten gekochten Leinöl, und das Bleiweis von der besten, schwersten und reinsten Sorte sein.

Der Sand zur Ausfüllung und Bedeckung des Weges mufs gut, scharf, nicht mit Steinen, oder mit andern für die Strafse schädlichen Stoffen vermengt sein.

Die Soden müssen gut bewachsen und vierkantig nach dem Maafse gestochen sein.

Sämmtliche Materialien müssen vor ihrer Verarbeitung durch die Direction untersucht und für gut erklärt werden.

Die Steinhaufen, welche längs dem Wege aufgesetzt werden, darf der Annehmer nur zwei Steine stark machen lassen. Auch darf er nach Sonnen-Untergang und vor Sonnen-Aufgang, so wie an Fest- und Sonntagen, keine Steine auffahren oder verbauen lassen, bei Strafe von 50 Gulden (28 Rthlr. 10½ Ggr. Preufs. Courant) für jeden Fall.

Die ausgeschossenen Materialien müssen sofort vom Bauplatze entfernt werden, und zwar bei Verlust derselben zum Besten des Landes. Wenn die ausgeschossenen Materialien noch 6 Stunden nachher vorgefunden werden, oder in der Nähe und innerhalb 1000 Ellen (265 Ruthen etc. Rheinl.) bei der Baustelle angetroffen, oder wenn bereits ausgeschossene Materialien zum zweiten Male zur Annahme wieder angeboten werden, soll dem Annehmer für jeden Fall eine Summe von 100 Gulden (56 Rthlr. 21 Ggr. Pr. Court.) an der Accordsumme gekürzt werden.

### Art. 9.

#### Das Setzen der Bauhütten bei den Bauplätzen.

Die Bauhütte, welche bei der Ausführung der Erdbahn gesetzt worden ist, mufs der Annehmer der zweiten Strecke unentgeldlich übernehmen und nach Anweisung aufschlagen. Er ist verpflichtet, die Hütte gut aufzustellen und darauf mit Ölfarbe zu färben, die Fugen und Risse mit Stopffarbe (Glaserkitt) zu dichten, zweimal mit Ölfarbe zu grundiren und dann zum dritten Male mit einer näher zu bestimmenden Ölfarbe zu färben. Nach Beendigung der Arbeit ist der Annehmer verpflichtet, die Bauhütte, welche ein Eigenthum des Landes bleibt, auseinander zu nehmen, und nach einem ihm anzuweisenden Orte zu bringen.

Die Annehmer der ersten und fünften Strecke sind verpflichtet, jeder an einer näher anzugebenden Stelle, zum Gebrauche der Direction, eine bequeme Bauhütte aufzuschlagen, jede mit einer fest zu verschlieſsenden Thür, 3 Fenstern, einem Kasten mit Verschluſs, einem Tisch und 6 Stühlen. Diese Bauhütten bleiben nach Beendigung der Arbeit der Verfügung der Annehmer überlassen.

### Art. 10.

Werkzeuge, Geräthschaften, Transport und Arbeitslohn.

Alle beim Bau nöthigen Werkzeuge und Geräthschaften soll ohne Ausnahme der Annehmer sich selbst anschaffen. Eben so geschieht aller Transport und Arbeitslohn für Rechnung des Annehmers, welcher auch verpflichtet ist, die nöthigen Pfähle und Latten, und alles, was zur Ausbakung der Anlage erfordert wird, zu liefern, so wie die Arbeiter zu stellen, welche die Ingenieurs und Conducteurs zu ihren Ausbakungen nöthig haben, so oft es erforderlich sein wird.

### Art. 11.

Unterhalt.

Der Annehmer muſs den Weg, mit allem Zubehör, 6 Monate lang, vom Tage der ersten vorläufigen Abnahme angerechnet, im vollkommensten Stande unterhalten.

Während der ganzen Zeit, worin die Anlage auf seine Rechnung geht, muſs er die Straſse in ihrer ersten Form erhalten, alle Niederungen und Senkungen wieder ausfüllen, die gebrochenen Steine herausnehmen und durch neue ersetzen, dafür Sorge tragen, daſs der Weg gehörig besandet bleibe, die Sodeneinfassungen in Ordnung halten, weggekommene Radstöſser wieder ersetzen, oder die, welche noch fehlerhaft befunden werden, austauschen.

Er muſs die zusammen geweheten Schneehaufen von dem Wege fortbringen, und die verstopften Durchlässe sofort öffnen lassen, deren Unterhalt, mit Rücksicht auf die Straſse, die Besodungen und Pfosten, mit der ersten Anlegung des Werks anfängt. Von den beiden Graben und deren Dossirungen, soll der Unterhalt für seine Rechnung an dem Tage anfangen, an welchem die letzte Abnahme der Erdbahn erfolgt, und wo die Gegenstände in vollkommenem Zustande und nach dem Inhalte des Bestecks von diesem Werke ihm werden übergeben werden. Um hierbei allen Streit zu vermeiden, soll er gehalten sein, bei der letzten Aufnahme gegenwärtig zu sein, und das Recht haben, seine Bedenken vorzutragen. Nach diesem Tage soll der Annehmer betrachtet werden, das Werk übernommen zu haben, und keine Einrede mehr von ihm angenommen werden.

Wenn die Zeit des Unterhalts abgelaufen ist, soll binnen 8 Tagen die endliche Abnahme geschehen, nach deren Beendigung der Annehmer von seiner Verpflichtung zum fernern Unterhalte entbunden werden soll.

### Art. 12.

Zeit der Ablieferung.

Sofort nach Genehmigung der Annahme geht die Ausführung dieses Werkes, nebst Zubehör, auf Rechnung und Gefahr des Annehmers, welcher verpflichtet ist, sogleich nach erhaltenem Zuschlage, die nöthigen Zubereitungen zu machen, Materialien anzufahren und die Arbeit mit hinreichender Mannschaft anzufangen und fortzusetzen, so dafs das Werk in Zeit von fünf Monaten vom Tage der Genehmigung an, vollständig beendigt und abgeliefert werde, und soll der Annehmer im Gegentheil für jeden Tag der Nach-Arbeit eine Summe von 20 Gulden (11 Rthl. 9 Ggr. Pr. Court.) an der Accordsumme verlieren, mit Ausnahme der Tage, an welchen es ihm, der Witterung, oder anderer wichtiger Umstände wegen, wirklich unmöglich gewesen ist, seine Arbeit fortzusetzen, welche ihm zur Nach-Arbeit zugestanden werden sollen.

Wenn es sich ereignen sollte, dafs der Annehmer der Arbeit keinen guten Fortgang giebt, so soll sie auf seine und seiner Bürgen Kosten, entweder durch eine neue Ausverdingung, die für seine Rechnung geschieht, oder auf Tagelohn, unter der unmittelbaren Aufsicht der Ingenieurs, ausgeführt werden.

Die Kosten hiezu, so wie die Negociation der in diesem Falle zur Bezahlung der Arbeiten und Lieferanten nöthigen baaren Gelder, ingleichen der Schaden jeder Art, sollen nicht allein durch Kürzung oder durch theilweise und gänzliche Einhaltung der Accordsummen, sondern nöthigen Falls von den Personen und Gütern des Annehmers und seiner Bürgen entnommen werden.

### Art. 13.

Vergessene Kleinigkeiten und Zweifel.

Wenn in diesem Bestecke etwas vergessen oder übersehen sein sollte, was zu dem obbemerkten Werke gehört, und dazu für nöthig gehalten würde, so ist der Annehmer verpflichtet, ein solches Werk auf die erste Aufforderung zu machen, eben so, als wenn es wörtlich in diesem Bestecke ausgedrückt stünde, und zwar für seine Rechnung bis zur Summe von 50 Gulden für jede Parcele, jedoch wird die Summe, welche jene überschreitet, dem Annehmer vergütet werden.

### Art. 14.

Zeit und Art der Bezahlung.

Die Bezahlung geschieht baar in drei Terminen. Der erste Bezahlungstermin fällt ein, wenn die halbe Länge des Pflasters fertig ist, und zwar zum dritten Theile der ganzen Accordsumme; der zweite Termin, wenn das Werk vollkommen abgeliefert ist, mit der Hälfte der vollen Summe, und der dritte Termin mit Einem Sechstheil der Summe, wann die Zeit des Unterhalts verstrichen, und das Werk zum zweiten Male vollständig abgeliefert sein wird.

Diese Bezahlung soll ohne einige Kürzung erfolgen, mit Ausnahme der gewöhnlichen Stempel, Leges- und Registrations-Kosten, welche für baare Bezahlung gehalten werden; und zwar binnen 8 Wochen nach Einlieferung eines Certificats vom Ober-Ingenieur nebst Beilagen, auf eine Ordonnanz, welche bei einer der Landes-Cassen zahlbar ist.

### Art. 15.

Eigenschaft des Annehmers und der Bürgen.

Der Annehmer muſs ein sachkundiger und bekannter, redlicher Mann sein, und zwar zur Zufriedenheit des Ministers des Innern und des Waterstaats; auſserdem ist er verpflichtet, zur Sicherheit der Erfüllung der Bedingungen, zwei hinreichend begüterte und inländische Bürgen zu stellen, die dem Ministerio ebenfalls genügen, welche einer für alle und alle für einen, mit dem Annehmer, als Haupt-Annehmer, durch Unterzeichnung versprechen müssen, das Besteck und die Bedingungen, unter rechtlicher Verbürgung ihrer Personen und ihrer Güter, zu erfüllen.

### Art. 16.

Verpflichtung des Annehmers zur Anwesenheit bei der Arbeit.

Der Annehmer ist verpflichtet, bei der Ausführung selbst gegenwärtig zu sein, oder sich in seiner Abwesenheit durch einen andern Sachverständigen vertreten zu lassen, welcher die Eigenschaften besitzt, alle Aufträge, die ihm in Bezug auf die Anlage gegeben werden, auszuführen.

### Art. 17.

Angestellte vom Annehmer.

Der Ingenieur hat das Recht, solche Arbeiter, oder durch den Annehmer Angestellte, die sich nicht gut betragen, oder die keine hinreichende Kenntnifs vom Werke haben, fortzuschicken und vom Annehmer andere zu fordern.

### Art. 18.

Ausführung des Bestecks.

Der Annehmer darf unter keinerlei Vorwande eine Veränderung im Bestecke machen, welches ihm sofort nach erhaltener Approbation eingehändigt werden soll, und wenn dagegen gehandelt wird, so sollen ihm keine Zahlungen für besteckwidrige Arbeiten geleistet werden; sondern solche Arbeiten sollen auf seine Kosten abgebrochen und in Ordnung wieder hergestellt werden.

### Art. 19.

Art der Ausverdingung.

Die Ausverdingung soll durch Einschreibung und Aufgebot geschehen, und zwar für jede Parcele besonders. Es soll auf keine Einschreibungs-Billete Rücksicht genommen werden, wenn nicht die Annehmer bei der Ausverdingung gegenwärtig sind. Dagegen darf Niemand annehmen, der nicht auf die Entreprise eingeschrieben hat. Der mindestfordernde Zeichner auf eine Parcele soll 20 Gulden erhalten, welche sofort durch die wirklichen Annehmer ersetzt werden müssen.

### Art. 20.

Genehmigung der Ausverdingung.

Der Minister behält sich das Recht vor, die Arbeit in Parcelen besonders, oder im Ganzen ausführen zu lassen, und in jedem Falle die Arbeit den Mindest-Annehmenden zu überlassen, oder nicht, sie auszusetzen, oder solche Maafsregeln zu nehmen, als nach Befund der Sache für nöthig gehalten werden.

### Art. 21.

Bezahlung der Kosten.

Alle Kosten von Stempel- Leges- und Ordonnanz-Gebühren fallen dem Annehmer zur Last, der sie bezahlen mufs.

Gesehen und genehmigt den 16ten Mai 1820.

Der Minister des Innern und des Waterstaats.

De Coninck.

## §. 6.

Nach den im Besteck und in den Bedingungen für die Erdbahn und die Steinbahn vorgeschriebenen Maafsen, kann man nun das Querprofil einer Klinkerstrafse leicht übersehen, und damit vergleichen, indem die Maafse sowohl für die Breiten, als für die Höhen, in dieses Querprofil eingetragen sind.

Die Breitenmaafse des Querprofils sind folgende:

| | In Niederl. Maafse. | | | | In Rheinl. Maafse. | | |
|---|---|---|---|---|---|---|---|
| | Ellen. | Palm. | Duim. | Streep. | Fufs. | Zoll. | Linien. |
| 1. Breite der ganzen Erdbahn zwischen den beiden innern Grabenkanten . . . . . . . . . . . | 10 | — | — | — | 31 | 10 | 2,8 |
| 2. Davon ist die Breite des linken Bankets zwischen der Steinbahn und dem innern Grabenrande . . | 2 | 7 | 5 | — | 8 | 9 | 1,4 |
| 3. Die Breite der Steinbahn . . . | 4 | 5 | — | — | 14 | 4 | — |
| 4. Die Breite des Bankets rechts von der Steinbahn, bis zum innern Grabenrande . . . . . . . . | 2 | 7 | 5 | — | 8 | 9 | 1,4 |
| Also die ganze Breite der Erdbahn, wie oben . . . . . . . . . | 10 | — | — | — | 31 | 10 | 2,8 |
| 5. Die Bordsteine werden mit einem Bande von Gras- oder Haidsoden bedeckt, jedes 60 Duimen breit . | — | 6 | — | — | 1 | 10 | 11,2 |
| 6. Die Bodenbreite der Gräben ist bestimmt auf . . . . . . . . . | — | 3 | — | — | — | 11 | 5,6 |
| 7. Die Dossirung des innern Grabenufers ist zweifüfsig, und die des äufsern $1\frac{1}{2}$füfsig . . . . . . . | — | — | — | — | — | — | — |
| 8. Die Tiefe der Seitengräben ist nach dem Local verschieden, im Profil aber angegeben auf . . . | — | 6 | — | — | 1 | 10 | 11,2 |

9. Da sich die obere Breite der Gräben bei den feststehenden Maafsen für die Bodenbreite und für die Dossirungen beider Ufer nach der lothrechten Tiefe der Seitengräben richtet, welche nach Maafsgabe des Gefälles

les des Terrains verschieden ist; so wechselt die obere Breite oft ab, und kann also nicht für jeden Punct angegeben werden.

Zur Ausmittelung der Höhen der Hauptpuncte im Querprofile ist eine Horizontallinie über das Querprofil gezogen. Unter dieser Horizontale liegen:

| | In Niederl. Maaſse. | | | | In Rheinl. Maaſse. | | |
|---|---|---|---|---|---|---|---|
| | Ellen. | Palm. | Duim. | Streep. | Fuſs. | Zoll. | Linien. |
| *a.* Die beiden innern Uferlinien an den Seitengräben . . . . . . . | 1 | — | — | — | 3 | 2 | 2,6 |
| *b.* Die Oberfläche der Bordsteine des Pflasters liegt unter der Horizontale: | — | 9 | 5 | — | 3 | — | 3,7 |
| also liegt die letztere höher wie die erstere: . . . . . . . . . . | — | — | 5 | — | — | 1 | 10,9 |
| *c.* Die Oberfläche der Mittellinie oder Axe des Pflasters liegt unter der Horizontale: . . . . . . . . . | — | 8 | — | — | 2 | 6 | 7 |
| mithin höher wie die Uferlinie: . | — | 2 | — | — | — | 7 | 7 |
| und höher wie die Bordsteine: . | — | 1 | 5 | — | — | 5 | 8,7 |
| *d.* Der Boden des Seitengrabens liegt unter der Horizontale: . . . . | 1 | 6 | — | — | 5 | 1 | 1,8 |
| also tiefer wie die Ufer-Linie: . | — | 6 | — | — | 1 | 10 | 11,2 |

Die Lage und Verbindung des Pflasters geht aus der Zeichnung, so wie aus den Artikeln der Bedingungen deutlich hervor. Es scheint daher nicht nöthig zu sein, noch irgend Etwas darüber hinzuzufügen.

## §. 7.

Der Herr Bau-Inspector Heermann zu Cleve hat bereits im ersten Hefte zweiten Bandes dieses Journals, im Jahre 1829, eine Nachricht nebst Abbildung von der Klinker-Chaussée, die zwischen Cleve und Nymwegen, theils auf Preuſsischem, theils auf Holländischem Gebiete von ihm gebaut ist, mitgetheilt. Die darin angegebene Construction einer Holländischen Klinker-Straſse, so wie die Erfahrungen, die Herr Heermann über die Haltbarkeit und Kosten der von ihm selbst ausgeführten und unter seiner Aufsicht stehenden Kunststraſse mittheilt, sind dem Sachverständigen gewiſs sehr angenehm, da sie belehrende Bemerkungen eines Praktikers enthalten. Ich erlaube mir, die erheblichsten Puncte aus jenem Aufsatze mit einigen Bemerkungen zu begleiten.

1) Die Erdbahn, oder der Strafsendamm, hat eine obere Breite von 30 Fufs Rheinl., wovon auf jeden der beiden Fufswege an den Seiten des Pflasters 6 Fufs, und auf das Pflaster selbst 18 Fufs Rheinl. kommen. Die Breite des Querschnitts der oben beschriebenen Strafse zwischen Wageningen und Arnheim, ist für die ganze Erdbahn 31 F. 10 Z. Rheinl., wovon das Steinpflaster 14 Fufs 4 Zoll, und jeder Fufsweg 8 Fufs 9 Zoll Breite hat.

Herr Heermann bemerkt, dafs die Breite des Pflasters von 18 Fufs nützlich sei, damit die Fuhrwerke sich gehörig ausweichen können und nicht immer in einem und demselben Geleise fahren dürfen. Dieser Grund ist allerdings zu berücksichtigen; indefs lehrt uns die Erfahrung, dafs zwei Wagen sich auf einer Steinbahn von 15 Fufs Rheinl. breit ausweichen können, und dafs es viele Steinbahnen, besonders in Gebirgen, Städten und Dörfern giebt, die selbst nur 12 Fufs breit sind. In der Anweisung zur Anlegung, Unterhaltung und Instandsetzung der Kunststrafsen (Berlin, bei Duncker und Humblot, 1824.) wird die Breite der Versteinung auf Hauptstrafsen zu 16, des Sommerweges zu 12, und jedes Bankets zu 6 Fufs, im Ganzen zu 40 Fufs, in Gebirgen und auf Nebenstrafsen aber die Breite der Steinbahn nur zu 12 Fufs, des Sommerweges zu 10 Fufs, und die Breite der beiden Bankets zusammen zu 8 Fufs festgesetzt, mithin die ganze Breite zu 30 Fufs. Nach dieser für den Preufsischen Staat bestehenden gesetzlichen Bestimmung scheint es also, dafs die beiden oben angeführten Profile von Klinkerstrafsen eine Abänderung erleiden können, die mehrere Vortheile zu Wege bringen würde.

Wenn man nemlich die ganze obere Breite der Erdbahn zu 32 Fufs Rheinl. annimmt, so kann davon der Sommer- oder Erd-Weg, welcher an der einen Seite zugleich als Banket dient, was dann hier wegfallen kann, eine Breite von . . . . . . . . . . . . . . . . 12 Fufs,
die Steinbahn eine Breite von . . . . . . . . . . . . . 15 —
und das Banket, oder der Fufsweg, auf der andern Seite der Steinbahn, eine Breite von . . . . . . . . . . . . . 5 —
mithin die ganze Erdbahn ein obere Breite von . . . . . . 32 Fufs
erhalten. Mit dieser obern Breite stimmt die obere Breite des Erdplanums der Klinkerstrafse bei Arnheim von 31 Fufs 10 Zoll, bis auf die Kleinigkeit von 2 Zoll überein. Das Querprofil dieser Strafse hat aber keinen Sommerweg, dagegen zwei unnöthig breite Fufswege, jeden

von 8 Fufs 9 Zoll breit. Die Strafse zwischen Cleve und Nymwegen hat ebenfalls keinen Sommerweg für die Fuhrwerke und Reiter, dagegen eine bedeutend breite Steinbahn von 18 Fufs.

Ein Sommerweg für Fuhrleute und Reiter aber ist vortheilhaft für die Erhaltung der Steinbahn, so wie für die Schonung der Hufe und Klauen des Zugviehes und der Räder des Fuhrwerkes. Auch ist er unentbehrlich zum Materialien-Transport, wenn die Steinbahn reparirt oder erneuert werden mufs, weshalb an den Hauptstrafsen überall, wo es möglich ist, Sommerwege angelegt werden sollten, wie es oben gedachte Anweisung im Preufsischen Staate vorschreibt, und auch in anderen Staaten geschieht. Da nun aufserdem auf einer Steinbahn von 15 Fufs Rheinl. breit (oder 16 Fufs Calenberger oder Gröninger Maafs, was mit ihm gleich ist) die Fuhrwerke sich ausweichen können und nicht immer in einem Geleise zu fahren brauchen, so hat diese letztere Breite der Steinbahn den Vortheil, dafs man 3 Fufs an der Breite, also den sechsten Theil der Kosten des Pflasters spart, und dagegen die Erdbahn von 30 auf 32 Fufs, also nur um den funfzehnten Theil verbreitet werden darf, wovon die Mehrausgabe bei weitem geringer als jener Vortheil sein würde, der sich noch dadurch vergröfsert, dafs durch Benutzung des Sommerweges, vorzüglich von langsam fahrenden Frachtfuhrwerken, die Steinbahn bedeutend geschont wird. Schnellfahrende Kutschen und andere Reisewagen, werden die Steinbahn lieber benutzen, je nachdem die Beschaffenheit der Wege, Eile und andere Ursachen es erfordern; die Reiter eben so, welche von der Benutzung der Fufswege überall ausgeschlossen sind. Aus diesen Gründen glaube ich, dafs zur Ersparung bedeutender Kosten bei der Anlage von Klinkerstrafsen ein Banket oder Fufsweg entbehrt, dagegen ein Erd- oder Sommerweg statt dessen angeordnet, die Steinbahn auf 15 Fufs Rheinl. beschränkt, und an der andern Seite derselben ein Fufsweg von 5 Fufs breit gemacht werden könne. Wo es die Localität erfordert, würde die obere Breite des Erdplanums auf 27 Fufs Rheinl. beschränkt werden können, in welchem Falle der Sommerweg 10 Fufs, die Steinbahn 12 Fufs und der Fufsweg 5 Fufs Breite erhalten könnte. Da, wo es, z. B. in Flecken und Dörfern, oder in Bergen, an hinreichender Breite zum Sommerwege mangelt, die Wagen sich aber bequemer ausweichen sollen, als sie es auf 12 Fufs Breite vermögen, kann man mit einer Breite der Erdbahn von 25 Fufs ausreichen, wenn die Steinbahn 15 Fuſs Rheinl., und jedes Banket 5 Fuſs breit wird. In Städten, Flecken und Dörfern ist aber ein Kieselpflaster dem Klinkerpflaster vorzuziehen, weil es dauerhafter ist, der stärkern Benutzung länger widersteht, und nicht einer beständigen Sanddecke bedarf, die für die Bewohner solcher Örter, besonders bei starkem Winde und Regen, Unannehmlichkeiten hat. Die Localität und das Bedürfniſs, so wie der Zweck und die Geldmittel, bestimmen in jedem besonderen Falle das Nothwendige.

Da es in den mehrsten Gegenden am Meere, wie oben bemerkt, an einer hinreichenden Menge natürlicher Steine und Kies oder Grand zum Kunststraſsenbau fehlt, und die Ziegelsteinstraſsen in manchen Gegenden theurer sind, wie Kunststraſsen, mit natürlichen Steinen befestigt, so ist auch in dieser Hinsicht auf eine zulässige Ersparung durch Beschränkung der Querprofile in den Seeprovinzen besonders Rücksicht zu nehmen.

2) Der Straſsendamm zwischen Cleve und Nymwegen ist so aufgeführt, wie es bei allen Kunststraſsen gewöhnlich ist, und es ist dafür gesorgt, daſs das Pflaster wenigstens 1 Fuſs dick Sand zur Unterlage erhielt.

Diese Unterlage von Sand, unter dem Pflaster, ist zur Verhinderung einer schädlichen Senkung desselben sehr nöthig, und insbesondere auf Moor-, Klai- und Lehm-Boden unerläſslich, indem in solche und in andere weiche Erdarten bei nassem Wetter das Pflaster sehr bald versinken und auseinander getrieben werden würde. Der Verfasser des Bestecks und der Bedingungen von der Anlage der Erdbahn zwischen Wageningen und Arnheim giebt diese nothwendige Vorschrift nicht, sondern sagt in Art. 6. über die Beschaffenheit der Erde und woher sie genommen wird: „daſs die Erde zur Aufführung der Erdbahn aus derselben Erdart bestehen könne, wie das Land, worüber der Weg „geführt wird u. s. w."

Dagegen ist in Art. 4. der Bedingungen über die Pflasterung bestimmt, daſs der Annehmer dieser Arbeit, auſser andern Verpflichtungen, verbunden sei „den Sand zu ersetzen, der zur Abrundung der „Bahn noch nöthig sein möchte."

Die Höhe, oder Dicke der Sandschicht wird dabei nicht bestimmt, auch wird nicht gesagt, ob die ganze Erdbahn, oder nur die Unterlage der Steinbahn, mit Sand abgerundet werden soll; da aber die Annehmer solcher Anlagen, in Holland, nach Anweisung der Ingenieurs arbeiten, und selbst auch der Annehmer des Pflasters die Einwaschung und Beschüttung desselben mit Sand übernommen hat; so ist kein Zweifel, dafs da, wo die Erdbahn, aus dem natürlichen Grunde und Boden, in der obersten Schicht nicht von Sand aufgeführt werden konnte, sie wenigstens hinreichend stark damit überzogen worden ist, und zwar unter dem Pflaster wenigstens 1 Fufs dick. Auf den Bankets und Sommerwegen, die aus Klai, Lehm und andern Thonarten bestehen, mufs die Erdbahn wenigstens 3 bis 4 Zoll stark mit grobem Sande, Grande oder Kies überzogen werden, so wie die aus Flugsand bestehende Erdbahn der Sommerwege und Bankets, mit Ausnahme der Steinbahn, eine eben solche Lage von Lehm oder Klai bekommt, welche mit eisernen Eggen mit dem Sande durchgearbeitet wird, um das Hinwegnehmen des Sandes auf den Sommerwegen und Bankets zu verhindern. Auch die Bekleidung der Fufswege und innern Graben-Ufer mit Gras-, Haid- oder Moor-Soden, ist ein zweckmäfsiges Mittel, das Verwehen des Sandes und Anhängen des Lehms an den Füfsen der Menschen und Thiere, und an den Rädern, zu verhindern, oder doch sehr zu vermindern.

Da eine gut fundamentirte, nicht stark sich senkende, nicht durch Wind und Wetter stark abnehmende, und in der Oberfläche feste Erdbahn, oder Strafsendamm, das Haupt-Erfordernifs einer jeden guten Kunststrafse ist, die Fahrbahn mag dann mit einem beliebigen Material, Grand, Steinschlag, Kiesel oder Ziegelsteinpflaster, oder, als Eisenbahn, mit eisernen Spuren befestigt werden: so ist beim Strafsenbau dieses Haupterfordernifs vorzüglich zu berücksichtigen, und alles, zur Erlangung dieses Zwecks Nöthige, bei der ersten Ausführung anzuwenden, was die Kunst und Erfahrung lehrt, damit eine so kostbare Anlage nicht früher oder später grofse Fehler bekomme, und durch Verbesserung derselben und langjährige kostspielige Unterhaltung nicht bei weitem mehr Kosten aufgehen, als wenn die Erdbahn bei der ersten Anlage mit etwas mehreren Kosten gleich möglichst fest ausgeführt worden wäre.

3) Die Construction der Steinbahn auf der Klinker-Chaussée zwischen Cleve und Nymwegen, ist im Wesentlichen derjenigen der Strafse zwischen Wageningen und Arnheim gleich, nur dafs die Breite des Pflasters, wie bemerkt, verschieden ist. Auch sind die Randlagen,

oder Bordsteine, an beiden verschieden. Das Klinkerpflaster bei Nymwegen hat an jeder Seite des Steinpflasters 4 Reihen Klinker (*a*, *b*, *c*, *d*, Fig. 3. Taf. I. des 1sten Heftes 2ten Bandes dieses Journals), die auf der langen schmalen Kante mit abwechselnden Fugen und mit ihrer langen Seite gegen die Fuſswege stehen, und nach der Länge der Straſsenlinie laufen. Diese Bordsteine bilden also, ohne Fugen, einen 8 Zoll dicken 4¼ Zoll hohen Rand oder Widerlager des Pflasters, parallel mit der Axe desselben, zwischen welchen das 16 Fuſs 4 Zoll breite Pflaster von Klinkern, die im Durchschnitt 8¾ Zoll lang, 4¼ Zoll breit und 2 Zoll dick sind, auf der hohen Kante, oder langen schmalen Seite, mit ¼ Zoll breiten Fugen und 7 Zoll Wölbung, oder $\frac{1}{27}$ der ganzen Breite, in Sand gesetzt worden ist. Das Pflaster ist nach seiner Vollendung mit reinem Sande und Wasser, mittelst stumpfer Besen, tüchtig eingewaschen, und darauf 3 Zoll hoch mit Sand bedeckt; auch sind zuletzt die Bordsteine mit 1½ Fuſs breitem, 3 Zoll dickem, Rasen belegt worden.

Die Klinkerbahn zwischen Wageningen und Arnheim weicht hinsichtlich der Construction der Bordsteine darin von der obigen ab, daſs nur 3 (statt 4) Bordsteine auf die schmale Kante gelegt sind, wovon die beiden äuſsersten auf dem Kopfe und die beiden nach Innen folgenden auf der langen schmalen Kante stehen. Dieser letztere Bord ist also, ohne Fugen, nur 6 Zoll stark, nach der Breite der Fahrbahn gerechnet, also 2 Zoll schwächer, wie der oben beschriebene Bord. Dagegen steht aber der äuſserste Bordstein von 2 Zoll dick auf dem Kopfe in der Erde, und greift, da er 8¾ Zoll lang ist, um 4½ Zoll tiefer in die Erde, als die auf der langen schmalen Kante stehenden Bordsteine von 4¼ Zoll hoch auf der Straſse bei Nymwegen. Es würde daher eine Verbesserung für beiderlei Constructionsarten sein, die ich auch deshalb in der beigehenden Zeichnung auf-, und die Steine 5 Zoll breit, 10 Zoll lang und 2 Zoll dick angenommen habe, wenn die Bordsteine, zwischen welchen das Pflaster mit einer gewissen Wölbung gespannt ist, jeder aus wenigstens 4 Reihen 2 Zoll dicker Ziegelsteine bestünde, wovon die beiden äuſsersten Reihen, nach dem Fuſswege und der Fahrbahn hin, auf dem Kopfe, also 8¾ Zoll tief im Boden stünden, und die beiden innern Reihen auf der langen schmalen Kante, wovon zwei Reihen Steine auf einander stehen müssen, zwischen denselben auch 8½ Zoll tief in den Boden gesetzt und tüchtig fest von oben, und auch an der Seite des Bankets gut mit der Handramme hinterstampft würden, um durch den Druck des Pflasters, welches sich durch den Gebrauch nach und nach senkt, nicht übergeschoben werden zu können, so dafs das Pflaster zuletzt horizontal, und gar convav statt convex wird, und auseinandergeht, oder Wasserpfützen bildet. Kleine Widerlags-Mauern in Moos oder Erde gemauert, von $1\frac{1}{2}$ Steinen stark und 6 bis 8 Steinen, oder 12 bis 16 Zoll hoch, würden noch fester, aber auch kostbarer sein.

Es scheint mir auch, dafs statt der auf der Strafse zwischen Cleve und Nymwegen gabrauchten Klinker von $8\frac{3}{4}$ Zoll lang, $4\frac{1}{4}$ Zoll breit und 2 Zoll dick vortheilhaftere Ziegel, von anderem Format, in ähnlichen Fällen angewendet werden könnten, nemlich Steine von 10 Zoll lang, 5 Zoll breit und 2 Zoll dick, wie sie in der Zeichnung angenommen sind. Ein Stein der ersten Sorte enthält $74\frac{3}{8}$, oder beinahe 75 Cubiczoll, und einer der letztern 100 Cubiczoll, also beinahe 25 Cubiczoll, oder $\frac{1}{4}$ der Masse mehr, als die erste Art. Da beide Sorten 2 Zoll, also gleich dick sind, so brennen sie im Ofen auch in gleicher Zeit gar und hart. Man erhält aber durch die gröfseren Ziegel mehrere Vortheile, nemlich:

*a*) dafs das Strafsenpflaster, statt $4\frac{1}{4}$ Zoll, 5 Zoll dick, also $\frac{3}{4}$ Zoll dicker wird, und also länger abgenutzt werden kann, und stärker ist;

*b*) dafs die auf dem Kopfe stehenden Bordsteine $1\frac{1}{4}$ Zoll, und die auf der schmalen langen Kante stehenden $\frac{3}{4}$ Zoll tiefer, und wenn man zwei Reihen Steine auf der langen schmalen Kante auf einander setzt, eben so tief, wie die auf dem Kopfe stehenden, 10 Zoll langen Steine in den Boden greifen, also ein festeres Widerlager für die Pflaster abgeben;

*c*) dafs überhaupt weniger Steine zu den Bord- und Pflastersteinen erforderlich sind, welche Ersparung durch die von 18 auf 15 Fufs Rheinl. zu vermindernde Breite der Fahrbahn noch mehr vergröfsert wird;

*d*) dafs, wenn diese gröfseren Klinker auch zu dem Mauerwerke, besonders der äufsern Bekleidung der Brücken und Durchlässe gebraucht werden, sie einen bessern Verband, und, bei gleicher Anzahl, eine gröfsere Masse liefern, als die kleinern, welche letztern verhältnifsmäfsig nicht um so viel wohlfeiler sein können, dafs durch die gröfsern nicht gewonnen werden sollte;

e) dafs also durch das gröfsere Format der Klinker, was jedoch auch nicht übertrieben werden darf, wenn die Klinker gar und hart werden sollen, an der Steinbahn und den Brücken, sowohl hinsichtlich der ersten Anlage als der nachherigen Unterhaltungs-Kosten, durch die mindere Anzahl Steine und längere Dauer der Bahn bedeutend gespart werden kann, wodurch dann in manchen Gegenden die Kosten einer Meile Klinkerstrafse diejenigen einer Meile mit Steinschlag oder Kiesel-Pflaster befestigten Kunststrafse nicht sehr übersteigen, wenigstens nicht unerschwinglich sein werden.

Der Herr Bau-Inspector Heermann bemerkt in seinem Aufsatze über die Klinker-Chaussée zwischen Cleve und Nymwegen, dafs sie sich nach einem Gebrauche von 4 Jahren jetzt noch im Ganzen in untadelhaftem Zustande befinde, obgleich sie täglich von schweren Fuhrwerken befahren werde, worunter öfters zweirädrige Karren waren, die sehr schmale Radfelgen von nur $1\frac{7}{8}$ Zoll Breite haben, und die mit 4000 bis 6000 Pfund (1 bis $1\frac{1}{2}$ Lasten) beladen waren.

Die Haupt-Unterhaltungs-Arbeiten an dieser Strafse von 2540 Ruthen (oder etwa $1\frac{1}{4}$ Postmeilen) lang, bestanden hauptsächlich bisher in der Bedeckung der Steinbahn mit Sand, zum Schutze derselben, und in Ableitung des Wassers, welches im Durchschnitt jährlich 120 Rthlr., also nur wenig gekostet hat; jedoch werden mit der Zeit die Unterhaltungs-Kosten, wegen Erneuerung der abgehenden Steine, zunehmen. Das Pflaster selbst, so weit es von wirklichen Klinkern verfertigt war, hatte durch den Druck der Räder keinen Schaden gelitten. Da aber, wo zum Versuche statt der Klinker hart gebrannte Mauerziegel genommen waren, waren die Steine, auch selbst auf horizontalen Strecken, sehr abgenutzt.

(Der Schlufs folgt im nächsten Hefte.)

# 4.

# Dächer mit Papier bedeckt.

(Von dem Kaiserlich-Russischen Bau-Intendanten, Herrn *Engel*, zu Helsingfors.)

---

Dieser Gegenstand scheint der angelegentlichsten Aufmerksamkeit werth zu sein. Man verdamme ihn nicht etwa vorschnell nach dem, was die Überschrift ausdrückt. Das Papier ist hier nicht die der Witterung unmittelbar ausgesetzte Dachdecke, sondern dient nur zum Zusammenhalten und Verbinden der steinartigen und unverbrennlichen äufsern Decke, wie es die Abhandlung näher zeigt. Daher übersehe man sie nicht etwa ungelesen, der Überschrift wegen. Die hier beschriebenen Dächer existiren nicht blofs in der Idee, sondern, wie die Abhandlung lehrt, in Schweden und Finnland vielfältig und schon seit einem längeren Zeitraume. Für die Zuverlässigkeit der erzählten Thatsachen bürgt der Name des vielerfahrenen und hochachtbaren Verfassers. Da aber diese Dächer in so viel nördlicheren Gegenden, in so viel stärkerem Wechsel von Hitze und Kälte, von Trockenheit und Nässe, und in so viel längeren Wintern haltbar sind, so werden sie es um so mehr in Deutschland sein. Und da sie nun mannichfaltige Vortheile vor den gewöhnlichen Dächern gewähren, weil sie z. B. flach sein müssen und wohlfeil sind, so ist es sehr zu wünschen, dafs zunächst recht bald Versuche damit angestellt werden möchten.

Anm. d. Herausg.

---

Das Papier hatte bis jetzt, als Baumaterial, in der Baukunst nur einen sehr beschränkten Gebrauch, da es nur höchstens zu Tapeten, oder zum Überzuge der Wände in Zimmern angewendet wurde, wo man den zartern und schönern Farben bei der Zimmer-Malerei einen bessern Grund verschaffen, sie gegen die schädliche Wirkung des Kalkes bewahren, und der Malerei selbst Gelegenheit zu einer gröfsern Vollendung und Ausführung geben wollte, als es eine blofs rauhe Kalkwand zuläfst.

In der Schiffsbaukunst hat das Papier aber schon lange wichtigere Dienste geleistet; indem man ganze Schiffe, unter der äufsern und letzten Bekleidung, damit überzog, um sie dadurch gegen die Angriffe einer Menge Seegewürme zu schützen, die sonst das äufsere Holzwerk durchbohren, leicht in allen Richtungen, wie einen Schwamm, durchlöchern und zernagen, und den Schiffen, auf langen Seereisen, höchst schädlich und gefährlich werden, die aber das Papier niemals angreifen. Das Papier wird zu diesem Ende in gekochten heifsen Theer getaucht, und ein Bogen neben den andern, einige Zoll übergreifend gelegt, und mit kurzen, breitköpfigen, besonders zu solchem Zwecke verfertigten Nägeln befestigt. Es ist in dieser Lage, ungeachtet es beständig unter Wasser sich befindet, fast unvergänglich; es muſs zwar jedesmal erneuert werden, wenn die äuſsere Planken-Bekleidung neu gemacht wird, welches etwa alle 8 bis 10 Jahre geschieht: nicht aber deshalb, weil es unbrauchbar geworden wäre, sondern nur, weil man bei der neuen Bekleidung die Nägel nicht in die alten Nagellöcher bringen kann, durch welche die Würmer in den Rumpf des Schiffes dringen, und denselben zerstören würden.

Aus der Schiffsbaukunst ging der Gebrauch des Papiers, im Norden, zu ähnlichen Zwecken, in die Civilbaukunst über, und man belegte öfters die äuſsern Seiten ganz hölzerner Gebäude mit Papier, die, sowohl um die Kälte abzuhalten, als zur Conservation des Holzes, und des bessern Aussehens wegen, mit Brettern beschlagen werden sollten, um die beiden ersten Zwecke noch vollkommener zu erreichen; wobei das Papier getheert und ungetheert gebraucht wird.

Die neueste Zeit hat dem Papiere aber im Bauwesen noch eine andere Bestimmung und Anwendung von gröſserer Wichtigkeit gegeben, und man braucht es jetzt auch zu Dachbedeckungen, bei allen Arten von Gebäuden, und von jeglicher Gröſse.

Mancher Leser wird sich hier vielleicht eines Lächelns nicht enthalten können. Um ihn aber gegen ein voreiliges Urtheil zu bewahren, welches doch früher oder später zurückgenommen werden müſste, wollen wir ihm sagen, daſs wir ebenfalls viele Jahre lang diesen Gegenstand mit der gröſsten Gleichgültigkeit und Nichtachtung behandelten, später aber durch den Augenschein und durch Erfahrungen genöthigt worden sind, dessen Lobredner zu werden. Doch müssen wir hinzufügen, daſs unsere Abneigung sich nicht auf *a priori* dagegen gefaſste Urtheile, oder auf witzige Einfälle gründete, die sich leicht dagegen aufstellen lassen, sondern auf Erfahrungen, die zur Vergleichung sehr nahe lagen, und von welchen wir nachher sprechen werden.

Papier-Dächer sind jetzt kein Gegenstand mehr von heute und gestern, sondern über ihre Brauchbarkeit und Dauerhaftigkeit liegen jetzt schon 10 bis 12jährige Erfahrungen vor, die sich täglich vervielfältigen, die sie über jeden Tadel erheben, und sich nur zum gröſsten Vortheil dieser Bedachungsart aussprechen. Diese Dächer haben daher in den Städten

Finnlands, so wie auch auf dem Lande, eine schnelle und grofse Verbreitung gefunden, indem sich jeder Bauende leicht überzeugt, dafs das Papier-Dach wohlfeiler, leichter und dauerhafter ist, als es doppelte Bretter- und Ziegeldächer sind, dafs es ihn beinahe aller fernern Reparaturen überhebt, und gegen Feuer von aufsen *) dieselbe Sicherheit wie ein Ziegeldach gewährt. Und wenn man nun diejenige Bedachung, die in ihrer ganzen Ausdehnung aus einer ununterbrochenen, zusammenhängenden, ebenen und glatten Fläche bestehet, jeder Form und Biegung des Daches ohne Schwierigkeit oder sonstige Nachtheile sich anschmiegt, nur eine geringe Neigung des Daches erfordert und bedingt, dabei sehr leicht, wohlfeil, durchaus wasserdicht, dauerhaft, und so feuersicher als irgend ein andere Bedachungsart ist, die beste nennen darf: so kann dem Papier-Dache dieses Prädicat nicht gut vorenthalten werden.

Kein Dach läfst sich so schnell, wenn alles dazu vorbereitet ist, auf ein Gebäude bringen, und mit geringerer körperlicher Anstrengung vollenden, als ein Papier-Dach; auf einem Hause von 150 Fufs Länge kann das ganze Dachdecken mit 10 bis 12 Mann in zwei Tagen vollbracht werden, und die Arbeiter brauchen weder Mauerer noch Zimmerleute, sondern nur gemeine Tagelöhner zu sein, die folglich den geringsten Tagelohn der Arbeiter erhalten. Doch ohne uns im Voraus weiter mit dem Aufzählen der Vortheile der Papier-Dächer aufzuhalten, wollen wir ihre Verfertigung erst näher beschreiben, und dann einige Bemerkungen hinzufügen, die zum Beweise ihrer grofsen Nutzbarkeit und zur Hebung mancher Zweifel vielleicht noch nöthig sein könnten.

Dächer, die mit Papier gedeckt werden sollen, müssen nur eine geringe Neigung erhalten, weil dadurch 1) die Dachverbindung, so wie die Dachbedeckung selbst, der kleinern Fläche wegen, am wohlfeilsten wird; 2) weil die Arbeiter ohne Gefahr auf dem Dache gehen und alle Arbeiten daran müssen verrichten können; so wie auch 3) deshalb, damit die Masse, womit das Papier überstrichen wird, nicht von der Dachfläche herabfliefsen könne. Man giebt den Dächern daher gewöhnlich nur den vierten, fünften Theil der Breite des Hauses, zur Höhe; wodurch die Ge-

*) Gegen die Entzündung von innen schützt, wie bekannt, keine Dachbedeckung. Anm. d. Verf.

bäude zugleich ein leichtes, gefälliges Ansehen gewinnen, und nur kürzerer Schornsteinröhren bedürfen.

Die Sparren in dem Dachwerke, dürfen nicht über 4 Fuſs von Mitte zu Mitte von einander entfernt sein, damit sich die darauf zu legende, $1\frac{1}{2}$ Zoll dicke Brettbedeckung, nicht einbiegt, wenn man darauf geht. Man kann deshalb, um sicherer zu gehen, die Bretter an den Kanten abschmiegen (schräg behauen) und die Schmiegen von zwei und zwei Brettern über einander greifen lassen; sonst aber brauchen sie nur gesäumt (nach der Schnur behauen) zu werden.

Die Brettbedeckung muſs fest auf die Sparren genagelt werden, damit sich dieselben nicht werfen, und an den Kanten aufbiegen können, sondern immer in einer geraden Fläche bleiben; auch darf kein Brett über das andere vorstehen, und, wo ja das eine etwas dicker als das andere sein sollte, muſs man die Erhöhungen flach abstoſsen lassen. An der untern Kante des Daches muſs die Brettbedeckung 3 bis 4 Zoll über das Gesimse des Hauses vortreten, und von unten so abgeschmiegt werden, daſs die in der Wage abgeschrägte Fläche mit der Neigung des Daches vorn eine scharfe, keilförmige Kante bildet, welches ein besseres Aussehen gewährt, als wenn die Brettkante rechtwinklig bleibt.

Bekömmt das Dach Fenster oder Luken, so müssen dieselben aufgestellt werden ehe man die Dachfläche mit Papier belegt; auch muſs man dabei sorgen, daſs sich das Papier überall leicht daran befestigen lasse. Die Form der Dachfenster ist übrigens ganz gleichgültig; doch ist es, wie auch sonst, unter andern Umständen, immer besser, wenn man scharfe Winkelbiegungen zu vermeiden sucht.

Das Papier, welches zum Dachdecken gebraucht wird, ist ein sehr dickes, starkes und festes, ungeleimtes, aus wollenen Lumpen fabricirtes, fast pappenartiges Pack- oder Carton-Papier, von mehr rauher als glatter Oberfläche, wie sie festes Löschpapier zu haben pflegt; auch löscht es, wenn man es mit der feuchten Zunge berührt. Fünfmal zusammengebogen, und fest zusammengedrückt, ist es genau Ein Sechstel Zoll Rheinl., daher einfach Ein Dreiſsigstel Zoll dieses Maaſses dick. In Schweden und Finnland ist es unter den Namen von Förhydnings papper*) und

*) Förhyda heiſst: etwas mit Planken (Bohlen) oder Kupfer überziehen, oder verhäuten, mit einer Haut überziehen. Anm. d. Verf.

Takpapper (Dachpapier) bekannt, und hat die Gröfse des gewöhnlichen Packpapiers, von 30 Zoll lang und 24 Zoll Schwed. breit. Es wird vorzüglich zum Schiffbau bereitet, und dabei auf die Weise, wie Eingangs gesagt, gebraucht. Die Gewohnheit hat es hier zu Lande bis jetzt noch immer aus Schweden kommen lassen, obgleich jede Papier-Fabrik es verfertigen kann. Jedoch sahe ich auch schon Dachpapier von einer hiesigen Fabrik, was aber doppelt so dick war, als das Schwedische, und nicht mehr Papier heifsen kann, sondern Pappe genannt werden mufs. Das Schwedische Dachpapier wird sowohl nach dem Gewicht als riesweise verkauft; das Ries wiegt 21 Liespfund, zu 20 Pfund Schwed. Wir glauben, dafs nach diesen Angaben jede Papier-Fabrik das Dachpapier wird machen können *).

Ehe man das Papier auf dem Dache festnagelt, wird jeder Bogen einzeln, nachdem die Kanten gerade beschnitten worden, in gut gekochten, heifsen Theer eingetaucht, so dafs derselbe beide Seiten vollkommen überzieht, und das Papier durchdringt. Man läfst den überflüssigen Theer über den Kessel, worin er gekocht worden, ablaufen, und schichtet die Bogen, in Pausche von 100 bis 200 Stück, auf schräg gelegten Brettern auf einander; der noch abfliefsende Theer gelangt so in den Kessel zurück, oder in ein anderes Gefäfs. Das Papier bleibt einige Tage in den Pauschen auf einander liegen, damit der Theer von ihm völlig eingesogen werden könne, wodurch es dann ziemlich trocken wird, und nur noch wenig an den Händen abfärbt.

Ist ein Werft oder Schiffsbauplatz in der Nähe des zu verfertigenden Papier-Dachs, so thut man wohl, das Tränken des Papiers mit Theer dort vornehmen zu lassen, weil die Arbeiter an solchen Orten mit dem

*) Wir haben der Redaction des Journals für die Baukunst eine Probe von diesem Papiere mit zugesandt, um sie in den Stand zu setzen, die obige Beschreibung vielleicht noch zu vervollständigen †). Anm. d. Verf.

†) Die obige Beschreibung pafst ganz gut und genau auf die Papier-Probe, welche der Herr Verfasser dieser Abhandlung derselben beizufügen die Güte gehabt hat. Nur glaube ich, wird man das Papier in Deutschland, weil man jetzt sehr dünne Pappe hat, eher Pappe als Papier nennen wollen. Es ist nichts Anders als eine mäfsig dünne, etwas lockere, grobe Pappe, deren Oberfläche, wie bei dem gewöhnlichen Lösch-Papiere, wegen der vielen Klümpchen unvollständig aufgelöster Bestandtheile, sehr uneben ist. Anm. d. Herausg.

Kochen des Theeres, und dergleichen Arbeit am besten Bescheid wissen; doch kann es auch überall anderswo geschehen. Das Kochen des Theers muſs unter freiem Himmel geschehen. Damit auſserdem kein Feuerschaden sich ereignen, und die Flamme nicht in den Kessel schlagen könne, ist es immer besser und sicherer, denselben ordentlich einmauern zu lassen, und die Schornsteinröhre, die von Eisen oder Kupfer sein kann, 3 bis 4 Fuſs über die Kesselmündung aufzuführen. Der Theer läſst sich auch dadurch zum Kochen bringen, daſs man Feldsteine glühend macht, und sie in das Theergeschirr wirft.

Durch den Überzug und die Inprägnation mit Theer erhält das Papier eine gröſsere Stärke, Dicke und Geschmeidigkeit, und es ist jetzt doppelt so viel Kraft nöthig, es von der Kante her einzureiſsen, als vorher. Er ist nunmehr zähe wie Leder, und miſst jetzt, vierfach zusammengelegt, und fest aufeinander gedrückt, Ein Sechstel Zoll, folglich einfach, Ein Vier und Zwanzigstel Zoll Rheinländisch *) in der Dicke. Das Decken des Daches mit Papier wird nun von unten angefangen, und nach oben fortgesetzt. Die Bogen müssen, sowohl in den horizontalen, als in den vertikalen Reihen, $1\frac{1}{2}$ Zoll über einander greifen; in den letztern aber müssen die folgenden, oder obern Bogen, immer die vorhergehenden, oder untern, überdecken, damit das Wasser keine Gelegenheit einzudringen finden möge; auch legt man gern die Bogen in gerade aufgehende Reihen, und nicht nach dem Verbande. Die unterste oder erste Bogenreihe läſst man so weit über die Dachkante vortreten, daſs sie, nach unten um die Brettkante gebogen, bis an das Gesims reicht, wo sie festgenagelt wird. Man hat zwar noch andere Verfahrungs-Arten, die untere Dachkante zu bedecken, die wir aber nicht erwähnen, weil sie nicht empfehlenswerth sind.

Da das Papier sehr biegsam ist, so kann man jede Form des Daches damit bekleiden, ohne die mindeste Schwierigkeit zu finden, wenn man nur immer darauf siehet, daſs die obern Bogen über die untern dekken. Bei dem Forst und den Walmen kann man das Papier von der einen Seite nach der andern überbiegen, oder von beiden Seiten gegen

---

*) Ich nahm zur Bestimmung der Dicke des Papiers deshalb das Rheinl. Zollmaaſs, weil der Bruch sich einfacher, als nach dem Schwedischen Zoll, ausdrücken lieſs.
Anm. d. Verf.

den Forst und die Grate des Walms zusammenstofsen lassen, und dann die Kanten mit einem besondern Streifen bedecken, der nach beiden Seiten hinreichend übergreift. In Hohlkehlen legt man, wie bei Metall-Dächern, einen Streifen, einen halben Bogen breit, von unten nach oben, und läfst das Papier der beiden Dachflächen, nach geraden Linien beschnitten, darauf auslaufen und festnageln. Den zuerst gelegten Streifen, der die eigentliche Dachrinne bildet, kann man seitwärts, neben der Einbiegung des Winkels, festnageln, damit er überall dicht auf die Bretter liege.

Wenn das Auflegen des Papiers rasch von Statten gehen soll, um vielleicht schönes, warmes Wetter nicht ungenutzt vorübergehen zu lassen, so fängt man die Deckung auf beiden Dachseiten zugleich und in der Mitte an, deckt zuerst einen Streifen von unten nach oben, und dann weiter nach beiden Seiten oder nach den Dach-Enden oder Giebeln hin, wobei sich auf einmal mehr Arbeiter beschäftigen und in Thätigkeit setzen lassen, als wenn man von dem einen Ende nach dem andern hin fortginge; auch ist das Verfahren besser, als von beiden Enden des Daches nach der Mitte hin zu arbeiten, weil es im letztern Fall sich leicht treffen könnte, dafs man mit einem schmalen Streifen schliefsen müfste.

Die Nägel, deren man sich zum Aufnageln des Papiers bedient, sind, wie wir schon angemerkt, besonders zu dieser Arbeit gemacht, und werden in Schweden, ihrer grofsen, platten Köpfe wegen, auch (Platthufond) Plattköpfe genannt; sie haben die Gröfse und Gestalt von Fig. 7. Taf. IV., und sind überall im Handel zu haben *). Die Nägel müssen bei der Befestigung des Papiers so nahe an einander geschlagen werden, dafs dasselbe zwischen zwei Nägeln nicht aufklaffen kann, weshalb sie nicht über 2 bis 3 Zoll von einander entfernt sein dürfen. Man kann an Nägeln sparen, wenn man, bei dem Legen des Papiers, die Kanten mit Theer bestreicht, wodurch die Bogen aufeinander kleben und fester aufeinander liegen, weshalb sich die Nägel weiter auseinander setzen lassen. Nägel mit kleinen Köpfen, oder gewöhnliche Rohrnägel, sind nicht rathsam, weil die Köpfe zu leicht durch das Papier hindurch geschlagen werden, und dann Löcher darin entstehen.

*) Für Deutschland sind diese Nägel, so wie das Papier, sehr leicht über Stralsund und Lübeck, aus Stockholm zu erhalten. Die Nägel kosten daselbst das Tausend 2 Rdl., und das Papier, das Ries $41\frac{2}{3}$ Rdl. (*Riksdaler, Riksgeld, Sedler*).
Anm. d. Verf.

Nachdem das Dach mit dem getheerten Papiere beschlagen ist, wird es abermals mit Theer überstrichen, den man jedoch etwas mehr einkochen läfst, oder zu 1 bis $1\frac{1}{2}$ Tonne Theer 40 Pfund Harz zusetzt, um der Masse mehr Consistenz zu geben; gleich darauf wird es mit einer Mischung von Ziegelmehl (das vorher in hinreichender Menge gestampft sein mufs) und Sand, entweder zu gleichen Theilen, oder auch in andern Verhältnissen, $\frac{1}{2}$ Zoll dick übersiebt. Diese Mischung wird in den weichen Theerüberzug fest eingetreten, und zwar von den Arbeitern mit blofsen Füfsen. Es stellen sich ihrer mehrere dicht neben einander, und treten so, Fufs bei Fufs setzend, hin und her, in einer Linie neben der andern. Da man den Theerüberstrich nicht erkalten lassen darf, ehe das Ziegelmehl und der Sand darauf gebracht wird, um ihn vollkommen damit zu sättigen, so mufs nur immer eine kleine Fläche auf einmal überstrichen werden, die man schnell mit den erdigen Stoffen bedeckt, welche dann eingetreten werden. Die lose Masse des Ziegelmehls und des Sandes, die der Theer nicht mehr aufnehmen und festhalten kann, wird zusammengefegt, und auf die nächst übertheerte Fläche gebracht u. s. w., bis das ganze Dach auf diese Art bedeckt ist; wobei jedoch sehr genau darauf zu achten, dafs nicht an den Kanten, zwischen den zuerst und den später überstrichenen Flächen, Stellen ohne Theer-Überzug bleiben, weil diese Stellen möglicher Weise Lecken geben können. Zum Decken eines Daches müssen wenigstens 10 bis 12 Arbeiter zur Hand sein, damit alle Arbeiten: das Überstreichen, Übersieben, Ausbreiten, Festtreten und das Zubringen der Materialien, rasch und ohne Aufenthalt von Statten gehen können.

Das Verfertigen dieser Dächer mufs jeder Zeit bei gutem trocknen Wetter geschehen. Fällt, während man mit dem ersten Auftrage der Kruste beschäftigt ist, Regenwetter ein: so mufs die Fortsetzung der Arbeit so lange eingestellt bleiben, bis das Papier wieder völlig trocken geworden ist, weil sonst der Anstrich, durch die Feuchtigkeit auf dem Papiere abgekühlt, sich mit dem Theer-Überzuge des Papiers nicht gehörig und fest genug verbinden, und von demselben sich dann leicht trennen und ablösen lassen würde.

Um einem Papier-Dache die möglichste Dauer zu geben, betrachtet man es nur erst dann als vollendet, wenn es drei Mal mit der beschriebenen Theermasse überzogen und jedes Mal völlig mit Ziegelmehl und

Sand gesättigt worden ist; doch erfolgen die Aufträge nicht schnell nacheinander, sondern in gröfsern Zwischenräumen, so dafs jeder Überstrich Zeit haben möge, vollständig zu erhärten, und dafs Wind und Regen die losen, vom Theere nicht befestigten, Theile des Ziegelmehls und des Sandes von der Dachfläche abführen. Erfolgt zum Beispiel die Verfertigung des Daches mit dem ersten Überzuge jener Kruste im Herbst, so bleibt das Dach in diesem Zustande den Winter über, bis zum Juni oder Juli des nächsten Jahres, stehen, ehe der zweite Auftrag gemacht wird. Der dritte Überzug kann dann noch im Herbst desselben Jahres statt haben, oder abermals bis zum nächsten Sommer verschoben werden; alsdann ist an das Dach keine Hand mehr anzulegen nöthig.

Jeder einzelne Theeranstrich mufs so dünne aufgetragen und über die Papierfläche gebreitet werden, als die Zähigkeit der Masse es nur immer zuläfst, damit die Sättigung mit den erdigen Stoffen leicht und vollständig geschehen könne. Der dreimalige Überzug, als die völlige Incrustation, erreicht daher selten mehr als 4 bis 5 Linien Dicke; sie wird so hart wie Stein, so dafs Regen, Schnee, Frost und Sonnenhitze keinen bedeutenden Einflufs darauf haben; sie verbindet alle die einzelnen Papierbogen zu einen einzigen Überzuge über die ganze Dachfläche, der völlig ohne sichtbare Nähte und Fugen ist, und folglich das Dach so darstellt, wie es am wünschenswerthesten zu erachten.

Aus dieser Beschreibung, wie Papier-Dächer zu verfertigen sind, wird man sich überzeugen, dafs es kein dichteres, wasserabhaltenderes und zugleich dauerhafteres Dach geben kann, als ein Papier-Dach, an welchem kaum eine Reparatur abzusehen ist, wenn nicht etwa auf gewaltsame Weise eine Beschädigung daran erfolgt; das Gehen darauf, selbst mit grofsen Lasten, und die nachherige Aufführung der Schornsteine über dem Dache, schadet ihm nichts, da die Incrustirung, an sich hart wie ein Steinpflaster, auf einer festen, unbiegsamen Unterlage ruhet. Und sollte durch irgend einen Zufall auch ein Loch, oder sonstige Beschädigung, gleich viel zu welcher Zeit, daran vorkommen, so wird ein Stück mit Theer überstrichenes Papier darüber geklebt und genagelt, und wie anfänglich mit Sand u. s. w. überstreut, wodurch dem Schaden bald wieder abgeholfen ist.

Bedenkt man ferner, dafs das Papier selbst, ganz im Wasser, (an Schiffen z. B.), fast unzerstörbar ist, hier aber, durch das Eintauchen in warmen Theer und die darin enthaltene Holzsäure, so wie unter der darauf gebildeten Kruste, in eine Lage gebracht wird, wo keine Feuchtigkeit mehr darauf wirken kann; daſs es durch die Operation des Tränkens gröſsere Stärke, Zähigkeit und Elasticität erhalten hat, in dem Maaſse, daſs man es jetzt über eine halbzöllige Vertiefung legen, und darin eindrücken kann, ohne zu zerreiſsen; daſs es auf dem Dache in einer völlig ruhigen, und unverrückten Lage sich befindet; und daſs auf dem Dache gar keine Geschäfte weiter getrieben werden, als daſs der Schornsteinfeger zuweilen darüber hinläuft: so wird man finden, daſs das Papier Festigkeit genug besitzen müsse, einen der wichtigsten Dienste bei dem Häuserbau zu leisten, und das geeigneteste und wohlfeilste Mittel ist, als Träger einer Incrustation zu dienen, die den Brettern, ihrer Veränderlichkeit wegen, unmittelbar nicht aufgelegt werden darf. Leinwand und Pappe, an welche man vielleicht, sie einen ähnlichen Dienst leisten zu lassen, denken könnte, sind viel zu theuer, und dennoch dazu nicht so gut und zuverlässig als das Papier.

Die Leinwand nemlich kann, schon ihrer Gröſse wegen, nicht so wie das Papier vorher in Theer eingetaucht werden, weil sie dadurch zu unbeholfen und unregierlich wird, und sich also nicht mehr straff und glatt anspannen läſst; der Anstrich von Theer, den man bloſs von oben darauf bringt, dringt auch seiner Dicke wegen nicht so in die Zwischenräume der Leinwand ein, sondern überzieht sie, und haftet nur an der Oberfläche der Fäden; feuchte und trockene Luft behalten daher von unten Zugang und Einfluſs auf dieselbe, ziehen sie zusammen, oder dehnen sie aus; durch welche Bewegung sie sich endlich von dem Überzuge trennt, der dann feine Risse und Sprünge bekommt, und zuletzt abfällt, während die Leinwand selbst früher oder später vermodert.

Die Pappe hat noch andere Unvollkommenheiten. Da die Theermasse sie, weil sie dicker und fester ist, als das Papier, ebenfalls nicht durchdringen kann, so behält ihr Inneres Empfänglichkeit für Feuchtigkeit und Veränderungen der Temperatur, wodurch sie aufschwillt und in dem Überzuge feine Risse entstehen, welche Wasser durchlassen und nicht zu entdecken sind. Auch sind Dächer von Pappe schon da gewesen, was vielleicht wenig bekannt ist. In der Mitte der ersten zehn Jahre dieses Jahrhunderts hatte nemlich ein Speculant in St. Petersburg die in Öl getränkte Pappe, als eine vortreffliche Dachbedeckung empfohlen, eine Fabrik zur Bereitung der Pappe angelegt, und sie so in Aufnahme zu bringen gewufst, dafs sie selbst bei einigen öffentlichen Gebäuden angewendet worden war; allein wenige Jahre reichten hin, ihre Untauglichkeit zu beweisen. Man sprach bald nicht mehr davon. Die Pappendächer verschwanden nach und nach ganz in der Stille, und wurden mit eisernen Dächern vertauscht. Das Geld, welches sie gekostet hatten, war weggeworfen. Auch wir haben hier auf drei Gebäude Pappdächer legen zu lassen Gelegenheit gehabt, die uns aber unsägliche Mühen und Beschwerden verursachten und immer Lecken behielten, wie oft man sie auch mit der best zubereiteten Ölfarbe überstreichen mochte*), denn da, wo der Arbeiter bei dem Aufnageln der Pappe mit dem Nagel in eine Brettfuge traf, was immer häufig geschahe, welche Vorsicht und Aufmerksamkeit man auch anwenden mochte, gab es ein unverbesserliches Leck, welches nicht zu entdecken war, wie sehr man sich auch bemühen mochte, es zu finden. Diese unangenehmen Erfahrungen machten uns daher viele Jahre gegen die Papierdächer mifstrauisch und gleichgültig, weil wir von ihnen dasselbe fürchteten.

Dafs das Papier mit so brennbaren Materien, wie Theer, Pech und Harz sind, überstrichen wird, um eine feste Kruste darüber zu bilden, läfst zwar auf den ersten Blick diese Bedachung als höchst feuergefährlich erachten; allein zügelt man nur auf einen Augenblick eine zu lebhafte Einbildungskraft, und bedenkt man, dafs der jedesmalige Überzug von diesen Materien nur sehr dünn aufgetragen, stark mit Ziegelmehl und Sand gesättiget, und so viel davon eingetreten wird, als die geringe Dicke des Anstriches nur immer festzuhalten vermag: so wird man finden, dafs jenen brennbaren Körpern die brennbare Eigenschaft gewissermaafsen dadurch benommen wird, weil sie zwischen einer grofsen Menge feiner Körner der erdigen unverbrennlichen Stoffe in so unendlich kleine Portionen sich vertheilen, dafs sie sich kaum noch zu entzünden vermögen, wenn auch Feuer darauf geworfen wird; wie es angestellte Versuche zur Genüge gezeigt haben.

Das Papierdach ist daher gegen Flugfeuer so sicher, als irgend ein Ziegeldach, und sicherer, als Kupfer-, Zink- und Eisen-Dächer, die alle die unglückliche Eigenschaft haben, dafs, wenn ein gegenüberste-

*) Diese Dächer wurden nicht mit Theer, sondern mehrmahls mit Öhlfarbe bestrichen: roth, schwarz oder grün, wie es mit den Eisendächern in Rufsland geschieht. Anm. d. Verf.

hendes Haus in Flammen geräth, das Metall durch das Feuer leicht so stark erhitzt wird, dafs die Bretter darunter sich entzünden, während der Besitzer unter seinem Metalldach sich ganz sicher glaubt. Man hat daher auch unter solchen Umständen, bei Metalldächern, eben so viel Noth, Sorge und Beschwerden, den Entzündungen durch Menschen, Spritzen und Wasser vorzubeugen, als wenn das Haus schon in Flammen stände; der heifse Wasserdampf, den die starke Verdunstung des auf das heifse Metall gespritzten Wassers erzeugt, kann aufserdem den Arbeitern höchst beschwerlich, und oft unerträglich werden. Ein incrustirtes Papierdach dagegen kann in eine solche Gefahr nicht gerathen, und ist leichter, und mit einer geringeren Wassermenge, dagegen zu schützen, als das Metalldach, weil es nicht so stark erhitzt werden kann, und das darauf gespritzte Wasser das Dach länger feucht erhält und nicht so leicht verdunstet, als auf Metalldächern.

Gern können und wollen wir zugeben, dafs das Papierdach, wenn es Feuer gefangen hat, vielleicht lebhafter brennt, als eine andere Bedachung; doch ist sie sonst nicht gefährlicher; denn der Wind kann das brennende Papier nicht entführen, und auf andere Gebäude werfen, weil es fest auf die Bretter genagelt ist, mit deren es auf der Stelle verbrennen mufs; auch darf man nicht aufser Acht lassen, dafs das Feuer wohl nach innen, wie bei Metalldächern, nicht aber nach aufsen, lebhaft brennen kann, weil die mit erdigen Stoffen gesättigte Kruste, wohl schwelenden Dunst und Rauch entwickeln, nicht aber in hellen Flammen brennen kann. Die Brennbarkeit des Papierdaches nach innen läfst sich aber auch noch bedeutend vermindern, wenn man, bei dem Tränken desselben mit Theer, gleich die eine Seite mit feinem Sande stark übersiebt, denselben etwas eindrückt, und diese Seite des Papieres nach unten auf die Bretter legt. Der Unfall, der ein Papierdach in Asche legt, verschont auch keine andere Bedachung, bestehe sie woraus sie wolle, und wenn der Schaden nicht zu vermeiden war, so ist es zufällig und ziemlich gleichgültig, ob dann Papier oder eine andere Masse brennt. Dem Hausbesitzer bleibt dagegen der Trost, dafs, wenn nur der übrige Theil des Gebäudes gerettet wird, das Papierdach ihm weniger gekostet hat, und das neue Dach (wenn er es wieder von Papier machen läfst) ihm weniger kosten wird, als ein anderes von gleicher Güte ihm kosten würde. Er hat auch noch die Bequemlichkeit, dafs er die Ausgaben für das neue Papierdach auf drei Jahre vertheilen kann, während er für andere Bedachungs-Arten den ganzen Betrag der Unkosten auf einmal bestreiten müßte.

Nicht immer hat man sich bei den Papierdächern der nemlichen Verhältnisse bei der Mischung des Sandes mit Ziegelmehl bedient. Auch hat man dem Ziegelmehl zuweilen noch gewisse Theile gestampfter Schmiede-Schlacken hinzugefügt, oder alle drei Stoffe zu gleichen Theilen genommen, und dadurch eine größere Festigkeit und Härte der Kruste zu erreichen geglaubt. Da aber der Theer weder mit dem Ziegelmehle, noch mit dem Sande, oder was man sonst noch hinzuthun könnte, eine chemische Verbindung eingeht, sondern nur mechanisch mit diesen Substanzen sich mengt, die nur durch den Theer, als klebrige Masse, auf der Dachfläche festgehalten werden, um eine feste Kruste zum Schutz des Papiers zu bilden, welche zugleich die Brennbarkeit des Theers möglichst vermindern, so wie das Weich- und Flüssigwerden durch Sommerwärme, verhindern soll: so ist es völlig gleichgültig, ob die Sättigung des Theers mit einer, oder mit verschiedenen Substanzen geschieht, wenn dieselben nur feinkörnig oder mehlartig sind, oder in diesen Zustand können gebracht werden, und wenn sie nur die Eigenschaft einer solchen Festigkeit haben, daß sie weder von der Feuchtigkeit und dem Frost zerstört werden können, noch daß Regen sie aus dem Theere auszuwaschen vermag.

Daß man Ziegelmehl mit Sand mengt, geschieht nur mehr, um die Arbeit zu erleichtern und sie wohlfeiler zu machen, weil das Zerstoßen von Ziegelsteinen langweilig und beschwerlich ist. Nöthig kann die Vermengung nur dann erachtet werden, wenn der Sand, welcher zu Gebote steht, zu grobkörnig ist, und man also fürchten muß, daß die Zwischenräume zwischen seinen Körnern zu viel Theermasse beisammen lassen möchten. Das feine Ziegelmehl füllt dann die Zwischenräume des Sandes in der Thermasse und zertheilt und isolirt dieselbe mehr. Wo man aber reinen, feinkörnigen Sand hat, oder den gröbern damit mischen kann, ist das Ziegelmehl auch sehr gut gänzlich zu entbehren, und die Sättigung des Theers kann mit bloßem Sande geschehen, wie es Jeder weiß, der ein Papierdach hat machen lassen. Sehr zweckmäßig scheint es mir bei der Bildung der Incrustation eines Papierdaches zu sein, wenn man den ersten Auftrag aus 1 Theil Ziegelmehl und 3 Theilen feinen Sandes, oder aus Einem Drittheil des Erstern und Zwei Drittheilen des Letztern bestehen läßt, worauf man zum zweiten Auftrage bloß reinen Sand nimmt, und zum dritten den Sand mit Einem Drittheil pulverisirter Bleiglätte versetzt, wodurch das Dach das Ansehen von Metall, und vielleicht auch beinahe dessen Dauer erhält.

Läfst sich auch jetzt noch nicht mit völliger Gewifsheit angeben, wie lange ein so zubereitetes Papierdach dauern kann: so lehrt doch schon die Erfahrung, an den 10 bis 12 Jahre vorhandenen Dächern, die bis jetzt nicht die geringsten Reparaturen nöthig hatten, und nicht im Geringsten sich veränderten oder verschlechterten, dafs ein Papierdach eine sehr lange Reihe von Jahren müsse bestehen können. Und was kann an diesen Dächern schadhaft werden? das Papier nicht: es ist in der Lage, in welcher es sich auf dem Dache befindet, unvergänglich. Die Incrustation wäre es also, die mit der Zeit durch die Luft, Sonnenhitze, Regen, Schnee und Frost, angegriffen und zerstört werden könnte. Diese zerstörende Einwirkung mufs sich aber an der Kruste bemerklich machen, und sich daran erkennen lassen, sollte es auch nicht eher sein, als bis schon die Einwirkung des Wassers sich auf das Papier äufsern, dasselbe schwellen, und beulig und blasig machen könnte. Ist es aber auch durch Vernachlässigung, oder durch zu grofse Sicherheit, mit dem Dache so weit gekommen: so ist dem Schaden immer noch mit einem neuen Überstrich, wie bei der ersten Verfertigung, abgeholfen; das Dach ist wieder hergestellt, und in einen neuen Zustand versetzt, in welchem es abermals so viele Jahre wie zuvor dauern kann, ehe es wieder in eine gleiche Lage geräth. Nach dem, was bis jetzt, mit Wahrscheinlichkeit, nach dem Verhalten der vorhandenen Dächer zu schliefsen ist, dürfte ein neuer Überstrich dieser Dächer nicht früher als in 25 Jahren nöthig sein.

Die Papierdächer sind in Schweden schon seit einigen und 30 Jahren im Gebrauch, nicht aber auf die hier beschriebene Weise. Sie bestehen vielmehr blofs aus getheertem Papier, welches auf einer Unterlage von Brettern liegt, und nachher noch einmal mit gutgekochtem Theer überstrichen wird, in welchen man rothe Erde, Rufs oder Bleiglätte mengt, je nachdem das Dach wie Kupfer oder Eisen aussehen soll; das Papier wird, in verticalen Reihen, von unten nach oben aufgenagelt, vor dem Auflegen aber eben so mit Theer getränkt und behandelt, wie hier beschrieben worden. Im Jahre 1829 erschien zu Stockholm bei P. A. Norstedt et Söner (Söhne) vom Herrn Cap. O. J. Hagelstam eine kleine Schrift von 16 Seiten 8., mit einem Kupfer, unter dem Titel:

Underrättlse om Taktöckning med Papper (Nachricht über die Dachdeckung mit Papier), worin zu dieser, hier in Kurzem beschriebenen Art der Papierdächer eine umständliche Anweisung gegeben wird. Anmerkenswerth scheint darin die Nachricht zu sein, daſs sich damals Dächer dieser Art in Schweden fanden, die schon 18 Jahre alt und noch vollkommen wasserdicht waren, obgleich sie seit ihrer Anlage nicht wieder mit Theer überstrichen worden waren. Es würde hieraus folgen, daſs das, was wir oben über die Dauer der incrustirten Papierdächer gesagt haben, nicht im Geringsten übertrieben ist, wenn selbst schon das bloſs getheerte Papierdach so lange dem Zahne der Zeit zu widerstehen vermochte. Da diese Art der Papierdächer auſserdem ebenfalls schon wasserdicht sind, so stehen sie den incrustirten sehr nach, die, wie wir bemerkt haben, nicht allein wasserdicht, sondern auch bis zu einem hohem Grade feuersicher sind.

Zum Schluſs wollen wir noch einige Data beibringen, die zur Ausmittelung der Kosten eines Papierdaches dienen können.

Die Kosten der Brettverschalung, mit Nägeln und Arbeitslohn, ergeben sich aus dem Quadrat-Inhalte der Dachfläche; eben so die Zahl der Papierbogen, wenn ihre Gröſse gegeben ist.

Die Nägel bestimmen sich nach der Gröſse des Papiers; jeder Bogen wird auf zwei seiner Kanten oder Seitenlinien genagelt. Papier von der hier gebräuchlichen Gröſse erfordert auf den Bogen 25 Nägel.

Ein Schwedisches Ries Papier hat 20 Buch zu 20 Bogen, und wiegt 21 Liespfund; also wiegen 20 Bogen 21 Liespfund; doch ist das Papier nicht immer gleich dick, und es gehen auf das Liespfund daher auch oft eine gröſsere Zahl von Bogen.

Ein Ries Papier erfordert, um vollständig mit Theer getränkt zu werden, 1 Tonne, und zum einmaligen Überstreichen noch halb so viel Theer; doch wird häufig viel mehr dazu verbraucht, weil man besser zu thun glaubt, wenn man den Theer oft bis zur halben Dicke des Peches einkochen läſst.

Da der Theer zu den Überzügen etwas stärker sein muſs, als zum Tränken des Papiers, so erreicht man dieses auch dadurch, daſs man zu 1 Tonne Theer 2 Liespfund oder 40 Pfund Harz hinzuthut; alsdann braucht der Theer nicht so lange zu kochen.

Ein Ries Papier mit Theer zu tränken erfordert 3 Arbeitstage, es sorgfältig aufzunageln $4\frac{1}{2}$ Tag, und mit Theer zu überstreichen und mit den erdigen Stoffen zu übersieben und dieselben darin festzutreten, 7 Arbeitstage.

Die Quantität des Ziegelmehls, der Schlacken und des Sandes, hängt von den Verhältnissen ab, in welchen man diese Materialien mengen und anwenden will, desgleichen wie sie beschaffen sind, und welche Hülfsmittel man zum Pulverisiren der Substanzen anwenden kann.

Um jedoch darüber etwas zu sagen, was zu einiger Beurtheilung der Kosten Anleitung geben kann, mag folgendes Beispiels gedacht werden. Zu einem Dache von 4140 Quadrat-Fuſs Oberfläche wurden, zur dreimaligen Übersiebung der Theeranstriche, gebraucht: 15 einspännige Fuhren Sand, 5 Fuhren Schmiede-Schlacken, wie die Erstern, jede 8 Cub. Fuſs enthaltend, und 100 fest gebrannte Mauerziegel von 12 Zoll lang, 6 Zoll breit, 3 Zoll dick. Die Schlacken und das Ziegelmehl wurden in einem groſsen eisernen Mörser gestampft, und erforderten zu pulverisiren und durchzusieben 18 Arbeitstage. Zu diesem Dache wurden im Ganzen $9\frac{1}{2}$ Tonne Theer verbraucht.

Kostet die erste Anlage eines Papierdaches in der einen oder der andern Gegend vielleicht etwas mehr, als ein gewöhnliches Ziegeldach, so wird es doch schwerlich irgendwo mehr Ausgaben verursachen, als ein Ziegeldach mit 20 oder 25jähriger Reparatur erfordert, während welcher Zeit es aber alle die Vortheile gewährt, die ein Metalldach nur gewähren kann.

Helsingfors, im Mai 1833.

# 5.

# Die Kirche zu Kraschen, nebst einigen Betrachtungen über den Styl des Mittelalters in der Bauart der Kirchen.

(Von dem Königl. Bau-Inspector Herrn *Riemann* zu Wohlau in Schlesien.)

Die im vierzehnten Jahrhundert, aus gebrannten Ziegeln ohne Abputz, erbaute katholische Kirche zu Kraschen, $1\frac{1}{2}$ Meile von der Kreisstadt Guhrau, zeichnet sich durch eine dem Auge sehr gefällige Form aus *). Die mit schlanken Pfeilern gezierten Giebel des hohen Kirchdaches, die sich durch länger als vier Jahrhunderte unversehrt erhalten haben, vermehren das schöne alterthümliche Aussehen dieser, wegen ihrer hohen Lage, in der Gegend weit umher sichtbaren Kirche. Zwei aus freier Hand gezeichnete äufsere Ansichten derselben (Taf. VI. Fig. 1. u. 2.), und eine Zeichnung ihres Dachstuhls, werden zu einer kurzen Beschreibung derselben behülflich sein.

So prunklos und einfach diese Kirche, mit ihrem 110 Fufs hohen und 18 Fufs breiten Kirchthurm dasteht: so findet doch die Form derselben vielen Beifall. Die 2 Fufs starken rippenartigen Giebelpfeiler sind von gewöhnlichen Ziegeln, kleiner Form, sechseckig gemauert, und oben spitz abgedacht; eben so sind die gothischen Verzierungen der Thurm-Fenster von solchen Ziegeln ausgesetzt, und nirgend erblickt man künstliche, der Baukunst des Mittelalters eigene, Zierrathen von Sandstein, oder aus Thon geformt **). Das hohe, alles Verhältnifs übersteigende Dach, mit

*) In jener Gegend befinden sich sieben ziemlich ähnlich gebaute katholische Kirchen in geringer Entfernung von einander, nemlich zu Grofs-Tschirnau, Gleinig, Kraschen, Rabsen, Kantel u. s. w., von denen die Sage spricht: dafs Johann, Herzog zu Glogau und Sagan, der im Jahre 1488 sieben Rathsherren von Glogau im Schlofsthurm verhungern liefs, solche zur Bufse habe müssen erbauen lassen. Dies hat aber für die Kirche in Kraschen, welche, nach einem vorhandenen Document, schon im Jahre 1376 gestanden hat, seine Richtigkeit nicht, auch bekundet ihre bauliche Construction eine viel frühere Entstehung.

**) Ich erlaube mir hier, die Worte Friedrich Schlegels über die Bedeutung der gothischen Baukunst zu wiederholen:

48 Fuſs langen Sparren, ist als ein charakteristisches Zeichen der Kirchen des Mittelalters zu betrachten, und es ist wohl noch nicht entschieden: ob die hohen Dächer bloſs die Conservation der Dachbedeckung bezwecken sollten, oder ob noch andere Absichten damit verbunden waren. Man bewundert die Kühnheit der, auf schwachen Pfeilern ruhenden gothischen Gewölbe; doch kühner noch sind die Balkendecken, die aus jener Zeit herrühren. Hänge- und Sprenge-Werke waren damals noch nicht bekannt; erst im 17ten Jahrhundert kommen sie zum Vorschein. Sehr viele alte Kirchen haben einen Dachstuhl, der dem auf der Kirche zu Kraschen ziemlich ähnlich ist. Die Balken liegen 30 bis 40 Fuſs lang frei, ohne Unterstützung, oder von oben gehalten zu werden. Über der Mitte derselben liegt gewöhnlich ein Trägerbalken, welcher gleichwohl weder durch eiserne Schrauben noch auf andere Art mit den Balken verbunden ist, und der Senkung derselben entgegenwirken kann, sondern vielmehr

„Es spricht sich der Geist des Mittelalters überhaupt, besonders aber der deut-„sche, in keinen andern Denkmalen so ganz aus, als in denen der sogenannten go-„thischen Baukunst, deren Ursprung man gleichwohl immer noch nicht recht weiſs. „Zwar daſs sie nicht von den Gothen herrühre, ist nun anerkannt, da sie viel später „entstanden ist, und, fast ohne Übergang, mit einem Male ziemlich vollendet hervor-„tritt. Ich rede von demjenigen Style der christlichen Baukunst, welcher durch die „hoch empor strahlenden Gänge und Bogen, durch die, wie aus einem Bündel von „Röhren zusammengesetzten Säulen, durch die Fülle des Blätterschmucks, die blumen- „und blätterartigen Zierrathen hinreichend ausgezeichnet und dadurch auch ganz un-„terschieden ist von der ältern Gattung der nach dem Muster der Sophienkirche in „Constantinopel in neugriechischem Geschmack erbauten Denkmale. Maurisch „ist hierin nichts oder nur ganz Unbedeutendes; einige wahrhaft maurische Gebäude „in Sicilien und Spanien haben einen wesentlich verschiedenen Charakter. Es wer-„den auch wohl im Morgenlande solche gothische Gebäude gefunden, aber von Chri-„sten erbaut: Burgen und Kirchen der Tempelherren und Johanniter. Die eigentliche „Blüthenzeit dieser ganz eigenthümlichen Baukunst fällt ins 12te, 13te und 14te Jahr-„hundert. In Deutschland hat sie allerdings am meisten geblüht, und deutsche Mei-„ster haben nach solchen Begriffen, zu nicht geringer Verwunderung der damaligen „Italiener, den Dom zu Mailand erbaut. Aber nicht in Deutschland und in den „deutschen Niederlanden allein hat sie geblüht, sondern eben so sehr in England und „im nordwestlichen Theile von Frankreich. Die eigentlichen ersten Erfinder sind „unbekannt; ein einzelner groſser Baukünstler kann nicht der Urheber dieser neuen „Kunstart gewesen sein; sein Name würde sich erhalten haben. Die Meister, welche „diese wunderbaren Werke gebildet haben, scheinen vielmehr eine durch mehrere „Länder verbreitete und unter sich eng geschlossene Gesellschaft gebildet zu haben. „Wer sie aber auch gewesen seien: sie haben nicht bloſs Steine übereinander häufen, „sondern groſse Gedanken darin ausdrücken wollen. Ein noch so herrliches Gebäude, „wenn es keine Bedeutung hat, gehört auf keine Weise zur schönen Kunst; unmit-„telbare Erregung des Gefühls ist dieser ältesten und erhabensten aller Künste nicht „verstattet. Nur durch die Bedeutung kann sie in einem gewissen Sinne Gedanken als eine Belastung derselben zu betrachten ist. Alle übrigen Dachverbindungen, so innig solche einerseits durch das Überschneiden der Strebebänder mit den Kehlbalken und Hanebändern vereinigt sind und in einander greifen, äufsern doch mehr einen Druck nach der Mitte der Balken, als dafs sie, gleich einem Hängewerke, sie dort halten sollten. Von Schrauben, Zugankern, Klammern: überhaupt von Eisenwerk, um den Verbandstücken mehr Zusammenhang zu geben, ist in diesen Dachstühlen nicht das Mindeste zu finden.

In diesem Jahre liefs ich einen, dem in (Fig. 3.) vorgestellten ziemlich gleichen Dachstuhl, welcher durch früher verabsäumte Instandhaltung der Schindelbedachung baufällig geworden war, abtragen. Unter den 35 Fufs langen Balken befand sich in der Mitte ein 9 Zoll hoher Unterzug, welcher 43 Fufs frei lag und auf dem einen Ende nur eine geringe

---

„ausdrücken, und ist dadurch auch sicher, hohe Gefühle von ganz bestimmter Art zu „erregen. Symbolisch mufs daher alle Baukunst sein, und mehr als jede andere ist „es diese christliche des deutschen Mittelalters. Was zuerst und am nächsten liegt, „das ist der Ausdruck des zu Gott emporsteigenden Gedankens, der vom Boden los-„gerissen, kühn und grade aufwärts zum Himmel zurückfliegt. Dieses ist es eben, „was Jeden mit dem Gefühl des Erhabenen beim Anblick dieser, wie Strahlen empor-„schiefsenden Säulen, Bogen und Gewölbe erfüllt, wenn sich dieses Gefühl auch nicht „in einen deutlichen Gedanken auflöst. Aber auch alles Andere in der ganzen Form „ist bedeutend und sinnbildlich, wovon sich auch in den Schriften jener Zeit manche „Spuren und Beweise finden. Der Altar wurde gern gegen Aufgang der Sonne ge-„richtet; die drei Haupt-Eingänge nahmen die hereinströmende Menge von den ver-„schiedenen Weltgegenden her, auf. Drei Thürme entsprechen der Dreizahl des „christlichen Grundbegriffes von dem Geheimnisse der Gottheit. Der Chor erhob sich „wie ein Tempel im Tempel mit verdoppelter Höhe. Die Gestalt des Kreuzes war „schon von früh in der christlichen Kirche gesucht worden: nicht blofs willkürlich, „wie man etwa wähnen möchte, oder dafs es gar nur als ein Hindernifs der soge-„nannten schönen Form zu betrachten sei; denn alle diese gewählten Formen stim-„men innigst zusammen und bilden ein Ganzes. Die runde Säule hatte die christliche „Baukunst schon früh vermieden; da aber die aus drei oder vier runden Säulen zu-„sammengesetzten keine gute Form geben, so wählte man nun jene schlanken, wie „aus einem Bündel verschlungener Röhren, in der mannigfaltigsten Fülle und Einheit „leicht emporfliegenden Säulen. Die Grundfigur aller Zierrathen dieser Baukunst ist „die Rose; daraus ist selbst die eigenthümliche Form der Fenster, Thüren, Thürme „abgeleitet; auch aller Blätterschmuck und die reichen Blumen-Zierrathen. Das „Kreuz und die Rose sind demnach die Grundformen und Hauptsinnbilder dieser ge-„heimnifsreichen Baukunst. Was das Ganze ausdrückt, ist der Ernst der Ewigkeit, „ja, wenn man will, der Gedanke des Todes, des irdischen nemlich, umflochten von „der lieblichsten Fülle eines unendlich blühenden Lebens."

Friedrich Schlegels Geschichte der alten und neuen Litteratur. 1ster Theil. Wien, 1815. pag. 291. Z. 6.

Auflage hatte. Doch sahe man nicht die geringste Senkung des Unterzugs, noch der gesammten Decke.

Worin liegen aber die Stützen dieser unbegreiflichen Haltbarkeit? Man wird geneigt, zu glauben, dafs die grofse Last der an den Endpuncten des 30 bis 40 Fufs frei liegenden Balkens drückenden Sparren, nebst der grofsen Masse der Dachbedeckung, die Senkung desselben in der Mitte verhindere. Mehrere alte, erfahrne Zimmermeister, deren Meinung ich in ähnlichen Fällen hierüber hörte, wollen den Grund lediglich in den starken, unzerreifsbaren Fibern der aus dem Kerne sehr alter, überständiger Baumstämme gezimmerten Balken und Träger suchen. So viel ist gewifs, dafs ich bei mehreren dergleichen kühnen Gebälken vergeblich mich bemüht habe, das Stamm- und Zopf-Ende der Balken zu entdecken.

Vor einigen Jahren mufste, einer Veränderung wegen, der Dachstuhl eines im 15ten Jahrhundert erbauten adelichen Wohnhauses in hiesiger Gegend abgenommen werden; doch beabsichtigte man das noch anscheinend haltbare Gebälke beizubehalten. Nach geschehenem Abbruche ergab sich, dafs die Köpfe der kaum 2 Fufs entfernt liegenden Balken fast gänzlich verfault waren und bei der über einem Saale befindlichen Decke nur die fest eingeschobenen Stackhölzer den drohenden Einsturz aufgehalten hatten.

Es folgt aus dieser Erfahrung wie sehr eine verdoppelte Aufmerksamkeit auf die Beschaffenheit alter, oft schon in einen baufälligen, oder doch sehr schadhaften Zustand gerathener, Gebälke und Dachstühle nothwendig sei, um Unglücksfällen vorzubeugen. Als Thatsache kann man annehmen, dafs nothwendige Dach-Reparaturen an Kirchendächern oft verabsäumt oder doch sehr verzögert werden, weil man das Nachtheilige der Verzögerung nicht so empfindet, als bei Wohngebäuden. Der ganz finstere, nicht durch Luken erhellte Dachraum der Kirchengebäude macht zwar jede Öffnung in der Bedachung um so sichtbarer; aber die Kennzeichen hie und da eingetretener Mängel an dem Gebälke oder Dachstuhl bleiben dem Auge verborgen *).

Doch ich kehre zur Kirche in Kraschen zurück. Ihre Fundamentmauern müssen sehr fest gebaut sein, weil ungeachtet des fortdauern-

---

*) Das vor mehreren Jahren erfolgte, mit Beschädigungen verbundene Herabfallen einer schweren Glocke in dieser Gegend, deren Zapfen abgenutzt waren, veranlafste die Königl. Regierung zu Breslau zu einer Circular-Verfügung, die Haltbarkeit der Glocken untersuchen zu lassen.

den Beerdigens an den Wänden nirgend Sprünge und Risse wahrzunehmen sind, wie man sie sonst bei alten Kirchen mehrentheils antrifft. Die gebrannten Ziegel, aus denen die drei Fuſs starken, an jeder Seite noch durch drei Pfeiler verstärkten Kirchenwände bestehen, sind mit groſsem Fleiſse verfertigt, wie es sehr sichtbar ist, und hierin liegt der besondere Vorzug, durch den sich die Bauwerke des Mittelalters auszeichnen. Die Ziegel-Erde wurde damals gehörig geschlemmt, von Steinen und fremden Bestandtheilen gereinigt, vollständig durchgearbeitet, und das Streichen und Brennen geschah mit aller Sorgfalt. Die jetzige Ziegelfabrication trägt fast überall das Gepräge der Sparsamkeit; wenigstens wird man den Fleiſs, der zu jener Zeit angewendet worden sein muſs, vermissen; auch liegt ein Hauptfehler, meines Bedünkens, noch in einem zu starken Zusatze von Sand, um das Bearbeiten der Ziegel-Erde zu erleichtern, und in einem zu wenig derben, vielmehr zu wässrigen Ziegelgute, um das Streichen zu fördern, welche Fehler in den jetzt üblichen geringen Arbeitslöhnen ihren Grund suchen. Man darf wohl annehmen, daſs da, wo weniger als 2 Rthlr. für Tausend Ziegel zu verfertigen bezahlt wird, die Fabrication nicht sorgfältig ausfallen kann.

Das Hauptdach der Kraschner Kirche ist auf jeder Seite mit 48 Reihen Dachpfannen bedeckt, und diese ungeheure Last drückt bei dem steilen Verhältniſs des in (Fig. 3.) dargestellten Dachstuhls auf die Endpuncte der Balken, die, ohne sich krumm zu biegen, in der Mitte nicht sinken können. Auch verhindert die Dachverbindung das Biegen der Sparren, und widersteht dem, bei der hohen Lage der Kirche heftigeren, Angriffe der Sturmwinde. Einem solchen Sturme konnte z. B. im Jahre 1817 eine ganz regelmäſsig und fest, in derselben Richtung neu erbaute groſse Vorwerks-Scheune nicht widerstehen, sondern wurde gänzlich zusammengeworfen.

Eben wie die Construction der Kirchen des Mittelalters manches Räthselhafte, zur Nachahmung auch dann noch nicht Geeignete, wenn die Materialien und Baumittel noch vorhanden wären, enthält: so finden sich auch in ihrer Einrichtung Eigenthümlichkeiten, deren Ursachen unbekannt sind.

Der Hauptaltar ist stets gegen Morgen gerichtet. Die Sacristei ist niemals hinter, sondern stets rechts oder links vor demselben, wahrscheinlich damit der Geistliche beim Eintritt in die Kiche sich, nach dem katholi-

**schen Ritus, vor dem Hauptaltare neigen konnte. Das Presbyterium ist stets schmaler und niedriger als das Hauptschiff*), auch immer gewölbt, wenn auch das letztere nicht gewölbt ist. Bei keiner alten Kirche machte man, aufser dem Orgel-Chor, Chöre oder Emporkirchen; wo man sie antrifft, sind sie erst später eingebaut worden.**

---

*) Die Pfarrkirche zu Neumarkt macht hiervon eine Ausnahme, indem hier das Presbyterium höher als das Hauptschiff ist.

Im Verlage von G. **Reimer** in Berlin sind folgende Werke erschienen:

**Eytelwein**, F. A., Anleitung zur Ermittelung der Dauer und Unterhaltungskosten der Gebäude und zur Bestimmung der Bau-Ablösungs-Kapitalien und jährlichen Renten. Zum Gebrauche für Baumeister, Kameralisten, Oeconomie-Commissarien etc. 14 Ggr. oder 17½ Sgr.

**Eytelwein**, J. A., Handbuch der Statik fester Körper. Mit vorzüglicher Rücksicht auf ihre Anwendung in der Architektur. 3 Bände mit 22 Kupfertafeln. 2te Aufl. 7½ Thlr.

**Lehmus**, D. C. L., Grundlehren der höhern Mathematik und der mechanischen Wissenschaften. Als Leitfaden zu seinen Vorlesungen bearbeitet. Mit einer Figurentafel. 1 Thlr. 18 Ggr. oder 1 Thlr. 22½ Sgr.

**Derselbe**, Lehrbuch der reinen und angewandten Mathematik in 3 Bänden. 1ster Band: Arithmetik, Algebra, Geometrie, Trigonometrie und die Grundzüge des Feldmessens. Mit 3 Kupfern. $1\frac{7}{12}$ Thlr. 2ter Band: einige Erweiterungen zum ersten Bande und die Lehre von den Kegelschnitten. Mit 2 Kupfern. $\frac{2}{3}$ Thlr. 3ter Band: die statischen und mechanischen Wissenschaften. Mit 4 Kupfern. $1\frac{1}{3}$ Thlr.

**Gilly**, D., Praktische Anleitung zur Anwendung des Nivellirens oder Wasserwägens in den bei der Landeskultur vorkommenden Fällen. 3te unveränderte Auflage. Mit 4 illuminirten Kupfertafeln. $\frac{5}{6}$ Thlr.

Aufgaben- Systeme und Sammlungen aus der ebenen Geometrie zu einem selbstständigen Unterricht in der Analysis, geordnet und durch Gesetze vorbereitet von H. v. **Holleben** und P. **Gerwien**, Lieutenants im 21sten und 22sten Infanterie-Regiment und Lehrer im Königl. Preuſs. Kadetten-Corps. Erster Theil: Geometrische Analysis. Auch unter dem Titel: Geometrische Analysis. Erster Band: Anleitungen und Gesetze. Mit 19 Steintafeln. 1 Thlr. 8 Ggr. oder 1 Thlr. 10 Sgr. Zweiter Band: Aufgaben. Mit 42 Steintafeln. 3 Thlr. 8 Gr. oder 3 Thlr. 10 Sgr.

**Lacroix**, S. F., Handbuch der Differential- und Integral-Rechnung. Nach der 4ten verbesserten und vermehrten Original-Ausgabe (1828) aus dem Französischen übersetzt und mit einigen Anmerkungen versehen von Dr. Fr. **Baumann**. 3 Bde. 2 Thlr. 12 Ggr. oder 2 Thlr. 15 Sgr.

**Wolf**, F., theoretisch-practische Zahlenlehre. 2te verbesserte Auflage. gr. 8. 23½ Bogen. $1\frac{1}{6}$ Thlr.

**Derselbe**, Lehrbuch der Geometrie. 1ster Theil: Elementargeometrie, Trigonometrie, Theilungslehre. $1\frac{5}{6}$ Thlr.

**Minding**, Dr. F., Anfangsgründe der höhern Arithmetik. $\frac{5}{6}$ Thlr.

**Götz**, Dr. J., Die Rechnenkunst. 2te vermehrte Auflage. $\frac{3}{4}$ Thlr.

**Derselbe**, Die analytische und ebene Trigonometrie und Polygonometrie. $2\frac{1}{3}$ Thlr.

**Grunert**, J. A., Sphäroïdische Trigonometrie. $3\frac{1}{3}$ Thlr.

**Dietlein**, J. E. W., Grundzüge der Vorlesungen über Straſsen- Brücken- Schleusen- Canal- Strom- Deich- und Hafen-Bau, gehalten in der Königl. Bau-Akademie zu Berlin in den Jahren 1824 bis 1831. Mit einigen Anmerkungen und Zusätzen von A. L. **Crelle**. Mit 14 Kupfertafeln. gr. 4. $5\frac{2}{3}$ Thlr.

**Zahn**, W., Ornamente aller klassischen Kunst-Epochen nach den Originalen in ihren eigenthümlichen Farben dargestellt. 1stes und 3tes Heft. à 2½ Thlr.

**Karsten**, L. J. B., System der Metallurgie, geschichtlich, statistisch, theoretisch und technisch. 5 Bände. Mit einem Atlas von 51 Kupfertafeln. 30 Thlr.

# Inhaltsverzeichniſs des ersten Hefts siebenten Bandes.




Berlin, gedruckt bei G. Reimer.

# Journal

für

# die Baukunst.

In zwanglosen Heften.

---

Herausgegeben

von

Dr. L. Crelle,

Königlich-Preufsischem Geheimen-Ober-Baurathe, Mitgliede der Königlichen Akademie der Wissenschaften zu Berlin, Correspondenten derjenigen zu Neapel und Ehrenmitgliede der Hamburger Gesellschaft zur Verbreitung der mathematischen Wissenschaften.

---

## Siebenter Band.

Zweites Heft.

Mit 5 Kupfertafeln. (Taf. VII. — XI.)

---

Berlin,

bei G. Reimer.

1833.

# 6.

# Beschreibung eines in den Jahren 1829 und 1830 zu Berlin für ein Grenadier-Regiment neu erbauten Exercier-Hauses.

(Von Herrn *Hampel*, Baurathe beim Königl. Hohen Kriegs-Ministerio zu Berlin.)

Die günstige Lage des für dieses Exercier-Haus bestimmten Bau-Platzes gestattete die Berücksichtigung aller Anforderungen, welche in neuerer Zeit an dergleichen Gebäude gemacht worden sind, und die Geräumigkeit des Platzes die nöthige Ausdehnung. Das Gebäude ist eben so lang und breit, als die beiden früher hieselbst aufgeführten Exercier-Häuser, erbaut worden, hat jedoch zur Dachrüstung einen andern Verband erhalten; auch weicht es in der Architektur von jenen ab; desgleichen haben sich in den Kosten etwas abweichende Resultate ergeben.

Es hat auswendig eine Länge von 400 Fuſs erhalten, ist 80 Fuſs auſsen breit und bis zum Hauptgesimse, mit Einschluſs der Plinte, 28 Fuſs hoch. Die lichte Länge, nach Abzug der, parallel mit den Giebelwänden, abgesonderten Treppenräume, beträgt 384 Fuſs, die lichte Tiefe 72 Fuſs, und die Höhe, von den Thürschwellen bis zur Unterkante der Balken, 25 Fuſs, was, wie schon bemerkt, mit den Abmessungen der beiden früher erbauten Exercier-Häuser übereinstimmt.

Die Umfassungswände sind durchweg massiv von Ziegeln erbaut, und die Plinte ist 3 Fuſs hoch mit Granitplatten bekleidet. Dieses Letztere ist bei den andern beiden Exercier-Häusern nicht der Fall. In jeder Frontenwand befinden sich 25 groſse, mit Halbkreisbogen überwölbte Öffnungen, von welchen die drei mittleren zu Eingängen, die übrigen aber zu Fenstern dienen. Die beiden, den Thüren zunächst liegenden, Öffnungen sind, wegen der an der äuſseren Seite der Frontenwände vortretenden Risalite, vermauert, und bilden Blend-Nischen. In jeder Giebelwand befindet sich Ein Eingang, so daſs das Gebäude überhaupt 8 groſse Thore hat, deren lichte Weite 10 Fuſs und die Höhe 14 Fuſs beträgt. Die in der

Mitte der beiden Frontwände vorliegenden Risalite sind jedes $61\frac{1}{3}$ Fuſs lang; das vordere derselben springt $1\frac{3}{4}$, das hintere $1\frac{1}{3}$ Fuſs vor.

Die Fenster- und Thür-Pfeiler der Frontenwände haben an der innern Seite pilasterartige Vorlagen von $3\frac{1}{2}$ Fuſs breit und $1\frac{3}{4}$ Fuſs stark, welche zugleich als Strebepfeiler dienen, und mit den durchgehenden Balken des Deckenwerkes correspondiren. Diese Vorlagen sind über dem Gurtungs-Gesimse durch Halbkreisbogen verbunden, und das darüber befindliche Mauerwerk ist in seiner ganzen Dicke ausgefüllt. Mit Einschluſs dieser Vorlagen beträgt die Dicke der Frontenmauern überhaupt $4\frac{1}{2}$ Steine, oder, mit Hinzurechnung des äuſseren und inneren Wandputzes, 4 Fuſs; das zwischen den Vorlagen in den Fensternischen befindliche Mauerwerk ist $2\frac{1}{2}$ Steine stark. Die Giebelwände sind durchweg 3 Steine oder 2 Fuſs 8 Zoll, die Dachgiebel 2 Steine oder 1 Fuſs 9 Zoll dick.

Die mit 6 Zoll starken Granitplatten bekleidete Plinte ist 3 Fuſs hoch und springt $1\frac{1}{2}$ Zoll vor; an den Ecken der Plinte befinden sich 2 Fuſs breite, 2 Fuſs dicke und 3 Fuſs hohe Würfelstücke, welche ebenfalls aus Granit, und zwar jedes aus Einem Stücke, bestehen; die Hintermauerung der Plinte besteht aus Ziegeln, und bildet nach der inneren Seite einen Vorsprung von 6 Zoll, welcher durch einen Granit-Sockel von 6 Zoll Höhe und 12 Zoll Breite eingefaſst ist, gegen welchen sich der davon eingeschlossene Fuſsboden um 6 Zoll vertieft. Da, wo dieser Sockel nicht durch das Fundament der vortretenden Pfeiler unterstützt wird, ruht er auf eingewölbten Bogen, um das Nachsinken, welches bei der bedeutenden Auffüllung des Terrains zu befürchten war, zu verhindern.

Das Fundament der Wände ist aus Kalksteinen gemauert und bis zum Banket 4 Fuſs tief; letzteres, welches nach jeder Seite um 6 Zoll vorspringt, ist durchschnittlich 3 bis 4 Fuſs tief, je nach der Beschaffenheit des Baugrundes. An den vier Ecken des Gebäudes sind im Fundamente, sowohl in der Richtung der Fronten- als der Giebelwände, 12 Fuſs lange Contreforts vorgelegt, um das Gebäude gegen das Ausweichen zu sichern.

An beiden Enden des Gebäudes sind, parallel mit den Giebelwänden, 4 Fuſs breite Räume durch hölzerne Wände abgesondert, in welchen sich die Treppen zum Aufgange nach dem Dachboden befinden, deren Richtung im Querprofile (Taf. VII. Fig. 2.) die punctirte Linie *abcd* bezeichnet.

Die Dachrüstung des Gebäudes besteht aus 24 Bindern, welche, von Mitte zu Mitte, 15⅓ Fuſs von einander entfernt liegen, und genau mit den an den Frontwänden vortretenden Pfeilern correspondiren, wie aus dem Grundrisse (Fig. 1.) und aus dem Längen-Profile (Fig. 2.) zu sehen ist. Jeder Dachbinder besteht aus drei Hängesäulen, auf welche die Rahmstücke zur Unterstützung der Sparren aufgezapft sind. Da aber diese Rahmstücke noch zu groſse Räume zwischen sich gelassen haben würden, so daſs die Sparren sich hätten biegen können, so sind, zur besseren Unterstützung derselben, noch auf jeder Seite zwei Unterzüge angebracht, welche zugleich den Zweck haben, die Streben und Balken in einander zu verspannen, wodurch eine sehr feste Verbindung erlangt worden ist. Die zwischen den Bindern befindlichen Frei-Gespärre, welche 3 Fuſs von einander entfernt sind, werden durch die vorgedachten Dachrahmen und Unterzüge unterstützt, und stehen mit ihrem unteren Ende, mittelst geächselter Zapfen, in Stichbalken, welche auf den Frontenmauern aufliegen, und vermittelst Wechsel mit den Binderbalken auf die (Fig. 2.) dargestellte Weise verbunden sind. Die Köpfe derselben treten bis zum Hauptgesimse vor, und sind nach der Dachflucht abgeschrägt; eben so sind die Köpfe der Binderbalken abgeschrägt, so daſs an jeder Seite eine völlig ebene Dachfläche entstanden ist und die Dachknaggen entbehrlich geworden sind. Um die Sparren-Köpfe gegen das Anfaulen zu sichern, sind sie auf die äuſseren Streckhölzer aufgeklauet, und überall, wo sie die Dachrahmen treffen, auf dieselben durch starke eiserne Nägel befestigt, so daſs sie, selbst wenn ihre Zapfen verfault sind, in keiner Richtung ausweichen können.

Die Wechsel, in welche die Stichbalken gezapft sind, ruhen, ihrer ganzen Länge nach, auf der Mauer, und sind zwischen den Binderbalken nur mittelst einer 1 Zoll tiefen Versatzung befestigt, um die Balken nicht durch Zapfenlöcher zu schwächen. Die Binderbalken bestehen jeder aus fünf verzahnten Stücken, von welchen sich zwei in der oberen und drei in der unteren Hälfte befinden; ihre Stöſse treffen unter die Hängesäulen und sind stumpf zusammengeschnitten. Um die an den Seiten vortretenden Backen der Hängesäulen zu verstecken, sind die Balken, an beiden Seiten und von unten, mit gehobelten Brettern, in architravirter Form, bekleidet, und mit einem carnisförmigen Gesimse eingefaſst, wie aus dem Längen-Profile (Fig. 3.) ersichtlich ist. Diese Bekleidung ist auch über dem inneren Hauptgesimse der Frontenwände zwischen den Balken fortgesetzt, und theils an die daselbst befindlichen Balken-Wechsel, theils auf eingezapfte Drempel befestigt.

Die Balken sind in der Mitte um 1½ Zoll gesprengt, damit diese Sprengung, wenn sie ja sich senkten, ihnen zu Nutze komme. Bis jetzt (nach fast 3 Jahren) ist jedoch noch keine Senkung erfolgt: ein Beweis, daſs die Ineinander-Arbeitung der einzelnen Stücke sehr genau gemacht worden ist. Die Hängesäulen bis zur Unterkante des Balkens vortreten zu lassen hat besonders deshalb zweckmäſsig geschienen, um sie fester mit den Balken zu verbinden, und letztere dadurch gegen das Werfen einzuspannen. Die umschlieſsenden Hänge-Eisen, welche 3 Zoll breit und und ½ Zoll dick sind, hat man, um das mögliche Zerbrechen des Eisens zu verhüten, nicht scharf im rechten Winkel, sondern nach einer sanft aufsteigenden Curve gebogen, und nach der Richtung derselben in die Hängesäulen eingelassen. Sämmtliche Bolzen, durch welche die Balken und Hängesäulen verbunden sind, haben eine Stärke von 1 Zoll; diejenigen dagegen in den ebenfalls verdoppelten Unterzug-Stielen sind ¾ Zoll stark. Die Balken sind 10 Zoll breit und 12 Zoll hoch; die Verzahnung ist 1½ Zoll tief, so daſs die fertigen Balken 22½ Zoll Höhe haben. Die verdoppelten Hängesäulen sind aus 10- und 11zölligem Holze, mit 1½zölliger Verschränkung verbunden, so daſs ihre Breite 20½ Zoll beträgt. Die verdoppelten Unterzüge sind aus 8- und 9zölligem Holze gemacht, und haben keine Verschränkung. Streben und Spannriegel sind 10 Zoll stark und 12 Zoll hoch. Der mittlere Dachrahm ist 10 und 10 Zoll stark, die beiden Seitenrahmen 9 und 10 Zoll, die 4 übrigen Unterzüge 8 und 9 Zoll. Die Dachsparren, sowohl in den Bindern, als in den Frei-Gespärren, sind 5 Zoll breit und 8 Zoll hoch; sämmtliche Wechsel sind 10 und 10 Zoll die Stichbalken dagegen 9 und 10 Zoll stark. Den Längenverband erhält das Dach, nach (Fig. 3.), durch die unter den Dachrahmen und Unterzügen befindlichen Kopfbänder, welche erstere 5 und 8, letztere 5 und 6 Zoll Stärke haben.

Das Deckenwerk des Gebäudes, dessen Construction die beiden Profile (Fig. 2. und 3.) und der Grundriſs (Fig. 5.), so wie die Detail-Zeichnung (Fig. 6.) vorstellig machen, wird durch die quer über die Balken gelegten Streckhölzer und durch die dazwischen, parallel mit den Balken, eingesetzten Querstücke gebildet, welche jedes einzelne Balkenfach in 17, mithin die ganze Dicke in 425 rechteckige Felder theilen, deren jedes 12 Fuſs lang und 3⅔ Fuſs breit ist, und durch ein kleines Carnis-Gesimse eingefaſst wird. Diese Rostbalken sind 7 Zoll stark und 8 Zoll hoch und an den drei sichtbaren Seiten behobelt. Der über den Balken befindliche Bodenbelag ist an der untern Seite behobelt, und die Fugen desselben werden durch gekehlte Leisten bedeckt, damit sie beim Zusammentrocknen der Bretter nicht sichtbar werden können. Jede einzelne Casette wird durch diese Leistchen in 33 Felder gesondert.

Das ganze Deckenwerk, so wie die vortretenden Binderbalken, sind mit Ölfarbe, in verschiedenen Tönen, angestrichen. Um dem sonst bemerkten, durch die Resonanz der Hölzer in der Decke entstehenden, Übelstande des **Schallens** abzuhelfen, sind in dem Bodenbelage eine Menge Öffnungen von der Gröſse der kleinen Felder, in welche sich die Casetten theilen, ausgeschnitten und mit Decken versehen worden, welche abgenommen werden können, um dem Schalle einen freien Ausgang in den Dachraum zu verschaffen.

Das Dach des Gebäudes hat 30 Fuſs Höhe erhalten, und ist mit Bieberschwänzen, und zwar auf böhmische Art, ganz in Kalkmörtel, bedeckt worden; der Neigungswinkel der Dachflächen gegen den Horizont beträgt ungefähr 37 Grade. Zur Beleuchtung des Bodenraumes dienen drei groſse Fensteröffnungen in jeder Giebelwand, die in der Giebel-Ansicht (Fig. 1.) zu sehen sind. Auſserdem sind an jeder Seite des Daches, und zwar correspondirend mit den Fenster- und Thüröffnungen in den Frontwänden, 25 kleine blecherne Dachfenster angebracht, welche gleichfalls zur Beleuchtung des Bodenraums beitragen.

Zur Sicherung des Gebäudes gegen Gewitterschläge ist dasselbe mit einer vollständigen Blitz-Ableitung versehen worden.

Die Architektur des Gebäudes ist im einfachen Bogen-Style, mit stark vortretenden Quadern, durchgeführt worden; welcher Styl den gedrückten Verhältnissen des Bauwerkes, die durch die vorgeschriebenen Dimensionen gegeben waren, und die durch die bedeutende Gröſse des Ziegel-Daches noch unvortheilhafter wurden, am besten anzupassen schien, während er die Überwölbung der groſsen Thür- und Fenster-Öffnungen erleichterte und eine solidere Construction gestattete. Nur die in der Mitte der beiden Frontenwände vorgelegten Risalite haben mehr Auszeichnung durch pilasterartige Vorlagen an den Thürwänden und durch die den obern Theil derselben einschliefsenden Archivolten erhalten, um die Masse mehr zu unterbrechen, und die Eintönigkeit der langen Façade in etwas aufzuheben. Das Risalit in derjenigen Hauptfronte, welche gegen eine künftig zu erbauende Caserne gekehrt ist, stellt (Fig. 4.) in gröfserem Maafsstabe dar. Über dem Hauptgesimse desselben befindet sich eine gemauerte Attica, auf deren vortretenden, aus Sandstein bestehenden, Eckstücken sich künftig ein Paar Trophäen-Gerüste von getriebenem Kupferblech erheben werden. Für jetzt fehlen sie noch, eben wie die, in der Zeichnung, in den Bogenwinkeln zwischen den vortretenden Archivolten, angedeuteten beiden Adler, und die beiden Eckstücke, welche in der Folge aus einer dauerhaften Stuckmasse ausgeführt werden sollen. Hinter der Attica ist eine 4 Fufs breite kupferne Kehle angebracht; auch die Abfall-Röhren, welche sich in den Seitenkanten des Risalites verstecken, sind von Kupferblech. Die obere Abdachung der Attica und des vortretenden Hauptgesimses ist aus Zinkblech gemacht; auch das Risalit der Hinterfronte, so wie die Giebelgesimse und die sämmtlichen Wasserschläge in den Fensterbrüstungen, sind mit dergleichen Blech bedeckt. Das Risalit der Hinterfronte stimmt mit dem der Hauptfronte ganz überein, hat jedoch keine Attica, und soll auch in der Folge keine weiteren Ornamente erhalten.

Die Architektur der beiden Giebel-Façaden, welche genau mit einander übereinstimmen, stellt (Fig. 1.) vor. Der im oberen Theile in einem Clypeus angebrachte Adler ist von Stuckmasse; das Schild desselben hat eine 6 Zoll tiefe, nach einer sanften Curve gekrümmte, Wölbung, wodurch das Relief der Adler verstärkt worden ist. Das Quaderwerk ist ganz wie in den Frontwänden durchgeführt; doch sind die Bogen der Thür- und Fenster-Öffnungen von Archivolten eingeschlossen.

Die innere Architektur des Gebäudes ist in dem Querprofile (Fig. 2.) und in dem theilweisen Längenprofile (Fig. 3.) zu sehen. Die vortretenden Verstärkungen der Wände sind pilasterartig geformt, und die darüber befindlichen Bogen von Archivolten eingeschlossen. Die nach verticaler Richtung angebrachten Einschnitte stellen Tafelwerk vor, und sollen andeuten, dafs die Masse danach zusammengeordnet sei. Die durch die Vorlagen gebildeten Nischen sind mit feinen Fugenschnitten gequadert, und sollen die Vorstellung eines Füllwerks geben. Die Profilirung sämmtlicher Gesimse hat die Ionischen Verhältnisse, während die äufsere Architektur des Gebäudes dem Dorischen Style gemäfs ist. Die Bogenwinkel zwischen den Archivolten sind durch Rosetten verziert. Die Färbung der inneren Wandflächen hat einen lichtgelben Ton, mit verschiedenen Nüancen, welche die Schattirungen der Steine nachahmen; die pilasterartigen Vorlagen dagegen sind marmorartig geflammt. Mit der Färbung der Wandflächen stimmt die des Deckenwerks überein.

Über den inneren Ausbau des Gebäudes ist noch Folgendes zu bemerken. In den beiden Frontenwänden des Gebäudes befinden sich 40 Fenster-Öffnungen, welche, wie bereits gesagt, mit Halbkreisbogen überwölbt sind. Der gerade Theil dieser Öffnungen ist im Lichten 7 Fuſs breit und 9 Fuſs hoch; der darüber befindliche Bogen ist 7 Fuſs breit und $3\frac{1}{2}$ Fuſs hoch. Die Fensterrahmen sind von Eichenholz; der gerade Theil derselben hat 9 Flügel, von welchen der mittlere aus geschmiedetem Eisen ist. Er bewegt sich um eine horizontale Axe, und kann vermittelst einer eisernen Stange geöffnet und verschlossen werden. Die Details dieser Anordnung zeigt (Fig. 7.). Die Anordnung eiserner Flügel wurde insbesondere deshalb beliebt, weil die Erfahrung an andern Orten gezeigt hat, daſs hölzerne Rahmen im Winter verquellen, und dann schwer zu öffnen sind, während eiserne Flügel zu jeder Jahreszeit gleich beweglich sind. Die übrigen Fensterflügel, imgleichen das Bogenfenster, sind durch Vorreiber in den Futterrahmen befestigt, um sie bei Reparaturen und zur Reinigung herausnehmen zu können. Die über den Thorwegen befindlichen Oberlichtfenster, so wie die in den Giebelwänden befindlichen Fenster, welche zur Beleuchtung der abgesonderten Treppenräume dienen, sind im Lichten 10 Fuſs breit und 5 Fuſs hoch. Diese Fenster bestehen jedes aus einem einzigen Flügel, mit verziertem Sprossenwerke, welcher in einem Futter-Rahmen mittelst Vorreiber befestigt ist, in der Absicht, um ihn, der Reinigung oder Ausbesserung wegen, herausnehmen zu können.

Die Thorwege, welche im Lichten 10 Fuſs Breite und 14 Fuſs Höhe haben, sind von 3zölligen eichenen Bohlen verfertigt. Sie haben zwei Flügel mit Füllungen, und sind mit starken Winkelbändern beschlagen, welche auf den Kanten eingelassen sind, so daſs man sie nicht sieht.

Der Fuſsboden des Gebäudes besteht aus einer durchschnittlich 6 Zoll hohen Lehmschicht, welche zu einem festen Estriche, jedoch ohne alle Beimischung von Sand und Kies, verarbeitet ist, indem sich der reine Lehm zu diesem Zwecke bei andern Gelegenheiten am besten bewährt hatte.

Das an den inneren Wänden umherlaufende Fufsgesimse ist von Holz verfertigt. Es ist an eingemauerte Dübel befestigt, und hat einen Anstrich von Ölfarbe mit einer Beimischung von grobem Sande erhalten, wodurch es ein sandsteinartiges Ansehen bekommen hat. Die sämmtlichen übrigen Gesimse des Gebäudes, mit Ausnahme des aus Sandstein bestehenden äufseren Fufsgesimses der Risalite in den beiden Frontwänden, sind aus gebrannten Ziegeln, und zwar das Hauptgesimse, obgleich mit einer Ausladung von 18 Zoll, ohne alle Verankerungen gemauert; die zur Hängeplatte des letzteren angewendeten Gesimsziegel haben eine Länge von 22 Zoll und eine Breite von $7\frac{1}{2}$ Zoll. Die Eckstücke des Hauptgesimses sind, der gröfseren Haltbarkeit wegen, aus Sandstein verfertigt.

Die beiden Wände, welche die Treppenräume absondern, bestehen aus hölzernen Riegelwerken, und sind an den äufseren Seiten mit behobelten Brettern, gestülpt, bekleidet: an den inneren Seiten dagegen mit rauhen Brettern beschalt; die pilasterartigen Vorlagen sind durch hölzerne Stiele gebildet, so dafs die Architektur der Frontwände auch hier durchgeführt werden konnte. Die Gesimse auf diesen Wänden sind ebenfalls rauh in Holz vorgebildet und dann mit Gipsmörtel auf Rohrpauschen ausgeführt. Die Wandflächen selbst sind doppelt gerohrt und mit Kalk geputzt.

Die Umfassungswände des Gebäudes sind aus gewöhnlichen, sogenannten weifsen Mauerziegeln aufgeführt; zu den sämmtlichen Thür-, Fenster- und Nischen-Bogen dagegen sind Rathenauer Steine genommen.

Die Zeit, in welcher das Gebäude errichtet worden, fällt in die Jahre 1829 und 1830, und zwar wurde die eigentliche Bau-Ausführung am 1sten Juni 1829 begonnen, und bis zum Herbste desselben Jahres so weit gefördert, dafs die Aufstellung der Dachrüstung und das Bedecken des Daches noch vor dem Eintritte des Winters erfolgen konnte; die Vollendung des Baues erfolgte im Jahre 1830.

Die Kosten des gesammten Baues, einschliefslich derjenigen der Bekleidung der Pinte mit Granitplatten und der Blitz-Ableitung, welche zusammen 2400 Rthlr. betragen, haben sich, nach Ausweis des Rechnungs-Abschlusses, auf etwa 55000 Rthlr. belaufen, wozu für die bedeutende Ausfüllung des Terrains noch etwa 4600 Rthlr. kommen, so dafs der Kosten-Aufwand überhaupt etwa 60000 Rthlr. beträgt. Da das 400 Fufs lange und 80 Fufs breite Gebäude eine Grundfläche von 32000 Quadrat-Fuſs hat, so betragen die Kosten auf den Quadrat-Fuſs 1 Rthl. 26 Sgr. 3 Pf., und wenn die ungewöhnlichen Kosten der Ausfüllung abgezogen werden, 1 Rthlr. 21 Sgr. 6 Pf.

Diese Wohlfeilheit ist um so überraschender, wenn erwogen wird, daſs die Arbeiten ganz vorzüglich solide ausgeführt sind. Zur Erlangung dieses Zweckes wurde beliebt, diejenigen Handwerker zu wählen, welche schon bei den anderen Exercierhäusern beschäftigt gewesen, und sich dort eine gewisse Routine in ihren Leistungen erworben hatten, wobei dann auch die dort stipulirten Bedingungen hier zum Grunde gelegt wurden.

Die Preise der Baumaterialien bei diesem Bau, einschlieſslich der Transport-Kosten bis zur Stelle, waren folgende:

Ein Klafter groſser Kalksteine aus den Rüdersdorfer Brüchen 8 Rthlr.

Anmerkung. Die im vorigen Jahre erfolgte Herabsetzung des Ankaufspreises der Kalksteine von $5\frac{1}{2}$ Rthlr. auf 2 Rthlr. pro Klafter ist dem Baufonds nicht zu statten gekommen, da das Bedürfniſs an Steinen bereits angeschafft war.

1000 Rathenauer Mauerziegel, zwischen . . . . $13\frac{1}{4}$ und 14 Rthlr.
1000 weiſse Mauerziegel von mittler Form, zwischen 10 und $10\frac{1}{4}$ Rthlr.
1000 dergl. von kleiner Form, zwischen . . . . . $7\frac{3}{4}$ und $9\frac{1}{2}$ Rthlr.
Groſse Gesimsziegel, das Stück . . . . . . . . . . . . . 4 Sgr.
1000 Rathenauer Dachziegel . . . . . . . . . . . . . $11\frac{1}{6}$ Rthlr.
Ein Cubikfuſs gelöschter Kalk, zwischen . . . . $2\frac{1}{2}$ Sgr. und $3\frac{1}{3}$ Sgr.
Eine Schachtruthe Mauersand . . . . . . . . . . . . . 3 Rthlr.
Eine Tonne (5 Bushel) Englischen Patent-Cement . . . . $9\frac{1}{6}$ Rthlr.
Ein Cubikfuſs vollkantig beschnittenes Kiehnen-Bauholz . . $7\frac{1}{2}$ Sgr.
Eine kiehnene, 3zöllige Bohle von 24 Quadrat-Fuſs . . . . $2\frac{1}{2}$ Rthlr.
Ein kiehnenes, $1\frac{1}{2}$zölliges Spundbrett von 22 Quadrat-Fuſs . $1\frac{1}{4}$ Rthlr.
Ein solches $1\frac{1}{4}$zölliges Tischlerbrett von 20 Quadrat-Fuſs . . $27\frac{1}{2}$ Sgr.
Ein solches $1\frac{1}{4}$ zölliges Schalbrett von 16 Quadrat-Fuſs . . . 15 Sgr.
Ein Schock 24füſsige, $2\frac{1}{2}$ Zoll breite, $1\frac{1}{2}$ Zoll starke Dachlatten 10 Rthlr.

Von den verschiedenen Preisen einzelner Artikel sind etwa folgende zu bemerken:

*A.* Mauerarbeiten, mit einem Abzuge von 8 Procent.

Eine Schachtruthe Fundament von Kalksteinen zu mauern und die Erde dazu auszugraben . . . . . . . . . . . . . . . . 3 Rthlr.

Eine Schachtruthe Mauerwerk von Ziegeln in den Umfassungswänden 3 Rthlr.

Ein laufender Fuſs äuſseres Hauptgesimse mit 18 Zoll Ausladung, und 16 Zoll hoch, . . . . . . . . . . . . . . . . . . 15 Sgr.

Ein laufender Fuſs inneres Hauptgesimse . . . . . . . . . . 5 Sgr.

Ein laufender Fuſs äuſseres Kämpfergesimse . . . . . . . . . 5 Sgr.

Ein laufender Fuſs inneres Kämpfergesimse . . . . . . . . . 5 Sgr.

Eine Quadrat-Ruthe äuſserer Quaderputz . . . . . 1 Rthlr. 25 Sgr.

Eine Quadrat-Ruthe innerer, getäfelter Wandputz . . . . $1\frac{1}{3}$ Rthlr.

Ein laufender Fuſs Archivolte, 21 Zoll breit, . . . . . . . . 5 Sgr.

Für Vorhaltung der Rüstungen und Geräthschaften 8 Procent vom Arbeitslohn.

*B.* Dachdecker-Arbeit, ohne weiteren Abzug.

1000 Dachsteine auf böhmische Art in Kalk einzudecken . . $2\frac{1}{3}$ Rthlr.

Einen Hohlstein einzudecken . . . . . . . . . . . . . . . 6 Pf.

Einen laufenden Fuſs Kalkleisten einzudecken . . . . . . . . 6 Pf.

Ein blechernes Dachfenster zu bedecken . . . . . . . . . . 20 Sgr.

*C.* Steinmetz-Arbeiten, ohne weiteren Abzug.

Ein Quadrat-Fuſs Granitplatten zur Bekleidung der Plinte, 6 Zoll stark, mit vollkantig bearbeiteten Fugen . . . . . . . . . . . . 19 Sgr.

Ein Cubikfuſs Granit zu den Eckstücken der Plinte, vollkantig bearbeitet, $1\frac{1}{3}$ Rthlr.

Ein laufender Fuſs Granitsockel, 12 Zoll breit und 7 Zoll hoch, $22\frac{1}{2}$ Sgr.

Ein laufender Fuſs Fuſsgesimse von Sandstein, 7 Zoll hoch, mit 6 Zoll Ausladung und Auflager . . . . . . . . . . . . . . . 1 Rthlr.

Ein bearbeitetes Eckstück des Hauptgesimses, $4\frac{1}{2}$ Fuſs lang, 4 Fuſs breit, 20 Zoll hoch, mit Material . . . . . . . . . . . 36 Rthlr.

Ein Cubikfuſs roher Sandstein, mit Anfuhre, . . . . . . . . 15 Sgr.

Ein Quadrat-Fuſs Thürschwellen von Oderberger Granit, mit Material, $27\frac{1}{2}$ Sgr.

*D.* Zimmer-Arbeiten, mit einem Abzuge von 15 Procent.

Einen laufenden Fuſs verzahnten Balken zu bearbeiten und hinaufzubringen . . . . . . . . . . . . . . . . . . . . . . $7\frac{1}{2}$ Sgr.

Einen laufenden Fuſs Stichbalken und Wechsel zu bearbeiten $1\frac{1}{2}$ Sgr.

Einen laufenden Fuſs Hängesäulen mit Verschränkung . . . 6 Sgr.
Einen laufenden Fuſs einfache Streben . . . . . . . . . . $2\frac{1}{2}$ Sgr.
Einen laufenden Fuſs Spannriegel . . . . . . . . . . . . $2\frac{1}{2}$ Sgr.
Einen laufenden Fuſs Sparren . . . . . . . . . . . . . 1 Sgr.
Einen laufenden Fuſs Dachrahm . . . . . . . . . . $1\frac{1}{2}$ bis 2 Sgr.
Einen laufenden Fuſs gehobelte Rostbalken zum Deckenwerke $1\frac{1}{2}$ Sgr.
Ein Quadratfuſs Bodenbelag, an der unteren Seite gehobelt, nebst den nöthigen Nägeln . . . . . . . . . . . . . . . . . . . . 9 Pf.
Ein Quadratfuſs gehobelte Balkenbekleidung, nebst Nägeln, . . 1 Sgr.
Für die verbundene Rüstung zum Aufstellen des Daches, Vorhaltung der Hebezeuge, Pferde und Mannschaften etc., einschlieſslich der Leihung und des Verschnittes des Holzes, überhaupt . . . 480 Rthlr.
Für die Aufstellung und Unterhaltung einer Bockrüstung zur Anfertigung des Deckenwerkes etc. . . . . . . . . . . . 120 Rthlr.

*E.* Schmiede-Arbeit nebst Material, mit einem Abzuge von $8\frac{1}{3}$ Procent.

Ein Pfund Hänge-Eisen und Zugbänder . . . . . . . . . $2\frac{3}{4}$ Sgr.
Ein Pfund Schraubenbolzen . . . . . . . . . . . . $3\frac{1}{4}$ Sgr.
Ein Pfund Balken-Anker und dergleichen . . . . . . . . . 3 Sgr.
Ein groſser Nagel von 12 Zoll lang, mit Senkkopf, zur Befestigung der Sparren, $\frac{1}{2}$ Pfd. schwer, . . . . . . . . . . . . . . 3 Sgr.

*F.* Tischler-Arbeit nebst Material, mit einem Abzuge von $13\frac{1}{3}$ Procent.

Ein Quadratfuſs Thorweg von 3zölligen eichenen Bohlen . . 15 Sgr.
Ein Quadratfuſs gerade Sprossenfenster mit Futterrahmen und Flügeln 8 Sgr.
Ein Quadratfuſs Bogenfenster . . . . . . . . . . . . . $9\frac{1}{2}$ Sgr.
Ein Quadratfuſs Bogenfenster über den Thorwegen, verziert, . 12 Sgr.
Ein laufender Fuſs Karnies-Gesimse zur Einfassung der Balken 2 Sgr.
Ein laufender Fuſs Fuſsgesimse von 3zölligen Bohlen . . . . 5 Sgr.
Eine Casette, 12 Fuſs lang, $3\frac{2}{3}$ Fuſs breit, welche 33 Felder enthält, mit gegliedertem Leistenwerk, . . . . . . . . . 4 Rthlr. 8 Sgr.

*G.* Schlosser-Arbeit mit Material, ohne Abzug.

Ein starker Thorbeschlag . . . . . . . . . . . . . . . 35 Rthlr.
Ein Fensterbeschlag . . . . . . . . . . . . . . . 5 Rthlr. 16 Sgr.
Für einen darin befindlichen eisernen Flügel von 2 Fuſs breit, 2 Fuſs 8 Zoll hoch, mit eiserner Zugstange . . . . . . . . . . 5 Rthlr.

Ein Bogenfenster-Beschlag . . . . . . . . . . 1 Rthlr. 12½ Sgr.

Ein Bogenfenster-Beschlag über den Thüren, mit vielen eisernen Winkeln zur Befestigung des Sprossenwerkes . . . . . . . 3½ Rthlr.

*H.* Anstreicher-Arbeiten mit Material, mit einem Abzuge von 5 Procent.

Ein Quadrat-Fuſs Thorweg mit Ölfarbe broncefarbig anzustreichen 7½ Pf.

Ein Quadrat-Fuſs Fenster desgleichen . . . . . . . . . . . 6 Pf.

Ein Quadrat-Fuſs Anstrich des Deckenwerkes mit Ölfarbe, in verschienen Tönen, mit gelben Leistchen . . . . . . . . . . . . 7½ Pf.

Eine Quadrat-Ruthe innere Wandfläche mit Wasserfarbe marmorartig zu färben . . . . . . . . . . . . . . . . . . . 20 Sgr.

*I.* Glaser-Arbeiten mit Material, ohne Abzug.

Ein Quadratfuſs mit halbweiſsen Scheiben in Kitt zu verglasen 5 Sgr.

*K.* Klempner-Arbeiten mit Material, ohne Abzug.

Ein blechernes Dachfenster, 2 Fuſs hoch, 1⅔ Fuſs breit, mit Futter-Rahmen, Flügeln, Beschlag etc. . . . . . . . . . . . . 7⅓ Rthlr.

Ein Quadrat-Fuſs Gesimse etc. mit Zinkblech zu bedecken . . 8 Sgr.

Ein Quadrat-Fuſs mit Kupferblech zu bedecken . . . . . 20 Sgr.

Ein laufender Fuſs kupfernes Abfallrohr, 5 Zoll im Durchmesser 26½ Sgr.

*L.* Dammsetzer- und Planir-Arbeiten, ohne Abzug.

Eine Quadrat-Ruthe Pflaster von gesprengten Feldsteinen, mit Material, 7 Rthlr.

Eine Ruthe Bahnenschlag zu verfertigen . . . . . . . . . 20 Sgr.

Eine Schacht-Ruthe Lehm zum Bahnenschlage . . . . . 4½ Rthlr.

Eine Schacht-Ruthe Erde zur Ausfüllung . . . . . . . . 2¼ Rthlr.

Die Kosten für die vollständige eiserne Blitz-Ableitung haben betragen 340 Rthlr.

Die extraordinairen Ausgaben für Beaufsichtigung des Baues, Bau-Zaun, Baubude, Wächterhütte und Anderes, imgleichen die Tantieme für die Cassen-Beamten, haben ungefähr betragen . . . . . 3400 Rthlr., worunter auch noch die Kosten verschiedener nachträglichen Arbeiten begriffen sind.

An Hauptmaterialien wurden zu diesem Baue verwendet:

330 Klafter Kalksteine;

92500 Stück Rathenauer Ziegel;

736000 Stück weiſse Ziegel; unter welchen sich etwa 50000 Stück von kleinem Formate befanden;
2580 Stück groſse Gesimsziegel;
203000 Stück Rathenauer Bieberschwänze;
400 Stück Hohlsteine;
40 Schock Dachlatten;
22159 Cubikfuſs gelöschter Kalk;
241 Schacht-Ruthen Mauersand;
96 Schacht-Ruthen Lehm zum Bahnenschlage;
23700 Cubikfuſs vollkantig beschnittenes kiehnenes Bauholz;
20 Stück 3zöllige kiehnene Bohlen;
1311 Stück 24füſsige Spundbretter;
621 Stück 24füſsige $\frac{5}{4}$zöllige Tischlerbretter;
527 Stück 24füſsige $\frac{3}{4}$zöllige Schalbretter.

Ferner an Eisenwerk:

4613 Pfd. Hänge-Eisen und Zugbänder;
961 Stück Schraubenbolzen von verschiedenen Abmessungen, zusammen 8708 Pfd. schwer;
310 Pfd. Balken-Anker;
1250 Stück groſse Nägel zur Befestigung der Sparren.

Von dem oben zu 23700 Cubikfuſs angegebenen Bedarfe des Bauholzes kommen:

| | | |
|---|---|---|
| *a*) | auf das Deckenwerk . . . . . . . . . . . | 4127 Cubik-Fuſs, |
| *b*) | auf die Gerüste der beiden hölzernen Treppenwände | 862 - - |
| *c*) | auf Auffutterung der Balken, Behufs der Bekleidung, | 320 - - |
| *d*) | auf Latteihölzer, Treppen etc. . . . . . . . | 113 - - |
| | zusammen | 5422 Cubik-Fuſs, |

so daſs für die eigentliche Dachrüstung etwa 18300 Cubikfuſs übrig bleiben.

Wird diese Holzmasse mit der Grundfläche des Gebäudes, von 32000 Quadrat-Fuſs, verglichen, so ergiebt sich, daſs auf Einen Quadrat-Fuſs Grundfläche etwa $\frac{9}{16}$ Cubikfuſs Bauholz kommen.

In einer im Jahre 1828 im Buchhandel erschienenen Schrift, betitelt: „Sammlung von Entwürfen, Beschreibungen und Kosten-Berechnungen wichtiger Baue etc." findet sich S. 6. der 1sten Lieferung eine Übersicht, nach welcher zu dem Reithause in Schwedt auf einen Quadrat-Fuſs Grundfläche 2 Cubikfuſs Holz, zu dem Exercierhause in Potsdam

$1\frac{3}{4}$ Cubikfuſs Holz und zu einer in **Berlin** für einen Privatmann erbauten Reitbahn 1 Cubikfuſs Holz nöthig gewesen sind, wobei zu bemerken ist, daſs das letztere Gebäude nur in seinem unteren Theile (in der Mansarde) mit Ziegeln, im oberen Theile aber mit Zinkblechen bedeckt ist. Es folgt also, daſs die Construction des hier oben beschriebenen Exercierhauses vor der jener älteren Bauwerke dadurch einen bedeutenden Vorzug hat, daſs sie, bei der vollkommensten Solidität, ein bedeutendes Ersparniſs an Material gewährte.

Die zur Aufstellung des Daches angewendete Rüstung hatte zwei Etagen, jede aus zwei Seiten- und einer Mittelwand mit einfachen Stielen und Kopfbändern verbunden; die Breite der Rüstung betrug nicht mehr als 36 Fuſs, welche zureichend war, um die Stöſse der verzahnten Balken, die sich unter den Seiten-Hängesäulen befinden, zu unterkeilen. Die Rüstung blieb demnach von den Frontmauern des Gebäudes an jeder Seite noch 18 Fuſs entfernt. Der Querverband derselben wurde theils durch die übergelegten Balken, theils durch einige in diagonaler Richtung befestigte Schwertbretter versichert. Die Rüstung wurde der Länge nach in zwei Abtheilungen aufgestellt; zuerst wurde die eine Hälfte des Daches gerichtet, darauf die Rüstung abgenommen und für die andere Hälfte benutzt. Das Aufbringen der ganzen Dachrüstung, mit dem Gespärre, einschlieſslich der Aufstellung der Rüstung, hat 6 Wochen Zeit erfordert, und es sind dabei täglich im Durchschnitt etwa 30 Menschen beschäftigt gewesen. Das Aufziehen des Holzes geschah, vermittelst eines an einem beweglichen Richtebaume befestigten Flaschenzuges, durch Pferde. Das Verfahren beim Richten war etwa folgendes. Zuerst wurden die verzahnten Hauptbalken hinauf, und an den durch die Mauerlatten bezeichneten Verkämmungen, in die gehörige horizontale Lage gebracht; die einzelnen Stücke wurden zusammengetrieben und durch die Bolzen verbunden. Hiernächst wurde eine kleine Bockrüstung für je zwei und zwei Binder, von etwa 10 Fuſs Höhe, errichtet, und es wurden darauf die Spannriegel gelegt; alsdann wurden die beiden kurzen Streben und hierauf die beiden Haupt-Streben aufgerichtet, und durch angesetzte Brettstücke vorläufig in ihrer Lage erhalten, bis sie durch die von beiden Seiten angeschobenen Hängesäulen gröſsere Festigkeit erlangen konnten; demnächst wurden die Dachrahmen hinaufgezogen, und es wurde durch dieselben, im Vereine mit den Kopfbändern, die Verbindung nach der Länge gesichert. Das Hinaufbringen der sämmtlichen Sparren geschah erst, nachdem auch die beiden oberen und unteren Seiten-Unterzüge errichtet und mit dem Hängewerke verbunden worden waren; die bedeutende Länge dieser Sparren gestattete das Hinaufziehen und Einschwenken derselben vermittelst des Richtbaumes nicht; sie mufsten daher, auf angelegten Schleifhölzern, durch Seile in die Höhe gezogen und aufserhalb der Dachfläche gewendet worden. Die Befestigung derselben auf den Dachrahmen und Unterzügen ist theils vermittelst der angebrachten Verkämmungen, theils durch 12 Zoll lange, starke eiserne Nägel, mit abgerundeten Köpfen, geschehen, welche Nägel noch in die äufsere Sparrenfläche 2 bis 3 Zoll versenkt worden sind, damit ihre Spitzen tiefer in die Rahmenstücke eingreifen möchten. An den Stirnflächen der sämmtlichen Versatzungen, so wie auch in den Stöfsen zwischen den verzahnten Balken, sind Zinkplatten eingeschoben, um das Eindringen der Holzstücke in einander zu verhüten. Die verzahnten Balken sind auf der Zulage an der unteren Seite um $1\frac{1}{2}$ Zoll gesprengt worden, und es hat sich, wie oben bemerkt, diese Sprengung, weder nach Wegnahme der Rüstung verringert, noch auch, nach beinahe drei Jahren, irgend eine Veränderung ergeben, obgleich das Dach mit dem Gewichte von mehr als 200000 Ziegeln, welches gegen 5500 Centner beträgt, und aufserdem mit dem Gewichte des Holzwerkes belastet ist, welches eine Totallast von etwa 15000 Centnern giebt, so dafs das Gewicht des Daches auf einen Quadrat-Fufs Grundfläche des Gebäudes beinahe $\frac{1}{2}$ Centner beträgt.

Als Bau-Conducteur bei diesem Bau war Herr Fleischinger angestellt.

Berlin, den 1sten April 1833.

## 7.

# Beschreibung nebst Abbildung einer Holländischen Klinkerstrafse, mit Bemerkungen über den Bau von Kunststrafsen, deren Fahrbahn mit Ziegelsteinen befestigt ist.

(Schlufs des Aufsatzes No. 3. im vorigen Hefte.)

(Vom Herrn Dr. *Reinhold*, Königl. Hannöverschen Wasserbau-Inspector, Ritter des Königl. Niederländischen Löwenordens etc.)

---

Herr Heermann giebt die Kosten des dortigen Klinkerpflasters für die laufende Ruthe Rheinl. (à 12 Werk-Fufs) und 18 Fufs breit, folgendermafsen an:

| | | Rthlr. | Sgr. |
|---|---|---|---|
| 1) | Für $1\frac{1}{2}$ Tausend Klinker von $8\frac{3}{4}$ Zoll lang, $4\frac{1}{4}$ Zoll breit, 2 Zoll dick, inclusive Transport, zu 6 Rthlr. Preufs. Courant, . | 9 Rthlr. | — Sgr. |
| 2) | Solche zu legen, zu 18 Sgr. das Tausend . . . | — - | 27 - |
| 3) | Für $\frac{1}{2}$ Schachtruthe (72 Cubikfufs Rheinl.) gereinigten Sand, zu 20 Sgr. . . . . . . . . . . . | — - | 10 - |
| 4) | Für die Rasenkanten zu verfertigen . . . . . | — Rthlr. | 3 Sgr. |
| | Summa | 10 Rthlr. | 10 Sgr. |

oder $10\frac{1}{3}$ Rthlr. Pr. Courant (18 Gulden 60 Cents (12 Stüver) Holl.), so dafs also die Postmeile von 2000 Ruthen Rheinl. von diesem Pflaster $20{,}666\frac{2}{3}$ Rthlr., oder 37200 Gulden Holländisch zu stehen kommt. Hierunter sind nicht die Erdarbeiten, die Brücken-Durchlässe, Grund-Entschädigung, Wegegeld-Häuser, Barrieren und andere Ausgaben begriffen, welche bei dem Baue eines ganz neuen Strafsenzuges unvermeidlich sind, die aber im vorliegenden Falle gröfstentheils wegfallen, da es hier mehr auf die Befestigung der Erdbahn einer bereits vorhandenen Strafse, als auf eine ganz neue Erdbahn ankam.

Nach Maafsgabe der in irgend einem Lande üblichen Preise der Materialien und des Arbeitslohnes läfst sich nach obigem Vorbilde leicht ein Überschlag machen, wieviel eine Meile Klinkerstrafse kosten werde. Die Summe wird sich hier unter den zulässigen Beschränkungen des Profils der

Strafse auf etwa 25000 Rthlr., oder 45000 Gulden Holländisch, für die Meile belaufen*). Nach dieser Schätzung wäre der Preis einer Meile Klinkerstrafse noch immer nicht übertrieben hoch, da es wenig Kunststrafsen mit geschlagenen oder gepflasterten natürlichen Steinen, oder Grand giebt, wovon die Meile unter 18- bis 20,000, wohl aber viele, wovon sie 24-, 27-bis zu 30,000 und in Gebirgen bis zu 50,000 Rthlr. und darüber kostet.

In meinem Aufsatze über die Eisenbahnen, im 4ten Hefte des zweiten Bandes dieses Journals, habe ich Seite 393. mehrere Beispiele der Kosten wirklich ausgeführter Kunststrafsen aufgeführt, wodurch das eben Gesagte bestätigt und nachgewiesen wird, dafs die Klinkerstrafsen im Durchschnitt nicht theurer sein können, wie die mit natürlichen Steinen befestigten Strafsen.

Wenn also irgend ein Staat, wie z. B. Ostfriesland, Holland, Oldenburg u. s. w., in Gegenden, wo es an natürlichen Steinen fehlt, Kunststrafsen anzulegen beabsichtigt, so sind die Klinkerstrafsen nicht übertrieben kostbar, sondern das beste Auskunftsmittel, den Zweck eines bequemen, sichern und schnellen Landtransports zu erreichen, besonders, da die Klinkerstrafsen, nächst den Eisenbahnen, eine weit ebenere Oberfläche haben, mithin weit weniger Transportkräfte erfordern, als Erdbahnen und Steinbahnen von geschlagenen oder gepflasterten Steinen, oder Grand- und Kiesbahnen. Und bei gleichen Transportkräften lassen sich gröfsere Lasten auf den ersteren, als auf den letzteren fortbewegen, vorausgesetzt, dafs die mit Klinkern befestigte Fahrbahn stark genug ist.

Eine sehr bedeutende Stärke einer Steinbahn von Ziegeln würde für den gewöhnlichen Zweck unnöthig sein und zu grofse Kosten verursachen. Für aufsergewöhnliche Zwecke, wie z. B. für den Transport der schwersten Festungsgeschütze, möchte aber eine etwas stärkere Steinbahn, als von $4\frac{1}{4}$ bis 5 Zoll, nöthig sein. Von einer sehr starken Ziegelsteindecke findet man eine Beschreibung und Abbildung im 1sten Theile der „Ausführlichen Anweisung zur Entwer-

*) So hoch kommt eine Meile Klinkerstrafse in der benachbarten Provinz Gröningen zu stehen, und würde in Ostfriesland, wo 1000 Stück Klinker, die, in der Nähe der Strafsen fabricirt, etwa 5 Rthlr. kosten können, für einen ähnlichen Preis zu bauen sein. Anm. d. Verf.

„fung, Erbauung und Erhaltung dauerhafter und bequemer „Strafsen" von Joseph Schemerl etc. (Wien 1807). Er giebt §. 21., Seite 89. etc. folgende Beschreibung der auf (Taf. I. Fig. 4. und 5.) befindlichen Abbildung:

1) Soll über das planirte Terrain eine Schicht Ziegelschutt gelegt, und dieselbe gehörig überfahren und ausgeglichen werden. Die Stärke dieser Schicht ist nicht angegeben; wir wollen sie annehmen im Durchschnitt zu . . . . . . . . . . . . . . . . . . . 6 Zoll
2) Die unterste Lage der Steinbahn folgt darauf, mit einer Lage flach gelegter Ziegelsteine, oder ein liegendes Pflaster, dessen Stärke auch nicht angegeben ist, und nach dem gewöhnlichen Maafse der Ziegelsteine sein kann . . . . . . . . . . . 2 -
3) Diese soll mit etwas feiner Erde (besser mit Sand) überzogen werden: wie stark wird nicht gesagt; wir wollen annehmen . . . . . . . . . . . . . . . . . . . . . . 2 -
4) Darauf soll ein stehendes Pflaster von Steinen, auf der langen schmalen Kante, gelegt werden, also hoch etwa . . . . . 5 -
5) Über dieses soll eine zwei Zoll dicke Schicht feinen Schuttes oder Erde (besser Sand) gelegt werden, macht . . . . . 2 -
6) Darauf wieder ein zweites, liegendes Pflaster, wie oben, etwa 2 -
7) Dieses soll mit etwas feiner Erde oder Ziegelschutt (besser Sand) dergestalt überzogen werden, dafs es einen Rücken bildet, wodurch die Wölbung des darauf kommenden, stehenden Pflasters herausgebracht wird; die Stärke ist nicht angegeben; es sind aber im Durchschnitt nöthig etwa . . . . . 4 -
8) Dann folgt ein zweites stehendes Pflaster von Steinen auf der langen schmalen Kante, wie vorhin, etwa . . . . . . 5 -
9) Endlich soll dieses Pflaster mit einer 6 bis 8 Zoll hohen Lage Ziegelschutt überzogen werden . . . . . . . . . 8 -

Die ganze Stärke oder Dicke des Strafsenkörpers, oder der Steinbahn, beträgt also . . . . . . . . . . . . . . . . . . 36 Zoll oder 3 Fufs. Die beiden Seitenmauern sind $2\frac{1}{2}$ Steinlänge jede stark, also etwa 25 Zoll, oder 2 Fufs 1 Zoll, und 14 Lagen zu 2 Zoll, oder 2 Fufs 4 Zoll, hoch.

Eine solche enorme Stärke einer Ziegelsteinbahn, welche die der Strafsen der alten Römer übertrifft, die Herr Schemerl Theil I.

S. 9. seines Werks beschreibt, und welche nur eine Stärke von 24 Zoll hatten, dürfte, meines Erachtens, selbst für die schwersten Festungsgeschütze, als 48 Pfünder u. dergl., unnöthig sein, und so ungeheure Kosten verursachen, dafs die Strafse das 3- bis 4fache einer gewöhnlichen Klinkerstrafse, oder andern Steinbahn, kosten könnte. Die Holländischen Steindecken von Klinkern sind nur $4\frac{1}{4}$ bis 5 Zoll stark, also 31 Zoll schwächer, wie die obige Österreichische Steinbahn, und tragen sehr schwere Fuhrwerke, von $1\frac{1}{2}$ Lasten oder 6000 Pfund, und darüber.

Zufolge §. 70. u. s. w. der oben erwähnten Anweisung etc. ist die im Preufsischen Staate gesetzlich vorgeschriebene Stärke der Steinbahn, mit geschlagenen Steinen, in der Mitte 12 und an den Bordsteinen 9 Zoll, mithin 24 bis 27 Zoll geringer, wie die von Hrn. Schemerl vorgeschlagene Stärke. Die in dessen Steinbahn vorgeschlagenen Zwischenlagen von Erde würden aber dem Strafsen-Körper noch eher nachtheilig als nützlich sein. Grober, scharfer Sand, oder feiner Kies, wären in jedem Falle besser, wie Erde. Nähme man statt des Sandes Beton-Mörtel, so würde eine unvergängliche alte Römer-Strafse entstehen. Wollte man daher die Holländische Klinkerbahn von 5 Zoll für ganz schwere Lasten hinreichend verstärken, so würde es zweckmäfsiger sein, eine 6 Zoll starke Schicht von Ziegelschutt auf das 1 Fufs hoch mit Sand aufgefüllte Planum, und die untersten Steine dann auf die flache Seite, und hierauf eine 2 Zoll hohe Sandschicht zu legen; dann das 5 Zoll hohe Klinkerpflaster folgen, und dieses 3 Zoll hoch mit Sand überziehen zu lassen, so dafs die Decke 12 bis 13 Zoll stark werden würde. Diese Decke würde gewifs die schwersten Geschütze tragen, und ist bezahlbar.

In manchen Ländern ist es verboten, eine bestimmte Ladung des Fuhrwerks zu überschreiten, wie z. B. in Holland, wo ein zweirädriger Karren nur 2500 Pfund laden darf, wenn dessen Radfelgen nur $1\frac{7}{8}$ Zoll breit sind. Wir sehen indefs aus Obigem, dafs die Klinkerstrafse zwischen Cleve und Nymwegen von dergleichen Karren, mit 4000 bis 6000 Pfund beladen, 4 Jahre lang ohne wesentliche Beschädigung befahren worden ist. Wenn nun, wie es bereits in vielen Staaten zur Schonung der Kunststrafsen, die gepflasterte oder geschlagene Steinbahnen haben, geschehen ist, auch auf den Klinkerstrafsen nur Räder mit breiten Felgen, von 4, 6 bis 8 Zoll breit und ohne hervorstehende Nagelköpfe, gesetzlich eingeführt würden, so würden auch die Klinkerbahnen mehr geschont werden; ihr Unterhalt würde weniger kosten, und sie würden schwerere Lasten tragen können. Der Überzug einer 2 Zoll hohen Sanddecke, und deren beständige gute Unterhaltuug, ist ein einfaches und nicht kostspieliges Schutzmittel der Steine, und kein bedeutendes Hindernifs für den Transport; und da eine mäfsige Feuchtigkeit der Sanddecke den Klinkerbahnen, der Erfahrung nach, zuträglich ist, so ist die Bepflanzung der Bankette mit Bäumen, die viel Laub und ausgebreitete Kronen haben, wie Linden, Kastanien, Obstbäume etc., sehr zweckmäfsig, weil sie die Strafse beschatten und die Austrocknung derselben vermindert wird.

Mögen diese Bemerkungen, die ich nicht aus Tadel, sondern zum Besten der Sache mir erlaube, einstweilen hinreichen, die Holländischen Klinkerstrafsen etwas näher bekannt zu machen. Je mehr Erfahrungen und Ansichten man darüber sammelt, desto besser ist es für den Sachverständigen und für die Sache, so wie für den Staatsdienst.

§. 8.

Um nun auch noch schliefslich einige practische Nachrichten mitzutheilen, nach welcher Vorschrift und welchen Besteck, und unter welchen Bedingungen man in Holland die gewöhnlichen kleinen Brücken (dort Düker, auch Höhlen, genannt) von Ziegelsteinen erbaut, will ich die betreffenden Artikel hersetzen, welche in dem Bestecke und den Bedingungen über die Kunststrafse zwischen der Stadt Arnheim und dem Dorfe Dieren, vom 20. März 1820, enthalten sind, und welche die Überschrift führen:

„Bestek en Conditien tot den aanleg van de aardenbaan voor de bestra-
„ting van het gedeelte van den grooten weg No. 13. van de Wadden
„naar Sedan, beginnende aan het einde van de Straat van Dieren
„tot aan den steenweg vor Arnhem."

Diese Bedingungen sind im Jahre 1820 bei Ausverdingung dieser Stafsenstrecke vom damaligen Staatsminister Repelaar van Driel durch den Druck bekannt gemacht worden. Da sie, mit Ausnahme des Brückenbaues, fast die nemlichen, oder ähnliche Vorschriften, wie die vorhin wörtlich mitgetheilten, enthalten, so hebe ich der Kürze wegen blofs das Nöthige über den vorliegenden Gegenstand aus, theile es in der Übersetzung wörtlich mit, wie folgt, und füge einige eingeklammerte Bemerkungen bei.

„**Art. 7.**

„Düker, oder Höhlen, im Wege.

„Der Annehmer mufs im Wege 5 gemauerte Düker zur Durchlassung des Bergwassers anlegen, nemlich drei in der Rheedenschen „Eck und zwei in der Middagter Allée, und zwar an den Stellen, „die während der Arbeit angewiesen werden sollen."

„Jeder dieser Düker soll aus einem Bogen von 10 Ellen (31′ 10″ „Rheinländisch) Länge bestehen, im Lichten 1 Elle 80 Duimen (5′ $8\frac{3}{4}$″) „weit und vom hölzernen Boden bis unter das Gewölbe 1 Elle 40 Duimen „(4′ $5\frac{1}{2}$) Zoll hoch sein. An jedem soll eine Stirn-Mauer sein von 4 Ellen „(12′ 9″) breit, und vom hölzernen Boden bis unter die Decksteine 1 Elle „und 86 Duimen (5′ 11″) hoch."

„**Art. 8.**

„Nähere Beschreibung und Bestimmung der Construction der Düker.

„Der Annehmer mufs an den anzuweisenden Stellen die nöthige „Ausgrabung des Grundes in der erforderlichen Tiefe machen lassen, und „alsdann zur Fundamentirung, welche die Länge von 10 Ellen (31′ 10″) „und die Breite von 3 Ellen und 7 Duimen (9′ 9″) haben mufs, rechtwinklig auf die Axe des Dükers, genau wasserpas und in gleicher Vertheilung „13 tannene Schliekhölzer (liegende Rost-Balken) legen, welche 13 „und 18 Duimen (4″ $11\frac{6}{10}$‴ und 6″ $10\frac{6}{10}$‴) stark und wovon die Hölzer, „an jedem Ende des Dükers, 4 Ellen 50 Duimen (14′ 4″) die übrigen aber „3 Ellen 25 Duimen (10′ 4″) lang sind."

„Die beiden äufsersten Schliekhölzer (Rostbalken unter den Stirnmauern) sollen jedes auf eingerammte tannene Pfähle befestiget werden, „die im Kopfe 18 und 18 Duimen (6″ $10\frac{6}{10}$‴) im Vierkant stark und „1 Elle 75 Duimen (5′ 7″) lang sind, worauf die Schliekhölzer mittelst „Zapfen und Zapfenloch (einen durchgehenden oben verkeilten Schwalbenschwanz-Zapfen) befestigt werden müssen."

„An der innern Seite der bemerkten äufsersten Schliekhölzer mufs „eine Reihe tannene Dammpfosten (Spundbohlen) eingerammt werden, „welche 8 Duimen (3″ $\frac{7}{10}$‴) stark, zusammen die Länge von 4 Ellen „50 Duimen (14′ 4″) geben. Die Dammpfosten von 30 Duimen (11″ $5\frac{6}{10}$‴) „breit und 1 Elle und 75 Duimen (5′ 7″) lang, müssen bis zur Oberkante „der Rosthölzer eingeschlagen, gut angeschärft und gepflügt (mit Federn

„und Nuthen versehen), und jeder mit zwei 15 Duimen ($5\frac{3}{4}''$) langen „eisernen Nägeln an die Schliek- oder Rosthölzer festgenagelt werden."

„Wenn die Schliekhölzer auf diese Weise gelegt und gehörig mit „Erde (Klai, Thon und Lehm) ausgefüllt und angestampft sind, so soll „eine Flur (Bohlen-Belag) von 10 Ellen (31′ 10″) lang, 3 Ellen 7 Duimen „(9′ 9″) breit, darauf gelegt werden, jedoch an den Enden (des Dükers) „soviel breiter, als zur Anlage der Strebepfeiler (Flügelmauern) nöthig „ist. Diese Flur (oder Bodenbedielung) soll von tannenen Dielen von 5 „Duimen (1″ 11‴) dick, und 30 Duimen ($11''\ 5\frac{6}{10}'''$) breit gemacht wer- „den, so daſs die Flurdielen nur aus 2 Längen in Verband gebracht, „dicht an einander getrieben, und jede Diele mit 3 zähen eisernen Nä- „geln, von 13 Duimen (5 Zoll) Länge, auf jedem Schliekholze befestigt „werden."

„Auf diese hölzerne Flur muſs, über jedem Schliekholze (dessen „Länge nach), ein eichener Spannbalken (Nadel), also deren 13 gelegt „werden, welcher 10 und 13 Duimen ($3''\ 9\frac{9}{10}'''$ und $4''\ 11\frac{6}{10}'''$) im Vier- „kant stark und so lang ist, daſs die beiden Enden $\frac{1}{2}$ Stein lang (etwa „5 Zoll) in die Mauern schieſsen. Auch muſs jeder Spannbalken mit zwei „eichenen Nägeln durch die Flur an die Schliekhölzer befestigt, und „die beiden äuſsersten Schliekhölzer müssen auſserdem ein jedes mit „zwei gehackten eisernen Bolzen, von 13 Streep (6 Linien) dick, 13 Dui- „men (5 Zoll) lang, an die Schliekhölzer befestigt werden."

„Noch sollen auf der Flur, an jeder Seite, unter der Mitte der „Seitenmauern, ein eichenes Streichholz (Längenschwelle), 10 bis 13 Dui- „men ($3''\ 9\frac{9}{10}'''$ und $4''\ 11\frac{6}{10}'''$) im Vierkant stark, 10 Ellen (31′ 10″) „lang, gelegt, mit Haaklaschen verbunden, 2 Duimen ($9\frac{2}{10}'''$) tief in die „Flur eingelassen, und auf jedem Schliekholze (mithin auch auf jedem „Spannbalken) mit einem gehackten eisernen Bolzen, von 13 Streep (6‴) „dick, 30 Duimen ($11''\ 5\frac{6}{10}'''$) lang, befestigt werden."

Bemerkung. Nach dieser Vorschrift soll also blos ein liegender, und kein Pfahlrost gemacht werden, weil die Festigkeit des dortigen Grundes es nicht erfordert hat. Sobald aber der Untergrund nicht hinreichend fest ist, ist ein Pfahlrost durchaus nöthig, dessen Anfertigung bekannt ist. Unter den Syhlen, die ich hier gebaut habe, habe ich stets Pfahlroste machen lassen müssen, deren Pfähle möglichst fest, und wenigstens 5 bis 6 Fuſs tief in das unter dem Klai oder Moore oder Darg befindliche Sandlager eingerammt, und auf welche in die Quer gehende Rostbalken, mit von oben verkeilten durchgehenden Schwalbenschwanzzapfen befestigt wurden. Hierauf wurde, nach Einrammung der Spundwände, der 2 bis 3 Zoll starke Bodenbelag mit hölzernen und eisernen Nägeln befestigt, worüber Spannbalken auf die Schliekbalken ihrer Länge nach gelegt und darauf verbolzt wurden. Darauf wurden unter den beiden Seitenmauern 4 Längenschwellen, im rechten Winkel, quer über die Spannbalken, bis durch den Bodenbelag eingelassen und mit eisernen, gehackten Bolzen bis in die Schliekhölzer verbolzt. Die Fächer zwischen den Spannbalken und Längenschwellen wurden, etwa 5 bis 6 Zoll hoch, mit Ziegelsteinen auf der langen schmalen Kante in Cementkalk ausgemauert, und dann wurde erst das Mauerwerk, in Trafs-Mörtel, oder Cement aufgeführt. Da an jedem Syhle aufserhalb der Stirnmauern ein Fluth- und ein Ebbebette mit Aufsenflügeln ist, so wurden diese eben so fundamentirt, wie der Syhl selbst, und sie erhielten auch noch am Ende eine Spundwand von 3- bis 4zölligen ostseeisch greinen (Kiehnen) Pfosten von 10 bis 18 Fufs lang 3 bis 4 Zoll dick, und 1 Fufs breit, die unter jedem Schlagbalken (Drempel) des Syhles gemacht und darin 3 bis 4 Zoll tief von unten in einen Falz eingelassen wurden. Bei gröfseren Brücken, als von welchen hier die Rede ist, und bei schlechtem Baugrunde, würde ein solcher Pfahlrost nebst Fluthbette und Aufsenflügeln, auch Kehrflügeln und Längenspundwänden, zur Sicherheit gegen Unterwaschung und Senkung des Bauwerks meistens zweckmäfsig und nöthig sein.

„Dann mufs der Annehmer auf die beschriebene Flur die bei-„den Seitenmauern setzen, 10 Ellen (31′ 10″) lang, $2\frac{1}{2}$ Stein (etwa 25 „Zoll Rheinl.) stark; er mufs sie 30 Duimen (11″ $5\frac{6}{10}$‴) aufmauern, und „alsdann an der hintern Seite einen halben Stein stark (5 Zoll Rheinl.) „einziehen, und ferner mit der Stärke von 2 Steinen (20 Zoll) bis zur „Höhe von 80 Duimen (2′ 6″) über den Flur fortfahren."

„An jedem Ende soll ein Contrefort (Widerlager oder Flügelmauer), „zwei Steine stark, aufserhalb der Mauer $2\frac{1}{2}$ Stein lang, angelegt werden, „welche zu gleicher Zeit mit den Seitenmauern aufgeführt, und sowohl „hinten als am Ende $\frac{1}{2}$ Stein stark, wie jene, eingezogen werden."

„Wenn die Seitenmauern bis zur Höhe von 80 Duimen (2′ 6½″) „über die Flur aufgeführt sind, muſs der Annehmer über der Öffnung „ein genau ovales, Einen Stein (10 Zoll Rheinl.) starkes Gewölbe über „einen Lehrbogen mauern lassen, und dann die Seitenmauern in ihrer vol- „len Stärke (2 Steine stark) von hinten lothrecht aufführen und bis zur „Höhe der innern Gewölblinie rechtwinklig an das Gewölbe schlieſsen."

Bemerkung. Es ist der Haltbarkeit der Brücken wegen gut, die Gewölbe der kleinsten Brücken nicht unter Eine Steinlänge, oder 10 bis 12 Zoll stark, zu machen, und nach Maſsgabe der Weite und Höhe der Brücke dem Gewölbe ½ oder eine ganze Steinlänge zuzusetzen. Die gröſsten hiesigen Schleusen, oder Syhle, von 15 bis 20 Fuſs lichter Weite, haben Gewölbe von 1½ bis 2 Steinlängen oder 16 bis 22 Zoll stark, und sind hinreichend fest, wie hiesige, hundert Jahr alte Wasserbauwerke beweisen.

Über die Stärke der Gewölbe, Widerlager und Mittelpfeiler groſser massiver Brücken etc. habe ich im 4ten Hefte 4ten Bandes dieses Journals S. 363. eine Menge von Erfahrungen mitgetheilt, worauf ich mich beziehe.

„Ferner muſs er die 4 Contreforts, oder Flügelmauern, 1½ Stein „(15 Zoll) stark aufführen, und sie zur Bildung der Brust- oder Geländer- „Mauern über das Gewölbe fortmauern, bis zur Höhe von 1 Elle 68 Dui- „men (5′ 11″) über der hölzernen Flur. Diese Stirn- oder Brustmauern „sollen mit blauen Schottischen Decksteinen von 13 Duimen (4″ 11$\frac{6}{10}$‴) „dick, 40 Duimen (1′ 3″ 3$\frac{5}{10}$‴) breit und 4 Ellen 5 Duimen (13′ 0″ 7‴) „lang, gedeckt werden, und aus nicht mehr als zwei Längen (oder Stücken) „bestehen, die mit Feder uud Nuthe in einander gefugt, gehörig gelegt, und „mit dem nöthigen Eisenwerke an das Mauerwerk befestigt werden."

„Endlich muſs er die ganze Flur mit einer Kantlage von einer „halben Steindicke pflastern, und die Steine fest zwischen die Spannbalken „anschlieſsen."

Bemerkung. Bei gröſseren Brücken und Schleusen werden die Fächer zwischen den Spannbalken auch wohl mit 2 Lagen Steinen, einer platten und einer Kantlage, in Cementmörtel, mit der Oberfläche der Spannbalken (Nadeln) bündig, ausgemauert, über welche alsdann wieder eine 2 bis 3 Zoll starke Bedielung genagelt wird. Auf diese Weise können die Steine nicht lose werden und nicht aus den Fächern auftreiben, und der Boden wird desto dichter, besonders wenn der Untergrund unter den Schliekhölzern, oder Quer-Rostbalken erst einige Fufs dick mit Klai oder Thon ausgestampft wird. Die umgekehrten Gewölbe auf den Boden der Schleusen und Brücken können durch dergleichen doppelte Boden in vielen Fällen entbehrt werden; sie sind viel theurer, und deshalb ohne Noth nicht anzuwenden.

„Art. 9.

„Bearbeitung der Düker.

„Der Annehmer mufs diese Bauwerke nach Vorschrift behandeln, „das Holz ganz vierkant und nach dem Mafse behauen, besägen und auf „die angewiesenen Stellen legen oder stellen lassen."

„Das Mauerwerk mufs in gutem Kreuzverbande, mit schmalen und „vollen Fugen, in sofern es sichtbar bleibt, so wie auch die Binnenseite des „Gewölbes, sauber bearbeitet, und an der Hinterseite berrappt und abge„weifst werden. Die Steinlagen müssen in der bestimmten Höhe in gera„den Linien gelegt, die Fugen ausgefüllt, und mit einem schmalen Fug„eisen (*dagge*) jede Reihe eingefugt, oder verstrichen werden. Um „jede sechste Lage mufs das Mauerwerk mit Trafswasser begossen, und „nach Erfordernifs eingewaschen werden."

„Nach Vollendung dieser Arbeit mufs der Annehmer die Erde hin„ter den Mauern wieder fest anfüllen lassen, und dazu zähe Klaierde, „oder Lehm, nehmen, bis zur Dicke von stark 36 Duimen (14 Zoll), dann „das Gewölbe oben mit Erde bedecken, wenigstens 75 Duimen hoch „(2′ 4″ 8‴), und in der nöthigen Lage planiren."

„Art. 10.

„Materialien, welche der Annehmer anschaffen mufs.

„Der Annehmer ist verpflichtet, an einer ihm anzuweisenden Stelle „eine gut gezimmerte Bauhütte, von 3 Duimen (1″ $1\frac{8}{10}$‴) starken greinen „Dielen, und eben solchen Riegeln von 10 und 13 Duimen (3″ $9\frac{9}{10}$‴ und „4″ $11\frac{6}{10}$‴) stark, zu setzen, welche so eingerichtet ist, dafs sie leicht, „ohne zerbrochen zu werden, auseinander genommen werden kann. Sie „mufs mit 3 Glasfenstern, einem geschlossenen Kasten, einem Tische „mit 4 Stühlen, einer Thür mit gutem Schlosse etc., versehen sein, und „ist zum Gebrauche der Direction bestimmt. Nach Vollendung der Arbeit

„ist diese Bauhütte Eigenthum des Landes, und mufs Annehmer sie dann „abbrechen, und an einen ihm anzuweisenden Ort schaffen."

„Dann ist der Annehmer verpflichtet, der Direction beim Ausbaken „der Anlage die nöthigen Sparren, Latten, Pfähle u. s. w. zu verschaffen, „und sie zu dieser Arbeit mit den nöthigen, geübten Arbeitern zu versehen, „und zwar, so oft es nöthig sein und gefordert werden wird."

„Übrigens gehen alle Materialien, Werkzeuge, Transporte, Tag- „lohne, ohne Ausnahme, auf Rechnung des Annehmers, der alles dieses „anschaffen und bezahlen mufs."

„Art 11.

„Auswahl der Materialien.

„Die nöthigen Materialien, Erde oder Sand, müssen von allen der „Anlage schädlichen Stoffen frei sein."

„Das Holz, sowohl tannen als eichen, mufs ohne allen wesent- „lichen Fehler sein."

„Das Eisen mufs zähe und gut geschmiedet sein."

„Die Steine müssen aus den besten flachen Klinkermoppen bestehen."

„Der Kalk mufs guter Lütticher Steinkalk sein."

„Der Trafs mufs aus der octroirten Fabrik sein und durch Probe „sich bewähren. Eine Mischung von Bastard-Trafs soll aus zwei Theilen „Kalk, einem Theile Cement und einem Theile Sand bestehen, und nach „Vorschrift bearbeitet werden."

Bemerkung. Der seit mehreren Jahren in Holland eingeführte Cement wird in den dazu privilegirten Fabriken gemacht, welche die Bestandtheile desselben geheim halten. Seitdem wird der Rheinische Trafs von Andernach etc. dort nicht mehr gebraucht, von Kennern aber vorgezogen. Ein Hauptbestandtheil des sogenannten Holländischen Kunst-Cements scheint feingesiebtes Ziegelmehl zu sein. Die übrigen Theile und deren Verhältnisse sind mir unbekannt.

Zum ächten Mörtel, für Mauerwerk unter Wasser, nimmt man Ein Drittheil Kunst-Cement, und zwei Drittheile Kalk, ohne Sand."

Dann folgt der Bastard-Cement mit Einem Sechstheile Sand, wie oben bemerkt. Hier in Ostfriesland wird der Wassermörtel aus Einem Drittheile Rheinischem Trafs, und Zwei Drittheilen Muschelkalk gemacht, und über Wasser Ein Sechstheil Trafs und Ein Sechstheil Sand genommen.

„Die Quadersteine müssen von der besten Sorte, ohne Risse und „Adern, und genau nach dem Maafse zugehauen und fein beschlagen sein. „Die Materialien werden vor der Verarbeitung von der Direction unter- „sucht. Im Fall einige davon nicht genügen sollten, müssen sie vom Bau- „platze weggeschafft werden, bei Verlust der Materialien, wenn sie nach „6 Stunden darauf noch auf der Baustelle angetroffen werden, u. s. w."

§. 9.

Man sieht aus Obigem, auf welche Weise, nach welchen Vorschriften und Grundsätzen, und mit welcher Genauigkeit man in Holland dergleichen Strafsenbaue ausführt. Die Ausführung durch Ausverdingung im Ganzen, oder Einzelnen, an einen Haupt- oder mehrere Annehmer, und durch öffentliche Ausbietung an die Mindestfordernden, ist in Holland bei allen öffentlichen Bauten, sie mögen Wasser- oder Landbauten sein, eingeführt, und selbst auch häufig bei Privatbauten. Auf Rechnung, oder Tagelohn, wird selten gebauet. Da der Annehmer ein erfahrener Sach- und Werkverständiger sein mufs, deren man viele in Holland findet, so kann er sich auch selbst den Kosten-Anschlag machen, wenn er, wie es geschieht, einige Zeit vorher das Besteck und die Bedingungen, nebst detaillirten Zeichnungen, bekommt, die in der Regel gedruckt und vertheilt werden, oder einem jeden Annehmungslustigen zur Einsicht offen liegen, und wenn er vorher die nöthige Local-Untersuchung macht. Die vorläufige Ausmittelung der Baukosten durch die Baubedienten dient daher blofs zur Nachricht des Staates, der Baubehörde, oder des Bauherrn, und wird nicht bekannt gemacht. Auf diese Weise haben die Baubedienten mit der Anschaffung der Materialien nichts zu thun, welche vielmehr vom Annehmer auf die Baustelle gebracht werden müssen, und dort erst untersucht, angenommen, oder ausgeschlossen werden. Es bleibt den Baubedienten, oder der Direction, nur die Leitung und Aufsicht des Baues übrig, wobei der Annehmer sich nach Anweisung dieser Behörden, so wie des Bestecks und der Bedingungen, genau richten mufs.

Diese Art der Ausführung, welche auch hier in Ostfriesland in ähnlicher Art eingeführt ist, hat ihr eigenthümliches Gute, erleichtert dem Baubedienten seinen Dienst, und vermindert das Aufsichts-Personal. Die Ausführung auf Rechnung, oder Tagelohn, ist in der Regel kostspieliger. Unter Voraussetzung, dafs in beiden Fällen eine gleich gute und strenge Aufsicht von erfahrenen Sachverständigen Statt findet, ist die Ausführung durch öffentliche Ausverdingung an die Mindestfordernden, vorzuziehen.

Um die Concurrenz der Annehmer zu vermehren und dadurch billigere Preise zu erhalten, kann man auch jede einzelne Sorte von Materialien, als: Steine, Cement, Kalk, Eisen, Holz u. s. w., so wie auch die Mauer-, Zimmer- und Erdarbeiten, jede besonders, an einzelne Annehmer ausverdingen. Eine solche Ausverdingung im Einzelnen ergiebt dann sofort die wirkliche Gröfse der Ausgabe-Summe, und wenn Unternehmer auftreten, die den Bau im Ganzen noch unter der Summe ausführen wollen, die im Ausverdingungstermine bekannt gemacht wird, so hat man Gelegenheit, auch den Bau im Ganzen dem Mindestfordernden möglichst billig zu übertragen. Wo nicht, so sind die Annehmer der einzelnen Gegenstände an ihre Forderung gebunden, je nachdem es vorher in den Bedingungen festgesetzt worden ist. Genau bestimmte und ausführliche Bedingungen und Bestecke sind in jedem Falle dabei nothwendig.

Jede Art der Ausführung hat ihr Gutes und Mangelhaftes. Landessitte, die Macht der Gewohnheit u. s. w. geben der einen oder der andern den Vorzug; und da es nichts ganz Vollkommenes giebt, so kann auch hier die eine, dort die andere Maafsregel zum Zwecke führen.

Leer in Ostfriesland, im December 1832.

# 8.

# Fortgesetzte Bemerkungen über die Anwendung und Dauer der Stroh- Rohr- Schilf- Schindel- Lehmschindel- und Ziegel-Dächer in Schlesien.

(Von dem Königl. Bau-Inspector Herrn *Rimann* zu Wohlau in Schlesien.)

---

Zu den in das 1ste Heft des 6ten Bandes pag. 11. dieser Zeischrift aufgenommenen practischen Bemerkungen über die Anwendung und Dauer der verschiedenen Bedachungs-Arten auf den Landgebäuden Schlesiens sei es mir vergönnt, noch einige Zusätze in eben der Ordnung nachzubringen.

1. Strohdächer. Über den Erfolg einiger in dieser Gegend gemachten Versuche, auch gutes langes Weizen-Stroh zur Dachbedeckung anzuwenden, kann ich folgende Auskunft geben: Schon nach Verlauf des ersten Winters hatten sich die Schoben stark zusammengesetzt, und sahen welk aus. Sie leisteten dem Eindringen der Nässe keinen Widerstand, und im zweiten Jahre mufsten sie heruntergenommen und durch Roggen-Stroh ersetzt werden. Das Weizen-Stroh widersteht der Fäulnifs nur kurze Zeit, indem die Stengel desselben weniger fest und holzig sind, als die des Roggen-Strohes.

Ob das Gersten- und Hafer-Stroh zur Dachbedeckung tauglich sei: darüber habe ich keine Erfahrung machen können, weil beide Arten Stroh in dieser Gegend zu kurz und von zu ungleichem Wuchse sind, als dafs sie zur Dachbedeckung gebraucht werden könnten.

Wenn Stroh- oder Schilf-Dächer alt werden, so erzeugt sich bisweilen die Dachwurzel (*Sempervivum tectorum Linn.*); oder eine dichte Rinde von Moos überzieht solche. Der Landmann freut sich darüber, denn der Überzug verspricht ihm eine noch längere Dauer seines Daches. In der That hat das Moos die Eigenschaft, dafs es, gleich einem Schwamme, die Nässe verschluckt, welche langsam verdunstet, während die Schoben trocken und wasserdicht bleiben.

Aus einem Schock lieferungsmäſsigen Roggen-Strohes, womit eine Quadratruthe Dachfläche fest bedeckt werden kann, macht man 30 Bürden Schoben, jede zu 7 bis 8 einelnen Bündeln oder Schoben. Man kann daher das Gewicht der auf einer Quadratruthe liegenden Strohmasse auf 1440 Pfund annehmen.

2. Rohrdächer. Das Rohr, diese durch ganz Deutschland verbreitete, an den Ufern der Flüsse, in Teichen und auf feuchten, sumpfigen Plätzen wachsende Grasart, vermehrt sich ungemein durch seine langen, faserigen Wurzeln. Es ist schwer, diese Pflanze, wo sie erst einige Jahre gestanden hat, wieder auszurotten. Sie wuchert selbst in einem feuchten Gartenlande beinahe eben so stark, als in Sümpfen; doch ist sie in der Länge und Stärke ihrer Stengel oder Halme, welche häufig ganz dünn, oft aber auch bis 4 Linien im Durchmesser stark sind, und eine Höhe von 5 bis 12 Fuſs erreichen, sehr verschieden.

Das Rohr blüht im Juli und August, und sein Saamen erlangt im September vollkommene Reife.

Die Dauer des Rohrs zur Dachbedeckung hängt nicht allein von der Stärke der Stengel, welche oft so holzig werden, daſs sie zu Rohrdecken, Weberstühlen und verschiedenem Flechtwerk, und in holzarmen Ländern, wie z. B. in einigen Gegenden Ungarns, zum Brenn-Material dienen, sondern auch von der Zeit der Abmähung ab. Wird das Rohr Ende des Septembers, oder im October abgehauen, und zu Schoben gebunden, so lassen die vielen daran befindlichen Blätter keine längere Dauer als 20 bis 25 Jahre zu. Geschieht das Abhauen jedoch erst am Ende des Jahres, bei eingetretenem Froste, so sind alsdann die Blätter abgefallen, und ein mit solchem Rohre von starken Stengeln bedecktes Dach kann wohl 50 bis 80 Jahre dauern.

3. Schilf-Dächer. Die Dächer der Gebäude auf den zehn Vorwerken des Domainen-Amtes Wohlau werden mit den in den Teichen dieses Amtes wachsenden Grasarten bedeckt. Mehrentheils bestehen dieselben aus der groſsen Sende, Teichbinse (*Scirpus lacustris Linn.*), der kleinen Binse, Meerbinse (*Scirpus maritimus Linn.*), dem Rohrkolben, Teichkolben (*Typha latifolia* und *angustifolia Linn.*), dem Kalmus (*Acorus calamus Linn.*) und dem Rohre (*Arundo phragmites Linn.*).

Die erstgenannten Pflanzen bilden die Hauptbestandtheile.

Das Schilf wird im Spätherbst abgehauen, und zu Schoben, die eine Länge von 5 bis 6 Fuſs haben, gebunden. Die Dauer eines solchen Daches ist durchschnittlich 15 Jahre; auf der Mittags-Seite verdirbt das Schilf früher, als auf der entgegengesetzten.

In mehreren kleinen Teichen dieser Domaine wächst nur der Kalmus und die Wasser-Lilie (*Iris pseudo-acorus Linn.*). Beide werden in gleicher Art benutzt. Die Schoben haben eine Länge von 3 bis 4 Fuſs; doch ist ihre Dauer nicht über 12 Jahre zu setzen; nach dieser Zeit sind sie unbrauchbar geworden, und müssen durch neue ersetzt werden.

4. Schindel-Dächer. Hier und da findet man noch mit eichenen Schindeln bedeckte Dächer; auch werden wohl noch jetzt Schindeln aus diesem Holze gemacht, und die Verfertigung eines Schocks eichener Schindeln von 2 Fuſs lang und 5 bis 6 Zoll breit mit 5 Sgr. bezahlt.

Sie haben, selbst auf flachen Dächern, deren Höhe kaum den dritten Theil der Tiefe des Gebäudes beträgt, z. B. auf dem obern Theile der Mansarden-Dächer, eine Dauer von 30 bis 50 Jahren. Doch ist ihre Anwendung, wegen der immer fortschreitenden Abnahme der eichenen Bauhölzer, die zum Wasser- und Mühlenbau nothwendiger sind, und für solche Zwecke erhalten werden sollten, so wie wegen ihrer Feuergefährlichkeit, ganz verwerflich.

In den Städten sollen die Schindel-Dächer ganz aufhören, und neue Schindel-Dächer dürfen, polizeilichen Verordnungen zufolge, nicht mehr gemacht werden. Leider weiſs man das Gebot dadurch zu umgehen, daſs jährlich ein geringer Theil der Bedachung neu gemacht und auf diese Weise das Dach fortdauernd erhalten wird.

5. Lehmschindel-Dächer. So wenig Aussicht für die Einführung dieser Bedachungsart in einem groſsen Theile von Ober-Schlesien vorhanden ist, so wird man sich doch hoffentlich in dem übrigen Theile dieses Landes endlich von ihrem anerkannten Nutzen bei Landgebäuden überzeugen müssen, und der Eifer, mit welchem der um die Land-Bauwissenschaft so hochverdiente Gilly sich für ihre Bekanntwerdung und Anwendung interessirte, wird ein dankbares Anerkenntniſs finden.

Im Jahre 1810 traf die Königliche Regierung zu Liegnitz kräftige Anstalten, die Lehmschindel-Dächer allgemeiner zu machen. Es wurde eine gedruckte Anweisung über die Bauart derselben, datirt Liegnitz den 3ten April 1810, den Kreisen mitgetheilt, und eine Anzahl Werkleute in der Verfertigung dieser Bedachung auf Staatskosten unterrichtet, welche dann wiederum andere, von den Kreisen und von den Domainen ausgewählte Leute unentgeldlich zu belehren hatten. Man hätte glauben sollen, daſs dieses Bemühen nicht anders als durch den herrlichsten Erfolg gekrönt werden müsse; jedoch erfolgte das Gegentheil. Es blieb bei den wenigen auf den Königlichen Domainen ausgeführten Lehmschindel-Dächern, und wenige Jahre später war die ganze Methode vergessen.

Um's Jahr 1820 zeigten sich im Guhrauer Kreise die Lehmschindel-Dächer von neuem, und der Beifall und die Nachahmung derselben, die seit dieser Zeit von Jahr zu Jahr zugenommen haben, verbürgen eine gröſsere Verbreitung derselben.

Man beobachtet bei ihrer Verfertigung ziemlich dasjenige Verfahren, welche in dem Vorherrschen Monatsblatte für Bauwesen und Landesverschönerung, Jahrgang V. No. 11., beschrieben ist; nur mit dem Unterschiede, daſs die Latten öfters bis 14 Zoll weit von einander aufgenagelt werden, und daſs der Lehm so dünn als möglich auf die Strohschichten gestrichen wird, so daſs die Lehmschindeln kaum 2 Zoll dick ausfallen, und zu der Bedachung kein stärkerer Dachstuhl als zu einem Ziegeldache nothwendig ist. Auch werden gewöhnlich die Firsten mit Hohlziegeln, und die obern und untern Bordschichten mit Dachziegeln bedeckt.

6. Ziegel-Dächer. Das Gewicht eines Dachziegels (Dachsteins, Flachwerks oder Bieberschwanzes), welcher nach polizeilicher Verordnung 15 Zoll lang, 6 Zoll breit und $\frac{1}{2}$ Zoll dick sein soll, beträgt $4\frac{1}{4}$ Pfd.

Dieses giebt folgendes Gewicht für die verschiedenen Bedachungsarten, auf eine Quadratruthe, nemlich:

*a*) Beim einfachen Ziegeldache ($7\frac{1}{2}$zöllige Lattung und 461 St. Dachziegel) 1959 Pfd.

*b*) Beim doppelten Ziegel-Dache ($5\frac{1}{2}$zöllige Lattung und 628 Dachziegel) 2669 Pfd.

*c*) Beim Kronen-Dache (10zöllige Lattung und 690 Dachziegel) 2971 Pfd.

Aus der Vergleichung des Gewichts des einfachen Ziegeldaches mit dem des Strohdaches sieht man, daſs der Unterschied nicht so sehr bedeutend, und daſs es ein Irrthum ist, wenn man für ein Ziegeldach einen viel stärkern Dachstuhl verlangt, als ein Schobendach erfordert.

Das Gewicht eines Hohlziegels, zur Eindeckung der Firsten und Walmengrade, gewöhnlich 15 Zoll lang, 6½ bis 7½ Zoll im mittlern Durchmesser breit, und ¾ Zoll dick, beträgt 7 bis 8 Pfd. 20 Loth *).

Die Haltbarkeit und lange Dauer der Ziegeldächer wird durch ältere, aus dem 16ten und 17ten Jahrhundert erhaltene Gebäude, genügend bewiesen, und doch sieht man leider jetzt häufig ganz entgegengesetzte Erfolge; nicht selten müssen neue Ziegeldächer schon nach Verlauf einiger Jahre umgedeckt oder gar herunter genommen werden. Von mehrern Gutsbesitzern habe ich die Äufserung gehört, dafs Ziegeldächer die schlechtesten Dächer für Landgebäude wären, und fortdauernder kostspieliger Reparaturen bedürften. Wenn also diese Bedachungsart zur Verminderung der Feuersgefahr allgemeiner und das Vertrauen des Publicums dafür gewonnen werden soll, so ist es nöthig, nichts, was hierauf Bezug hat, zu übersehen.

Die Dauer der Ziegeldächer hängt nicht allein von der Güte der Dachziegel, sondern eben so sehr davon ab, ob das Gebäude in der Stadt, oder auf dem Lande steht, und wie sich die Höhe des Daches zur Tiefe des Gebäudes verhält.

Die freie Einwirkung der Witterung von allen Seiten, vorzüglich die Erschütterung durch Sturmwinde, macht bei Landgebäuden öfteres Umdecken nothwendig, als bei Stadtgebäuden. Das Dach eines im Jahre 1782, nach dem Brande, in hiesiger Stadt von Grund aus neu erbauten, am Ringe stehenden Hauses ist 8 Zoll weit gelattet und einfach mit Dachziegeln, ohne Kalk, blofs in Moos eingedeckt. In diesem Zustande hat sich solches gegen 50 Jahre wasserdicht erhalten und erforderte erst vor einigen Jahren die erste Umdeckung. Schwerer wird man bei Landgebäuden eine ähnliche Dauer erlangen.

Um Ziegeldächer nicht allein ganz wasserdicht zu erhalten, sondern, was vorzüglich zu beachten ist, um eine feste, durch Sturmwinde nicht zu erschütternde Lage der Dachziegel zu erlangen und das Eintreiben des Schnees zu verhüten, bedient man sich in Schlesien zwiefacher, wesentlich verschiedener Eindeckungs-Methoden. Die technische Bezeichnung dafür ist „hinterm Verstrich" und „auf den Querschlag".

---

*) In Triest's Handbuch zur Berechnung der Baukosten, 1ster Band pag. 118., ist das Gewicht eines Hohlziegels von diesen Dimensionen nur zu 4 Pfd. angegeben.

Anm. d. Verf.

Die erstere, als die bessere Methode, ist auch die gewöhnlichste, und besteht darin, dafs, wenn das Dach vollständig mit Kalkfugen eingedeckt ist, ein aus fettem Kalkmörtel bestehender, mit einem Zusatze von Kälberhaaren versehener Verstrich, sauber und genau, jedoch dünn, mit der Spachtel so auf die innere hohe Kante gebracht wird, dafs dadurch eine Verkittung mit der Überdeckung entsteht.

Bei der zweiten Methode erhält jeder Dachziegel, so weit er von dem obern überdeckt wird, mit der Spachtel einen dünnen Kalkschlag mit fettem Mörtel, woraus eine vollkommene Vermauerung der Dachziegel entsteht.

Man sieht leicht, dafs bei dieser zweiten Methode eine sehr genaue Arbeit Statt finden, und der Mörtel eben so dünn als gleichförmig zwischen die Dachsteine gebracht werden mufs, damit sie nicht aufklaffen. Doch bedenklicher noch ist die Ausführung kleiner Reparaturen oder das Ergänzen einzelner Dachsteine, wobei jedesmal die Dachbedeckung aufgerissen, und in ihrer Verkittung verletzt werden mufs. Obgleich Dachziegel von zweifelhafter Qualität nicht wohl auf den Querschlag verdeckt werden können, so ist diese Methode in vielen Fällen doch nicht zu vermeiden.

Dächer von Reitbahnen, Getreide-Scheunen und anderen Gebäuden, die von Innen nicht zugänglich sind, können sogar nicht anders als auf den Querschlag eingedeckt werden.

Ein gleiches Verfahren würde ich nach meinen Erfahrungen bei allen flachen Dächern anrathen, und alle hinterm Verstrich gedeckten Dächer sind fehlerhaft, wenn die auf Dachluken oder Dachfenstern liegenden Dachsteine nicht auf den Querschlag gelegt sind.

Im Würtembergischen, und in einem grofsen Theile des südlichen Deutschlands, ist das Ziegeldecken mit dem Maurerhandwerke verbunden. In Schlesien, so wie in Böhmen, ist dies der Fall nicht. Beide Professionen sind hier zeither von einander getrennt gewesen, und jede für sich erlernt worden; daher man noch von einem schlecht gedeckten Ziegeldache zu sagen pflegt, es sei vom Maurer eingedeckt worden.

Die Böhmischen Ziegeldecker stehen hier in dem Rufe, dafs sie die sauberste und tüchtigste Arbeit liefern.

Die einfachen, auf Splissen von kiefernem oder fichtenem Holze bedeckten Dächer sind bei weitem die häufigsten, und fast alle Ziegeldächer in den kleinern Provinzial-Städten sind von dieser Art. Nach Verlauf von 20 bis 25 Jahren verfaulen die Splissen, und das Dach mufs alsdann entweder mit neuen Splissen versehen (untersplifst), oder, wenn die Kalkfuge sich verloren hat, was gewöhnlich der Fall ist, ganz umgedeckt werden, wozu jedesmal der fünfte oder vierte Theil neuer Dachziegel auf Bruch und zur Ergänzung zugeschossen werden mufs. Diese pflegt der Dachdecker, damit durch den Unterschied in der Farbe nicht ein fleckiges Aussehen des Daches entstehe, zu den Simsschichten zu nehmen. Dies ist jedoch unrecht, wenn die neuen Ziegel nicht entschieden von vorzüglicher Beschaffenheit sind, weil jene Schichten am meisten vom Wetter zu leiden haben. Um das Untersplissen und Umdecken zu vermeiden, nimmt man jetzt in Breslau, statt der Splifsen, Streifen von Zink. Wenn die Stärke des Dachstuhls nur einem einfachen Ziegeldach angemessen ist, so hat das Verfahren seinen Grund; sonst würde einzuwenden sein, dafs es besser sei, die Mehrkosten der Zinkstreifen gegen die Dachsplissen auf ein doppeltes oder Kronen-Dach zu wenden.

Das letzte behauptet unter den verschiedenen Ziegeldächern, Hinsichts der Dauer und Wasserdichtigkeit, den Vorrang, doch mit der Einschränkung, dafs es bei flachen Dächern, die ein Drittel der Breite des Gebäudes zur Höhe haben, weniger dauerhaft ist, als das Doppeldach.

Wenn Ziegeldächer sich an Mauern oder Wände anschliefsen, so müssen, zur Verdichtung des Anschlusses (der Kalkleisten in der Dachdeckersprache genannt), Knaggen auf die Latten genagelt werden, damit das Wasser von der Wand ablaufe; auch müssen etwas Kälberhaare zu den Kalkleisten genommen werden.

Es ist üblich, die Dachziegel nicht eher zur Baustelle zu bringen, bis die Belattung des Daches geschehen, damit sie vom Wagen sogleich nach dem Ort ihrer Bestimmung gebracht werden können. Diese Gewohnheit hat grofsen Nachtheil, weil das Auswählen der Dachziegel, wenn sie sich einmal auf den Latten befinden, nicht mit gehöriger Sorgfalt geschieht, und mancher schlecht gebrannte, krumme oder windschiefe und gesprungene Dachziegel mit eingedeckt wird, welcher eigentlich hätte ausgeworfen werden sollen.

An der Eindeckung der Kehlen, Rinnen, Walmengrade, Dachluken und aller Unebenheiten der Dachfläche, welche überhaupt der Haltbarkeit mehr nachtheilig als förderlich sind, erkennt man die Geschicklichkeit des Dachdeckers, dessen Pflicht es ist, die vom Zimmermann in der

Einlattung oder Abrundung der Dachfenster begangenen Fehler verbessern zu lassen.

Zum Schlusse dieser Bemerkungen mufs ich noch Diejenigen, welche ein haltbares und dauerhaftes Ziegeldach zu erlangen wünschen, darauf aufmerksam machen, aufser der Beobachtung der vorher angegebenen Regeln, auf eine passende Bauzeit zu sehen, und das Eindecken nicht bei schon eingetretenem Froste, der dem nassen Kalkmörtel seine Bindungskraft zerstört, oder während anhaltenden Regenwetters, vornehmen zu lassen.

Wohlau, im Juli 1833.

# 9.

# Beschreibung des in den Jahren 1830 und 1831 für die Cadetten-Anstalt zu Potsdam erbauten Lazareth-Gebäudes.

(Von Herrn *Hampel*, Baurathe beim Königl. Hohen Kriegs-Ministerio zu Berlin.)

---

Dieses Gebäude ist mit sorgfältigster Berüksichtigung der ärztlichen Anforderungen sowohl, als der Bedingungen, welche die Cadetten-Anstalt in ökonomischer Hinsicht aufgestellt hatte, entworfen und unter meiner Leitung und Anordnung ausgeführt worden.

Es ist 66 Fuſs lang und 48 Fuſs breit, und enthält den nöthigen Raum für 30 Kranke; ferner Wohnungen für den Regiments-Arzt, den Chirurgus und einen Wärter, ein Zimmer für Arzneien, eine Bade-Anstalt, Todtenkammer und die nöthigen Kammern für Brenn-Material und Utensilien. Auf eine Küche und besondere Ökonomie ist nicht gerechnet, weil die Verpflegung des Lazareths aus der Küche der nahen Cadetten-Anstalt erfolgt. Zur Bereitung von Thee, Fuſsbädern u. s. w. dient die Küche des Wärters, welche deshalb eine gröſsere Ausdehnung erhalten hat.

Die Zeichnungen (Taf. VIII. Fig. 1. bis 7.) stellen den Entwurf vor, wie er von der Direction der Cadetten-Anstalt, als den Erfordernissen entsprechend, angenommen und wie er ausgeführt ist.

Die Anordnung der Räume geht aus den Grundrissen Fig. 1., 2. und 3. hervor.

In Fig. 1. sind 1. und 2. Vorrathskeller,
3. und 4. ist das Bad,
5. und 6. Küche und Speise-Kammer des Regiments-Arztes,
7. die Todtenkammer.

In Fig. 2. ist 8., 9., 10., 11. die Wohnung der Regiments-Arztes,
12. die Wohnung des Compagnie-Chirurgus.
13. die Verbinde-Stube,
14. die Arznei-Kammer,

15. ist ein Zimmer für sechs Kranke,

25. der Flur, bei *a* und *b* durch Verschläge abgeschlossen.

In Fig. 3. ist 16. ein Zimmer für sechs Kranke,

17. ein Zimmer für vier Kranke,

18. ein Zimmer für vier Kranke,

19. ein Saal für zehn Kranke,

20. der Flur mit Abtrittsverschlägen *c* und *d*,

21. der Corridor,

22., 23. und 24. die Wohnung des Krankenwärters.

Das Gebäude steht auf allen Seiten frei; mit der Hauptfronte (Fig. 4.) gegen Mittag, und dem Cadettenhause zugekehrt. Die Kellersohle liegt $1\frac{1}{2}$ Fuſs über dem bekannten höchsten Wasserstande.

Um Zugluft im Innern möglichst zu verhindern, hat das Haus nur Einen Eingang an der Hauptfronte; die Flure sind überall durch Glasthüren verschlossen. Der Ausgang nach dem Hofe findet durch eine Nebenthür an der Hinterfronte aus dem Souterrain statt. Die Wohnung des Regiments-Arztes ist gleichfalls durch eine Glaswand vom Flure des Lazareths abgeschlossen, und hat ihre eigene Nebentreppe, die zu der im Souterrain liegenden Küche führt.

Die sämmtlichen Krankenstuben, bis auf Ein Zimmer, welches, für auſserordentliche Fälle, unten sich befindet, liegen im oberen Geschosse. Dieses Geschoſs hat eine lichte Höhe von 12 Fuſs; doch sind über dem Saale, welcher 10 Kranke faſst, die Balken, zur Erlangung einer gröſseren Luftmasse, 3 Fuſs höher gelegt, was sich bei der angenommenen Dach-Construction leicht thun lieſs. Die Balken über dem Saale liegen auf 20 Fuſs 10 Zoll ohne weitere Unterstützung frei; sie sind 9 Zoll stark und 12 Zoll hoch, und halten sich, da sie nur die Decke und einen geringen Theil des leichten Daches zu tragen haben, sehr gut. Die übrigen Balken, von gleicher Breite, haben nur 10 Zoll Höhe.

Der Raum in den Krankenstuben beträgt für jeden Kranken:

Im Saale für 10 Kranke etwa 56 Quadrat-Fuſs Grundfläche und 15 Fuſs Höhe, also . . . . . . . . . . . . 840 Cubik-Fuſs Luftraum.

In einem Zimmer für 4 Kranken 56 Quadrat-Fuſs Grundfläche und 12 Fuſs Höhe, also . . . . . . . . . . . . 672 Cubik-Fuſs Luftraum.

Im andern Zimmer desgl. 62 Quadrat-Fuſs Grundfläche und 12 Fuſs Höhe, also . . . . . . . . . . . . 744 Cubik-Fuſs Luftraum.

Im oberen Zimmer für 6 Kranke 63 Quadrat-Fuſs Grundfläche und 12 Fuſs Höhe, also . . . . . . . . 756 Cubik-Fuſs Luftraum.

Im unteren Zimmer desgl. 63 Quadrat-Fuſs Grundfläche und 10 Fuſs Höhe, also . . . . . . . . . . . 630 Cubik-Fuſs Luftraum.

Dies macht im Durchschnitt für jeden Kranken etwa 59,6 Quadrat-Fuſs Grundfläche und 746 Cubik-Fuſs Luftraum, welches zwar weit mehr ist, als der im Lazareth-Reglement für Erwachsene vorgeschriebene Raum von 450 bis 540 Cubik-Fuſs auf den Kranken, hier aber, um vorzüglich gesunde Zimmer zu haben, nöthig zu sein schien. Es ist für gröſsere und kleinere Krankenzimmer gesorgt, um bei ansteckenden Krankheiten die Absonderung zu erleichtern. Aus diesem Grunde findet auch keine Verbindung der Krankenzimmer unter sich statt. Besonders aus diesem Grunde hat das Lazareth eine so groſse Ausdehnung erhalten. Es sind 160 Personen vorhanden, unter welchen wohl nur höchst selten die Zahl der Kranken auf 30 steigen dürfte.

Die Wärterwohnung ist, auf besonderes Verlangen der Direction des Cadettenhauses, in das obere Geschoſs gelegt, wo die meisten Krankenzimmer sich befinden.

Statt der Abtritte befinden sich Nachtstühle in abgesonderten Verschlägen, welches bei der besonderen Reinlichkeit, die in solchen Anstalten beobachtet wird, wohl thunlich ist, ohne einen übeln Geruch befürchten zu dürfen.

Die Bade-Anstalt hat eine gröſsere Ausdehnung erhalten, als sie reglementsmäſsig nöthig gehabt hätte, weil sie nicht allein von dem Lazarethe, sondern zugleich von der Cadetten-Anstalt selbst benutzt wird.

Die Heizung der Zimmer geschieht vermittelst glasirter Kachelöfen, die, in den Krankenzimmern, von auſsen heizbar und zur Torffeuerung eingerichtet sind.

Das aus Kalksteinen aufgeführte Fundament steht auf festem Sandgrunde. Die Scheidewände des Souterrains bestehen aus Klinkern; seine Umfassungsmauern sind auswendig, bis zur Erdhöhe, mit Kalksteinen aufgeführt, und in der Plinte mit Rathenauer Ziegeln verblendet; das Souterrain ist überwölbt und mit Rathenauer Ziegeln gepflastert. Die Umfassungsmauern sind in beiden Geschossen 2 Steine stark; die Balkendecken haben einen halben Windelboden und einen Belag von $1\frac{1}{2}$ Zoll starken Brettern.

Das Dach (m. s. Fig. 5., 6., 7.) ruht auf einem doppelten, stehenden Stuhle; es hat den sechsten Theil der Breite des Gebäudes zur Höhe, ist mit $1\frac{1}{4}$ Zoll starken Brettern beschalt, und auf Lütticher Art, mit rollenförmigen Falzen, mit Zinkblech bedeckt, von welchem der Quadrat-Fuſs $1\frac{1}{2}$ Pfund wiegt. Die Beschreibung dieser Art mit Zink zu decken, findet man im 2ten Hefte des 2ten Bandes dieses Journals. Die Fenster sind aus Eichenholz, die Thüren, mit Ausnahme der eichenen Hausthüre, aus kiefernen, $1\frac{1}{2}$ Zoll starken Brettern verfertigt. Sämmtliches Holzwerk in den Geschossen ist mit weiſser Ölfarbe angestrichen. Die Treppe nach dem oberen Geschoſs ist, nebst ihrem 9 Zoll starken Podest, aus Sandstein gemacht.

Bei der Ausführung wurden die bedeutenderen Arbeitszweige im Wege der Submission unter bekannte zuverlässige Meister, an den Mindestfordernden verdungen, auf die Weise, daſs die Unternehmungslustigen ihre Gebote, versiegelt, nach Procenten unter den Anschlags-Preisen, einreichten. Die Arbeiten von geringerem Belange wurden an Meister, welche bisher die Arbeiten beim Cadettenhause verfertigt hatten, aus freier Hand verdungen.

Die Bedingungen bei der Submission waren im Allgemeinen folgende: Durchaus vorzügliche Ausführung; Ziegel von besonderer Güte, mit Angabe der Ziegeleien, aus welchen sie gekauft werden sollten; Bauhölzer durchaus vollkantig und ohne Splint, mit der Säge beschnitten; Bretter und Bohlen aus Kernholz, möglichst astfrei; das Eisen zäh, feinkörnig, nicht kaltbrüchig und nicht beim Ausschmieden verbrannt; Tischler- und Schlosser-Arbeiten nach geprüften und besiegelten Mustern im natürlichen Maaſsstabe; Nägel von gehörigem Maaſse, zähe und gut ausgeschmiedet; Zinkbleche vom Neustädter Hüttenwerke, nicht unter $1\frac{1}{2}$ Pfd. der Quadrat-Fuſs schwer. Der Maurer und Zimmermann hatten 6 Jahre, die übrigen Handwerker 3 Jahre für die Güte ihrer Arbeit zu haften, und während dieser Zeit alle Reparaturen unentgeltlich zu besorgen. Der superrevidirte Kosten-Anschlag belief sich auf 11715 Rthlr. 12 Sgr. 2 Pf., und die Ausführung hat 11420 Rthlr. 24 Sgr. 9 Pf. gekostet. Also kostete, da das Gebäude 3168 Quadrat-Fuſs Grundfläche hat, jeder Quadrat-Fuſs 3 Rthlr. 18 Sgr. $1\frac{1}{8}$ Pf., welcher Preis als sehr mäſsig zu erachten sein dürfte.

Die Preise der einzelnen Arbeiten und Materialien waren folgende.

I. Mauer-Arbeiten, mit einem Abgebote von $3\frac{3}{4}$ Procent.

Eine Schachtruthe Erde zu den Fundamenten auszuheben . . . 10 Sgr.
Eine Schachtruthe Fundament von Kalksteinen aufzumauern 2 Rthlr. 10 Sgr.
Für jede Schachtruthe unter dem Grundwasser eine Zulage von 1 Rthlr.
Eine Schachtruthe im Souterrain und dem ersten Geschofs aufzuführen 2 Rthlr. 15 Sgr.
Eine Schachtruthe dergleichen Mauer im zweiten Geschosse 2 Rthlr. 25 Sgr.
Einen laufenden Fufs Plinten-Gesims, 5 Zoll hoch 4 Zoll ausladend vorzumauern und mit Englischem Cemente zu ziehen . . . . 3 Sgr.
Einen laufenden Fufs Band-Gesims, 10 Zoll hoch und 8 Zoll ausladend, 5 Sgr.
Einen laufenden Fufs Brüstungs-Gesims der oberen Fenster mit vertieften Füllungen . . . . . . . . . . . . . . . . . . . . . . 5 Sgr.
Einen laufenden Fufs untere Gliederungen des Hauptgesimses . 4 Sgr.
Einen laufenden Fufs Deckgesims des Architravs, 3 Zoll hoch, 2 Zoll ausladend, . . . . . . . . . . . . . . . . . . . . . 2 Sgr.
Einen laufenden Fufs Capitäl-Gesims im Risalit, 14 Zoll hoch, 4 bis 5 Zoll ausladend, wegen der vielen Verkröpfungen, . . . . . . . $12\frac{1}{2}$ Sgr.
Einen laufenden Fufs Schaftgesims, 7 Zoll hoch, 3 bis 4 Zoll ausladend, desgleichen . . . . . . . . . . . . . . . . . . . . $7\frac{1}{2}$ Sgr.
Eine Einfassung der Giebelfenster . . . . . . . . . . . . 20 Sgr.
Eine Fenster-Einfassung im zweiten Geschosse . . . . . . 25 Sgr.
Eine dergleichen im Risalit daselbst . . . . . . . . 1 Rthlr. 10 Sgr.
Eine Quadratruthe äufseren Quaderputz . . . . . . . 1 Rthlr. 25 Sgr.
Eine architravirte Thür-Einfassung nebst Deckgesims . 3 Rthlr. 20 Sgr.
Eine Quadratruthe Plinte in den Fugen auszustreichen und mit Englischem Cemente zu putzen . . . . . . . . . . . . . . 1 Rthlr. 10 Sgr.
Eine Quadratruthe inneren Wandputz . . . . . . . . . . . 25 Sgr.
Eine Quadratruthe Deckenputz auf Schalung . . . . 1 Rthlr. 5 Sgr.
Eine Quadratruthe Kappengewölbe im Souterrain auf Schalung zu verfertigen, mit Rüstung, . . . . . . . . . . . . . . 4 Rthlr. 15 Sgr.
Eine Quadratruthe Ziegelpflaster auf der flachen Seite . . . . 1 Rthlr.
Einen steigenden Fufs-Schornsteinrohr in den Wänden zu mauern $2\frac{1}{2}$ Sgr.
Einen Fufs vor die Mauer tretendes Schornsteinrohr . . . . 5 Sgr.
Einen Fufs Schornsteinrohr im Dache . . . . . . . . . . . 5 Sgr.
Einen Cubikfufs Werkstücke zu setzen . . . . . . . . . . $2\frac{1}{2}$ Sgr.

Ein Fenster im Dachgiebel, im Friese, oder im Souterrain einzusetzen und zu putzen . . . . . . . . . . . . . . . . . . . . . 5 Sgr.
Ein Fenster in den beiden Geschossen desgl. . . . . . . . . $7\frac{1}{2}$ Sgr.
Ein Fenster im Risalit des oberen Geschosses . . . . . . . . 15 Sgr.
Einen laufenden Fuſs Fuſsboden zu verstreichen . . . . . . . $\frac{1}{4}$ Sgr.
Für Haltung der Rüstung und Geräthschaften 5 pro Cent des Arbeitslohnes.
Eine Klafter groſser lagerhafter Kalksteine . . . . . 6 Rthlr. $22\frac{1}{2}$ Sgr.
1000 weiſse Mauer-Ziegel . . . . . . . . . . . . . . . 9 Rthlr.
1000 Rathenauer Mauer-Ziegel . . . . . . . . . . . . . . 12 Rthlr.
1000 Rathenauer Dach-Ziegel . . . . . . . . . . . . . . 11 Rthlr.
Ein Cubikfuſs gelöschter Kalk . . . . . . . . . . . . . $3\frac{1}{2}$ Sgr.
Eine Schachtruthe scharfer Mauersand . . . . . . . . . . . 2 Rthlr.
Ein Scheffel Gips . . . . . . . . . . . . . . . . . . . 1 Rthlr.
Ein Schock Rohr . . . . . . . . . . . . . . . . . . . . 25 Sgr.
1000 Rohr-Nägel . . . . . . . . . . . . . . . . . . . . 20 Sgr.
Ein Ring-Draht . . . . . . . . . . . . . . . . 1 Rthlr. 10 Sgr.
Eine Tonne Englischer Cement . . . . . . . . . . . . . . 12 Rthlr.

II. Steinmetz-Arbeiten, ohne Abgebot.

Ein laufender Fuſs Treppenstufe zum zweiten Geschosse, 7 Zoll hoch, 12 Zoll breit, von Sandstein, mit Material . . . . . . . . . 1 Rthlr.
Ein Quadrat-Fuſs Podestplatte, 9 Zoll stark, desgleichen . . . 1 Rthlr.
Ein Quadrat-Fuſs Granitschwelle . . . . . . . . . . . . 1 Rthlr.
Ein Cubik-Fuſs Sandstein zum Kellerhalse, fertig versetzt, 1 Rthlr. 5 Sgr.
Ein laufender Fuſs Treppenstufe im Souterrain . . . . . . . 20 Sgr.
Ein Quadrat-Fuſs 4 Zoll starke Sandsteinplatten zur oberen Bedeckung der Treppenwangen . . . . . . . . . . . . . . . . . . . 15 Sgr.
Ein Pfund Blei zum Vergieſsen . . . . . . . . . . . . . $2\frac{1}{2}$ Sgr.

III. Zimmer-Arbeit, mit 7 pro Cent Abgebot.

Einen laufenden Fuſs 9 und 10 bis 12 Zoll starken Balken zuzurichten und zu legen . . . . . . . . . . . . . . . . . . . $1\frac{1}{4}$ Sgr.
Einen laufenden Fuſs Mauerlatte, 8 und 5 Zoll stark . . . . $\frac{1}{2}$ Sgr.
Einen laufenden Fuſs Holz von 8 und 9 Zoll stark zu Dachstuhlsäulen $1\frac{1}{2}$ Sgr.
Desgleichen von 9 und 10 Zoll stark zu Dachstuhl-Rahmen . . 2 Sgr.
Desgleichen von 5 und 8 Zoll stark zu Sparren . . . . . . . $\frac{5}{6}$ Sgr.
Desgleichen von 8 und 9 Zoll stark zu Kehlbalken . . . . . $1\frac{1}{2}$ Sgr.

Desgleichen von 5 und 10 Zoll stark zu Streben . . . . . . $1\frac{1}{4}$ Sgr.
Desgleichen von 5 und 8 Zoll stark zu Gesimsbalken . . . . $\frac{5}{6}$ Sgr.
Desgleichen von 5 und 6 Zoll stark zu Kopfbändern . . . . 1 Sgr.
Desgleichen von 5 und 6 Zoll stark zu Fuſsboden-Lagern . . $\frac{1}{2}$ Sgr.
Desgleichen von 8 und 9 Zoll stark zu Rinnleisten, sauber ausgekehlt, $2\frac{1}{2}$ Sgr.
Ein laufender Fuſs Hängeplatte mit Deckgesims, aus $1\frac{1}{2}$zölligen Brettern sauber gehobelt . . . . . . . . . . . . . . . . . . 5 Sgr.
Ein Quadrat-Fuſs Dachfläche mit $1\frac{1}{4}$ Zoll starken Brettern zu beschalen $\frac{5}{12}$ Sgr.
Ein Quadrat-Fuſs Deckenschalung von 1zölligen Brettern . . . $\frac{1}{3}$ Sgr.
Ein Quadrat-Fuſs gehobelter und gespundeter Fuſsboden von $1\frac{1}{2}$ Zoll starken Brettern . . . . . . . . . . . . . . . . . . . $\frac{1}{2}$ Sgr.
Ein Quadrat-Fuſs rauh gespundeter Belag auf dem Dachboden . $\frac{1}{3}$ Sgr.
Ein Zahnschnitt im horizontalen Gesims . . . . . . . . . . $\frac{5}{6}$ Sgr.
Ein Zahnschnitt im aufsteigenden Gesims . . . . . . . . . 1 Sgr.
Ein Tannzapfen dazu . . . . . . . . . . . . . . . . . . $1\frac{1}{2}$ Sgr.
Ein Cubik-Fuſs gesundes, vollkantig mit der Säge geschnittenes Kiefern-Bauholz . . . . . . . . . . . . . . . . . . . . . 8 Sgr.
Eine kieferne dreizöllige Bohle von 24 Quadrat-Fuſs . 2 Rthlr. 15 Sgr.
Eine dergleichen $2\frac{1}{2}$zöllige Bohle von 24 Quadrat-Fuſs . . . . 2 Rthlr.
Eine dergleichen 2zöllige Bohle von 24 Quadrat-Fuſs . 1 Rthlr. 20 Sgr.
Ein kiefernes $1\frac{1}{2}$zölliges Brett von 22 Quadrat-Fuſs . . 1 Rthlr. $7\frac{1}{2}$ Sgr.
Ein dergleichen $1\frac{1}{4}$zölliges Brett von 20 Quadrat-Fuſs . . . . $27\frac{1}{2}$ Sgr.
Ein dergleichen 1zölliges Brett von 16 Quadrat-Fuſs . . . . . $17\frac{1}{2}$ Sgr.
Ein Schock Bodenspieker . . . . . . . . . . . . . . . . $7\frac{1}{2}$ Sgr.
Ein Schock Lattnägel . . . . . . . . . . . . . . . . . 5 Sgr.

IV. Lehmer-Arbeit, ohne Abgebot.

Eine Quadrat-Ruthe Balkendecke auszustaken und mit Strohlehm zu bedecken, mit allen Materialien, . . . . . . . . . . 3 Rthlr. 15 Sgr.

V. Klempner-Arbeit, mit 1 pro Cent Abgebot.

Einen Quadrat-Fuſs Dachfläche, mit Rundfalzen, auf Lütticher Art, mit Zinkblech, von $1\frac{1}{2}$ Pfund auf den Quadrat-Fuſs schwer, zu bedecken, mit Material . . . . . . . . . . . . . . . . . . . . . $7\frac{1}{2}$ Sgr.
Einen Quadrat-Fuſs Gesimse und Fensterbrüstungen mit Zink zu bedecken, mit Material, . . . . . . . . . . . . . . . . . . . 8 Sgr.
Ein laufender Fuſs Abfallrohr, 5 Zoll im Durchmesser aus Zink, nebst Haken zur Befestigung . . . . . . . . . . . . . . . . $12\frac{1}{2}$ Sgr.

VI. Tischler-Arbeit, mit 6 pro Cent Abgebot.

Ein Quadrat-Fuſs eichenes Sprossenfenster, im Souterrain, den Giebeln und dem Friese der Hinterfronte . . . . . . . . . . . . 6 Sgr.
Ein Quadrat-Fuſs vierflügliges eichenes Sprossenfenster in den Geschossen 7½ Sgr.
Ein kiefernes Latteibrett dazu . . . . . . . . . . . . . 10 Sgr.
Ein Quadrat-Fuſs der groſsen Fenster im Risalit . . . . . 9 Sgr.
Ein kiefernes Latteibrett dazu . . . . . . . . . . . . . 15 Sgr.
Ein Quadrat-Fuſs zusammengestämmte Souterrain-Thüren . . 5½ Sgr.
Ein Quadrat-Fuſs dergleichen Kreuzthüren in den Geschossen . 6 Sgr.
Ein Quadrat-Fuſs zweiflüglige Thür im groſsen Saale . . . . 8 Sgr.
Ein Quadrat-Fuſs zusammengestämmtes Futter dazu . . . . 5 Sgr.
Ein laufender Fuſs gekehlte Thür-Bekleidung . . . . . . . 2½ Sgr.
Ein Quadrat-Fuſs zusammengestämmte, eichene Hausthür aus 2zölligen Bohlen . . . . . . . . . . . . . . . . . . . . . 15 Sgr.
Ein Quadrat-Fuſs Oberlicht dazu . . . . . . . . . . . . 10 Sgr.
Ein laufender Fuſs eichenes Latteiholz dazu . . . . . . . 10 Sgr.
Ein Quadrat-Fuſs verdoppelte kieferne Kellerthür . . . . . 10 Sgr.
Ein Quadrat-Fuſs Verschlagwand mit Glasthüren, in den Fluren, 6 Sgr.

VII. Schmiede- und Schlosser-Arbeit, mit 12 pro Cent Abgebot.

Ein Pfund Eisen zu Balken-Ankern, Traillen, Schienen und Bolzen, mit Verarbeitung, . . . . . . . . . . . . . . . . . . 2¾ Sgr.
Ein zweiflügliges Keller- oder Giebel-Fenster zu beschlagen 1 Rthlr. 15 Sgr.
Ein vierflügliges Fenster in den Geschossen desgleichen . . . . 3 Rthlr.
Ein groſses Fenster im Saale zu beschlagen . . . . . . 6 Rthlr. 20 Sgr.
Ein Fenster im Friese der Hinterfronte desgleichen . . 1 Rthlr. 10 Sgr.
Eine einflüglige Thür im Souterrain desgleichen . . . . 2 Rthlr. 20 Sgr.
Eine solche Thür in den Geschossen desgleichen . . . . . . 3 Rthlr.
Eine gleiche Thür zu den Vorgelegen desgleichen . . . 2 Rthlr. 15 Sgr.
Eine zweiflüglige Saalthür desgleichen . . . . . . . . 7 Rthlr. 15 Sgr.
Eine solche Hausthür desgleichen . . . . . . . . . . . . 20 Rthlr.
Ein Oberlicht über derselben desgleichen . . . . . . . 1 Rthlr. 10 Sgr.
Eine zweiflüglige Kellerthür desgleichen . . . . . . . 6 Rthlr. 10 Sgr.
Eine solche Thür in den Verschlagwänden der Flure zu beschlagen 5 Rthlr.

VIII. Glaser-Arbeit, ohne Abgebot.

Ein Quadrat-Fuſs Fenster mit halbweiſsem Glase in Kitt zu verglasen, mit Material, . . . . . . . . . . . . . . . . . . 5 Sgr.

IX. Austreicher-Arbeit, ohne Abgebot.

Ein Quadrat-Fuſs Fenster auf beiden Seiten viermal mit Ölfarbe in Bleiweiſs anzustreichen . . . . . . . . . . . . . . . . . $\frac{1}{2}$ Sgr.

Einen Quadrat-Fuſs Thüren-Bekleidung und Verschlagwände zu grundiren und mit Ölfarbe, in bestem Bleiweiſse, gut anzustreichen . $7\frac{1}{2}$ Pf.

Einen laufenden Fuſs hölzernes Hauptgesims mit Ölfarbe viermal steinartig anzustreichen und mit Sande zu bewerfen . . . . . . . $2\frac{1}{2}$ Sgr.

Einen laufenden Fuſs hölzerne Treppenstufen in der vorderen Ansicht mit Ölfarbe anzustreichen . . . . . . . . . . . . . . . . 1 Sgr.

Einen laufenden Fuſs Abfallröhren desgleichen . . . . . . . 1 Sgr.

Einen Quadrat-Fuſs eiserne Vorgelege-Thüren schwarz mit Ölfarbe anzustreichen . . . . . . . . . . . . . . . . . . . $\frac{1}{2}$ Sgr.

X. Ofen-Arbeit, ohne Abgebot.

Ein porphyrfarbiger, glasirter Kachel-Ofen, mit allen Materialien und Eisen-Arbeiten . . . . . . . . . . . . . . . . . . . . 25 Rthlr.

Ein gröſserer Ofen, zur Torffeuerung, desgleichen . . . . . 30 Rthlr.

Ein kleinerer Ofen im Souterrain . . . . . . . . . . . . . 18 Rthlr.

XI. Bildhauer-Arbeit, ohne Abgebot.

Die Verzierung des Giebelfeldes in Stuck . . . . . 78 Rthlr. 15 Sgr.

Eine Akroterie auf den Giebel-Ecken aus starkem Zinkblech, vom Klempner verfertigt, . . . . . . . . . . . . . . . . . . 10 Rthlr.

Ein Buchstabe, 10 Zoll hoch, mit $\frac{1}{2}$ Zoll hohem Rande, . . . 25 Sgr.

Einen solchen Buchstab zu vergolden . . . . . . . . . . . 20 Sgr.

Zur speciellen Aufsicht bei diesem Bau war der Conducteur Kreyher angestellt.

Berlin, den 1. April 1833.

## 10.
## Dielen-Fuſsböden ohne die Mängel der gewöhnlichen, und fast nicht theurer.

Zu gewöhnlichen Dielen-Fuſsböden werden bekanntlich die Bretter quer über die Balken oder Unterlagen genagelt, jedes Brett auf jeden Balken, oder jede Unterlage, mit drei, auch wohl nur mit zwei Nägeln. Die Bretter sind $1\frac{1}{4}$ bis $1\frac{1}{2}$ Zoll dick, und so breit, als man sie gerade hat, meistens ungleich breit. An der Seite, wo sie einander berühren, stöſst man in die eine Seite einen viereckigen Pfalz, die andere Seite bekommt einen Spund, der in den Pfalz des anstoſsenden Brettes paſst; oder man giebt den Brettern sogenannte halbe Spunde; oder man fugt sie auch wohl gar nicht in einander, sondern läſst sie flach zusammenstoſsen.

Diese Art von Fuſsböden hat folgende Mängel, über welche bekanntlich viel, und mit Recht, geklagt wird.

Erstlich sehen die Nägelköpfe in den Dielen gar häſslich aus, und stehen auch wohl einzeln vor, entweder weil die Nägel nicht tief genug eingeschlagen wurden, was die Dielen im Umkreise der Nägel stark verletzt und ebenfalls häſslich ausgesehen haben würde, oder weil die Nägel, wenn die Dielen sich geworfen haben, etwas von ihnen herausgezogen worden sind. Die vorstehenden Nägelköpfe aber sind auf mancherlei Weise unangenehm und hinderlich; auch läſst sich wegen derselben der Fuſsboden nicht gut durchweg abhobeln, was nöthig sein kann, um ihn entweder zu reinigen, oder zu ebenen.

Zweitens werden die Dielen, wenn sie sich werfen, was besonders dann geschehen kann, wenn sie nur halbe oder gar keine Spunde haben, der Breite nach krumm, entweder hohl oder gewölbt, je nachdem die obere oder die untere Seite mehr Kernholz hat. Der Fuſsboden ist dann nicht mehr eben; auch werden die Dielen lose und beweglich, und knarren unter den Füſsen.

Drittens trocknen die Dielen fast immer der Breite nach zusammen, weil selten ganz trockenes Holz dazu genommen wird und genommen werden kann. Gegen dieses Zusammentrocknen aber schützen weder die Spunde, noch die Nägel. Die offenen Fugen, öfters einen halben und selbst bis zu einem ganzen Zoll breit, sind aber ungemein unangenehm: sie füllen sich mit Kehricht, und vermehren den Staub in den Zimmern; wird der Fuſsboden gewaschen, so dringt das Wasser durch die Dielen-Flur, und kann der Decke nachtheilig werden. Da man nun den Fuſsboden nicht alsbald wieder aufnehmen und umlegen kann, welches wiederholt würde geschehen müssen, und kostbar ist: so bleibt nichts übrig, als die Fugen von oben auszuspunden. Die dünnen Spunde sehen aber wiederum sehr übel aus, zumal da sie nothwendig mit kleinen Nägeln festgenagelt werden müssen, was sie dennoch nicht ganz verhindert, stellenweise hervorzutreten und noch unangenehmere Unebenheiten zu verursachen. Auch lassen sich die schmaleren Fugen nicht einmal gut ausspunden, sondern müssen offen bleiben.

Viertens. Wenn ein Dielen-Fuſsboden umgelegt werden muſs, weil die Bretter der Breite nach allzukrumm geworden oder allzusehr zusammengetrocknet sind, so geht dabei ein nicht unbedeutender Theil der Bretter und Nägel verloren, und wenn auch die Nägel wieder durch die alten Löcher geschlagen werden, wird der Boden doch in dem Umkreise der Nägel von Neuem häſslicher.

Fünftens ist es, wenn nicht zu den Mängeln, so doch zu den Unvollkommenheiten der gewöhnlichen Dielen-Fuſsböden zu zählen, daſs die Dielen nothwendig so lang sein müssen, als das Zimmer; welches die Böden theurer macht, im Fall das Zimmer in der Richtung der Bretter etwas groſs ist. In Sälen kann man sich zwar damit helfen, daſs man nur in der Mitte die Dielen quer über die Balken legt, und dagegen an beiden Enden des Saales, auf besondere Unterlagen, die Bretter in der Richtung der Balken streckt, was indessen schon Futterdielen erfordert. In gröſseren Zimmern dagegen, die nicht völlig Säle sind, z. B. von 20 bis 24 Fuſs quer über die Balken lang, und vielleicht eben so breit, läſst sich auch jene Aushülfe nicht wohl anbringen, sondern die Bodenbretter müssen nothwendig durch das ganze Zimmer reichen; denn auf einen Balken sie zu stoſsen, würde gar zu übelständig sein.

Diesen verschiedenen Mängeln und Unvollkommenheiten hat man nun auf mannichfache Weise durch Veränderung der Verfertigungs-Art der Fuſsböden abzuhelfen gesucht. Da indessen bei weitem die meisten

Fufsböden immer noch auf die gewöhnliche Art gemacht werden, so müssen die Abhülfs-Mittel noch nicht von der Art sein, dafs sie dem Zweck in allen dabei vorkommenden Rücksichten entsprechen. In der That bringen die wirksameren Verbesserungen, dergleichen es allerdings giebt, die Böden mehr oder weniger den doppelten Parketböden nahe; machen sie also so kostbar, dafs sie allein schon deshalb nicht allgemein Eingang finden können. Soll hier eine Verbesserung geeignet sein, allgemeinen Eingang zu finden, so mufs sie die erste und vorzüglichste Bedingung erfüllen, dafs die Böden wenig oder gar nicht theurer werden, als die gewöhnlichen.

Eine solche Verfertigungs-Art der Fufsböden, die die Kosten derselben gegen die gewöhnlichen wenig oder gar nicht erhöht, während die Böden von den oben aufgezählten Mängeln frei sind, ist, mit verschiedenen Abweichungen, folgende.

### Erste Art.

Man strecke Bohlen, von 3 bis $3\frac{1}{2}$ Zoll dick und 10 bis 12 Zoll breit, die nach dem Profile *A* oder *B* (Taf. IX. Fig. 1.) ausgekehlt sind, quer über die Balken oder Unterlagen des Fufsbodens, und zwar zuerst dicht an jeder Wand des zu bedielenden Raumes Eine, und dann alle $3\frac{1}{2}$ bis 4 Fufs (von Mitte zu Mitte gemessen) ebenfalls Eine solche Bohle. Wir wollen diese Bohlen Strecken nennen. Die Strecken, unmittelbar an den Wänden, werden nur an Einer Seite, nach *A* oder *B*, ausgekehlt, die übrigen an beiden Seiten. Man nagele jede Strecke auf jeden Balken mit zwei 7 bis 8 Zoll langen Nägeln *pp* oder *qq* fest, mache aber erst in die Backen der Bohlen, an der Stelle, wo die Nägel geschlagen werden sollen, kleine Vertiefungen, damit die Köpfe der Nägel nicht über die Backen vorstehen. Die Nägel durch die an die Wände stofsenden Seiten der unmittelbar an denselben liegenden Strecken müssen, weil die Bohlen an dieser Seite nicht ausgekehlt sind, sondern ihre volle Dicke haben, um $1\frac{1}{2}$ bis 2 Zoll länger sein, und nur etwa 1 Zoll vom Rande entfernt eingeschlagen werden, damit die Köpfe von der Fufsleiste des Bodens bedeckt werden. Besser noch würde es sein, überall statt der Nägel Holzschrauben zu nehmen, welche füglich um 2 Zoll kürzer sein können, als die Nägel. Die Schrauben werden bequemer befestigt und wieder gelöset werden können, als die Nägel; die Bohlen aber werden durch dieselben stärker und sicherer festgehalten werden.

In die Pfalzen der Strecken schiebe man nun die Fufsboden-Bretter, die, wie gewöhnlich, $1\frac{1}{4}$ bis $1\frac{1}{2}$ Zoll dick und beliebig, jedoch möglichst gleich breit sein müssen, und die, entweder wie bei *A* spitzwinkelige, oder wie bei *B* rechtwinkelige Spunde bekommen, an den Seiten aber, wie bei *c c* (Fig. 2.) zu sehen, halb gespundet werden, damit sie unter einander greifen. Der Backen der Bretter über dem Spunde mufs etwas weiter zurück treten, als der Backen unter dem Spund, etwa um $\frac{1}{8}$ bis $\frac{1}{4}$ Zoll, so nemlich, dafs *ab* (Fig. 1.) um $\frac{1}{4}$ bis $\frac{1}{2}$ Zoll kürzer ist, als *cd*, wovon sich der Grund weiter unten zeigen wird.

Um die Fufsboden-Bretter in die Pfalzen bringen zu können, wird an beiden Enden sämmtlicher Strecken der obere Theil derselben *acfe* oder *bdgh* (Fig. 1.) um die Breite Eines Brettes weggemeifselt, so dafs quer über alle Strecken, dicht an jeder Wand, Ein durchgehendes Fufsbodenbrett *B* (Fig. 2.) gelegt werden kann. Dadurch wird Raum gewonnen, um die übrigen, nicht durchgehenden, sondern nur von einer Strecke bis zur andern reichenden, Bretter in die Pfalzen bringen zu können. Sie werden, von beiden Seiten her einander entgegenkommend, zuerst eingeschoben, und nachdem sie alle hineingebracht sind, wird an jeder Seite die durchgehende Diele gelegt. Die eingeschobenen Bretter werden durch die Pfalzen festgehalten, die durchgehenden Bretter dagegen werden, an der von der Wand abgekehrten Seite, durch den in dem Hirnholze des oberen Theiles der Strecken ausgearbeiteten Pfalz *abcd* (Fig. 2.) gehalten, an der Wandseite aber so dicht an den Rand, bei *pp*, festgeschraubt, dafs die Fufsleiste die Schraubenköpfe bedeckt. Doch würde es gut sein, die durchgehenden Bretter auch noch in ihrer Mitte durch Schrauben *qq* (Fig. 2.) zu befestigen, deren Köpfe, da sie dicht an die Wand treffen, wenig hinderlich und bemerkbar sein werden. In die Fensternischen werden, wie gewöhnlich, zum Fufsboden Brettstücke gelegt.

Man kann auch, wenn man will, die Strecken um einen Theil der Dicke ihres unteren Theiles, der Backen, also um $\frac{1}{2}$ bis $\frac{3}{4}$ Zoll, über die Balken einkämmen, um eben so viel an der Dicke der ganzen Decke zu gewinnen; doch wird diese geringe Ersparung an Dicke meistens nicht nothwendig, und es wird besser sein, die Einkämmung zu unterlassen.

Giebt man der Decke einen sogenannten halben Windelboden, so darf, wenn die Strecken nicht über die Balken eingekämmt sind, die obere Fläche der Staken *s, s, s, s, ....* (Fig. 1.), zu welchen Schalen genommen werden können, nur 1 bis 1½ Zoll unter der oberen Seite der Balken liegen. Über die Schalen wird Strohlehm ausgebreitet, und der übrige Raum mit Sand oder gesiebtem Schutt ausgefüllt, der allmälig, so wie die Bretter in die Pfalzen der Strecken geschoben werden, unter die Bretter gestopft wird. Von unten werden die Balken, wie gewöhnlich, mit dünnen Brettern verschalt, und der Raum zwischen der Schalung und den Staken des Lehmbodens bleibt leer. Befinden sich unter dem Fufsboden nicht Balken, sondern, im unteren Stockwerk, Unterlagen, die auf die Erde oder auf Kellergewölbe gestreckt sind, so wird der ganze Raum zwischen den Unterlagen und den Strecken, bis unter die Fufsboden-Bretter, mit trockenem Sand ausgefüllt, wobei man nöthigen Falls die gewöhnlichen Mittel zur Abhaltung des etwa zu befürchtenden Schwammes oder der Nässe anwenden kann.

Eben wie die Fufsboden-Bretter und Fufsleisten können auch die Strecken von Tannen- oder Kiehnen-Holz sein. Will man aber zu den Strecken anderes Holz nehmen, z. B. Eichen- oder Linden-Holz etc., so wird der Boden dadurch ein noch besseres Ansehn bekommen. Nimmt man dann auch zu den beiden durchgehenden Fufsboden-Dielen, an den Seiten, so wie zu einzelnen, eingeschobenen Dielen, so weit von einander entfernt, als die Strecken, eben die Holzart, wie zu den Strecken: so läfst sich dem Fufsboden dadurch ganz das Ansehn eines carrirten Parketbodens geben, wie z. B. (Fig. 3.) zeigt. Doch läfst sich dieses Ansehn, im Fall Alles nur von Kiehnen- oder Tannen-Holz ist, auch dadurch hervorbringen, dafs man den Fufsboden mit Ölfarbe überzieht, und dabei den Strecken und Querstücken eine andere Farbe giebt, als den Füllungen. Ein solcher, schon sehr gewöhnlicher Anstrich des Fufsbodens mit Ölfarbe ist unstreitig einer der besten Überzüge und Verzierungen desselben. Er erleichtert am besten die Reinigung des Bodens, ist viel dauerhafter als Beize, nicht sehr theuer, und erspart selbst Sommerteppiche, wie z. B. die von Wachstuch, wo man sich ihrer aufserdem, der Nettigkeit und Reinlichkeit wegen, bedienen würde.

### Zweite Art.

Um die Strecken von Bohlen zu ersparen, könnte man auch, nach (Fig. 4. *A*) auf die Balken selbst Futterdielen *c c*, auf diese die an den Enden abgeschrägten Fufsboden-Dielen *a* legen, und die letzteren durch Bretter *b b*, die über die Schräge passen, mittelst Schrauben *d d* befestigen.

Will man, dafs die Schraubenköpfe nicht sichtbar seien, so vertiefe man die Stellen derselben, und leime über die Vertiefungen, etwa über Eck gesetzt, dünne Brettchen *e*, von irgend einer besseren Holzart. Dann läfst sich dem Boden ebenfalls das Ansehn eines Parketbodens (Fig. 5.) geben. Die durchgehenden Fufsboden-Bretter an der Seite sind auf diese Weise nicht nöthig, sondern die aufgeschraubte Strecke *bb* reicht über die ganze Länge des Balkens. Der halbe Windelboden wird in angemessenem Abstande von der Oberkante des Balkens eingeschoben. Sind die Balken ziemlich vollkantig, so dürfen sie auch nur hinreichend geebnet werden, und es kann dann auch noch die Futterdiele *c* wegbleiben.

### Dritte Art.

Sind etwa die Balken ganz vollkantig, und können ihre Oberkanten genau genug in eine und dieselbe Ebene gebracht werden, so kann man nach (Fig. 4. *B*), aufser den Futterdielen *cc* (Fig. 4. *A*), auch noch die aufgeschraubten Strecken *bb* ersparen, und die Fufsboden-Dielen unmittelbar in die Pfalzen schieben, die in den Balken ausgehöhlt sind, nach (Fig. 4. *B*). An den Enden der Balken, an den Wänden, mufs dann der Theil *abcd* in der Breite eines Brettes weggemeifselt werden, wie bei den Strecken von Bohlen der ersten Art, um die Fufsbodenbretter einschieben zu können, und es wird an jede Wand ein durchgehendes Brett gelegt, und auf die Weise befestigt, wie das Brett *B* (Fig. 2.) bei der ersten Art. Durch den Anstrich mit Ölfarbe läfst sich diesem Fufsboden ebenfalls das Ansehen eines Parketbodens geben, nach (Fig. 3.), bei der ersten Art.

Diese drei Arten von Fufsböden haben nun nicht die Eingangs beschriebenen Mängel und Unvollkommenheiten der gewöhnlichen Böden; sie haben vielmehr, wie folgt, während sie wenig oder gar nicht mehr kosten, oder sogar wohlfeiler sind, wesentliche Vorzüge.

Erstens sind nirgends Nägel- oder Schraubenköpfe sichtbar, aufser bei der ersten und dritten Art in der Mitte der durchgehenden Dielen an den Wänden, die aber dort wenig hinderlich und bemerkbar sind, und die, da es hier nothwendig Köpfe von Schrauben sein müssen, versenkt werden können. Man kann also auch die ganze Fläche des Fufsbodens, um ihn nöthigenfalls zu ebenen oder zu reinigen, ungehindert abhobeln, und eine vollkommenere, nicht mehr unangenehm unterbrochene Ebene hervorbringen.

Zweitens können die Fufsboden-Dielen durchaus nicht der Breite nach sich werfen und krumm werden, weil sie in den Pfalzen stecken. Die Strecken bei der ersten Art, und die aufgeschraubten Dielen bei der zweiten, werden durch die Schrauben festgehalten, und die Strecken sind zu dick, um sich aufserdem zu werfen; die aufgeschraubten Bretter bei der zweiten Art dürfen nur schmal genug gemacht werden, um sie ebenfalls am Werfen zu hindern. Die eingeschobenen Bretter können nicht anders lose werden, als wenn die Strecken bei der ersten Art, oder die aufgeschraubten Dielen bei der zweiten, oder die Balken selbst, bei der dritten Art, zusammentrocknen. Dieses wird meistens mit dem Zusammentrocknen der eingeschobenen Dielen, ihrer Breite nach, gleichzeitig erfolgen; und geschieht Eins oder das Andere, so läfst sich dem Übelstande, ohne zu dem von oben sichtbaren, unvollkommenen und ein so häfsliches Aussehen hervorbringenden, Ausspunden seine Zuflucht nehmen zu dürfen, wie sogleich beschrieben werden wird, leicht abhelfen.

Drittens. Trocknen nemlich die eingeschobenen Dielen der Breite nach zusammen, so dafs Fugen zwischen ihnen entstehen, so ist nichts weiter nöthig, als, bei der ersten und dritten Art, die durchgehenden Fufsboden-Dielen, an der Seite, oder auch nur eine derselben, und, bei der zweiten Art, die auf die Balken geschraubten Bretter *b b* (Fig. 4. *A*) loszuschrauben, die eingeschobenen Fufsboden-Bretter zusammenzutreiben, die entstandene Lücke durch Ein Brett auszufüllen und darauf die losgeschraubten, durchgehenden Dielen wieder an ihrem Orte zu befestigen.

Wären, bei der ersten Art, auch die Strecken in dem Maafse zusammengetrocknet, dafs zu starke Fugen zwischen ihnen und den eingeschobenen Dielen entstanden, oder dafs diese Dielen lose geworden wären, welches letztere jedoch nicht leicht geschehen wird, da die Dielen und die Strecken meistens gleich viel in der Dicke zusammentrocknen werden, so dafs der Pfalz und der Spund in dem nemlichen Verhältnisse zu einander bleiben: so ist ebenfalls die Abhülfe, auf zwei verschiedene Arten, leicht. Entweder nemlich läfst man die Strecken an ihrem Ort, und kehrt die Fufsboden-Dielen um, wodurch die Fugen zwischen beiden wieder werden verschlossen werden, weil ursprünglich, wie oben bemerkt, *cd* (Fig. 1.) um $\frac{1}{4}$ bis $\frac{1}{2}$ Zoll länger zugerichtet worden ist, als *ab;* zugleich spundet man die Pfalzen in der Mitte und unten aus, was oben nicht sichtbar werden wird: oder man schraubt auch die Strecken los, rückt sie, von den Seiten her nach der Mitte zu, zusammen, so daſs die eingeschobenen Dielen wieder genau passen, und füllt an den beiden Wänden, unter den Fuſsleisten, also ebenfalls von oben nicht sichtbar, die Lücken durch Spunde aus.

Sind bei der zweiten und dritten Art die aufgeschraubten Dielen oder die Balken zusammengetrocknet, so nimmt man die eingeschobenen Dielen heraus, unterfuttert sie bei $kc$ und $fg$ (Fig. 4. $A$) oder bei $kc$ und $dg$ (Fig. 4. $B$) einzeln, so wie sie wieder eingelegt werden, mit Splittern, hobelt den oben vorgetretenen Theil ab, und ebnet wieder von oben die ganze Fläche des Bodens.

In allen Fällen also lassen sich alle Fugen, die durch das Zusammentrocknen des Holzes entstanden sein möchten, ohne Schwierigkeit wegschaffen, ohne irgendwo von oben sichtbare Spunde zu Hülfe nehmen zu dürfen, also auf eine Weise, daſs der Fuſsboden ganz wieder das Ansehn und die Ebenheit eines neuen Bodens bekommt.

Viertens gehen, bei dem beschriebenen Umlegen eines Bodens, wenn es wegen des Zusammentrocknens des Holzes nothwendig geworden ist, keine Nägel, Bretter oder andere Hölzer verloren, sondern es ist nur so viel Zuschuſs an Holz nöthig, als die Ausfüllung der durch das Zusammentrocknen entstandenen Lücke erfordert.

Fünftens sind nur allein zu den durchgehenden Brettern, bei der ersten und dritten Art, lange Bretter nothwendig, und nicht einmal unumgänglich, weil diese Bretter, da sie an der Seite, dicht an den Wänden liegen, auch, ohne groſsen Übelstand, auf den Strecken gestoſsen werden können. Zu den Strecken bei der ersten Art sind ebenfalls nicht unumgänglich ganz durchreichende Bohlen nothwendig, sondern auch sie können füglich, wenn es nach einer regelmäſsigen Eintheilung geschieht, gestoſsen werden, besonders wenn der Fuſsboden mit Ölfarbe angestrichen wird. Man braucht also überall fast nur kurze Brettstücke von 3 bis $3\frac{1}{2}$ Fuſs lang, was ein groſser Vortheil ist, weil sich, ohne Vermehrung der Kosten, auf diese Weise bessere und trocknere Bretter erhalten und selbst ästige Dielen, die sonst ganz unbrauchbar sein würden, wenigstens theilweise, noch benutzen lassen.

Sechstens hat man, besonders bei der ersten Art, den Vortheil, daſs die Balken nur sehr wenig beschlagen werden dürfen: weniger als unter gewöhnlichen Fufsböden, und dafs sie also mehr ihre ganze Stärke behalten können. Zu bemerken ist übrigens, dafs die erste Art der beschriebenen Fufsböden besonders deshalb den beiden anderen Arten vorzuziehen sein wird, weil vermittelst der Strecken die Lasten, welche auf dem Boden ruhen, auf mehrere Balken vertheilt werden, was bei den beiden andern Arten nicht der Fall ist, und in welchem Betracht sie sogar den gewöhnlichen Fufsböden nachstehen. Diese beiden andern Arten kommen also, in Rücksicht ihrer sonstigen Vorzüge, nur etwa da in Betracht, wo der Fufsboden nie eine bedeutende Last zu tragen bekommen kann. Die dritte Art wird selten benutzt werden können, weil die Balken, die einen Boden tragen, selten ganz vollkantig sind, und es nicht vortheilhaft wäre, sie des Fufsbodens wegen vollkantig zu machen. Insbesondere also dürfte vorzugsweise die erste Art der beschriebenen Fufsböden zu berücksichtigen sein.

Dafs die Kosten dieser Fufsböden von denen der gewöhnlichen nur wenig verschieden sein werden, läfst sich, schon ehe man sie berechnet, einsehen. Man wird annehmen können, dafs die Böden der ersten Art, äufsersten Falls, gegen die gewöhnlichen nur um dasjenige theurer sein werden, was die Bohlen zu den Strecken kosten; denn die Erhöhung des Arbeitslohnes, und die Kosten der Schrauben, wenn man dergleichen statt Nägel nehmen will, dürften durch die Ersparung an Nägeln, deren zu den eingeschobenen Brettern nicht nöthig sind, und durch die Ersparung von so viel Brettern, als die Fläche der Strecken bedeckt, desgleichen durch den geringeren Preis kurzer Brettstücke gegen lange Dielen, compensirt werden. Die Böden der zweiten Art werden gegen die gewöhnlichen ungefähr so viel mehr kosten, als die überzuschraubenden Dielen kosten, indem die Erhöhung des Arbeitslohnes durch die Ersparung an Nägeln und an den Preisen der Bretter ersetzt werden dürfte. Die dritte Art von Böden wird weniger kosten, als die gewöhnliche, weil dazu weniger Bretter und Nägel nöthig sind. Um alles dieses näher zu zeigen, folgt noch die Kosten-Berechnung eines gewöhnlichen Fufsbodens und eines Bodens von gleicher Gröfse nach den oben beschriebenen drei verschiedenen Arten, und zwar nach den Preisen in Berlin; was angeht, weil es nur auf das Verhältnifs, nicht auf die Höhe der Kosten ankommt. Wir wollen als Beispiel den Fufsboden eines Zimmers von 18 Fufs lang und 18 Fufs breit annehmen, aber blofs das, was sich bei der Verschiedenheit der Construction ändert, in Rechnung bringen, nicht also die Balken oder Unterlagen, den Windelboden oder die Unterfüllung; auch nicht die Bedielung der Fenster-Nischen, sondern blofs die Bedielung der 18 Fufs langen und breiten Fläche.

### 1. Kosten des gewöhnlichen Fufsbodens.

| | | |
|---|---|---|
| Die 18 Fufs langen, $1\frac{1}{2}$ Zoll starken kiehnenen, ausgesuchten Bretter zu 324 Quadrat-Fufs Dielen-Boden kosten, zu $2\frac{1}{2}$ Sgr. für den Quadrat-Fufs, . . . . | 27 Rthlr. | — Sgr. |
| Dieselben zu behobeln, zu spunden und festzunageln, zu 10 Spf. . . . . . . . . . . . . . . . . . | 9 - | — - |
| $6\frac{2}{3}$ Schock Nägel, sogenannte Bodenspieker, um die 22 Bretter, jedes dreimal auf jedes der 6 Lager festzunageln, zu $7\frac{1}{2}$ Sgr., . . . . . . . . . . . . . . | 1 - | 20 - |
| Zusammen | 37 Rthlr. | 20 Sgr., |

welches ungefähr $3\frac{1}{2}$ Sgr. für den Quadrat-Fufs beträgt.

### 2. Kosten der oben beschriebenen Fufsböden.

#### *A.* Erste Art, mit Strecken von Bohlen.

| | | |
|---|---|---|
| Sechs 3 Zoll dicke, 10 bis 12 Zoll breite, 18 Fufs lange, kiehnene Bohlen zu den Strecken, zu 2 Rthlr. 5 Sgr. | 13 Rthlr. | — Sgr. |
| Zwei durchgehende, 18 Fufs lange, $1\frac{1}{2}$ Zoll dicke Bretter an den Seiten, zu 1 Rthlr. $7\frac{1}{2}$ Sgr., . . . . . . | 2 - | 15 - |
| 226 Quadrat-Fufs $1\frac{1}{2}$ Zoll dicke, kiehnene Bretter, um in die Pfalze der Strecken eingeschoben zu werden, in etwa 3 Fufs langen Stücken, zu 2 Sgr., . . . . . | 15 - | 2 - |
| Die sechs Strecken zu behobeln, zu pfalzen und aufzuschrauben, zu 25 Sgr., . . . . . . . . . . . . | 5 - | — - |
| Die beiden durchgehenden Dielen desgleichen, zu 15 Sgr., | 1 - | — - |
| 236 Quadrat-Fufs, obige Dielen zu behobeln, zu pfalzen und einzuschieben, zu 11 Spf. . . . . . . . . . | 6 - | 27 - |
| 60 6 Zoll lange Holzschrauben zur Befestigung der Strecken, zu $1\frac{1}{2}$ Sgr., . . . . . . . . . . . . . . | 3 - | — - |
| 12 dergleichen an den Wänden, $7\frac{1}{2}$ Zoll lang, zu $1\frac{3}{4}$ Sgr., | — - | 21 - |
| 24 $4\frac{1}{2}$ Zoll lange Holzschrauben zur Befestigung der beiden durchgehenden Bretter an den Wänden, zu $1\frac{1}{4}$ Sgr., | 1 - | — - |
| Zusammen | 48 Rthlr. | 5 Sgr., |

welches ungefähr $4\frac{1}{2}$ Sgr. für den Quadrat-Fufs beträgt.

*B.* Zweite Art, mit übergeschraubten Dielen.

| | Rthlr. | Sgr. |
|---|---|---|
| 6 kiehnene Futterdielen von 18 Fufs lang, 10 Zoll breit, 1 Zoll dick, zu 15 Sgr., . . . . . . . . . . . | 3 - | — - |
| 6 überzuschraubende, 1½ Zoll dicke, 18 Fufs lange, 8 Zoll breite kiehnene Bretter, zu 1 Rthlr., . . . . . . . | 6 - | — - |
| 270 Quadrat-Fufs 1½ Zoll dicke, kiehnene, einzuschiebende Bretter, in 3 Fufs langen Stücken, zu 2 Sgr. | 18 - | — - |
| Die 6 Futterdielen oben zu behobeln, zu strecken und anzunageln, zu 7½ Sgr., . . . . . . . . . . . . | 1 - | 15 - |
| Die 6 durchgehenden Dielen auf die Futterdielen zu schrauben, zu 18 Sgr., . . . . . . . . . . . . | 3 - | 18 - |
| 270 Quadrat-Fufs Dielen zu behobeln, zu pfalzen und zu legen, zu 10½ Spf., . . . . . . . . . . . . . | 7 - | 26 - |
| 2 Schock Nägel zur Befestigung der Futterdielen, zu 5 Sgr., . . . . . . . . . . . . . . . . . . . . | — - | 10 - |
| 36 6 Zoll lange Holzschrauben zur Befestigung der durchgehenden Dielen, zu 1½ Sgr., . . . . . . . . . | 2 - | 6 - |
| Zusammen | 42 Rthlr. | 15 Sgr., |

welches ungefähr 4 Sgr. für den Quadrat-Fufs beträgt.

*C.* Dritte Art, mit unmittelbar in die Balken eingeschobenen Dielen.

| | Rthlr. | Sgr. |
|---|---|---|
| Für 2 durchgehende, 1½ Zoll dicke, kiehnene Dielen an den Seiten, zu 1 Rthlr. 7½ Sgr., . . . . . . . . | 2 Rthlr. | 15 Sgr. |
| 226 Quadrat-Fufs 1½ Zoll dicke kiehnene Bretter, in Stücken von etwa 3 Fufs lang, zu 2 Sgr., . . . . | 15 - | 2 - |
| Die 6 Balken abzuhobeln und zu pfalzen, zu 25 Sgr., | 5 - | — - |
| 226 Quadrat-Fufs Dielen zu behobeln, zu pfalzen und einzuschieben, zu 11 Spf., . . . . . . . . . . | 6 - | 27 - |
| Die beiden durchgehenden Dielen an den Seiten aufzuschrauben, zu 15 Sgr., . . . . . . . . . . . . . | 1 - | — - |
| 24 Holzschrauben zur Befestigung derselben, zu 1¼ Sgr., | 1 - | — - |
| | 31 Rthlr. | 14 Sgr., |

welches ungefähr 3 Sgr. für den Quadrat-Fufs beträgt.

Diese Berechnungen zeigen, dafs von den oben beschriebenen Böden die erste Art etwa 28 pro Cent, oder ungefähr 1 Sgr. für den Quadrat-Fufs mehr, die zweite Art etwa 13 pro Cent, oder ungefähr ½ Sgr. für den Quadrat-Fufs mehr,

die dritte Art etwa 17 pro Cent, oder ungefähr ½ Sgr. für den Quadrat-Fufs weniger

als die gewöhnlichen Bretter-Fufsböden kosten. Die Mehr-Kosten der ersten Art kommen, wie oben bemerkt, ungefähr den Kosten der überzuschraubenden Strecken und Bohlen, die der zweiten Art den Kosten der überzuschraubenden Bretter gleich.

Da der Unterschied der Kosten der zweiten und dritten Art gegen die der ersten nicht bedeutend ist, so ist, in Rücksicht der obigen Gründe, die erste Art bei weitem mehr zu empfehlen. Wegen ihrer namhaften Vortheile ist aber diese erste Art gegen die gewöhnlichen Fufsböden so sehr im Vorzuge, dafs die geringen Mehrkosten derselben, von etwa 1 Sgr. auf den Quadrat-Fufs, gar nicht in Vergleich kommen. Andere, bessere Fufsböden, als die gewöhnlichen, kosten sogleich das Doppelte und Dreifache, also statt 28 pro Cent 100 und 200 pro Cent, und statt 1 Sgr. wohl 3½ bis 7 Sgr. mehr. Mithin dürfte die hier beschriebene erste Art von Fufsböden bei weitem vortheilhafter sein.

Es ist zu wünschen, dafs die Bauenden auf diese Verfertigungs-Art der Fufsböden, zu ihrem Vortheile, Rücksicht nehmen möchten.

Berlin, im Mai 1833.

---

Noch vor dem Abdrucke dieses Aufsatzes ist ein Fufsboden, im Allgemeinen nach der obigen Beschreibung, und zwar von der Art No. 1., verfertigt worden. Der Verfasser des Aufsatzes hatte nemlich zufällig Gelegenheit, von dem Inhalte desselben dem Herrn Buchhändler Reimer zu Berlin, Wilhelmsstrafse No. 73., dem Verleger des gegenwärtigen Journals, als derselbe so eben im Begriff war, in einem Zimmer seines Hauses, 1 Treppe hoch, einen neuen Fufsboden legen zu lassen, zu sprechen. Da die Vorzüge der neuen Dielenböden vor den gewöhnlichen dem Herrn Reimer einleuchtend waren, so entschlofs sich derselbe, dem Zimmer, welches er ausdielen zu lassen beabsichtigte, den hier beschriebenen Boden geben zu lassen. Solches ist geschehen; der Boden ist von dem hiesigen Tischlermeister Herrn Classen (vom 1. October 1833 ab in der Behrenstrafse No. 1. wohnhaft), wenn auch mit einigen zufälligen Abweichungen von der obigen Beschreibung, so doch im Wesentlichen dem Haupt-Inhalte derselben gemäfs, verfertigt worden. Der Herr Reimer wird sich ohne Zweifel ein Vergnügen daraus machen, wenn Jemand die hier beschriebene Art von Dielen-Fufsböden ausgeführt zu sehen wünschen sollte, ihm die Ansicht desselben in dem oben gedachten Zimmer zu verschaffen. Zu bemerken ist, dafs, wenn etwa ja die Haltbarkeit dieser ersten Probe der neuen Fufsböden in der Folge nicht ganz den Erwartungen entsprechen sollte, die man von derselben zu hegen berechtigt ist, was insbesondere deshalb leicht möglich sein könnte, weil die Strecken bedeutend weiter von einander entfernt gelegt worden sind, als sie nach der Beschreibung hätten gelegt werden sollen, die Schuld davon nicht der Constructionsart selbst, sondern nur den Abweichungen von derselben zuzuschreiben sein wird. Durch die erste Probe ist indessen schon so viel gewonnen, dafs ein Werkmeister, nemlich der Herr Classen, nun schon practische Kenntnisse von diesen Dielenböden und hinreichende Übung in ihrer Verfertigung erhalten hat. Er erbietet sich, diese neue Art Fufsböden hinfort ganz genau nach der obigen Beschreibung, von derjenigen Qualität des Holzes, in welcher Fufsböden der gewöhnlichen Art $2\frac{1}{2}$ Silbergroschen der Quadrat-Fufs kosten, für $3\frac{1}{4}$ Sgr., von der bessern Qualität, in welcher gewöhnliche Fufsböden $3\frac{1}{2}$ Sgr. der Quadrat-Fufs kosten, für $4\frac{1}{4}$ Sgr. (für diese Qualität sind oben $4\frac{1}{2}$ Sgr. für den Quadrat-Fufs berechnet worden; Herr Clafsen macht sie also schon noch um $\frac{1}{4}$ Sgr. wohlfeiler), und von dem besten Holze, von welchem der gewöhnliche Fufsboden der Quadrat-Fufs 5 Sgr. kostet, für $6\frac{1}{4}$ Sgr. den Quadrat-Fufs zu verfertigen. Man sieht hieraus die practische Bestätigung der obigen Berechnung und, an der ausgeführten ersten Probe, die Ausführbarkeit und den practischen Werth dieser Fufsböden überhaupt. Wer nun von den Vorzügen und der Nützlichkeit derselben Vortheil ziehen will, kann sich wegen der Verfertigung an den benannten Tischlermeister Herrn Clafsen wenden, der, als ein zuverlässiger und geschickter Arbeiter, ihn ohne Zweifel bestens bedienen wird.

Berlin, im September 1833.

# 11.

# Portiken, oder Säulengänge, ganz aus Mauerziegeln zu erbauen.

(Von dem Kaiserlich-Russischen Bau-Intendanten Herrn *Engel* zu Helsingfors.)

## 1.

Wenn gleich die Säule, ihrem Ursprunge nach als Stütze betrachtet, wohl immer nur aus Einem Stücke bestehen sollte, und bei mehreren alten Bauwerken, sowohl in kleinen als in grofsen Verhältnissen, auch bestand: so sehen wir doch schon an den ältesten Monumenten der Griechen und Römer, dafs selbst diese schon sich erlaubten, die Säulen aus mehreren Stücken zusammenzusetzen, um Körper zu bilden, die, wegen des hohen Reizes, der ihrer Form inwohnt, würdig gefunden wurden, die Tempel der Götter zu schmücken.

Mögen nun die zunehmende Gröfse der Gebäude, und die davon abhängenden Verhältnisse der Säulen, darauf geführt haben, die Säulen aus mehreren, auf einander gelegten Steinen zu bilden: oder lieferten die Steinbrüche nicht immer Steine von der erforderlichen Gröfse, oder fanden die Alten auch damals schon, dafs die Ausführung eines grofsen Bauwerks, durch die Überwältigung grofser Schwierigkeiten bei dem Brechen, Herbeischaffen, Heben und Aufrichten colossaler Steinmassen, sehr bedeutend und oft unnöthiger Weise erschwert werde, während der Augenschein lehrte, dafs, wegen der grofsen Dicke der Säulen, mehrere auf einander gelegte Steinblöcke ebenfalls sichere, dauerhafte und der Zeit widerstehende Stützen, zur Erreichung des vorgesetzten Zweckes, zum Tragen des Entablements oder Gebälkes und der Giebel geben können, die an ästhetischer Wirkung nichts verlieren: jeden Falls sehen wir, dafs die Idee, Säulen aus kleinern Steinmassen zusammenzusetzen, fast eben so alt ist, als die Baukunst selbst.

Die Construction der Säulen und Gebälke aus grofsen Steinmassen trug in den Tempeln dazu bei, und war sogar nöthig, den Ausdruck der

Erhabenheit dieser Gebäude bis zur höchsten Potenz zu steigern, und sie weit über die Wohnungen der Menschen auszeichnend zu erheben: die Gründer des Heiligthums suchten ihre tiefe Verehrung, und die erhabene Vorstellung von der Macht und Gröſse ihres Gottes, auch dadurch auf eine sinnliche und anschauliche Weise vor Augen zu stellen; indessen konnten in der folgenden Zeit, und nachdem die Baukunst, besonders unter den Römern, eine groſse Ausdehnung gewonnen, und nicht mehr allein zu Tempeln, sondern auch zu andern mannichfachen Zwecken angewandt wurde, unmöglich mehr alle diese Werke mit so kostbaren Mitteln, wie sie den Tempeln zum Opfer dargebracht wurden, ausgeführt werden. Die Nothwendigkeit führte von selbst darauf, die Säulen, mit ihrem Zubehör, wenn sie den Bauwerken allgemeiner ihren Schmuck verleihen sollten, auch aus kleinern Steinmassen zu bilden; und man kam endlich, als auch das Bedürfniſs, groſse Bau-Anlagen in kurzer Zeit zu beendigen, immer lebhafter wurde, dahin, dieselben aus gemischten, und aus den leichtesten und wohlfeilsten Materialien, den gebrannten Ziegeln, zu mauern, und dieselben mit Stuck gut zu überziehen, oder mit Marmor zu bekleiden.

2.

Daſs Gebäude, auch aus dem geringen Material des Ziegelsteines gebaut, viele Jahrhunderte dauern können: davon haben wir in allen Ländern die überzeugendsten Beweise; und während Gebäude, aus Marmor, Granit und andern Steinarten, bei einem Brande oft in Schutt und Trümmer zusammensinken *), oder doch beträchtliche, nur mit groſsen Kosten zu ersetzende Beschädigungen erleiden, stehen Mauern und Pfeiler aus Ziegelsteinen, wenn die wüthende Flamme in ihrem Innern ausgetobt hat, unbeschädigt da **), und der Schaden kann mit minderen Kosten und geringerem

---

*) Wie noch kürzlich die berühmte, prächtige St. Pauls-Kirche bei Rom, von welcher fast nichts von der Menge der glänzenden Marmorsäulen übrig blieb. Siehe das Ausland von 1829. No. 307.

**) So die Domkirche in Abo, die seit ihrer Gründung 1300 bis zum Jahre 1827, in fünfhundert Jahren, wie man aus Urkunden weiſs, fünfmal abgebrannt ist. Als ich, zehn Tage nach dem letzten Brande, im September 1827, das Mauerwerk, die Pfeiler von etwa 4 Fuſs in Quadrat dick, und die Gewölbe, alles von Mauerziegeln, der Wiederherstellung wegen besichtigte, fand ich an allen diesen Theilen keine Beschädigung, welche Besorgnisse für die fernere Dauer hätte einflöſsen können; alles dagegen, was aus Granit, Marmor, Alabaster und Kalksteinen bestand, war zerstört, oder fiel in Schutt zusammen. Im October 1828 war die Kirche schon wieder so weit hergestellt, daſs Gottesdienst darin gehalten werden konnte.

Zeitverlust, als bei jenen, wieder hergestellt werden. Und da nun an ein Bauwerk, wenn nicht die Anforderung ewiger Dauer, so doch die, daſs es auch nach vielen Jahrhunderten noch in seiner Ruine die Bewunderung künftiger Geschlechter und Kunstfreunde erregen soll, gemacht werden kann; so dürfen auch Säulen und Portiken sehr wohl ganz von Ziegelsteinen errichtet werden, und es kann dadurch einer Menge von Gebäuden, sowohl öffentlichen als Privat-Gebäuden, in Städten und auf dem Lande, eine geschmakvolle, elegante, sehr wohlfeile und immer mit den Kosten des übrigen Gebäudes in Verhältniſs stehende Zierde verliehen werden, die bei einiger Aufmerksamkeit und Unterhaltung, einige Jahrhunderte zu dauern vermag. Viele Gebäude entbehren jetzt dieses Schmuckes, weil er, aus Sandstein gebaut, zu kostspielig ist, was sowohl dem Architekten bei seinen Entwürfen Fesseln anlegt, als auch den Bauherrn Wünsche zu unterdrücken zwingt, die er, unter andern Umständen, wenn diese architektonischen Formen mit geringerem Kosten-Aufwande zu errichten wären, bei seinem Hause in der Stadt, oder auf dem Lande, zur Ausführung bringen lassen würde.

Da unsere architektonischen Werke über die Säulen-Ordnungen, selbst von den ältesten und berühmtesten Architekten verschiedener Völker, sich nur lediglich mit den äuſseren Formen und Proportionen der Säulen-Ordnungen beschäftigen, die Ausführung derselben in der Wirklichkeit aber, aus dem einen oder dem andern Material, dem Nachdenken eines Jeden überlassen, der Aufforderung haben mag, sich practisch damit zu beschäftigen: so glauben wir den Freunden der Baukunst, und denjenigen, die sich für ein näheres Detail architektonischer Formen und ihrer Ausführung interessiren, einen Dienst zu erweisen, wenn wir sie mit dem Bau der Portiken und Säulenstellungen und der Construction ihrer Gebälke aus gewöhnlichen Ziegelsteinen, so wie mit demjenigen näher bekannt machen, was bei der Ausführung derselben in allen ihren Theilen zu beobachten ist, um den Zweck mit Sicherheit, mit den mindesten Kosten und mit der gröſsten Dauerhaftigkeit zu erreichen.

### 3.

Säulen aus Ziegelsteinen zu bauen, ist schon seit den ältesten Zeiten im Gebrauch, und es hat sich die Construction derselben, im Laufe der Zeit, vom Süden nach dem Norden, über ganz Europa verbreitet; man findet sie bei grofsen und kleinen Bauwerken, am Äufsern und im Innern angewendet. Weniger als die Säulen sehen wir die Gebälke (Entablements) von Ziegelsteinen ausgeführt. Zu diesen hat man sich immer der gehauenen Steine mehr als der Mauerziegel bedient, ungeachtet die Bildung und Emporhaltung eines Gebälkes, aus kleinern gehauenen Steinen, noch mehrere und gröfsere Schwierigkeiten hat, und stärkerer Eisenverbindungen bedarf (weil fast alles von dem Eisenwerke getragen werden mufs), als das aus Mauerziegeln verfertigte Gebälk. Sind aber die Säulen eines Portikus oder Säulenganges aus Mauerziegeln aufgeführt, so mufs, schon der Gleichförmigkeit der Massen und des Gleichgewichts wegen, auch das Gebälk aus diesem Materiale gemacht werden, damit nicht der schwerere und härtere Körper auf dem leichtern und weichern ruhe, worin etwas Unnatürliches, dem allgemeinen Begriffe der Tragbarkeit Widersprechendes liegt. Angemessener und natürlicher ist noch das entgegengesetzte Verfahren, die Säulen von Stein und das Gebälk aus Mauerziegeln zu bauen.

### 4.

Ehe man bei einem Gebäude, welches freistehende Säulen in irgend einer Anordnung erhalten soll, zum Aufmauern derselben schreiten kann, müssen folgende Vorbereitungen getroffen werden. Man verfertiget zuerst, nachdem die Proportion, Höhe und Dicke der Säulen durch Zeichnung genau bestimmt worden ist, ein Modell *abcd* (Taf. X. Fig. 1.) vom Profile der halben Säule aus Brettern, wenn Eines dazu nicht hinreichend ist, läfst die Seite *aç*, welche die Axe der Säule darstellt, gerade abhobeln, legt die Bretter auf einen Reifsboden *efgh*, zeichnet auf demselben das Profil der Säule nach den Regeln, und läfst das überflüssige Holz aufserhalb der Linie *bd* weghauen, und diese Kante des Modells auf das Sorgfältigste hobeln, und so abrichten, bis das Auge mit dem Schwunge der Verjüngungslinie (Enthasis) zufrieden gestellt ist. Das so bereitete Profilmodell der Säule befestigt man mit Nägeln auf den Reifsboden, den man so anlegen mufs, dafs er während des Baues nicht gestört werden kann, und läfst nun genau an das Modell passende Chablonen *bdik*, von $\frac{1}{2}$ Zoll dicken, 5 bis 6 Zoll breiten und so langen Brettern ausarbeiten, als die Höhe der Säulen erfordert; die äufsere Seite *ik* der Chablone mufs mit der Säulenaxe *ac* genau parallel sein.

5.

Aufser den Chablonen sind so viele runde Scheiben (Fig. 2.) vom unteren Durchmesser, und so viele (Fig. 3.) vom obern Durchmesser nöthig, als der Portikus Säulen erhalten soll. Die obern, kleinen Scheiben werden im Centrum mit einem kleinen Loche durchbohrt, um durch dasselbe eine Lothschnur senken zu können; jedoch müssen die Scheiben im Durchmesser um so viel kleiner sein, als die Dicke des Kalkanwurfs beträgt.

Sind diese Vorbereitungen gemacht, so kann zum Aufmauern der Säulen geschritten werden, vorausgesetzt, dafs das übrige Mauerwerk des Gebäudes, nebst dem Gesimse, schon ausgeführt ist: denn die Errichtung des Portikus mufs immer die letzte Arbeit bleiben, damit die Ausführung erleichtert und viele Rüstungen und Vorkehrungen erspart werden, die nöthig sein würden, wollte man die Säulen mit der Frontenmauer zugleich aufmauern.

6.

Das Aufführen der Säulen beginnt mit dem Aufstellen ihrer Basen, die von gehauenen Steinen, oder gegossenem Eisen sein müssen, weil gemauerte von zu geringer Dauer sein und beständig Ausbesserungen erfordern würden. Die Basen werden genau nach der im Grundrifs angegebenen Ordnung und Entfernung von einander und von der Frontenmauer aufgestellt, und, wenn sie von Eisen sind, bis zum obern Rande mit Mauerwerk ausgefüllt. Sind die Säulen des Portikus griechisch-dorischer Ordnung, so dafs sie keine Basen haben, so mufs man ihnen dennoch einen gehauenen Stein (Granit, Sandstein, oder was sonst die Gegend hierzu als taugliche Steinart darbietet), von 1 Fufs hoch, als Unterlage geben, damit weder Feuchtigkeit, noch sonstige Beschädigungen denselben unterhalb schaden können, die Säulen mögen übrigens aufserhalb oder innerhalb eines Gebäudes stehen, glatt oder canelirt sein. Im letzten Falle ist es immer gut, diesen Theil glatt zu machen, und die Canelirungen erst darüber ihren Anfang nehmen zu lassen, was niemals einen Übelstand erzeugt.

Sobald die Basen an ihren Stellen stehen, bezeichnet man die Mittelpuncte, oder legt eine von den nach dem untern Säulendurchmesser verfertigten Scheiben darauf, auf welchen der Mittelpunct markirt ist, bringt hierauf, in der Höhe des obern Endes der Säulen, dicht unter dem Architrav, eine Vorrichtung an, von leichtem Holzwerk, und mit den schon vorhandenen Rüstungen in Verbindung, und legt auf dieselbe die

Scheiben des obern Durchschnitts der Säulen, die man, eine nach der andern, durch Herablassen eines Lothes, dessen Schnur durch das Loch im Mittelpuncte der Scheibe geht, genau über den Mittelpunct der dazugehörigen Base bringt, und sie darauf unverrückbar befestigt.

## 7.

Nachdem die obern Scheiben an ihre Stellen gebracht worden sind, wo sie als Lehren zum Aufmauern der Säulen dienen, kann das Mauern begonnen werden. Sind die Säulen nur klein, von Einer Etagen-Höhe, so kann man sich, wenn die erste Schicht Mauerziegel *a* (Fig. 4.), über der Base, nach der untern Scheibe gelegt ist, der Chablone *bc* zur Vergjüngungslinie im Ganzen bedienen, die dann bei dem Fortschreiten der Arbeit jedesmal mit dem untern Ende *b* an die erste Schicht *a* der Mauerziegel über der Base, und oben an die damit correspondirende hölzerne Scheibe *a* angelegt, und zum Richten der einzelnen Steine in jeder Schicht, an derselben herumgeführt wird. Sind die Säulen aber von gröfseren Dimensionen, durch Zwei Etagen reichend, so ist der Gebrauch der Chablone im Ganzen zu unbequem, und beinah unmöglich: man mauert dann das erste Drittheil *ef* der Säule *eg* (Fig. 5.) nach der ersten Schicht l o t h r e c h t auf, und nimmt dabei die Scheibe des untern Säulendurchschnitts zu Hülfe, um immer den richtigen Zirkel zu behalten, und um nur an drei Puncten des Umfangs lothen zu dürfen. Nach Vollendung des ersten Drittheils der Säule werden vier Schnüre, vorne, hinten und zu beiden Seiten, unten an den bereits aufgemauerten Theil *f*, und oben an die Scheibe *g* angespannt, welche im Allgemeinen die Verjüngung der Säulen anzeigen; darauf schneidet man die Chablone *hi*, zur Bequemlichkeit beim Gebrauch, in drei gleiche Theile, oder läfst auch, vom Anfange, das erste Drittheil ganz weg, da man zum Aufmauern grofser Säulen nur der beiden obern Drittheile zur Bildung der Enthasis bedarf, und bedient sich des zweiten Theils der Chablone, welchen man, bei dem fortgesetzten Aufmauern der Säule, jederzeit mit dem untern Ende an die letzte Schicht *f* des ersten Drittheils (die man, um Irrungen zu vermeiden, etwa mit Kreide besonders auszeichnet) der Säule anlegt, und die äufsere Kante, die eine Parallele der Säulenaxe ist, lothet. Ist so das zweite Drittheil ausgeführt, so wird das letzte Drittheil der Chalone zur Hand genommen, und damit wie zuvor verfahren, wodurch der äufsere Umfang und die Enthasis der Säule auf das Genaueste sich darstellen läfst.

8.

Oft ist es aber auch schon hinreichend, besonders bei Säulen im Innern der Gebäude, wenn die beiden obern Drittheile blofs nach den angespannten vier Schnüren, ohne Chablone, aufgemauert werden, wodurch nur ein etwas stärkerer Anwurf, im Verhältnisse der Abweichung der Enthasis von der geraden Linie, entsteht, was aber für die Dauer, selbst auswendig, keinen Nachtheil hat.

Man kann auch bei dem Aufmauern freistehender Säulen die Chablone entbehren, und die angespannten vier Schnüre, auf folgende Weise, nach und nach in die Linie der Enthasis bringen. Man theilt nemlich auf dem Modelle die beiden oberen Drittheile des Säulenschaftes in eine beliebige Anzahl Theile, deren jeder jedoch eine gewisse Anzahl Steinschichten fassen mufs, um das Abmessen dieser Theile beim Mauern selbst zu vermeiden; macht hierauf ein Kreuz (Fig. 6.) von ganz dünnen, $1\frac{1}{2}$ bis 2 Zoll breiten Hölzern, durchbohrt dessen Centrum, und giebt jedem Schenkel den Halbmesser der Säule zur Länge; zeichnet hierauf auch den obern Halbmesser auf jeden Schenkel, und theilt den Unterschied beider Halbmesser in so viele gleiche Theile, als man den beiden obern Drittheilen der Säule auf dem Modelle gegeben hat. Nun schneidet man an jedem Ende des Kreuzes einen Kerb bis zum ersten Theilstrich ein, zieht von unten herauf eine Schnur durch das Centrum des Kreuzes, die zugleich durch das Loch im Mittelpuncte der obern Scheibe geht, legt das Kreuz auf die bis zum ersten Drittheil aufgemauerte Säule, so dafs jede Schnur in einen der an den Enden eingeschnittenen Kerb trifft, und zieht das Kreuz, vermittelst der im Centrum befestigten Schnur, so viel über den aufgemauerten Theil der Säule in die Höhe, als der erste Theilstrich auf dem Modelle vorschreibt; dadurch werden die vier Schnüre, durch das Kreuz, in dem Puncte, wo es hängt, so viel aus der geraden Linie in die der Enthasis herausgebogen, als ihre Abweichung von der geraden Linie bis dahin beträgt. Ist das Mauerwerk der Säule wieder bis zum schwebenden Kreuze gestiegen, so verkürzt man die Kreuz-Schenkel, schneidet die Kerbe bis zum zweiten Theilstrich ein, und hebt das Kreuz bis zum zweiten Theile des Modells empor, u. s. w. Auf diese Art kann man, bei dem Aufmauern der Säule, die Schnüre immer unmittelbar folgen lassen, und die Verjüngung der Säule, dem Modelle gemäfs, darstellen.

9.

Säulen, die mit der Frontenmauer eines Gebäudes in Verbindung stehen, sogenannte Dreiviertheil-Säulen, werden, gleich den Pilastern, mit denselben zugleich aufgeführt; man bedient sich dabei der Chablonen nach (7.); oft läfst man sie jedoch auch bei dem Aufmauern der Fronte weg, läfst Verzahnungen von einem halben Ziegel Tiefe stehen, und mauert die Säulen erst nachher auf, wenn das Gebäude seine ganze Höhe erreicht hat, in welchem Falle man eben so wie bei freistehenden Säulen nach (7. und 8.) verfährt; worüber nichts weiter zu bemerken ist.

10.

Die Mauerziegel, die man zu Säulen nimmt, müssen gut gebrannt und, wenigstens die zum äufsern Umfange, nicht verglaset sein, damit sie genau und bequem nach der äufsern Krümmung der Säule können behauen werden. Sie nach besondern Formen dazu streichen und brennen zu lassen, ist ganz überflüssig, und auch nicht thunlich, da man nicht für jede Schicht besondere Steine formen lassen kann, und die der unteren Schichten nicht zu den obern passen, weil ihre Krümmungen verschiedene Radien haben. Man läfst daher nur aus den sämmtlichen Ziegelsteinen, die auf der Baustelle zu Gebote stehen, die tauglichsten auswählen, und nach Erfordern behauen, was mit dünnen und scharfen Mauerhämmern leicht und sehr glatt ausgeführt werden kann, ohne besonders viel Zeit zu erfordern. Man kann hierdurch die Säulen in ihrer äufsern Fläche so eben, gleichförmig und glatt erhalten, dafs sie wie Drechsler-Arbeit aussehen.

11.

Der Verband bei dem Aufmauern der Säulen in den verschiedenen Schichten kann sehr verschieden sein, da er von dem Durchmesser, oder der Dicke der Säule bedingt wird; die Figuren 7., 8., 9., 10. bis 14. zeigen, wie der Verband der Steine in 18 Zoll, 2, 3 und 4 Fufs dicken Säulen gemacht werden kann; die folgenden Schichten werden, jedesmal in verschiedenen Richtungen, über einander gelegt. So z. B. kann der Verband Fig. 7. und 8. für 18 Zoll dicke, und der 9. und 10. für 2 Fufs dicke Säulen in vier verschiedenen Directionen über einander gelegt werden, auf die Weise, dafs erst bei der fünften Schicht die Hauptbindung in die Lage der ersten Schicht zu liegen kommt, wie in Fig. 9. und 10. mit punctirten Linien angedeutet ist. Will man zu Säulen von dieser Gröfse Ziegel besonders streichen lassen, so würde zu den 18 Zoll dicken Säulen die Form der Quadranten, nach (Fig. 8.), wie die punctirten Linien *ab* und *cd* zeigen, die beste sein; alsdann besteht jede Schicht nur aus 4 Steinen, die nur eine Kreuzfuge zwischen sich haben. Für 2 Fufs dicke Säulen würden aber nur die, die Winkel des Kreuzes ausfüllenden, Steine *c*, *c*, *c*, *c* (Fig. 10.) besonders zu formen sein. Für 3 Fufs dicke Säulen geben (Fig. 11. und 12.), in zwei sich immer kreuzenden Wiederholungen der Steinschichten, einen festen Verband. Für 4 Fufs im Durchmesser haltende Säulen kann der Verband nach (Fig. 13.) in 4 verschiedene Richtungen gebracht werden, so dafs die durch die Säule gehende Hauptbindung, von *a* nach *b*, von *c* nach *d*, von *i* nach *f* und von *g* nach *h* gelegt werden kann, und die fünfte Schicht erst die Lage der ersten wieder einnimmt; jedoch hat der Verband (Fig. 14.), der nur eines zweifachen Schichtenwechsels bedarf, den Vorzug, da er einfacher ist, und eine feste, regulair gebundene Masse bildet. Diese Beispiele des Steinverbandes, der sich bei Säulen von verschiedener Dicke brauchen läfst, zeigen auch, dafs das Formen und Brennen besonderer Ziegelsteine ganz überflüssig ist, aufser etwa, wie oben bemerkt, bei Säulen von kleinem Durchmesser, indem die geringe Abrundung der einzelnen Steine ihnen leicht durch Behauen gegeben werden kann. Sehr häufig läfst man bei dem Aufmauern der Säulen, im ganzen Umfange derselben, wie in (Fig. 13.), Strecker *g*, *d*, *f*, und Laufer *e*, *e*, *e*, *e* mit einander abwechseln, um dann den innern Raum mit Ziegellagen nach allen Richtungen auszufüllen. Dieser Verband ist sehr schwach. Denn vermöge der nach den Radien der Säule liegenden Strecker, die nur kleine keilförmige Räume zwischen sich lassen, kann nach innen zu kein ganzer Ziegelstein mehr dazwischen gebracht, sondern diese Zwischenräume können nur mit kleinen Steinstücken ausgefüllt werden; es ermangelt also der äufsere Umfang eines in die innere Ausfüllung eingreifenden Verbandes. In der folgenden Schicht, wo der Strecker über dem Laufer liegt, zeigt zwar die Aufsenseite einen regulairen Verband: im Innern aber bleibt die Absonderung die nemliche, wie in der vorhergehenden Schicht, und es ist höchstens dadurch eine schwache Vereinigung zu erreichen, dafs man in der zweiten Schicht abwechselnd zwei Laufer zwischen zwei Strecksteine legt, wodurch der innern Ausfüllung Gelegenheit gegeben wird, in den hierdurch entstehenden Lücken, in den Verband des Umfanges einzugreifen; der äufsere Umfang bildet also bei diesem Verbande eine glatte Schale um den innern Kern der Säule, von welcher sie als fast ganz getrennt zu betrachten ist, was nachtheilige Folgen haben kann. Denn da der inwendige Kern bei diesem Verbande aus zu vielen kleinen Steinstücken, mit vielen grofsen Kalkfugen, besteht, die unter sich wenig über einander greifen und das Austrocknen der Säule im Äufsern eher als im Innern erfolgt, so hat es sich da, wo diese Construction befolgt wurde, einigemal ereignet, dafs, nachdem die Säule mit der ganzen Last, die sie tragen sollte, belastet worden war, der inwendige Kern der Säule sich mehr zusammendrückte, als die äufsere Schale, weshalb beide Theile sich gänzlich von einander trennten, und die Säulen in der Mitte anschwollen und dicker wurden, das Äufsere viele verticale Risse bekam, und in eben so viele einzelne Stücke sich zertheilte; es waren mühsame und kostspielige Arbeiten nöthig, um das Werk wieder herzustellen.

Wo grofse und dünne Kalksteinplatten wohlfeil zu haben sind, wird auf jede 2 bis 3 Fufs Höhe der Säule eine aus solchen Steinen gebildete Scheibe eingelegt *); diese Scheiben sind bei dem zuletzt beschriebenen Verbande ganz unentbehrlich, weil die Säulen ohne diese Bindung gar zu wenig Sicherheit gewähren würden. Bei den andern Verbänden der Steinschichten, die hier vorgestellt sind, können sie aber überall entbehrt werden.

12.

Das Aufmauern der Säulen mufs sehr genau und sorgfältig, in sehr gut zubereitetem Kalkmörtel, und mit so dünnen Fugen als möglich geschehen, um dem Setzen und Nachgeben derselben, unter der darauf kommenden Last des Gebälkes und des Frontons, nach Möglichkeit vorzubeugen. Haben die Säulen die ihnen bestimmte Höhe erreicht, so dafs die Capitäler darauf gesetzt werden können (wenn diese nemlich von gehauenen Steinen gemacht werden, oder aus gegossenem Eisen bestehen sollen), so läfst man sie einige Tage, um etwas auszutrocknen, stehen, ehe man zur Verferti-

*) Dieses Verfahren ist in St. Petersburg allgemein üblich, und wird sogar bei den gröfsten Gebäuden auf alle Mauern ausgedehnt.

gung des Entablements schreitet. Werden die Capitäler aber, wie es bei der Dorischen Ordnung geschehen kann, aus gemischtem Material verfertigt, oder werden die Capitäler, wie oft bei der Ionischen und Korinthischen Ordnung, nur von Gips gemacht, so führt man die Säulenstämme bis zum Architrav hinauf, ehe man sie zum Trocknen stehen läfst.

13.

Die Capitäler zu den Säulen, sie mögen Dorischer, Ionischer oder Korinthischer Ordnung sein, können aus verschiedenen Stoffen verfertigt werden. Sie können entweder aus festem Sandstein oder Kalkstein (Marmor) gearbeitet, oder aus Eisen gegossen werden; oder sie werden aus Mauerziegeln, gehauenem Stein, Eisen und Gips gemodelt.

Die aus festem Steine gearbeiteten Capitäler sind die gebräuchlichsten: weniger häufig hat man das Eisen dazu angewandt, obgleich dasselbe, wegen seiner langen Dauer, und wegen der schnellen Vollendung und Vervielfältigung durch den Gufs, am vorzüglichsten dazu geeignet ist. Eiserne Capitäler werden in mehreren einzelnen Stücken gegossen, und nachher mit Nieten und Stiften zusammengesetzt. Ein Dorisches Capitäl giefst man, wie die Säulenbasen, immer in zwei Stücken (s. Taf. XI. Fig. 15.), von welchen das untere *a* der runde Theil, das obere *b* der viereckige Theil oder der Abakus ist. Das Ionische Capitäl wird aus sechs Stücken zusammengesetzt, und besteht aus dem untern, runden, gegliederten Theile, mit dem Ablaufe des Säulenschaftes; der vordern und hintern Ansicht, mit den Schnecken; den Polstern zu beiden Seiten, und dem Abakus. Ein Korinthisches und Römisches Capitäl wird, in Eisengufs und Metall überhaupt, in noch mehrere Stücken zerlegt, von welchen (Fig. 16. Taf. XI.) das Astragal *a*, die Glocke *b* und der Abakus *c* die wesentlichsten sind; an denselben werden die Schnörkel und Blätter u. s. w. einzeln gegossen, und mit Nieten und Schrauben befestigt. Die Glocke *b* kann jedoch auch aus blofsem Mauerwerke bestehen, und nur Astragal, Abakus und die Blätter und Schnörkel werden aus Eisen gegossen, die sich dann leicht mit langen Stiften befestigen lassen. Capitäler von Gufseisen bedürfen weder Böden noch Deckel, sondern es ist hinreichend, wenn die äufsere Kante einen 2 bis 3 Zoll breiten, nach innen gebogenen Rand hat, und der Abakus so weit bedeckt ist, dafs die Decke einige Zoll breit unter den Architrav reicht. Nachdem die eisernen Capitäler auf den Säulen-Stämmen gestellt und abgerichtet sind, werden sie, von oben, mit regulairem Mauerwerk ausgemauert.

Die Capitäler der Dorischen Ordnung, von mäfsiger Gröfse, lassen sich auch ganz aus Ziegelsteinen machen; doch mufs man, um dem Abakus auf den vier Ecken die erforderliche Ausladung zu geben, eine Eisenverbindung zu Hülfe nehmen, auf welcher die vorgeschobenen Ziegelsteine liegen können, und die stark genug sein mufs, um das Gewicht der vortretenden Ecken zu tragen. Diese Eisenverbindung erhält daher die Gestalt eines Kreuzes, auf welches ein Quadrat aus Schieneisen befestigt wird (s. Taf. XI. Fig. 17.). Erhält aber der Echinus des Capitäls, vielleicht nach Pästumschen Verhältnissen, eine starke Ausladung, und sind die Capitäler grofs: so kann es nöthig sein, die Steinschichten desselben ebenfalls mit Eisen (nach Fig. 18.) zu unterstützen, zu welchem Ende, auf einem Kreuze von Eisen, ein Zirkel aus einer Eisenschiene befestigt wird. Die Figuren 15., 17. und 18. zeigen deutlich, wie solche Capitäler aus Ziegeln modellirt werden können, und welchen Verband man dabei zu beobachten hat, damit die Ausführung leicht und dauerhaft sei.

Mit Platten von Kalkstein, oder andern tauglichen Steinarten, und von hinreichender Gröfse, lassen Dorische Capitäler von jeder Dimension sich ohne alle Schwierigkeiten verfertigen, ohne dafs Eisen dazu nöthig wäre.

Werden die Capitäler zu Ionischen und Korinthischen Säulen blofs aus Gips gegossen, so werden sie, wie die von Eisen, in mehrere Stücken zerlegt, und an Ort und Stelle, an den Säulenstämmen, an- und zusammengesetzt, und mit Eisenwerk und Nägeln, nach den Umständen, daran befestigt. Die Zwischenräume zwischen den Gipscapitälern *d e* (Fig. 16.) und dem Mauerwerke der Säulen werden von oben mit Gips ausgegossen. Um solche Capitäler anzubringen, mufs man das Mauerwerk *de* der Säulen auf diesen Stellen, rund herum, Einen Zoll einziehen, und einen kleinen Absatz bilden, auf welchem sie aufsitzen können. Man verschafft diesen Capitälern eine grofse Dauer, wenn man das Astragal *f* und den Abakus *g*, wie in (Fig. 16.) angedeutet ist, von gehauenem Stein, oder gegossenem Eisen machen läfst, damit die darauf fallende Feuchtigkeit, Regen und Schnee, diesen Theilen nicht schädlich werden können. Die beiden Theile *f* und *g* müssen daher bei dem Aufmauern der Säule gleich mit eingemauert werden; das Ansetzen der übrigen von Gips verfertigten Stücke geschieht aber erst, nachdem der ganze Portikus vollständig fertig geputzt ist.

14.

Solche Capitäler werden, nachdem sie vollendet und völlig ausgetrocknet sind, mit Öl getränkt, und darauf drei- bis viermal mit gut bereiteter Bleiweiſs-Ölfarbe überstrichen. Sie geben dann in der Dauer denen von Sandstein wenig nach, besonders wenn nach 12 bis 15 Jahren der Anstrich wiederholt wird, wodurch der Gips eine groſse Festigkeit erhält, so daſs er den Einflüssen der Witterung sehr gut widersteht.

15.

Bei dem Aufmauern freistehender Säulen hat man noch darauf zu sehen, daſs die Rüstungen um dieselben ihnen nicht zu nahe kommen, sondern vollkommen frei dazwischen stehen; denn da der Durchmesser der Säulen gegen ihre Höhe nur gering ist, so werden sie, selbst durch einen unbedeutenden Seitendruck, leicht aus ihrem senkrechten Stand gebracht. Eben diese Vorsicht ist bei dem Anbringen der Stellagen zum Formiren des Architravs, von welchen wir sogleich sprechen werden, nothwendig. Diese Stellagen müssen zwar den Säulen so nahe als möglich gebracht werden, jedoch ebenfalls ganz freistehen und sich selbst stützen. Wie diese Absicht am einfachsten und mit dem geringsten Zeit- und Kosten-Aufwande zu erreichen, wird der folgende Paragraph an die Hand geben. Zur bessern Verständlichkeit und zur leichtern Übersicht des Nachstehenden haben wir in den Zeichnungen nur den obern Theil eines sechssäuligen Portikus mit seinem Gebälk und Fronton dargestellt, um die Zeichnung nicht ohne Noth zu vergröſsern. Es zeigt (Taf. X. Fig. 19.) die Ansicht desselben von vorn, (Fig. 20.) die Ansicht von der schmalen Seite, (Fig. 21.) den Durchschnitt in der Mitte, (Fig. 22.) eine horizontale Ansicht des ganzen Portikus über den Säulen, (Taf. XI. Fig. 23.) einen Durchschnitt desselben nach der Länge oder die gegen die Frontenmauer gekehrte Seite des Gebälkes und Frontons, und (Fig. 24.) einen andern Querdurchschnitt durch die Mitte, unter andern Bedingungen.

16.

Sind die Säulen eines Portikus vollendet, und hat man die letzte Rüstung dazu, etwa bei dem Anfange oder dem Halse der Capitäler angebracht, so können die Vorkehrungen zum Anfertigen des Architravs u. s. w. getroffen werden. Um ein Gebälk von gehauenen Steinen über Säulen aufzuführen, sind groſse und kostbare Gerüste, von solidem Zimmerwerk und starken Bauhölzern, nothwendig. Ein solches Gebälk aber von Mauerziegeln zu machen, selbst über ziemlich grofsen Säulen, bedarf es dieser theuern und umständlichen Vorbereitungen von Holzwerk nicht; vielmehr enthält schon jedes gewöhnliche Mauergerüst, welches zu einer solchen Arbeit angelegt wird, in sich selbst, ziemlich das wesentlich Nothwendige; man unterstützt nur die, vor und hinter den Säulen weglaufenden Streichstangen, *a*, *a* (Fig. 19., 20., 21. und 22.), mit Stützen *b*, *b*, von unten herauf, die man unten auf Unterlagen von Holz und Keilen setzt, um sie nach Vollendung der Arbeit leicht lüften zu können, und alles ist geschehen, was zur Sicherung des Unternehmens in dieser Beziehung vonnöthen ist*). Nach dieser Versicherung des Gerüstes legt man in den Zwischenweiten der Säulen, über den Rüstungshölzern (Netzriegeln) *c*, *c*, *c*, Planken, oder Bohlen, *f*, *f*, von 3 Zoll dick, in der ganzen Breite der Säulen (Fig. 19., 20., 21. u. s. w.) neben einander; auf diesen errichtet man drei Stützen, entweder aus Mauerziegeln *d*, *d*, *d*, oder aus aufeinander gelegten Holzstücken, *e*, *e*, *e*, oder aus kleinen Ständern, *g*, *g*, *g* (Fig. 19.), die nun wieder mit 3zölligen Bohlen *h*, *h*, wie vorher, belegt werden, und die zugleich die Breite des Architravs bestimmen, weshalb sie zu beiden Seiten nach der Schnur abzurichten sind; jedoch müssen die Enden der Bohlen, aus den §. 15. angeführten Gründen, weder unten die Säulenstämme, noch oben die Abaken berühren. Auf die letzte Lage von Bohlen, *h*, *h*, kommt eine zweite *i*, *i*, deren obere Seite in flachen Bögen, nach den Enden hin, scharf zugehauen wird, um den darauf zu wölbenden, scheitrechten Bögen eine kleine Spannung zu geben. Hiermit sind alle Vorkehrungen beendet, die der Ausführung des Gebälkes über den Säulen vorausgehen müssen.

17.

Da die Säulen ihrer Natur nach nur Stützen sind, welche keinem Seitendrucke Widerstand leisten, sondern nur senkrecht darauf ruhende Lasten tragen können, so mufs das Entablement, welches sie tragen sollen, wie verschieden auch die innern Theile der Construction gestattet werden mögen, in ein Ganzes zusammengefafst werden, das in seiner Gesammt-

*) Dafs die Rüstungshölzer viereckig gezeichnet sind, geschah nur aus Bequemlichkeit, und ist nicht als ein Erfordernifs zu betrachten; es ist durchaus gleichgültig, ob sie rund oder viereckig sind.

Wirkung nur einen verticalen Druck auf die Säulen ausüben kann. Und da ferner die Räume zwischen den freistehenden Säulen nur mit Gewölbbögen sich überspannen lassen, die einen sehr starken Seitendruck auf die Säulen ausüben, so müssen diese von diesem Drucke gänzlich befreit und derselbe in den Bögen selbst aufgehoben werden. Man erreicht diesen Zweck durch ganz einfache Verbindungen von Eisen, oder Verankerungen in Jochgestalt (Fig. 19., 21. und 22.), die man nach der Länge und Tiefe des Mauerwerks der Architrave und des Hauptgesimses gehen läfst, doch so, dafs sie dem Auge ganz entzogen sind.

18.

Bei dem als Beispiel vorgestellten Porticus, bei welchem, aufser an den beiden Enden, auch noch von den zunächst stehenden Säulen, Architravs-Soffiten über den Säulengang nach der Mauer hingehen, sind zwei Joche über den Säulen, und acht Joche zur Verbindung der Säulen mit der Frontenmauer des Gebäudes nothwendig. Sie werden so angeordnet, wie es der Grundrifs (Fig. 22.) zeigt. Jedes Joch besteht aus vier eisernen Stangen, von welchen die beiden horizontalen glatt sind, und auf die Kante gestellt werden, die beiden verticalen aber an den Enden rund oder viereckig sein können, und durch ösenfömige Öffnungen stecken, die sich an den Enden der Erstern befinden. Die beiden letztern Stangen reichen in den äufsern Umfang des Porticus, von den Capitälern bis beinahe unter die grofse Platte des Hauptgesimses; ihre Dicke ist hinreichend, wenn sie $\frac{5}{4}$ Zoll beträgt. Zu den langen Ankern nimmt man Eisen von verschiedener Dicke und Breite: zu den untern, im Architrave, Eisen von $2\frac{1}{4}$ Zoll breit und $\frac{1}{2}$ Zoll dick *); für die obern sind aber $1\frac{3}{4}$ Zoll Breite und $\frac{3}{8}$ Zoll Dicke hinreichend. Die untern Anker-Eisen müssen deshalb stärker als die obern sein, weil sie nicht nur der Spannung aller Bögen, in der ganzen Länge des Architravs, allein entgegenwirken müssen, sondern auch, weil sie, bis das Mauerwerk ganz ausgetrocknet ist, einen Theil desselben zu tragen haben, wohingegen der obere Anker nur zu verhindern hat, dafs sich die verticalen Splinte an den äufsern Enden, durch die Spannung der Bögen, nicht nach oben ausbiegen. Bei den Architravs-Soffiten reichen die Splinte an den Enden der

*) Nemlich zu Säulen von 3 und mehr Fufs Dicke; zu kleinern Säulen ist Eisen, wie zu den obern Ankern, von $1\frac{1}{4}$ Zoll Dicke stark genug.

Anker nur etwa 6 Zoll über den Architrav in den Fries hinein, und die obern Anker können hier über den Architrav weggehen, wie es in den Profilen und dem Aufrisse (Fig. 19., 21. und 23.) zu sehen ist; man giebt aber den obern Ankern hier dieselbe Stärke, wie den untern, weil sie zugleich die Balkenlage über den Porticus tragen helfen müssen.

Da man nicht so langes Eisen hat, als zu den langen Ankern im Architrav über den Säulen nothwendig ist, so müssen die Anker aus kurzen Stücken zusammengesetzt werden, welches durch Zusammenschweifsen, oder durch Zusammennieten der einzelnen Stücke geschieht. Da aber in beiden Fällen die Vereinigung der verschiedenen Eisenstangen in der Schmiede, oder doch wenigstens zu ebener Erde geschehen mufs, und dann die langen Anker im Ganzen auf das hohe Gerüste hinauf geschafft werden müssen, was nicht ohne Unbequemlichkeit ist, und mancherlei Schwierigkeiten hat, und wobei sie oft leicht können verbogen werden, worauf dann das Geraderichten auf dem Gerüste grofse Mühe und Aufenthalt verursacht: so habe ich es besser gefunden, nur immer zwei Eisenlängen zusammenschweifsen, und diese Stücke vermittelst Schrauben, oben zur Stelle (nachdem die Länge der Stangen vorher genau abgemessen war), zusammenschrauben zu lassen.

Um das Eisenwerk der Verankerungen gegen die Einflüsse der Feuchtigkeit und die dadurch entstehende Oxydation zu verwahren, läfst man dasselbe stark erwärmen, und in diesem Zustande mit Pech überreiben, wie die Schmiede es mit gewöhnlichen, kleinern Schmiedearbeiten zu thun pflegen. Dieser Überzug ist hinreichend, das Eisenwerk so lange gegen die Wirkung der Feuchtigkeit zu schützen, bis das Mauerwerk des Entablements gänzlich ausgetrocknet ist. Die Längenmaafse der Anker müssen so bestimmt werden, dafs sie, wenn sie in die gehörige Stellung gebracht sind, überall einen halben Ziegel breit nach aufsen hin verblendet werden können, damit das Eisenwerk nicht nur verdeckt, sondern auch gegen die Wirkung der atmosphärischen Feuchtigkeiten bewahrt werden möge.

## 19.

Wenn die Eisenverankerungen nach dem Plane (Fig. 22.) gehörigen Orts über den Säulen-Capitälern aufgestellt, und so gerichtet sind, dafs die untern Anker etwa sechs Zoll höher, als die flachen Bögen *i, i,* zu den Architravs-Gewölben stehen, und dafs ein halber Ziegel unten hindurchgehen kann: so werden die Widerlagen *k*, *k* über den Säulen, bis zur Oberkante des Architravs, aufgemauert, durch welche dann die untern Anker festgelegt sind. Um den Widerlagen so viel Masse als möglich zu geben, läſst man dieselben noch einige Zoll rechts und links über die Abaken der Capitäler hinaustreten, was die Bögen dazwischen um eben so viel verkürzt.

Noch ist einer Verbindung zu erwähnen, die man zuweilen zwischen Säule und Entablement anbringt; sie besteht in einer eisernen Stange, 8 bis 10 Fuſs lang, die am obern Ende der Säulen eingemauert, und mit einem Quer-Eisen (Taf. X. Fig. 25. und 26.) vereinigt wird, welches über die unteren Anker greift, sie gleich weit aus einander hält, und so die Säulen mit der Verankerung unmittelbar in Zusammenhang bringt.

Diese eisernen Stangen sind auch in (Fig. 19.) angedeutet. Als unentbehrlich sind sie aber nicht zu betrachten. Wo man massive, steinerne Capitäle setzen läſst, fallen sie von selbst weg, weil das Aufsetzen der Capitäle beschwerlich sein würde, wenn man Löcher zu den Eisenstangen darin machen lassen wollte. Eine Eisenstange durch die ganze Säule gehen zu lassen, wie es oft geschieht, ist etwas gänzlich Unnützes, weil eine Säule, wie jede andere Mauer, nach der Höhe keiner Verbindung bedarf; der verticale, statische Druck der auf einander liegenden Steinschichten macht jede weitere Höhenverbindung überflüssig.

Bei der Dorischen Ordnung ist, unter gleichen Umständen, das Verhältniſs der Widerlagsmauern des Architravs zu den über die Zwischenweiten der Säulen zu schlagenden scheitrechten Bögen das vortheilhafteste, weil, vermöge der starken Ausladung der Capitäler dieser Ordnung, die Widerlagsmauern in der Fronte am breitesten, und die Bögen am kürzesten werden. Dieserhalb, und da die breiten Widerlagsmauern schon auf die einfachste und natürlichste Weise eine gröſsere Masse des übrigen Mauerwerks und des Gebälkes an sich ziehen, wie bei andern Ordnungen, was den Widerstand der Säulen gegen die Bögen vermehrt, kann man bei dieser Ordnung auch schwächeres Eisen zu den Verankerungen nehmen. Ich habe bei einem Säulengange von Neun Säulenweiten mit Acht Griechisch-Dorischen Säulen, von 4 Fuſs im Durchmesser, und zwei Pilastern an den Enden, zusammen 93 Fuſs lang, nur 2 Anker-Joche von $1\frac{3}{4}$ Zoll breitem und $\frac{3}{8}$ Zoll dickem Eisen legen lassen; was sich als vollkommen genügend gezeigt hat.

Zu einem Gebälke über einer Säulenstellung von Dreiviertel-Säulen ist nur Ein Ankerjoch nothwendig; es müssen jedoch dann die Gewölbbögen des Architravs durch die ganze Dicke der Mauer gewölbt werden, und wo solches, etwa der Balkenlage wegen, nicht angeht, müssen sie wenigstens Einen Fuſs hoch in die Mauer eingreifen.

20.

Aus der Zubereitung der Gerüste zur Wölbung der scheitrechten Bögen des Architravs ergiebt sich schon, daſs man bemüht sein muſs, diesen Bögen einige Spannung zu geben. Sollte es auch nicht geschehen, um ihnen dadurch mehr Haltung zu verschaffen, so ist es doch der Vorsicht wegen nöthig, wenn vielleicht die Wölbung der Bögen nicht sorgfältig genug ausgefallen wäre, in welchem Falle dieselben, bei dem Lüften und der Wegnahme der Unterstützungen, durch die Pressung des übrigen Mauerwerks sich etwas senken könnten, wobei sie nicht unter die Gerade kommen dürfen. Man kann aber die Bögen, wie beinahe jeden scheitrechten Bogen, wenn nicht besondere Umstände es hindern, seiner Construction und Wirkung nach, in einen Bogen eines gröſsern Kreis-Abschnittes verwandeln, wenn man seine obere Linie nach einer gewissen Kreislinie bildet, und die Widerlagen und den Fugenschnitt, als Radien, dieser Kreislinie gemäſs anordnet; die untere, gerade Linie des scheitrechten Bogens wird dadurch ganz gleichgültig und zu einer Nebensache, und verliert jeden Einfluſs auf die Haltbarkeit des Bogens, weil der untere, im Abschnitte liegende Bogentheil *m, o, n* (Fig. 19.), vermöge des in einander greifenden Verbandes der einzelnen Steinschichten, mit dem obern Bogen *m, o, p, q* verbunden ist, und von demselben getragen wird.

Wölbt man die Bögen in der ganzen Höhe des Architravs, was immer geschehen muſs, so springt der Zirkel, den man diesen Bögen nach oben giebt, in den Fries hinein; da aber auf beiden Seiten der Bögen das Architrav-Gesims durchläuft, welches die Bögen bei dieser Construction unterbrechen würden, so muſs man, auf beiden Seiten derselben, durch Einziehungen, in der Gesims-Linie Absätze bilden (siehe Taf. X. Fig. 21., 22. und Taf. XI. Fig. 24.), auf welchen die Architravs-Gesimse *l, l* in gerader Linie können durchgeführt werden.

21.

Hat man auf diese Art den Architrav über die Säulenreihe herumgeführt und ihn mit der Frontenmauer, vor welcher der Porticus errichtet wird, überall vereinigt, wo die Vereinigung Statt finden soll, so wird das Mauerwerk des Frieses an den Ecken, in der erforderlichen Höhe, um über den Säulen neue Widerlagen zu einer zweiten Reihe Bögen zu geben, aufgemauert. Diese Bögen sind bestimmt, die Last des übrigen Mauerwerks von den Architravs-Bögen abzuhalten, und dieselbe auf die Säulen zu übertragen. Um die Zirkellinie dieser Bögen vergröfsern zu können, läfst man sie etwa 6 Zoll in das Hauptgesims hineinspringen, und behandelt sie, wie die vorigen, mit einem Absatze auf der äufsern Seite, damit das Untergesims unter der grofsen Platte in gerader Linie kann fort gemauert werden; wie aus den Profilen zu ersehen ist. Man verfertigt die Gewölbe auf hölzernen Lehrbögen, die nach Vollendung der Gewölbe darunter weggenommen werden; die Öffnungen läfst man aber so lange offen, bis das ganze Werk mit seinen Fronten beendigt ist; alsdann reicht es hin, dieselben, an beiden Seiten, einen halben Ziegelstein stark zu vermauern; der Raum *r* (Fig. 21., 23., 24.) in der Mitte kann leer bleiben. Eine frühere Vermauerung dieser Öffnungen würde dem Zwecke der zweiten Bogenreihe entgegen sein; denn wenn das daraufgesetzte Mauerwerk die Bögen im Fries etwas zusammenpressen sollte, so würde dieser Druck durch die Untermauerung sich auch den scheitrechten Architravs-Bögen mittheilen, und dadurch eine gröfsere Spannung auf die Anker hervorgebracht werden, von welchem dieselben aber auf die obige Weise befreit bleiben, da er nur auf die Säulen sich äufsern kann, und dann deren Standfestigkeit noch befördert. Nach Beendigung der Bögen werden die obern Zwischenräume auf die Widerlage aufgemauert, und der Fries wird in der bestimmten Höhe abgeglichen.

In dem Falle, wenn das Hauptgesims ganz von Sandstein gemacht werden soll, können die Bögen im Friese nicht in dasselbe hinauf steigen, sondern müssen sich auf die Höhe des Frieses beschränken, weshalb sie dann etwas flacher werden.

22.

Bis hierher läfst sich, wie wir gesehen haben, bei einem Porticus Alles, bis auf die Capitäler der Säulen, ohne Schwierigkeiten aus Mauerziegeln machen; denn sobald die obere Säulendicke von der Art ist, dafs die

Breite des Architravs Ein und eine Halbe Ziegelstein-Länge beträgt, welche Breite nöthig ist, um in der kleinsten Entfernung von einander zwei neben ander laufende Anker einzuschliefsen, lassen Architrav und Fries aus Mauerziegeln sich darstellen. Je mehr die Breite des Architravs zunimmt, und die Verhältnisse sich vergröfsern: je leichter ist die Ausführung. Erreicht der Architrav die Breite von 4 Fufs, so reichen zwei Anker in der Breite nicht mehr aus, sondern man mufs dann drei darin legen; weil der Zwischenraum zwischen zwei Ankern, der Breite nach, nicht füglich gröfser als 20 bis 24 Zoll, oder zwei Ziegelstein-Längen, sein darf. Bei den Hauptgesimsen dagegen ist jedoch die Bildung derselben, blofs aus Mauerziegeln, auf gewisse Bedingungen und auf eine gewisse Gröfse beschränkt, über welche hinaus man andere Materialien zu Hülfe nehmen mufs, da mit Mauerziegeln allein nicht jede beliebige Ausladung des Hauptgesimses hervorgebracht werden kann. Überschreitet der Vorsprung der Platte über dem Untergesimse nicht 10 bis 12 Zoll, so kann derselbe aus besonders dazu gebrannten Gesimssteinen (die jedoch nur in wenigen Gegenden gekannt und üblich sind), und selbst noch aus gewöhnlichen Mauerziegeln verfertigt werden, wenn leichte Verankerungen zu Hülfe kommen.

23.

Die Anwendung grofser gebrannter Gesimssteine zur Bildung der Platte eines Hauptgesimses ist allgemein bekannt; allein die Verfertigung dieses Gesimstheiles aus gewöhnlichen Mauerziegeln, wozu mich verschiedentlich der gänzliche Mangel anderer dazu tauglicher Mittel, so wie auch der Wunsch führte, den Zweck auf eine wohlfeile und dauerhafte Art zu erreichen, ohne Holz zu Hülfe zu nehmen, ist nicht als allgemein bekannt anzunehmen, weshalb Einiges darüber hier folgen soll, womit man sich oft aus der Verlegenheit wird helfen können.

Da die Platte eines Gesimses immer der gröfste und wesentlichste Theil desselben ist, so kann man sie auch sehr gut durch eine Rollschicht formiren, die sich über die ganze Mauerdicke, bis zu dem äufsersten Vorsprunge der Platte (10 bis 12 Zoll über das Untergesims hinaus) ausdehnt; werden in derselben die Steine in gehörigen Verband gelegt, so bekommt man dadurch ein Mittel, die Steine nach vorn 10 bis 12 Zoll über das untere Mauerwerk hinauszuschieben, wie (Taf. XI. Fig. 27. und 28.) zeigen. Denn da die Steine *a*, *a*, *a* (Fig. 28.) nur um die halbe Länge über das

Untergesims hervortreten, und von den neben ihnen liegenden *b, b, b, b* in dieser Lage ganz fest gehalten werden, so sind sie durch die Cohäsion des Kalkmörtels im Stande, wieder andere Steine *c, c, c* festzuhalten, die zwischen ihnen liegen, und die noch um eine halbe Steinlänge vortreten können. Da nun aber noch die Lücken *d, d, d* mit halben Ziegeln, oder Kopfstücken, auszufüllen sind, deren Gewicht die Cohäsionskraft des Mörtels überwiegen könnte, auch nach Vollendung der Platte *f* (Fig. 27.) der vorspringende Theil *g, h* derselben, noch das Obergesims *i, k, l, m* zu tragen bekommt: so mufs das Übergewicht durch eine Verankerung unterstützt und im Gleichgewichte gehalten werden.

Die Verankerung, welche ich hierzu angewandt habe, ist folgendermafsen construirt. Von vier zu vier Fufs liegt, in einer verticalen Fuge zweier neben einander stehender Steinschichten der Platte, ein Anker *n, o* (Fig. 27., 28., 29., 30.), dessen Eisen auf der Kante steht, am Ende *o* rechtwinkelig herabgebogen ist, und unten eine andere horizontale Umbiegung *p* hat, mit welcher es in eine wagerechte Fuge, zwei Schichten unter der Platte, eingreift. An dem vordern Ende der Anker liegt eine schwache Eisenschiene *q, q*, die über dieselben nach (Fig. 30.) auf- und abgebogen ist, und der ganzen Länge nach unter der Platte hinläuft; hiernächst liegt noch ein Stückchen Eisen *r* (Fig. 27., 28.) vorn unter jedem Anker, damit er nicht in die Fugen könne hinabgedrückt werden. Das Eisen zu den Ankern ist $1\frac{3}{4}$ Zoll breit, $\frac{3}{8}$ Zoll dick, zu der unter der Platte hinlaufenden Schiene aber nur $1\frac{1}{2}$ Zoll breit, und etwas über $\frac{1}{8}$ Zoll dick.

Um die Platte eines solchen Gesimses zu mauern, bringt man, nachdem das Untergesims aufgeführt ist, und die Anker mit der Tragschiene an die gehörigen Stellen gebracht sind, ein unterstütztes Brett an, welches die Breite des Platten-Vorsprungs hat, und genau in die Wage gelegt wird, worauf sich dann leicht und sicher mauern läfst. Die Unterstützung der Platte läfst man, nach Vollendung der Platte und des ganzen Gesimses, noch einige Zeit darunter stehen, bis das Mauerwerk hinlänglich ausgetrocknet, und der Kalkmörtel zureichend erhärtet ist.

## 24.

Ist die Ausladung eines Gesimses so grofs, dafs die beschriebene Construction der Platte nicht mehr mit Mauerziegeln ausführbar ist, so mufs man sich, zur Gewinnung des gröfsern Vorsprungs, anderer Materialien bedienen, nemlich die Platte entweder aus grofsen Kalksteinplatten, oder aus gehauenem Sandstein machen, oder Platten von gegossenem Eisen legen *). Mit Platten aus Kalkstein, wo man sie haben kann, wird der Zweck am wohlfeilsten und leichtesten erreicht; sie brauchen nur an der vordern Kante etwas behauen zu werden, und sind 3 bis 4 Zoll dick zu jedem Gesims hinreichend. Wo tauglicher Sandstein zu haben ist, läfst man die Platte in ihrer ganzen Dicke, mit dem obern Plättchen, daraus verfertigen; das ganze übrige Gesims kann von Mauerziegeln gemacht werden.

Nimmt man Platten von gegossenem Eisen, so brauchen dieselben höchstens 1 Zoll dick, und nur so breit zu sein, als zur sichern Ausführung des Gesimses nöthig zu erachten; auf die Unterlage von Eisen wird die Platte, mit dem ganzen Obergesimse, auf gewöhnliche Weise aufgemauert und behandelt. Soll die untere Seite der Platte vielleicht mit Casetten und Rosetten verziert sein, so werden dieselben, für Platten von Mauerziegeln, blofs in Kalk, Stuck oder Gips verfertigt, für Platten von Stein in Stein ausgehauen, und für Platten von Eisen zugleich an die Eisenplatte gegossen, die Rosetten jedoch besonders angesetzt.

25.

Die Ecken sind bei den Gesimsen die schwierigsten Stellen, sowohl rücksichtlich der Verfertigung, als der Befestigung. Wird das Gesims von Mauerziegeln, mit oder ohne Gesimssteine, gemacht, so mufs zu den Ecken eine besondere Vorrichtung von plattem Eisen (Fig. 28.), einem Roste ähnlich, gemacht werden; die vordern Eisenstangen dürfen nur so weit von einander entfernt sein, dafs ein Ziegelstein von einer zur andern reicht; auch mufs der Rost stark genug sein, die ganze Last des darauf zu legenden Mauerwerks zu tragen. Oft kann es nöthig sein, diese Verankerung des untern Gesimses, auch bei dem Rinnleisten, über der Platte, zu wiederholen, um die erforderliche Haltbarkeit zu gewinnen.

Werden andere Steinarten, wie die oben genannten, zu Gesimsen genommen, so erfordern die Ecken jederzeit die gröfsten Steine, um den Vorsprung des Gesimses nach beiden Seiten, und an den Ecken selbst,

---

*) Oder das Gesims hohl, aus gebranntem Thone machen.
Anm. d. Herausg.

das Gleichgewicht zu halten. Sind z. B. Steine von der doppelten Länge des Vorsprungs des Gesimses zu den übrigen Theilen desselben hinreichend, so würde an der Ecke ein Stein, der ein Quadrat von zwei Vorsprungs-Längen (Fig. 31.) ausmacht, noch immer viel zu klein sein, um den frei in der Luft schwebenden Theil zu tragen, weil nur ein Viertheil desselben auf der Mauer liegt, drei Viertheile aber frei über die Mauer hinweg reichen. Selbst Steine von $2\frac{1}{2}$ und 3 Vorsprungs-Längen, so wie von 3 dieser Längen im Quadrat (Fig. 32. und 33.), geben noch kein Gleichgewicht. Bei den ersten verhält sich der aufliegende zum freischwebenden Theil, wie 3 zu $4\frac{1}{2}$, oder wie 2 zu 3, bei dem zweiten wie 4 zu 5; bei dem ersten schwebt also noch der dritte, bei dem zweiten noch der fünfte Theil ohne Gegengewicht frei in der Luft. Nur erst wenn der Stein 3 Ausladungen breit und 4 lang ist, (Fig. 34.), entsteht völliges Gleichgewicht zwischen dem aufliegenden und dem freischwebenden Theile des Ecksteines. Wo man also kleinere Steine zu den Ecken nehmen mufs, kann es nicht ohne Hülfe von Eisen geschehen, entweder, nach (Fig. 28.), als Unterlage unter der grofsen Platte, was für Kalksteinplatten pafst *), wo der Abputz das Eisenwerk verbergen kann; oder am hintern Ende des Ecksteins, wenn die Platte von Sandstein ist, wo dann das Eisenwerk 5 bis 6 Schichten tief in das untere Mauerwerk, und oberhalb über den Eckstein greifen mufs, um so das fehlende Gleichgewicht des Steins künstlich zu ersetzen. Bei der Anwendung von Eisenplatten gilt dasselbe für die Ecken, was von Steinplatten bemerkt wurde; allein hier sind die Schwierigkeiten leicht zu heben, da man die eisernen Platten von jeder erforderlichen Gröfse und Abmessung giefsen lassen kann.

## 26.

Ist das Gesimse auf die eine oder andere Weise ausgeführt, und das Entablement des Porticus dadurch vollendet, so hat die Aufrichtung des sich darüber erhebenden Frontons keine weiteren Schwierigkeiten. Man sucht jedoch auch gern bei diesem Mauerwerke das frühere Entlastungs-Prinzip in Anwendung zu bringen, um auch die zweite Bogenreihe im Friese so wenig als möglich von der Last tragen zu lassen. Es

*) Bei denen man sich jedoch auch damit helfen kann, dafs man nach hinten zu einen zweiten Stein auf den erstern legt, wodurch das Eisen zur Befestigung der Gesims-Ecke erspart wird.

werden also noch drei Entlastungsbögen (Fig. 19.) im Dreiecke des Frontons geschlagen, Einen und Anderthalb Ziegel hoch, und so breit als die Mauer des Frontons dick ist. Das Mauerwerk, welches diese Bögen überspannen, braucht nicht dicker als Einen Ziegelstein zu sein, mufs aber an der äufsern Seite (Taf. XI. Fig. 24.) eine glatte Fläche mit den Bögen machen. Bei dem Fronton-Gesimse ist nichts weiter zu erinnern; es wird eben so wie das Hauptgesims behandelt.

27.

So wie nun das Verfahren bei Erbauung eines Porticus von sechs Säulen beschrieben worden ist, verfährt man auch, wenn derselbe acht oder zehn Säulen in der Fronte bekommt, oder wenn die Zahl der Säulen in einer Reihe noch gröfser sein soll. Die Eisen-Verbindungen bedürfen weder einer gröfsern Stärke, noch einer andern Zusammensetzung, die Fälle jedoch ausgenommen, wo die Säulenreihe an den Enden von gröfsern Mauermassen, und nicht von einer Säule, oder Pilaster, begrenzt wird: dann fallen die Eisen-Verbindungen ganz weg, weil, unter solchen Umständen, die Mauern an den Enden dem Schube der Architrav-Bögen hinreichenden Widerstand leisten.

Je l ä n g e r eine Säulenreihe ist, je schwieriger ist ihre Ausführung, und je mehr Vorsicht und Aufmerksamkeit mufs man darauf wenden, dafs sie nicht vor Vollendung des Ganzen aus der geraden Linie geschoben werde, welcher Umstand leicht eintritt, wenn man das Hauptgesims darauf legt, und Vorkehrungen dagegen zu treffen versäumt worden sind; weil die über den Fries ins Freie vortretende Masse das Gleichgewicht aufhebt, und die Säulenreihe, in der Mitte, nach der entgegengesetzten Seite zu drücken strebt. Man mufs daher bei solchen Säulenstellungen Verbindungen, nach der Tiefe des Säulenganges, von den Säulen nach der dahinter stehenden Mauer anbringen, um dem Drucke des Hauptgesimses zu begegnen; welches auf verschiedene Weise geschehen kann.

28.

Bei Portiken von sechs Säulen ist es hinreichend, wenn man, aufser von den Ecksäulen, wo die Verbindung mit der Frontenmauer immer Statt finden mufs, von den beiden, den Ecken zunächst stehenden Säulen Architravs-Soffiten nach der Mauer hinübergehen läfst, wie in dem hier gegebenen Beispiele (Fig. 22.) zu sehen ist, wo der freie, unverbundene

Theil des Architravs und Frieses nur drei Säulenweiten lang ist, und sich bei der Ausführung niemals Schwierigkeiten gezeigt haben. Bei acht Säulen ist es ebenfalls genug, wenn die erste und dritte, oder die erste, zweite und dritte Säule von jedem Ende mit der Mauer in Verbindung gesetzt wird; bei zehn Säulen in einer Linie genügt es, die erste, dritte und vierte Säule von jedem Ende in solche Bindung zu bringen, wenn man nicht von allen Säulen Architrave zur Mauer übergehen lassen will. Sollen aber, wie bei den Griechischen Denkmälern, keine Architrav-Soffiten über den Säulengang gehen, sondern die Decke desselben, casettirt, in gleicher Ebene sich darüber hin ausbreiten, so mufs man anders verfahren.

Obgleich nemlich die Decken-Construction schon eine Verbindung der Säulenreihe mit der Frontenmauer gewährt, die auch hinreichend ist, das in §. 26. erwähnte Bestreben des Hauptgesimses unschädlich zu machen: so kann man doch über der Decke, in gewissen Entfernungen, noch eine zweite und festere Verbindung dadurch hervorbringen, dafs man von diesen Puncten, über die Säulen, halbzirkelförmige Bögen zur Mauer schlägt nach (Taf. XI. Fig. 23. u. 24.) in *ff*, die unterhalb mit Ankern *tt* gebunden sind, welche durch beide Mauern, des Porticus und der Fronte, gehen, und auf welche Bögen man, nach Gutbefinden, besondere Verbindungsmauern, so hoch errichten kann, als man es den Umständen angemessen erachtet.

29.

Will man einem sehr grofsen Fronton in der Mitte eine besondere Verbindung mit der Mauer geben, oder soll auf denselben eine Decoration gesetzt werden, die einer gröfsern Basis bedarf, als die Mauerdicke des Frontons sie darbietet, so schlägt man von 2 solchen Bögen *s* (Fig. 23.) ein Gewölbe *uv* über die mittelste Säulenweite, welches vorne durch die Mauer des Frontons greift, und auf dem andern Ende (Fig. 24.) bis zur hintern Seite der Frontenmauer sich erstreckt; worauf man zu beiden Seiten des Gewölbes so viel Mauerwerk aufführt, als, der Absicht entsprechend, nöthig ist.

30.

In dem hier abgehandelten Beispiele beträgt die Säulenweite, oder die Länge des darüber liegenden Architravs, nur 8 Fufs. Es hat aber auch keine Schwierigkeiten bei der Ausführung dieser Construction, wenn die Säulenweite bis auf 10 und 12 Fuſs steigt, weil dann die Säulen auch von gröſseren Dimensionen sind, und mit denselben auch die Verhältnisse des Architravs und des Frieses sich vergröſsern und höher werden, so daſs Alles in denselben Verhältnissen bleibt. Es kann jedoch bei Säulen von kleinerer Dimension der Fall eintreten, daſs eine Säulenweite vergröſsert werden muſs, vielleicht in der Mitte, wegen einer Einfahrt, oder wie in dem Beispiele (Taf. XI. Fig. 35.), wo *a* die Mitte des Porticus und des Hauses, *b* aber die Mitte eines Saales war, dessen Fenster-Eintheilung auf keinerlei Weise konnte verändert werden. Es muſste hier die mittelste Säulenweite beträchtlich gegen die zur Seite erweitert werden, wenn nicht alle Verhältnisse schlecht ausfallen sollten, wie es erfolgt wäre, wenn man die Säulenweiten gleich breit angenommen hätte; der Architrav liegt daher hier in der Mitte 10 Fuſs frei, er ist, wie die Säulen, am obern Ende 2 Fuſs 4 Zoll dick. Da unter solchen Umständen die auf dem Architrav-Bogen liegende Mauermasse nachtheilig auf die Verankerungen wirken kann, obwohl der groſse Entlastungsbogen denselben einen beträchtlichen Theil der Masse abnimmt; so muſs man den untern horizontalen Ankern mit einem oder zwei Häng-Eisen *c*, *c* zu Hülfe kommen, die unten in Hakenform um die Anker greifen, deren Splinte *d*, *d* aber am obern Ende auf dem Rücken des Tragbogens aufliegen, um ihm dadurch das Übergewicht zu übertragen, welches durch das unter ihm befindliche, auf den Architrav und die Anker drückende Mauerwerk zum Nachtheil dieser Theile entsteht.

Bei Säulenstellungen mit breitern als 8füſsigen Säulenweiten, bei welchen kein Fronton über dem Entablement sich erhebt, wird den Hülfsbögen im Friese das Übergewicht des Architravs, vermittelst eines Häng-Eisens in der Mitte, übertragen. Stehen in einer Säulenhalle die Säulen unter solchen Umständen in mehreren Reihen hintereinander, über welchen dann die Architraven nach der Länge und Tiefe sich durchkreuzen sollen, so werden über die Säulen-Reihen, nach den Richtungen der Architraven, besondere Hülfsbögen wie *s*, *s* in (Fig. 23. und 24.), in Halbzirkeln, von einer Säule zur andern geschlagen, welche die Häng-Eisen aufnehmen, um mit ihren Rücken Architrave und Decke tragen zu helfen.

Zu den Häng-Eisen nimmt man dieselbe Eisensorte, wie zu den obern Ankern dient, da sie nicht die ganze Mauermasse zu tragen haben, die auf dem Architrav ruhet, sondern nur das Übergewicht, welches möglicher Weise den Architrav-Bogen zum Nachgeben bringen könnte.

31.

Die Decke des Säulenganges wird am leichtesten und wohlfeilsten aus Holzwerk gemacht, was sich auf verschiedene Weise anordnen und ausführen läfst, wobei man aber immer so zu verfahren suchen mufs, dafs so wenig Balken-Enden als möglich in dem Mauerwerke über den Säulen zu liegen kommen, und dafs dieselben nicht mit den Gewölbbögen in unvortheilhafte Collisionen gerathen. Es ist, wo man diesem Umstande nicht ausweichen kann, hinreichend, die Balken-Enden nur 6 Zoll tief in das Mauerwerk eingreifen zu lassen; doch wird der Übelstand in den meisten Fällen ganz können vermieden werden.

Die Decke über einen Säulengang läfst sich auf drei verschiedene Arten darstellen. Sie ist 1) entweder ganz glatt, und wird unmittelbar über den Architrav gelegt; oder sie bekommt 2) grofse, mit den Säulenweiten correspondirende Casetten, deren Fond mit einer platten Decke, wie die vorige, geschlossen wird; oder man theilt 3) die Decke in kleinere Casetten, wie §. 28. erwähnt, in welcher Gestalt die Balkenlage gegen die Oberkante des Frieses, oder auch auf denselben gelegt wird. Bei der ersten Art legt man die Balken, nach der Länge des Porticus, über die Architravs-Soffiten, wobei kein Balken-Ende in die andere Mauer zu liegen kommt. Fehlen, wie in dem hier gegebenen Beispiele (Taf. X. Fig. 19. u. 22.), diese Soffiten bei den beiden mittelsten Säulen, so legt man statt ihrer zwei Träger über die Balkenlage, und befestigt daran die Balken mit Schraubenbolzen. Zur Darstellung der grofsen Casetten im zweiten Falle legt man erst einen Balken längs dem Mauerwerke über den Säulen, in welchen Balken diejenigen, die die Breite der Casetten bestimmen, gleich Stichbalken, eingefügt werden, während sie mit dem andern Ende auf der Frontenmauer ruhen; zwischen die Stichbalken legt man gegen die Fronten-Mauer kurze Balken, in Form von Wechseln, ein, wodurch die vierte Seite gewonnen und geschlossen wird. Auf diese Casetten-Rahmen bringt man nun die Balken, wie im vorigen Fall, an. Bei der dritten Art kann der gröfste Theil der Balken quer über dem Säulengange liegen, indem oberhalb des Frieses schon so viel einfaches Mauerwerk sich findet, als nöthig ist, um die Balken ohne Schwierigkeit und Nachtheil zu legen; wo es die Bögen im Friese nicht zulassen, läfst sich mit Wechseln helfen; woraus folgt, dafs nur selten Balken-Enden, in dem Mauerwerke, über den Säulen Auflage gegeben werden darf.

32.

Ob ein Porticus, in einer einfachen Säulenreihe, vor einer Frontenmauer errichtet, oder ob mehrere Reihen Säulen hinter einander aufgestellt werden, oder ob ein einfacher, oder doppelter Säulengang ein ganzes Gebäude umgeben soll, macht in der Construction, Ausführung und Sicherstellung eines solchen Werkes keinen weiteren Unterschied. Das Verfahren bleibt dem ähnlich, welches hier für den einfachen Porticus in den verschiedenen Fällen angegeben worden ist, und die Eisenverbindung, in ihrer einfachen Jochgestalt, reicht überall hin, jede Zahl von Säulen, sowohl nach der Länge, als nach der Tiefe, zu einem festen und dauerhaften Ganzen zu verbinden; sei es mit sich durchkreuzenden Architraven, oder ohne solche, mit gröfsern oder kleinern Säulenweiten und Säulen. Was unter allen diesen Umständen zu beobachten in den vorausgehenden Paragraphen angeführt worden ist, gewährt die Mittel, jede architektonische Aufgabe dieser Art, in jeder beliebigen Dimension, innerhalb der §. 22. angezeigten Grenze des Minimums, mit Mauerziegeln, für die Dauer von Jahrhunderten auszuführen.

33.

Nachdem der Porticus im Mauerwerke vollendet ist, werden die einzelnen Theile des Gebälkes und der Säulen durch den Abputz, der Ordnung und dem Charakter des Werks gemäfs, weiter ausgeführt, so dafs alle Constructionstheile in den gehörigen Formen und Gröfsen-Verhältnissen erscheinen. Der Abputz der Gebäude und das Ziehen der Gesimse sind nun zwar, im Ganzen, gewöhnlich allgemein bekannte Arbeiten, worüber eigentlich nichts mehr zu sagen wäre; da man aber nicht allenthalben die nemliche Methode befolgt, um einen und denselben Zweck zu erreichen, so erlaube ich mir, eingedenk des Zweckes dieses Journals, und was darüber in der Vorrede Band I. Seite XXV. und XXVI. ausgesprochen worden ist, ein Verfahren bei dem Ziehen der Gesimse, mit wenigen Worten, zu beschreiben, das wenigstens von dem abweicht, welches man gröfstentheils in Deutschland und Schweden befolgt, aber wesentliche Vortheile gewährt; indem es schnell von Statten geht, eine Vollendung gewährt, die nichts zu wünschen übrig läfst, und fast niemals die geringste Nachbesserung erfordert.

34.

Das Gesimsziehen geschieht, wie bekannt, vermittelst einer Chablone *a* (Taf. XI. Fig. 36.), die, nach dem Profile des Gesimses, aus einem Brette ausgeschnitten ist, und zweier Latten, wovon die eine unterhalb des Gesimses, bei *b* (Fig. 36.), die andere *c* auf dem Gesimse angebracht wird. Diese Latten müssen glatt und mit geraden Kanten gehobelt sein, und so befestigt werden, dafs die Oberkante der Latte *b* nicht allein genau in der Wage, sondern dafs auch ihre vordere Fläche oder Seite genau parallel mit der Fluchtlinie der Mauer ist, welche das Gesims krönt; und eben so mufs die Vorderkante der obern Latte *c* parallel mit der erstern und der Fluchtlinie sein. Man nennt diese Vorrichtung den Lattengang, weil die Chablone darauf hingeschoben wird, und dadurch einen sichern Gang erhält, der die gerade Linie des Gesimses auszudrücken dient. Bei dem Gebrauche der Chablone *a* wird dieselbe gegen die Latten *b* und *c* stark angedrückt, und gleichzeitig von dem rechten nach dem linken Ende des zu ziehenden Gesimses hingeschoben. Die Chablone bewegt sich aufserdem frei, und wird anfänglich beim Ziehen des Gesimses zum Schneiden (wie der Kunstausdruck heifst), das heifst so gehalten, dafs ihre untere gerade Kante senkrecht auf dem Lattengange steht; beim Vollenden des Gesimses aber wird sie zum Schleifen gehalten, d. h. so, dafs ihre Unterkante schräg gegen den Lattengang steht; nach jedem Zuge wird sie bei Seite gesetzt.

35.

Bei der nun zu beschreibenden Methode des Gesimsziehens wird dagegen der Lattengang so eingerichtet, dafs die obere Latte *a* (Fig. 37.) nicht auf dem Gesimse liegt, sondern vor demselben angebracht ist. Bei Dächern, die mit Eisen oder Kupfer gedeckt sind, und eine Lage Bretter unter sich haben, hat das Anbringen dieser Latte vor dem Gesimse keine Schwierigkeit, weil sie an der vortretenden Brettkante und dem Metall-Dache mit Nägel und Klammern *c*, aus Holz verfertigt, und mit Draht fest zusammengebunden, leicht zu befestigen ist. Soll aber das Dach mit Dachziegeln bedeckt werden, so mufs man zuvor ein Brett auf die Sparren oder Aufschieblinge legen, und so weit vortreten lassen, dafs an dessen untere Seite die Latte *a* vor dem Gesimse mit Nägeln kann befestigt werden. Bei der untern Latte *b* ist nichts besonders zu erinnern; sie wird wie bei der vorigen gewöhnlichen Art angebracht. Dahingegen erhält aber die Chablone eine besondere Vorrichtung an ihrem untern Ende, die aus (Fig. 37. und 42.) zu ersehen ist Der wesentlichste Theil derselben ist eine kurze Latte *d d*, von 2 bis 3 Fufs lang, mit zwei Streben *e*, *e*, die gegen die untere Kante *f g* der Chablone, genau im rechten Winkel, befestigt werden mufs. Die beiden Streben *e*, *e* haben vorne eine Klaue oder Blatt, welches sowohl über die Latte *d d*, als auf den Lattengang *b* greift; zur Unterstützung der beiden Streben oder Arme *e*, *e* ist noch eine zweite kürzere Leiste *k k* an der untern Kante der Chablone befestigt, auf welcher diese Arme ruhen; und damit die Latte *b b* immer in horizontaler Lage bleibe, hat sie an jeder Seite eine Strebe *k k*, die mit ihrem obern Ende an die Chablone fest genagelt ist. Der Zweck dieser Vorrichtung ist, der Chablone beim Ziehen des Gesimses einen steten, unabänderlichen Gang und Stellung auf dem Lattengange *b* zu geben, was durch die Latte oder Leiste *d d*, und durch die beiden Klauen oder Streben *e*, *e* geschieht.

Bei dieser Einrichtung des Lattenganges und der Chablone kann dieselbe nur von Einem Ende her in den Lattengang eingebracht werden; und ist sie in denselben eingeschoben, so ist das Werkzeug fertig, und das Ziehen des Simses kann ohne Weiteres beginnen. Die Vortheile, welche die Einrichtung gewährt, sind folgende:

1) Die Chablone kann weder ihre verticale Richtung auf dem Lattengange, noch auf die Horizontallinie verändern; die Leiste *d d*, mit ihren Streben zu beiden Seiten, so wie die obere Zuglatte *a*, verhindern es; sie bleibt daher während der ganzen Dauer des Ziehens in gleicher Lage und in dem Lattengange hängen.

2) Erfordert es keine Anstrengung, die Chablone während des Zuges scharf gegen das Gesims zu halten, wie bei der gewöhnlichen Art, wo bei grofsen Chablonen eine Mannskraft allein erforderlich ist, um die freie Chablone nur gegen die Latten zu drücken, und wo die übrigen Arbeiter, mit grofser Anstrengung und mit steifen Armen, die Chablone in rechtwinkliger Stellung auf dem Lattengange fest zu halten suchen müssen.

3) Kann man mit der so eingerichteten Chablone vor- und rückwärts ziehen, und s c h n e i d e t und s c h l e i f t in dieser Stellung, weshalb

auch die vordere profilirte Kante derselben, auf der linken, oder Zug-Seite, abgeschrägt ist, so dafs sie den Kalkmörtel erst andrückt, ehe sie ihn wegschneidet.

4) Bleiben hie und da im Gesims Stellen aus, die sich nicht gleichförmig mit den übrigen modellirt haben, so werden diese besonders ausgeworfen, und die Arbeiter führen die Chablone so lange über diese Stellen hin und her, bis sich alle Glieder vollständig dargestellt haben; was mit der freien Chablone unausführbar ist, und wobei hier die Streben zu beiden Seiten, als Handhaben, vortreffliche Dienste leisten, weshalb sie auch immer rundlich gearbeitet werden. Es kann daher auch

5) mit dieser Chablone jedes Gesims in solcher Vollendung ausgezogen werden, dafs nicht die geringste Nachbesserung daran nöthig ist, und dafs die Kanten der einzelnen Glieder die Schärfe der Tischlerarbeit bekommen, was mit der freien Chablone ebenfalls niemals zu leisten möglich ist *).

36.

Wie sehr diese Methode das Ziehen der Gesimse fördert, wird man am deutlichsten daraus abnehmen können, dafs drei bis vier Arbeiter (gewöhnlich arbeiten nur drei dabei: Einer zieht und Zwei schieben nach) im Stande sind, 50 bis 60 Fufs Hauptgesims, von 2 Fufs Höhe und Ausladung, und auch darüber, in einem Tage zu vollenden; ob das Gesims mehr oder weniger, feine oder grobe Glieder hat, ist ganz gleichgültig, da solche auszudrücken den Arbeitern keine besondere Mühe und Nachhülfe verursacht. Doch ist zu bemerken, dafs der Russische Maurer, im Sommer, in den langen Tagen, 14 statt 12 Stunden (Frühstücks-, Mittags- und Vesperzeit schon abgerechnet) arbeitet, und, zum schnellern Fortgange der Arbeit, Gips unter dem Mörtel mischt, um nicht auf das Anziehen (Trocknen) des Anwurfs lange warten zu dürfen, sondern den Andern schnell folgen lassen zu können. Sonst verfährt er wie gewöhnlich, d. h. er fängt mit

*) In Rufsland, wo man sich dieser Methode bedient, hat daher der Maurer auch kein anderes Handwerkszeug zum Putzen und Simsziehen, als eine kleinere, sonst gewöhnliche Mauerkelle, eine Tünchscheibe, Reibebrett, und eine kleine, schmale, 5 Zoll lange Kelle, die er bei Verkröpfungen als Putz-Eisen gebraucht; der ganze übrige Apparat, von kleinen und grofsen Reibebrettern u. s. w., ist ihm unbekannt und entbehrlich.

grobem Kalkmörtel an, und endet mit feinem und fettem Mörtel, um den Gliedern des Gesimses die möglichste Schärfe zu geben.

Bei kleinern, wie Architrav- und Cordon-Gesimsen, kann der Lattengang nicht wie bei den Hauptgesimsen eingerichtet, und die obere Latte nicht vor demselben angebracht werden; es wird hier die eine Latte unter und die andere über dem Gesims auf der glatten Mauer angeschlagen; der Wasserschlag wird dadurch jedesmal zugleich mit ausgezogen, und braucht nicht erst besonders wieder gemacht zu werden. Die leitende Vorrichtung an der Chablone darf aber nicht fehlen, weil sonst der Vortheil der beschriebenen Handhabung, des Hin- und Herziehens und Schleifens mit derselben, verloren gehen würde, wodurch den Gesimsen nur allein die gewünschte Vollendung kann gegeben werden.

37.

Wir kommen nun zu dem Putzen der Säulen, wodurch dieselben ihre Vollendung und denjenigen Reiz für das Auge erhalten, der diesen Formen eigen ist. Da diese Vollkommenheit, wie die Erfahrung und der Augenschein nur zu deutlich lehrt, nicht allenthalben erreicht, und hie und da nur mit sehr mühsamen, künstlichen und kostspieligen Mitteln, die ganz geeignet sind, von solchen Werken ganz abzuschrecken, zu erreichen gesucht wird, und sogar Werke sehr namhafter Architekten auf das Abscheulichste ausgeführt und entstellt sich finden; so folgt, daſs eine einfache, zuverlässige und zugleich wohlfeile Behandlung des Putzens der Säulen noch nicht etwas allgemein Bekanntes sein muſs, selbst da nicht, wo die Säulen jährlich in groſser Zahl emporsteigen.

38.

Soll eine von Mauerziegeln aufgemauerte, oder auch von Holz verfertigte Säule, ihre äuſsere Vollendung in Putz, Stuck, oder Gipsmarmor erhalten, so muſs man, wie beim Aufmauern derselben, nach dem Modell (Taf. X. Fig. 1. und §. 3.), eine Chablone, nach der ganzen Höhe der Säule, machen lassen, welche dem Modelle genau anpaſst. Hat die Säule Base und Capitäl von Stein oder Eisen, bei welchen die untere und obere Dicke durch den An- und Ablauf des Säulenstammes bestimmt und vorhanden ist, so wird danach die erste Lehre, oben und unten, 9 bis 10 Zoll breit, um die Säule herum, in Kalkmörtel verfertigt; wo aber dieser Anhalt zu den ersten Lehren fehlt, muſs man sie mit zirkelförmigen Chablonen, die aus zwei

Theilen bestehen (Taf. XI. Fig. 43.), und genau die untere und obere Dicke bestimmen, machen lassen. Nach Vollendung der beiden Lehren werden, nach der Höhe der Säule, 3, 4 Fufs von einander entfernt, andere Lehren um die Säule herum geputzt, und mit der Chablone, welche die äufsere Contour derselben angiebt, abgerichtet, indem dieselbe, oben und unten anliegend, um die Säule herumgeführt wird. Ist die Säule von sehr grofser Dimension, so dafs die Handhabung der Chablone in der ganzen Höhe zu beschwerlich sein würde, so schneidet man, wie beim Aufmauern, das untere, geradeauf gehende Drittheil weg, putzt am Ende des ersten Drittheils die erste Lehre, dem untern Säulen-Durchmesser entsprechend, mit Hülfe der horizontalen Zirkel-Chablone, und bringt hierauf die übrigen Zwischen-Lehren an. Nachdem auf diese Weise die Lehren geputzt, und einigermafsen erhärtet sind, was durch einen Zusatz von Gips im Mörtel beschleunigt wird, so werden die Räume zwischen den Lehren, wie bei gewöhnlichem, glatten Wandputz, ausgefüllt, der Kalk-Anwurf wird mit einem kurzen, von einer Lehre zu der andern reichenden Richtscheite, oder mit dem entsprechenden Theile der Chablone, abgezogen, abgeplättet, und mit dem Reibebrette abgerieben. So erfordert die Darstellung der äufsern Form der Säulen, in ihrer gröfsten Correctheit, nicht viel mehr Zeit und Arbeit, als eine glatte Mauer, um vollkommen lothrecht geputzt werden.

39.

Will man die Säulen canelirt haben, so kann solches füglich nur im Putz ausgeführt werden, da nur allenfalls bei sehr grofsen Säulen die Canäle sich nothdürftig mauern lassen. Bei kleinern Säulen kann man dieselben, wenn auch nicht vollständig, doch zum Theil nachher, wenn die Säulen aufgemauert sind, mit scharfen Mauerhammern etwas aushauen lassen; allein ich halte diese Mühe für überflüssig, da der dickere Anwurf der Säulen, wenn die Canelirungen nur darin ausgeschnitten werden, durchaus ohne Nachtheil für die Dauer derselben ist. Die Säulen werden zu dem Ende aus dem Groben, jedoch genau, in der gehörigen Form und nach der Chablone geputzt; hierauf werden die Canäle an dem untern und obern Umfange der Säulen ausgetheilt und abgeschnürt; dann werden sie mit dem Putz-Eisen in der verlangten Tiefe und Rundung ausgeschnitten und ausgekratzt, und darauf wird das Ganze mit einem feinern Kalkmörtel oder Stuck übertragen, und mit pafslichen, hölzernen, abgerundeten Reibebrettern abgeglichen und geplättet. Canelirte Pilaster werden mit einer Chablone zwischen Latten gezogen, die an den Seiten angebracht sind.

40.

Noch haben wir Einiges über das Putzen und Formen der Capitäler eines Dorischen Porticus zu sagen, wenn die Capitäler ebenfalls, wie die Säulen, ganz aus Mauerwerk gemacht werden sollen. Die Capitäler machen verhältnifsmäfsig die meiste Arbeit, besonders deshalb, weil ihr oberer Theil, der Abacus, viereckig, und ihr unterer Theil rund ist, also jeder Theil eine andere Behandlung erfordert. Es lassen sich aber auch diese Schwierigkeiten mit sehr geringen Mitteln, auf höchst einfache Weise überwinden.

Man putzt zuerst den obern Theil der Capitäler, und zwar nicht etwa einen Abacus nach dem andern, sondern macht, wo möglich, die Anstalten zu allen in einer Säulen-Reihe auf einmal. Man bringt deshalb zwei Ziehlatten, die eine oberhalb, die andere unterhalb der Abaken, nach (Taf. XI. Fig. 38.) an, so dafs sie mit ihren Vorderkanten genau in die Fluchtlinie, und lothrecht übereinander liegen; die untere Seite der obern Latte mufs, genau in der Wage gelegt, zugleich die Oberkante der Abaken bestimmen, und man befestigt sie, mittelst in Kalk darauf gelegter Ziegelsteine, auf den Abaken, die untere Latte hingegen mit Kalk, Nägeln und kleinen Stützen von Latten, von unten, oder an dem Gerüste hinauf, und haut sie zuvor etwas aus, da, wo sie gegen den Wulst oder Echinus der Capitäler anliegt. Nachdem die Latten befestigt sind, wird die vordere Seite aller Abaken in Einer Linie fertig geputzt, und darauf die hintere Seite auf gleiche Weise genau parallel mit der vordern. Die Seiten rechts und links müssen einzeln geputzt werden, wobei aber die Anbringung der obern Ziehlatte nicht eben so geschehen kann, weil es der Architrav verhindert; man mufs die Latten *a b* vielmehr, nach (Fig. 39.), *a* unter dem Architrav, 3 bis 4 Zoll von dem Abacus entfernt, anschlagen, und sie so richten, dafs sie mit der unter dem Abacus befestigten Latte *b* parallel, und mit der vordern und hintern Seite im rechten Winkel liegt. Damit die Seiten des Abacus lothrecht werden, bedient man sich eines kleinen Brettes *c* (Fig. 39.), welches, gegen die Latten angedrückt, die Lothlinie giebt und, wie eine Chablone, die Seiten abzieht. Sind die vier Seiten der Abaken geputzt, so ebnet man die obere derselben, indem wieder eine lange Latte *d* (Fig. 40.), vorn und hinten, nach der Oberkante der Abaken angebracht wird, an den Seiten aber nur kurze Latten genommen werden, um die Oberflächen abzugleichen; eben so verfährt man, um die untere Seite zu putzen, wozu die Latten *e e* (Fig. 41.) an der Unterkante, wie zuvor an der obern, angebracht werden.

Um den untern, runden Theil der Capitäler zu putzen, läfst man die an den untern Kanten befestigten Latten *e e* in dieser Lage sitzen, putzt hierauf die obern Lehren *f* des Säulenstammes, dicht unter den Capitälern, nach §. 38., und nachdem diese, so wie die untern Seiten der Abaken, Gips unter den Kalkmörtel genommen, gehörig erhärtet sind, kann das Ziehen dieser Theile erfolgen. Zu diesem Behufe wird eine Chablone *g*, nach dem Profile des Capitäls, aus einem dünnen Brette (Fig. 41.) geschnitten, und am Halse des Säulenstammes eine ganz dünne Leiste *h*, $\frac{3}{4}$ Zoll breit und etwa $\frac{1}{8}$ Zoll dick, von leicht und gerade spaltendem kiehnenen Holze, welches zuvor einige Tage im Wasser gelegen hat, um biegsam und geschmeidig zu werden, als Lattengang, mit Nägeln angebracht, weshalb auch die obere Kante dieses Leistchens gerade abgerichtet sein mufs. Die Chablone wird, der Höhe nach, zwischen dieser Leiste und den mit der Unterkante des Abacus gleich befestigten Latten, eingepafst, und da sie nun zwischen diesen Leithölzern *e e h*, und dem nach dem Zirkel glatt geputzten Säulenstamme *f*, einen festen und unverrückbaren Gang erhält, wenn sie gegen das Capitäl gedrückt wird, so ergreift der Arbeiter, nachdem der Kalkanwurf geschehn ist, die Chablone mit fester Hand, und führt sie, rückwärts gehend, um die Säule herum, wodurch auch dieser Theil des Capitäls, nach einigen Wiederholungen der Operation, leicht und correct geformt wird.

Helsingsfors, im December 1832.

## Einige Druckfehler im 6ten Bande dieses Journals.

Im ersten Hefte.

| | | | |
|---|---|---|---|
| Seite 14. | Zeile 21 | v. o. st. | Gehrauer Kreis l. Guhrauer Kreis |
| — — | — 7. | v. u. st. | *traxinus excelsior* l. *fraxinus excelsior* |
| — 15. | — 6. | v. u. st. | Verschlag l. Querschlag |
| — 16. | — 10. | v. o. st. | 300 Dachziegel l. 600 Dachziegel |
| — — | — 11. | v. o. st. | $\frac{1}{4}$ Klafter l. $\frac{1}{2}$ Klafter. |

Im zweiten Hefte.

| | | | |
|---|---|---|---|
| — 168. | — 7. | v. u. st. | in die Erde l. in der Erde |
| — 172. | — 16. | v. o. st. | Gleichgültig l. Gleichzeitig |
| — 173. | — 2. | v. o. st. | Belagende l. Belagholz |
| — 175. | — 11. | v. u. st. | oben liegenden l. unten liegenden. |

Im vierten Hefte.

| | | | |
|---|---|---|---|
| — 307. | — 10. | v. o. st. | 8 Zoll starkem Holze gemacht l. 8 Zoll starkem Holze aus Halbholz gemacht |
| — — | — 21. | v. u. st. | landwirthschaftlichen Credit l. Landschaftlichen Credit |
| — 308. | — 1. | v. u. st. | Anm. d. Herausg. l. Anm. d. Verf. |
| — 310. | — 4. | v. u. st. | Pfalz l. Falz. |

Im Verlage von G. Reimer in Berlin sind folgende Werke erschienen:

Eytelwein, F. A., Anleitung zur Ermittelung der Dauer und Unterhaltungskosten der Gebäude und zur Bestimmung der Bau-Ablösungs-Kapitalien und jährlichen Renten. Zum Gebrauche für Baumeister, Kameralisten, Oeconomie-Commissarien etc. 14 Ggr. oder 17½ Sgr.

Eytelwein, J. A., Handbuch der Statik fester Körper. Mit vorzüglicher Rücksicht auf ihre Anwendung in der Architektur. 3 Bände mit 22 Kupfertafeln. 2te Aufl. 7½ Thlr.

Lehmus, D. C. L., Grundlehren der höhern Mathematik und der mechanischen Wissenschaften. Als Leitfaden zu seinen Vorlesungen bearbeitet. Mit einer Figurentafel. 1 Thlr. 18 Ggr. oder 1 Thlr. 22½ Sgr.

Derselbe, Lehrbuch der reinen und angewandten Mathematik in 3 Bänden. 1ster Band: Arithmetik, Algebra, Geometrie, Trigonometrie und die Grundzüge des Feldmessens. Mit 3 Kupfern. $1\frac{7}{12}$ Thlr. 2ter Band: einige Erweiterungen zum ersten Bande und die Lehre von den Kegelschnitten. Mit 2 Kupfern. ⅔ Thlr. 3ter Band: die statischen und mechanischen Wissenschaften. Mit 4 Kupfern. 1¾ Thlr.

Gilly, D., Praktische Anleitung zur Anwendung des Nivellirens oder Wasserwägens in den bei der Landeskultur vorkommenden Fällen. 3te unveränderte Auflage. Mit 4 illuminirten Kupfertafeln ⅚ Thlr.

Aufgaben-Systeme und Sammlungen aus der ebenen Geometrie zu einem selbstständigen Unterricht in der Analysis, geordnet und durch Gesetze vorbereitet von H. v. Holleben und P. Gerwien, Lieutenants im 21sten und 22sten Infanterie-Regiment und Lehrer im Königl. Preufs. Kadetten-Corps. Erster Theil: Geometrische Analysis. Auch unter dem Titel: Geometrische Analysis. Erster Band: Anleitungen und Gesetze. Mit 19 Steintafeln. 1 Thlr. 8 Ggr. oder 1 Thlr. 10 Sgr. Zweiter Band: Aufgaben. Mit 42 Steintafeln. 3 Thlr. 8 Gr. oder 3 Thlr. 10 Sgr.

Lacroix, S. F., Handbuch der Differential- und Integral-Rechnung. Nach der 4ten verbesserten und vermehrten Original-Ausgabe (1828) aus dem Französischen übersetzt und mit einigen Anmerkungen versehen von Dr. Fr. Baumann. 3 Bde. 2 Thlr. 12 Ggr. oder 2 Thlr. 15 Sgr.

Wolf, F., theoretisch-practische Zahlenlehre. 2te verbesserte Auflage. gr. 8. 23½ Bogen. 1⅙ Thlr.

Derselbe, Lehrbuch der Geometrie. 1ster Theil: Elementargeometrie, Trigonometrie, Theilungslehre. 1⅙ Thlr.

Minding, Dr. F., Anfangsgründe der höhern Arithmetik. ⅚ Thlr.

Götz, Dr. J., Die Rechnenkunst. 2te vermehrte Auflage. ¾ Thlr.

Derselbe, Die analytische und ebene Trigonometrie und Polygonometrie. 2⅓ Thlr.

Grunert, J. A., Sphäroïdische Trigonometrie. 3⅓ Thlr.

Dietlein, J. E. W., Grundzüge der Vorlesungen über Strafsen- Brücken- Schleusen- Canal- Strom- Deich- und Hafen-Bau, gehalten in der Königl. Bau-Akademie zu Berlin in den Jahren 1824 bis 1831. Mit einigen Anmerkungen und Zusätzen von A. L. Crelle. Mit 14 Kupfertafeln. gr. 4. 5⅔ Thlr.

Zahn, W., Ornamente aller klassischen Kunst-Epochen, nach den Originalen in ihren eigenthümlichen Farben dargestellt. 1stes und 3tes Heft. à 2¼ Thlr.

Karsten, L. J. B., System der Metallurgie, geschichtlich, statistisch, theoretisch und technisch. 5 Bände. Mit einem Atlas von 51 Kupfertafeln. 30 Thlr.

## Inhaltsverzeichnifs des zweiten Hefts siebenten Bandes.




Berlin, gedruckt bei G. Reimer.

# Journal

für

# die Baukunst.

In zwanglosen Heften.

---

Herausgegeben

von

**Dr. A. L. Crelle,**

Königlich-Preufsischem Geheimen-Ober-Baurathe, Mitgliede der Königlichen Akademie der Wissenschaften zu Berlin, Correspondenten derjenigen zu Neapel und Ehrenmitgliede der Hamburger Gesellschaft zur Verbreitung der mathematischen Wissenschaften.

---

Siebenter Band.

Drittes Heft.

Mit 5 Figurentafeln. (Taf. XII. — XVI.)

---

Berlin,
bei G. Reimer.

1834

# 12.
# Bemerkungen über hölzerne Dachverbände in den gewöhnlicheren Fällen.

## 1.

Der Zweck eines Daches ist fast ausschliefslich: das auf die Grundfläche eines Gebäudes niederfallende Regenwasser von derselben nach aufsen abzuleiten, so wie den Schnee, wenn nicht ihn seitwärts herunterfallen zu machen, so doch aufzufangen, und zu verhindern, dafs er nicht in das Gebäude dringe. Selten wird ein Dach zugleich den andern, besondern Zweck haben, einen nutzbaren Raum einzuschliefsen; denn selbst bei Scheunen und Schuppen, wo der Raum des Daches ähnlich benutzt wird, wie der des Stockwerks, würde man wohl, wenn es der erstgenannte Hauptzweck, die Ableitung der Nässe, gestattete, die Flächen des Daches nicht schräg, sondern lieber senkrecht und wagerecht legen. Nur in seltenen Fällen, wie z. B. bei Gewächshäusern, Trocknenschuppen u. dergl., wird zugleich die Benutzung des Raumes die dem Dache eigenthümliche schräge Lage seiner Flächen erfordern. Dafs diese Flächen schräg liegen, ist daher in den meisten Fällen fast nur der Ableitung der Nässe wegen nothwendig. Die schräge Lage ist in allen solchen Fällen gleichsam ein nothwendiges Übel; denn sie vermindert auch noch, durch die spitzen Winkel und die schiefen Wände, die Nutzbarkeit des Dachraumes, die aufserdem schon geringer ist, als die der Stockwerke, wegen der Hitze unter dem Dach im Sommer, und wegen der Kälte im Winter. Man kann meistens den Dachraum nur wenig benutzen: den mittleren Theil, wenn es ein Satteldach ist, zu Wohnungen, die aber immer wenig bequem sind, oder die Böden auf den Haupt- und Kehlgebälken zu Schüttungen, oder zu Trocknenböden, oder den ganzen Raum zur Aufbewahrung von Vorräthen u. s. w. Hieraus folgt, dafs es in allen Fällen, wo sich der Dachraum nicht wenigstens beinahe eben so gut benutzen läfst, als der der Stockwerke, wie z. B. bei Scheunen u. dergl., immer wohlgethan sein wird, die Dächer so wenig Raum einnehmen zu lassen, als möglich: dafs also die sogenannten Mansardedächer fast niemals zu empfehlen sind: dafs die krummen und hohen Bohlen- und andere ähnliche Dächer, aufser wo sie aus andern Gründen nothwendig sind, besser vermieden werden, und dafs man ein Dach vielmehr so flach machen müsse, als möglich; auch noch deswegen, weil ein hohes, spitzes Dach, zumal in der Höhe, ungemein den Stürmen ausgesetzt ist. Was die flachen Dächer betrifft, ist oft bemerkt worden, und mag hier nicht weiter ausgeführt werden, da es nicht in die eigentliche Absicht der gegenwärtigen Bemerkungen gehört.

2.

Will man nun untersuchen, wie am angemessensten die hölzernen Dachgerüste zusammenzusetzen sind, mit den schrägen Flächen, als dem ersten wesentlichen Erfordernisse der Dächer: so wird man die Wirkungen erwägen müssen, denen das Dach Widerstand zu leisten hat. Es sind ihrer vorzüglich zwei.

Erstlich das Gewicht der Dachziegel, oder der Metall-Tafeln, oder des Strohes, Rohrs u. s. w., womit die Dachfläche bedeckt wird, um die Nässe aufzufangen und abzuleiten. Dieses Gewicht mufs das Dachgerüst, auf die Dauer und auch auf eine Weise zu tragen vermögen, dafs es nicht, vermittelst des Gerüstes, weiter nachtheilig auf die Wände des Gebäudes wirken kann.

Zweitens der wagerechte Stofs und Schub, welchen die Stürme nach allen Richtungen auf die Dachfläche ausüben, und welcher gar nicht unbedeutend ist, indem die Projection der Dachfläche auf eine senkrechte Ebene, wegen der Höhe des Daches, öfters selbst eben so grofs und gröfser ist, als die Wandfläche des Gebäudes, und weil aufserdem das Dach, in der Höhe, der Wirkung der Stürme noch mehr ausgesetzt ist, als die Wände des Gebäudes selbst, näher am Boden.

Das Gewicht der Dachbedeckung ist zwar gewöhnlich nicht sehr bedeutend, und wird nicht leicht, bei irgend einer gebräuchlichen Art der Bedeckung, über 15 bis 18 Pfund auf den Quadratfufs betragen, das Gewicht der Dachrüstung selbst ungerechnet; auch drückt bekanntlich jenes Gewicht auf die schräge Fläche weniger nachtheilig für sie, als wenn die Dachfläche horizontal läge. Die Kraft, perpendiculair auf die Fläche, mit welcher das Gewicht die Fläche einzubiegen strebt, verhält sich zu dem Gewichte selbst, wie die horizontale Projection der Dachschräge zu der Länge der Schräge, und beträgt also bei Dächern, deren Schräge unter einem halbenrechten Winkel gegen den Horizont geneigt ist, nur etwa $\frac{7}{10}$ des Gewichts, bei steilen Dächern weniger, bei flachen etwas mehr, immer aber weniger, als das Gewicht selbst; welcher Druck dann ungefähr der Last eines dünnen Estrichs oder Pflasters zu vergleichen sein möchte; indessen kommt schon zu der von dem Gewichte der Dachbedeckung herrührenden senkrechten Kraft, die die Dachrüstung einzubiegen strebt, noch diejenige hinzu, welche von dem Stofse der Sturmwinde auf die Dachfläche herrührt. Ein müfsiger Sturm, von etwa 15 Fufs Geschwindigkeit in der Secunde, übt auf eine senkrechte Fläche von Einem Quadratfufse einen Druck von etwa 2 Pfund aus, und die Kraft des Stofses nimmt ungefähr im Verhältnisse des Quadrats der Geschwindigkeit zu. Ein starker Sturm von 30 Fufs, oder der doppelten Geschwindigkeit, hat schon die vierfache Gewalt, und übt also schon einen Druck von etwa 8 Pfunden auf den Quadratfufs aus. Eine noch etwas gröfsere Geschwindigkeit des Windes kann also, in wagerechter Richtung, einen Druck auf das Dach hervorbringen, der beinahe dem senkrecht wirkenden Gewichte der Dachbedeckung selbst gleich ist. Auf Dachflächen, die unter einen halben rechten Winkel gegen den Horizont geneigt sind, bringt dieser Druck eine die Dachrüstung einzubiegen trachtende Kraft hervor, welche in demselben Verhältnisse zu ihm, wie der obige von dem Gewichte der Bedeckung herrührende Druck, zu diesem Gewichte steht; auf steilere Dachflächen eine stärkere, auf flachere eine geringere Kraft. Wenn nun aber auch gleich selbst die ganze Kraft, welche die Dachrüstung einzubiegen trachtet, gegen häufig vorkommende Belastungen von Gebälken verglichen, nicht sehr bedeutend ist, indem sie bei den gewöhnlichen, sogenannten Winkeldächern, auch wenn man annimmt, dafs Schnee darauf liegen bleibe, nach der obigen Auseinandersetzung, überhaupt nicht leicht über 20 bis 23 Pfund auf den Quadratfufs betragen wird, während z. B. bei Getreideschüttungen der Druck auf den Quadratfufs wohl 60, 80 bis 100 Pfund beträgt: so ist dagegen auch die Dachrüstung nie so stark, als ein Gebälk, und mufs es auch wo möglich nicht sein, um eines Theils nicht gar zu starke Hölzer in die schräge Lage zu bringen, andern Theils um nicht mehr Holz, als unumgänglich nöthig ist, einer möglichen Feuersbrunst zur Nahrung darzubieten. Dann aber mufs die Dachrüstung andrerseits gleichwohl stärker und starrer, als selbst ein Gebälk, den auf sie einwirkenden Kräften und Stöfsen widerstehen, weil meistens die Wasserdichtigkeit der Dachbedeckung erfordert, dafs ihre Fugen nicht durch die mindeste Biegung der Dachfläche gelöset werden können. Es folgt also, dafs eine Dachrüstung so stark und fest unterstützt werden mufs, dafs die Dachfläche von der Last der Dachbedeckung und den Stöfsen der Sturmwinde nicht im mindesten eingebogen und erschüttert werden kann.

Nun ist es zwar weiter im Allgemeinen ein Vorurtheil, dafs das Gewicht eines Daches das Gebäude nachtheilig belaste. Denn eines Theils ist das Gewicht des Daches, wie auch aus den obigen Erörterungen zu sehen, im Vergleiche gegen das anderer Theile des Gebäudes, nicht bedeutend; vielmehr ist das, ganz aus Holzwerk bestehende, und nur mit einer dünnen Decke belegte Dach, gegen das Mauerwerk und die belasteten Gebälke des Gebäudes, leicht zu nennen: andern Theils würde es, feste Fundamente vorausgesetzt, gar nicht schädlich sein, ein Gebäude auch noch stärker zu belasten, als mit dem Dache, wenn sonst nur der Druck senkrecht, auf hinreichend unterstützte Puncte, und in keiner nachtheiligen Richtung auf das Gebäude wirkt; denn je schwerer ein Gebäude ist, je fester steht es, und je weniger vermögen vorübergehende Erschütterungen ihm zu schaden. Allein gleichwohl kann selbst die geringe Last des Daches, vermöge der schrägen Lage seiner Flächen, dem Gebäude höchst nachtheilig werden, wenn der horizontale Schub, den sie hervorbringt, nicht auf angemessene Weise unschädlich gemacht wird. Das Gewicht eines unter einem halben rechten Winkel abhängenden Daches nemlich, und seiner Bedeckung, bringt, wenn es nicht dermafsen senkrecht unterstützt wird, dafs die Wirkung der Dachflächen als Streben aufgehoben wird, schon einen horizontalen Schub hervor, der dem Gewichte gleich ist; bei einem Dache, welches die Hälfte der Projection der Schräge zur Höhe hat, ist der Schub schon doppelt so grofs: bei noch flächern Dächern noch gröfser, und wächst schnell, mit der Abnahme der Höhe der Dächer; er übersteigt bald den Schub eines Gewölbes, und nimmt, streng genommen, bis ins Unendliche zu, mit der Abnahme der Höhe. Nun ist jeder Seitenschub in wagerechter Richtung allemal der Festigkeit eines Gebäudes nachtheilig: so vortheilhaft diesem auch eine senkrechte Belastung sein mag. Wird also der Schub des Daches nicht auf angemessene Weise, am besten durch senkrechte Unterstützung seines Gewichtes, aufgehoben: so kann allerdings das, wenn auch nur geringe, Gewicht des Daches einem

Gebäude überaus schädlich werden. Der Schub kann die Wände auseinander drängen und den Einsturz des Gebäudes zur Folge haben. Es folgt also, dafs in einer gut verbundenen Dachrüstung der Schub, welchen die schrägen Flächen hervorbringen können, immer aufgehoben, und deshalb das Gewicht der Dachrüstung und der Dachbedeckung möglichst überall senkrecht unterstützt werden mufs.

Die zweite Wirkung, neben dem Gewichte des Daches und seiner Bedeckung, welcher eine Dachrüstung Widerstand zu leisten hat, nemlich der Stofs und Schub der Stürme auf die Dachfläche, trachtet ferner, nicht allein (was vorhin in Rechnung gebracht wurde) die Dachfläche einzubiegen, sondern sie trachtet auch, das Dach zu verschieben, oder umzuwerfen, und diese Wirkung geht noch auf das Gebäude selbst über. Es folgt also, dafs eine Dachrüstung, eben wie das Gebäude selbst, auch noch gegen den horizontalen Schub der Stürme nach allen Richtungen verstrebt werden mufs. Der Breite nach scheinen die Hölzer selbst, welche die schräge Dachfläche zu bilden bestimmt sind, die natürlichsten Streben gegen den horizontalen Druck abzugeben; allein wir werden bald sehen, dafs sie dazu nicht unbedingt, ohne andere Übelstände, sich brauchen lassen. Der Länge nach würden sogenannte Walme insbesondere zur Verstrebung nützlich sein; indessen giebt es dabei ähnliche Beschränkungen und Bedingungen. Es dürfen also aufserdem die Verstrebungen des Daches nach der Länge nicht fehlen.

Wir wollen nun erwägen, wie die Dachrüstungen gewöhnlich angeordnet werden, um den oben beschriebenen Angriffen zu widerstehen, und was dabei noch zu wünschen sein dürfte.

### 3.

Da die gewöhnlichen Dachbedeckungen, Ziegel, Metalltafeln, Stroh, Rohr u. s. w., entweder horizontal liegende Latten oder Schalbretter erfordern, um befestigt zu werden: so ist es natürlich, die Hölzer, welche die schräge Dachfläche bilden und sie tragen, die sogenannten Sparren, in die schräge Lage der Dachfläche, senkrecht auf die Wand oder Forstlinie gerichtet, zu legen. Da man nun aber zu diesen Sparren, aus den oben erwähnten Gründen, nur schwache Hölzer nimmt, so müssen sie, um die Dachfläche zunächst gegen das Einbiegen zu schützen, welches aus den oben erwähnten Gründen durchaus nicht so leicht darf geschehen können, selbst schon bei einer geringen Breite des Gebäudes, bis zu etwa 24 Fufs hinunter, wenigstens Einmal in der Mitte unterstützt werden. Dieses geschieht bekanntlich am gewöhnlichsten durch den sogenannten stehenden Dachstuhl (Taf. XII. Fig. 1.). Die Kehlbalken *k* halten die Sparren von einander, und die Stuhlsäulen *ss* unterstützen sie vermittelst der Rahmen *r*. Seltener unterstützt man das Gespärre durch einen sogenannten liegenden Dachstuhl (Fig. 2.), etwa nur da, wo man einen freieren Dachraum haben will, oder wo die Stuhlsäulen des stehenden Stuhles unterhalb keine feste Unterstützung finden. Sind die Sparren sehr lang, so spannt man wohl noch ein zweites Kehlgebälk ein, wie *l* (Fig. 1.). Mufs die Decke vom Dache getragen werden, so bringt man ein Hängewerk im Dachstuhl an. Gegen den Seitendruck schützt ferner die Sparren ihre eigene Lage. Man zapft sie nemlich unten in die Balken ein, so dafs zwei Sparren mit ihrem Balken ein festes Dreieck bilden, welches weder umgeworfen, noch verschoben werden kann. Auch dient der Balken auf diese Weise dazu, den Seitenschub, welchen die Sparren ausüben, aufzuheben, und von den Wänden des Gebäudes abzuhalten. Gegen den Schub nach der Länge des Daches setzt man, theils in die Säulen des stehenden Stuhls Kopfbänder, die oben in die Stuhlrahmen gezapft sind, oder man befestigt von unten Streben an die Sparren, in der Dachfläche; auch stemmen sich die Walme, wo sie vorhanden sind, gegen den Seitendruck.

Durch diese Mittel sucht man gewöhnlich ein Dachgerüst gegen die auf dasselbe wirkenden Kräfte zu schützen. Eine nähere Erwägung derselben wird aber leicht zeigen, dafs diese Mittel in manchem Betracht unvollkommen, oder doch nicht völlig zweckdienlich sind.

Erstlich wirkt nemlich die Unterstützung, welche die Dachstühle (Fig. 1. und 2.) gegen das Einbiegen der Dachfläche gewähren, wenigstens nicht direct, sondern gleichsam nur mittelbar, und sogar unvollständig; denn eine starke z. B. auf den Punct *a* wirkende Gewalt würde allerdings immer noch das Gespärre einbiegen können, weil das Viereck *abcd*, sowohl in Fig. 1. als in Fig. 2., verschiebbar ist. Die Kopfbänder *pp* in Fig. 1. sind daher auch nicht etwa blofs zur Unterstützung der Kehlbalken nützlich, sondern helfen einigermafsen die Verschiebung verhindern. Eben so sind Streben *qq* (Fig. 1.) gegen die Stuhlsäulen, welche man gewöhnlich für unnütz erklärt, es wenigstens nicht so ganz, weil sie ebenfalls die Verschiebung des stehenden Dachstuhles verhindern. Der

Kehlbalken ist ferner im Allgemeinen jedenfalls ein indirectes und unvollkommenes Mittel zur Unterstüzung des Gespärres gegen das Einbiegen; auch ist er eben kein wohlfeiles Mittel, weil jedes Sparren-Paar nothwendig Eines Kehlbalkens bedarf; die Auswechselung des Kehlgebälkes aber gewährt vollends nur eine sehr unvollkommene und dabei sehr zusammengesetzte Verbindung. Man sollte daher wenigstens zwei Fälle unterscheiden. Es kann nemlich sein, daſs man im Dache noch einen zweiten Boden über dem Hauptgebälke haben will, um den einmal überbauten Dachraum besser zu benutzen. In diesem Falle muſs freilich ein Kehlgebälk vorhanden sein, und dann kann dasselbe, als zufällig vorhanden, allerdings zugleich zur Unterstützung des Gespärres dienen. Wird aber, im andern Falle, ein Kehlgebälk nicht ausdrücklich verlangt, so ist es offenbar, als bloſs zur Unterstützung des Gespärres bestimmt, nicht das einfachste und beste Mittel dazu, sondern es ist besser, die Sparren direct zu unterstützen, welches, wie weiter unten folgen wird, auf verschiedene Weise geschehen kann.

Zweitens ist es offenbar an sich selbst nicht gut, wenn die Sparren überhaupt einen Seitendruck ausüben können, das heiſst, wenn sie nicht so unterstützt sind, daſs das Gewicht, welches den Seitendruck hervorbringt, unmittelbar von senkrechten Stützen getragen wird. Wenn nemlich z. B. die Sparren sehr flach liegen, so kann schon ein geringes Gewicht der Dachfläche einen ungeheuern Seitendruck hervorbringen, der vielleicht jenes Gewicht weit übertrifft, und es ist also dann einer Kraft entgegen zu wirken nöthig, die vielmal gröſser ist, als diejenige, welche sie hervorbringt. Unterstützte man dagegen in einem solchen Falle die Sparren in der Mitte, gerade auf, nach dem Forst hin, und verbände sie oben mit einander, nur ganz gewöhnlich, durch Zapfen und hölzerne Nägel, so würden sie gar keinen Seitendruck mehr hervorbringen können, und die schädlich wirkende Kraft würde durch eine schwache Stütze, gleichsam an der Quelle, aufgehoben werden. Freilich ist die Unterstützung in der Mitte nicht immer gut möglich, wegen Mangel fester Stützpuncte von unten, und es können vielmehr, umgekehrt, die Sparren, als Streben, das Gebälk tragen müssen; allein diesen Fall sollte man wieder von dem andern unterscheiden. Es ist offenbar, daſs die Sparren nur dann zu Streben werden sollten, wenn ihr Gewicht nicht in angemessenen Puncten senkrecht unterstützt werden kann, niemals aber, blofs um das Gewicht der Dachfläche zu tragen, und da, wo die senkrechte Unterstützung ihres Gewichtes möglich ist. Hierbei zeigt sich wieder eine Unvollkommenheit der gewöhnlichen Dachstühle, in so fern sie bestimmt sind, die Dachfläche zu unterstützen. Dem oberen Theile *aeb* (Fig. 1. und 2.) des Gespärres fehlt nemlich die Stütze in der Mitte *e*, und wenigstens dieser Theil wirkt also ganz, auf nachtheilige Weise, als Streben.

Drittens. Wenn die Sparren unten in die Balken eingezapft, und übrigens fest genug unterstützt werden, so dafs sie, was ihnen auch in ihrer Wirkung als Streben nicht widerfahren darf, nicht eingebogen werden können: so ist allerdings das Dreieck, welches sie zusammen mit den Balken bilden, unverschiebbar und völlig stabil. Aber, damit der Balken dem Seitendrucke der Streben hinreichend widerstehen könne, mufs er nothwendig vor die Streben nach aufsen vortreten, weil sonst die Zapfenlöcher kein Holz zum Widerstande übrig lassen würden. Dies hat aber mehrere Unbequemlichkeiten zur Folge. Zuerst nemlich müssen die Balken etwas länger sein, als aufserdem nöthig sein würde, und diese mehrere Länge, obgleich sie vielleicht nur Einen oder ein Paar Fufs beträgt, macht doch zuweilen, dafs diese langen und starken Hölzer dadurch merklich theurer werden, und schwerer zu haben sind. Sodann erfordert die Wirkung der Sparren als Streben, dafs jeder Balken entweder aus Einem Stücke bestehe, oder dafs, wenn er, weil das Stück allzu lang sein würde, zusammengesetzt werden mufs, eine starke Befestigung durch Eisen u. dergl. nothwendig ist. Endlich entsteht durch das Einzapfen der Sparren in die Balken mit überstehenden Köpfen der Übelstand der sogenannten Aufschieblinge oder Knaggen *z* (Fig. 1. und 2.), die nicht allein ihrerseits die Kosten vermehren, sondern wesentlich nachtheilig sind, weil sie die Dach-Ebene unterbrechen, und ein Knick darin durch sie entsteht. Es ist bekannt, dafs dieser Knaggen-Übelstand eine Art von Berühmtheit in seiner Art erlangt hat, und dafs mehrfältige Aushülfen versucht worden sind, um die Knaggen wegzuschaffen, oder wenigstens ihre Nachtheile zu vermindern. Aber keins dieser Mittel scheint ganz seinen Zweck zu erreichen, und das Übel scheint mehr oder weniger zu bleiben, wenn man nicht die Quelle desselben, die Wirkung der Sparren als Streben, da, wo es angeht, wegschafft. Der Übelstand der Knaggen ist es, weswegen, wie weiter oben bemerkt, die Sparren nicht immer ohne Schwierigkeit unmittelbar zur Verstrebung des Daches nach der Breite dienen können.

Die gewöhnlichen Dachgerüste haben also mehrere wesentliche Unvollkommenheiten. Wir wollen nun erwägen, wie denselben abzuhelfen sei. Es werden aber vorzüglich nur immer die am meisten vorkommenden Fälle berücksichtiget werden; auch wird man, für diesesmal, auf den Fall der Satteldächer sich beschränken, in welchen ein vollständiges Hauptgebälk vorhanden ist. Der andere Fall, wo letzteres nicht nothwendig ist, wie bei Scheunen, soll einer andern Gelegenheit vorbehalten bleiben.

### 4.

Folgendes werden die Erfordernisse und Bedingungen nebst den daraus folgenden Beobachtungen sein, welche bei der Anordnung von Dachgerüsten der bezeichneten Art in Betracht kommen.

Erstlich mufs die Dachfläche so fest unterstützt werden, dafs sie von dem Gewichte der Dachbedeckung und dem Stofse der Sturmwinde nicht allein nicht eingebrochen, sondern auch nicht einmal im geringsten eingebogen werden kann.

Hierbei ist zu bemerken, dafs es, wenn schwache Hölzer, die eine tragende Fläche bilden sollen, wie hier die Sparren die Dachfläche, unterstützt werden müssen, weniger gut ist, wenn man die Hölzer einzeln stützt, wie durch Kehlbalken, als wenn man quer unter dieselben stärkere Hölzer oder Träger legt. Denn solche Träger geben den getragenen Hölzern eine stärkere Verbindung, und machen, dafs nicht ein einzelnes schwaches Holz allein eingebogen werden kann, sondern dafs, vermittelst des Trägers, mehrere zugleich der einbiegenden Wirkung widerstehen. Dieses spricht wiederum gegen die Unterstützung durch Kehlbalken, und es folgt, dafs denselben die Sparrenträger vorzuziehen sind. Man mufs also, selbst da, wo die Kehlbalken, um einen zweiten Boden über dem Hauptgebälke zu bilden, nothwendig sind, die Sparren dennoch nicht sowohl durch sie, als vielmehr durch unmittelbar darunter in die Dachfläche gelegte Träger unterstützen.

Zweitens mufs überall, wo es angeht, verhütet werden, dafs die Sparren nicht als Streben wirken, damit man keinen Seitendruck aufzuhalten habe, der nicht allein bald gröfser sein kann, als das Gewicht, welches ihn hervorbringt, sondern dem auch überhaupt jeden Falls schwieriger entgegenzuwirken ist, als einer senkrecht drückenden Last. Der Fall, wo das Hauptgebälk selbst erst von dem Dachgerüst oder durch Streben in demselben getragen werden mufs, ist derjenige, wo es nicht angeht, die Wirkung der Streben zu vermeiden.

Hieraus folgt, dafs man, wo es angeht, nicht allein das Dachgespärre in der Mitte, oder wo es sonst eingebogen werden könnte, sondern auch im Forst senkrecht unterstützen, und daselbst die beiden zusammenstofsenden Sparren mit einander verbinden müsse; denn nur dann, wenn ein Paar Sparren diese Stütze hat, und über derselben mit einander verbunden ist, hört es ganz auf, als Streben zu wirken. Die Unterstützung, auch im Forste, mufs wieder, nach der vorigen Regel, nicht unter die einzelnen Sparren gesetzt werden; sondern das Gespärre mufs auf einem quer darunter hin sich erstreckenden Forstträger ruhen.

Drittens müssen die Unterstützungen, welche das Gewicht der Dachrüstung und der Dachdecke zu tragen bestimmt sind, so angeordnet werden, dafs dadurch nicht etwa das Hauptgebälk eingebogen werde, sondern dafs sie vielmehr möglichst wiederum gerade auf feste Stützen von weiter unten herauf zutreffen.

Hieraus würde im Allgemeinen folgen, dafs die Unterstützungen der Dachrüstung nur dann in der Mitte des Hauptbalkens stehen dürfen, wenn dort Wände oder Träger darunter hinlaufen, und dafs sie nach den Seiten hin stehen müssen, wenn sich Wände oder Träger aufserhalb der Mitte befinden. Jedoch ist es, schon deshalb, weil das Gewicht der Dachrüstung und der Dachdecke nicht sehr beträchtlich ist, nicht unbedingt nothwendig, dafs genau unter ihren Stützen Wände oder Träger treffen, weshalb also schon die Regel nicht ganz strenge beobachtet werden darf. Es geht aber auch meistens nicht immer gut an. In Wohn- und andern Gebäuden, welche Scheidewände haben, stehen meistens, z. B. wenn das Wohngebäude einen Corridor in der Mitte oder an den Seiten hat, oder wenn den vorderen Zimmern etwas mehr Tiefe gegeben worden ist, als den hinteren, die Scheidewände quer unter dem Gebälke mehr oder weniger aufserhalb der Mitte. Gleichwohl lassen sich die Stützen des Daches nicht weniger gut gerade in die Mitte setzen, als an den Seiten; genau auf die Wände können sie doch selten zutreffen, und wenn sie daneben stehen müssen, so ist gleichgültig, ob es in der Mitte oder an den Seiten der Fall ist. Hier oder dort kann man durch gleiche Mittel, durch Schwellen z. B., die nöthige Tragfähigkeit hervorbringen. Die Unterstützuug der Dachrüstung in der Mitte, gerade unter dem Forst, hat also nicht so viele Schwierigkeit, als es beim ersten Anblicke der Fall zu sein scheint, und man wird daher in den meisten Fällen sie an dieser Stelle anordnen können. Nur da, wo die Wände oder Träger an beiden Seiten grade unter die Stützen der Mitte der Sparren angebracht werden können, wird man weniger auf die directe Unterstützung des Forstes, und mehr auf die Unterstützung an den Seiten zu rechnen haben.

Befinden sich unter dem Hauptgebälke gar keine Wände oder Träger, wie über Sälen, Schuppen und andern groſsen Räumen, so können keine senkrechte Stützen unter das Dachgerüst gesetzt werden; sondern dann ist der Fall vorhanden, wo man zu der Wirkung der Streben und zu Hängewerken seine Zuflucht nehmen muſs.

Viertens müssen die Dachflächen ganz eben sein, und keinen Knick haben, wie ihn die Aufschieblinge verursachen.

Die Sparren müssen also nothwendig ganz durchgehen, und die Aufschieblinge ganz wegfallen. Die Sparren können deshalb unten nicht in die Balken eingezapft werden, sondern es kann nur entweder der Balkenkopf in der Richtung der Dach-Ebene abgeschnitten werden, oder der Sparren muſs über denselben hinaus fortlaufen. Letzteres ist offenbar das Bessere, weil man dabei an Länge des Balkens spart, und weil der Sparren zugleich das Hirnholz des Balkens mehr oder weniger deckt.

Fünftens muſs das Dachgerüst eine so starke Verstrebung nach der Seite bekommen, daſs es von dem Drucke der Stürme weder umgeworfen, noch verschoben werden kann.

Da, wie vorhin bemerkt, die Sparren unten nicht in die Balken eingezapft werden können, so können sie auf diese Weise nicht zugleich zur Verstrebung des Daches nach der Seite dienen. Indessen kann ihnen die dazu nöthige Verbindung mit dem Gebälke durch die Sparrenträger wieder gegeben werden, wie sich weiter hin zeigen wird. Auſserdem kann die Verstrebung nach der Seite durch die Unterstützung der Sparren, durch die Hängewerks-Streben, wo sie nothwendig sind, und auf andere Weise hervorgebracht werden, wie sich an den Beispielen zeigen wird.

Sechstens muſs das Dachgerüst auch nach der Länge so stark verstrebt werden, daſs es auch in dieser Richtung nicht von der Gewalt der Stürme verschoben oder umgeworfen werden kann.

Die Verstrebung einer Dachrüstung, der Länge nach, durch Kopfbänder und ähnliche kurze Streben ist sehr unvollkommen, theils wegen der geringen Länge der Streben, theils weil sie gewöhnlich nicht eigentlich feste Stützpuncte haben, sondern, mehr oder weniger, auf die Mitte der Hölzer zutreffen, gegen welche sie sich stemmen. Man mufs sich daher nur da, wo keine andere, bessere Verstrebung thunlich ist, mit Kopfbändern und ähnlichen kurzen Streben begnügen. Es ist aber ein neuer Vorzug der Unterstützungs-Art des Gespärres durch quer darunter hinlaufende Träger, und durch Säulen, auf welchen z. B. der Forstträger ruht, dafs sich zwischen diese Träger selbst, und in die Forstwand, zwischen ihre Schwelle und den Träger, auf das Bequemste und Vortheilhafteste lange und sehr wirksame Streben einspannen lassen, von welchen diejenigen, die in der Dachfläche liegen, zugleich noch mit den Sparren, durch Einschnitte, oder auf andere Weise, verbunden werden können. Die Walme, wo sie vorhanden sind, dienen aufserdem zur Verstrebung, wie gewöhnlich.

Die Verstrebung nach der Länge des Daches ist übrigens im Allgemeinen nicht so stark nöthig, als die nach der Breite, weil die Giebelfläche meistens nicht so grofs ist, als die Dachfläche. Bei Gebäuden, die in einer fortlaufenden Reihe zusammengebaut sind, wie die Häuserreihen in Städten, ist sie kaum überhaupt nothwendig.

5.

Nach diesen Betrachtungen sind nun die auf (Taf. XII. und XIII.) vorgestellten Dachverbände zusammengesetzt, bei welchen man die obigen, aus den Erfordernissen hergeleiteten Regeln zu beobachten und die Unvollkommenheiten der gewöhnlichen Dachrüstungen zu vermeiden gesucht hat.

*A.* Am nächsten kommt der gewöhnlichen Dachverbindung mit stehendem Stuhle die Dachrüstung (Fig. 3.). Sie weicht aber davon in Folgendem ab:

I. Die Stuhlrahmen *a a* werden hier zu Sparren-Trägern, und liegen deshalb über Eck. Von ihnen werden die Sparren unmittelbar getragen. Sie müssen 9 bis 10 Zoll im Quadrat stark sein, und werden alle 12 bis 15 Fufs von den Stuhlsäulen *s s* unterstützt, die, nach den Umständen, entweder auf darunter treffenden Hauptbalken, oder auf Schwellen stehen. Wird ein Kehlgebälk zu andern Zwecken, als die Sparren zu unterstützen, verlangt, so legt man die Kehlbalken auf die Sparrenträger, nach (Fig. 4.), aber neben die Sparren, schneidet sie (nicht die Sparren) etwa 1 Zoll tief ein, und verbindet sie mit den Sparren durch hölzerne, besser eiserne, Nägel *m n*. Ist kein Kehlgebälk nothwendig, so spannt man, statt desselben, in jeden Binder, dicht neben jedem Stuhlsäulen-Paare, also alle 12 bis 15 Fufs, einen Spannriegel *r* ein, der in die Sparrenträger eingezapft wird, und auf Brustzapfen ruht; nach (Fig. 4.).

II. Ferner hat die Dachrüstung (Fig. 3.), wie alle folgenden, keine Aufschieblinge, sondern die Sparren gehen über die Balken hinweg, werden, wenn ein steinernes Gesims gemacht werden soll, wie bei *p*, und wenn ein solches nicht vorhanden ist, wie bei *q*, abgeschnitten. Überragende Gespärre, wie bei *q* (Fig. 3.), sind bei Landgebäuden öfters sehr nützlich, um darunter Feuerleitern, Ackerwerkzeuge und Anderes in's Trockene zu bringen. Die Verbindung des Gespärres mit dem Hauptgebälke wird durch die Sparrenträger *b b* hergestellt. Dieselben werden, nach (Fig. 5.), auf die Balken gekämmt, und auf sie die Sparren. Die Balken können, wenn sie breit genug sind, die Sparren umklammern, wie *B* zeigt, oder wenn sie zu schmal sind, können die Sparren um etwa 1 Zoll, die übrige Dicke derselben aber in die Balken eingeschnitten werden, nach *C*. In beiden Fällen werden durch Sparren und Balken starke hölzerne, besser eiserne, Nägel *n n* getrieben. Wenigstens in jeden Binder wird ein eiserner Schraubenbolzen *p* (Fig. 5.) durch Sparren, Träger und Balken gezogen. Die übrigen Sparren werden durch hölzerne, besser durch lange eiserne Nägel, wie sonst die Knaggen, auf die Sparrenträger angenagelt. Die Schraubenbolzen sind kein kostbarer Gegenstand. Jeder Bolzen kostet höchstens 1 Thaler. Das Eisen kann in solchen Fällen beim Bauen überaus nutzbar gemacht werden, und man sollte sich desselben da, wo es nützlich sein kann, ohne grofse Kosten zu verursachen, wie hier, mehr bedienen, als gewöhnlich geschieht.

III. Man kann, um mit kürzeren Balken auszureichen, und zugleich die Mauerlatte, oder, bei hölzernen Gebäude-Wänden, die Rahmstücke, oder umgekehrt den untern Sparrenträger zu ersparen, zu beidem, der Mauerlatte oder dem Rahmstück, und dem Sparrenträger, ein und dasselbe Stück Holz dienen lassen, nach (Fig. 6.). Wenn die Balken die Sparren, wie vorhin beschrieben, umklammern, und aufserdem die Sparren auf das Querstück eingekämmt werden, so bekommt die Verbindung, in so fern das Dach nicht etwa ungewöhnlich der Erschütterung ausgesetzt ist, auch auf diese Weise hinreichende Festigkeit, selbst ohne Bolzen. Es ist auch nicht zu fürchten, dafs die unteren Sparrenträger *b* (Fig. 3.), zumal wenn sie zugleich Mauerlatten oder Wandrahmen sind, von den Sparren werden, nebst der Wand, hinausgedrängt werden. Denn hielten selbst die Balken nicht einzeln den Schub der Sparren auf, so befänden sich doch die Sparrenträger offenbar nur in dem Falle sogenannter Wechsel, in welche man gewöhnlich Stichbalken zapft. Der Seitenschub der Sparren wirkt auf sie nicht anders, als auf solche Wechsel: und da nun bekanntlich die Auswechselung, selbst bei recht breiten Gebäuden, haltbar ist, und die Wände, unter ihrem Schutze, keinesweges von dem Gespärre auseinandergedrängt werden: so werden auch die hier vorgestellten Sparrenträger die verlangten Dienste leisten. Der senkrechte Druck der Last, der auf sie, wie bei den Wechseln, unmittelbar sich stemmenden Sparren, wird ihnen aber gar nicht schaden, weil sie, nach (Fig. 3. und 5.) und nach (Fig. 6.), auf der Wand fest aufliegen. Der Seitenschub der Sparren wird durch ihre Verbindung mit den Balken aufgehalten, und abgleiten können die Sparren nicht, weil sie sich mit Versatzung auf die Sparrenträger stemmen.

IV. Die Verstrebung nach der Seite geben der beschriebenen Dachrüstung, in so fern sie etwa ungewöhnlich den Stürmen ausgesetzt ist, die Sparren selbst, indem sich dieselben auf die Balken stemmen, zugleich aber durch die unteren Sparrenträger mehr zu einem Ganzen verbunden sind. Der Länge nach kann man dem Dachgerüste die nöthige Verstrebung durch schräge Bänder geben, die von unten über die Sparren geschnitten, und daran mit Nägeln befestigt werden. Auch kann man diese Streben, für den unteren Theil des Daches, in die Sparrenträger *a a* und *b b* (Fig. 3.), für den oberen Theil wenigstens in die Träger *a a* einzapfen.

V. Soll das Dach halbe Walme bekommen, so werden auch über die halben Giebel Sparrenträger, wie *b*, gelegt. Es wird jeden Falls Ein Kehlbalken an jedem Ende eingezogen, und in denselben werden Stich- und Eckstich-Kehlbalken gezapft, mit welchen die Schift- und Ecksparren auf die Weise verbunden werden, wie die Hauptsparren unten mit dem Hauptgebälk; also ebenfalls ohne Aufschieblinge. Sollen ganze Walme gemacht werden, so werden über den Giebeln auch unten Sparrenträger gelegt, und dann die Walme, vermittelst eines Stichgebälks, auf ähnliche Art hergestellt, wie die halben Walme.

VI. Die durch (Fig. 3., 4., 5., 6.) vorgestellte Dachrüstung ist für Gebäude von 30 bis 40 Fuſs Breite passend. Die obern und untern Sparrenträger müssen, wie gesagt, 9 bis 10 Zoll im Quadrat stark sein, Stuhlsäulen, Balken, Kehlbalken und Windrispen von der gewöhnlichen Stärke. Die Sparren sind nie breiter als 3 bis $3\frac{1}{2}$ Zoll nöthig. Ist das Gebäude 30 Fuſs breit, so daſs die Sparren von einem Träger bis zum andern etwa 11 Fuſs frei liegen: so werden sie hinreichend stark sein, wenn sie 6 Zoll Höhe haben. Diese Höhe kann man bis 10 und 11 Zoll zunehmen lassen, wenn die Breite des Gebäudes bis zu 40 Fuſs steigt.

VII. Die Vorzüge dieser Dachverbindung vor der gewöhnlichen, mit stehendem Stuhle, bestehen darin, daſs erstlich die Aufschieblinge und der Knick im Dache wegfallen; zweitens, daſs man die Sparren bequem nach Belieben überragen lassen kann, wie bei *q* (Fig. 3.); drittens, daſs weniger Holz und Kosten dazu nöthig sind, besonders dann, wenn kein Kehlgebälk verlangt wird, und wenn man nach (Fig. 6.) verfährt, indem man alsdann, auſser den Aufschieblingen, die Mauerlatten oder die Wandrahmen nebst den Stichkehlbalken erspart; viertens, daſs das Gespärre durch die Sparrenträger in sich mehr zu einem Ganzen verbunden wird, daſs also die Dachrüstung fester ist; fünftens endlich, daſs die Stuhlsäulen etwas breiter von einander stehen können, und folglich mehr nutzbarer Raum zu Dachstuben u. dergl. gewonnen wird.

VIII. Auch noch eines andern Gewinnes ist zu gedenken, der sich insbesondere durch die hier vorgestellte Dachrüstung erzielen läſst. Der am wenigsten nutzbare Theil eines Dachraumes befindet sich nemlich in den unteren Ecken des Daches, da, wo die Sparren mit den Hauptbalken zusammentreffen. Kann man diesen Raum vermindern, oder ihm einen nützlichen Zweck geben, so ist es ein Gewinn. Dieses wird geschehen, wenn man den Etagen-Raum gleichsam in das Dach hinein baut. Man gewinnt dadurch, z. B. für Wohngebäude, an Höhe der Zimmer, und obgleich diese Höhe sich über den Fenstern befinden wird, so wird der Raum doch immer noch viel besser angewendet worden sein, als wenn die fast unbenutzbaren Dachwinkel ihn einnehmen. Es ist bekanntlich in den Städten ein sehr gewöhnliches Übel, daſs besonders die oberen Stockwerke meistens sehr niedrig sind. Es läſst sich ihnen eine bedeutend gröſsere Höhe geben, ohne daſs das Haus im Ganzen höher wird, und ohne daſs die Fenster, und, wo steinerne Gesimse gemacht werden, selbst die äufseren Mauern, höher gemacht werden dürfen, also fast ohne Vermehrung der Baukosten: wenn man die Zimmer, nach dem obigen Ausdrucke, in das Dach hineinbaut. Man benutze nemlich die Mauer, welche, bei der gewöhnlichen Anordnung, noch über dem Gesimse, zur Belastung desselben, zwischen den Balken und Sparren hindurch aufgeführt werden mufs, noch zum Zimmerraume, so wird man um eben so viel an Höhe für die Zimmer gewinnen. Dieses geht bei der gewöhnlichen Dachverbindung nicht ohne Übelstände an, wohl aber, ohne alle Schwierigkeit, mit dem hier vorgestellten Dachgerüste. (Fig. 6. und 6. *a.*) zeigt, dafs das Hauptgebälk schon bedeutend höher als das Hauptgesims liegen mufs. (Fig. 7. und 7. *a.*) zeigt, wie die genannte Absicht so vollständig als möglich erreicht werden kann. Nach dieser Figur wird die Etage so weit in das Dach hineingebaut, als möglich, denn bei *k l* bleibt grade nur noch die der Dachfläche nöthige Dicke übrig. Man kann auch, wenn man die äufserste Ersparung erzielen will, in (Fig. 7.) wiederum den über das Gebälk zu legenden unteren Sparrenträger *b* weglassen, und statt dessen die starke Mauerlatte *c* seine Stelle vertreten lassen.

IX. Die Dachrüstung (Fig. 3.), mit den durch (Fig. 4., 5., 6., 7.) vorgestellten Einzelheiten und Modificationen, ist in allen den Fällen passend, wo man gewöhnlich einen stehenden, doppelten Dachstuhl machen würde, also insbesondere da, wo das Dach nicht zu sehr den Sturmwinden ausgesetzt ist: wo die Dachbedeckung nicht zu schwer ist: wo man ein Kehlgebälk zur Benutzung verlangt: wo man Dachstuben haben will, und wo sich zugleich in der Etage die nöthigen Unterstützungs-Puncte finden. In allen diesen Fällen dürfte sie dem gewöhnlichen stehenden Stuhle, ihrer vorhin auseinandergesetzten Vorzüge wegen, mit Vortheil zu substituiren sein.

X. Verstärken kann man die vorgestellte Dachrüstung, wo es wegen der freien Lage oder sonst nothwendig ist, dadurch, dafs man noch im Forst einen Sparrenträger *c* (Fig. 3.) einzieht, und zwischen den mittlern Trägern *a*, *a*, so wie zwischen diesen und den untern *b*, *b*, alle 12 bis 15 Fufs, in jeden Binder schräge, mit den Sparren parallel liegende Stiele zapft, zwischen welche dann die über die Sparren geschnittenen Windrispen eingespannt werden können. Diese Stiele bilden Streben, welche dem Seitendrucke widerstehen, so dafs für diesen Widerstand nicht mehr auf die Sparren selbst gerechnet werden darf. Die untern Sparrenträger müssen aber hier nothwendig über dem Hauptgebälk liegen, und können nicht mehr gut zugleich die Dienste der Mauerlatte oder des Wandrahms verrichten.

XI. Eine etwas abweichende Dach-Verbindung, ohne Veränderung im Haupt-Principe, stellt (Fig. 8.) vor, die ohne weitere Erklärung deutlich sein wird. Sie kommt gewissermafsen dem liegenden Dachstuhle näher, und ist insbesondere da anwendbar, wo kein Boden auf dem Kehlgebälke verlangt wird, so dafs nur in jeden Binder ein Kehlbalken eingezogen werden darf. In diesem Falle dürfte sie der vorigen in Absicht der Stärke vorzuziehen sein, weil sie eine stärkere Verstrebung nach der Seite gewährt. Jedoch müssen die unteren Sparrenträger über dem Hauptgebälke liegen.

XII. Eine zweite kleine Abweichung von der vorigen zeigt (Fig. 9.). Sie kann nützlich sein, wo mehr nach der Seite zu sich bessere Unterstützungs-Puncte für die Dachstuhlsäulen finden, auch um den mittlern Raum des Daches besser zu benutzen. Sie pafst ebenfalls nur da, wo kein Boden auf dem Kehlgebälke verlangt wird. Auch müssen die untern Sparrenträger über dem Hauptgebälke liegen. Gut wird es sein, die Streben *s s* in (Fig. 8. und 9.) mit den Sparren und den Kehlbalken, mit welchen sie zusammentreffen, durch kleine Schraubenbolzen *p*, *p* oder durch eiserne Bänder zu verbinden.

*B.* Für schmale Gebäude, von nicht mehr als etwa 24 Fufs Breite, wird die einfache Dachrüstung (Fig. 10.) nützlich und angemessen sein. Da die Sparren hier höchstens 17 Fufs lang frei liegen, so werden sie, wenn man dazu 3 bis $3\frac{1}{2}$ Zoll dicke, auf die hohe Kante gestellte, 10 bis 11 Zoll breite Bohlen nimmt, in der Mitte keiner Unterstützung weiter bedürfen. Diese Dachrüstung hat, schon weil der Forst unmittelbar getragen wird, den wesentlichen Vorzug, dafs die Sparren nicht mehr als belastete Streben wirken, und folglich keinen Seitenschub hervorbringen, indem die Dachfläche auf den senkrechten Stützen blofs aufruht. Über dem Forstträger werden die Sparren paarweise durch Nägel mit einander verbunden. Unten werden sie mit den untern Sparrenträgern und dem Balken, wie in (Fig. 3. und 5.), verbunden. Auch kann der untere Sparrenträger, wie in (Fig. 6. und 7.), unter dem Hauptgebälke liegen, und zugleich die Dienste der Mauerlatte oder des Wandrahms thun. Die Verstrebung gegen den Seitenschub gewähren in hinreichendem Maafse, zumal bei der geringen Höhe des Daches, die Sparren selbst. Der Länge nach wird das Dach wiederum durch von unten übergeschnittene Windrispen verstrebt, die zugleich die Sparren mit einander verbinden, und also noch besser sind als Bänder, die man sonst auch bequem in den Forststuhl setzen könnte. Diese Dachrüstung pafst auch noch, wenn der Forststuhl unten keine hinreichende Stütze fände. Es ist dann nichts weiter nöthig, als in jeden Binder zwei Streben *s*, *s* einzuziehen, um durch dieselben sogleich ein Hängewerk herzustellen, an welches das Hauptgebälk angehängt werden kann. Soll das Dach Walme bekommen, so ruhen die Eck- und mittleren Walm-Sparren auf den Enden des Forstträgers. Die andern Schiftsparren werden wie gewöhnlich befestigt, und in ein Stichgebälk gestellt. Dieser Dachverband ist, wie man sieht, so wenig kostbar als möglich, gleichwohl aber hinreichend fest, und ohne alle nachtheilige Wirkung auf die Wände des Gebäudes.

*C.* Wird kein Kehlgebälk verlangt, und will man nicht etwa einen Schüttboden auf dem Haupt-Gebälke haben, so kommt das Dachgerüst (Fig. 11.) in Betracht, und hat in solchen Fällen seine Vorzüge. Das Gespärre übt nemlich, wie in (*B.*), gar keinen Seitenschub aus, weil es senkrecht getragen wird. Die Sparren-Paare werden wieder im Forste mit einander verbunden. Die Balken können also allenfalls sämmtlich in der Mitte gestofsen werden. Blofs zur Verankerung der Mauern, nicht des Daches wegen, müssen einige derselben durchgehen. Diese Dachrüstung erfordert auch weniger Holz und Kosten, als die gewöhnliche, schon weil die Kehlbalken ganz erspart werden. Auch ist sie fester und standhafter, als ein stehender Dachstuhl. Die Streben *s*, *s* und die Forstsäulen *f* befinden sich nur, alle 12 bis 15 Fufs, in den Bindern, und die Sparren sind nur 3 bis 3½ Zoll dick und 9 bis 10 Zoll hoch nöthig; die unteren Sparrenträger *b*, *b* aber müssen über dem Hauptgebälke liegen. Die Verstrebung nach der Seite gewähren die Streben *s*, *s*, zusammen mit dem Gespärre, sehr vollständig. Die Verstrebung der Länge nach wird wieder am besten durch Windrispen hervorgebracht, die zugleich, im untern wie im obern Theile des Daches, in die Sparrenträger eingezapft werden können. Dieser Dachverband ist für Gebäude von 30 bis 40 Fufs breit passend, und auch dann noch anwendbar, wenn keine der Länge nach durchlaufende Unterstützung in der Mitte unter dem Forststuhle vorhanden wäre, sondern nur, in nicht zu grofsen Entfernungen von einander,

Querwände. In solchem Falle darf man nur Streben in den Forststuhl einspannen, um denselben, von einer Querwand zur andern, sehr leicht in ein Hängewerk zu verwandeln, an welches, mittelst einer Forststuhlschwelle, das Hauptgebälk auf die gewöhnliche Weise angehängt werden kann was diesem Dachverbande ebenfalls einen Vorzug giebt. Der Dachraum wird übrigens durch die 12 bis 15 Fufs von einander entfernten Streben *s*, *s* keinesweges so sehr verbaut, dafs er nicht mehrfach zu benutzen wäre. Er kann zum Trocknen von Wäsche und andern nassen Dingen, zur Aufschichtung von Heu, Stroh und andern Vorräthen, und selbst auch allenfalls zur Kornschüttung, benutzt werden, weil unter den mittlern Sparrenträgern bequeme Gänge bleiben. Soll das Dach Walme bekommen, so gehen die Sparrenträger *a*, *a* unter den Walmen herum. Es werden Stichbalken an den Giebeln eingezogen, der mittlere so lang, als das halbe Gebäude breit, mit Verklammerungen über Eck, und Streben *s*, *s* auch gegen die Walmsparrenträger gesetzt, so dafs der Dachstuhl *a b c* gleichsam ein am Walme herumlaufendes Dach bildet, welches, nebst dem Forststuhle, das Hauptgespärre trägt, welches seiner Seits Eck- und Schiftsparren bekommt, wie gewöhnlich.

Darf die Dachrüstung weniger stark sein, oder ist das Gebäude nur schmal, so ist der Verband (Fig. 11.) auch noch hinreichend, wenn man den Forststuhl wegläfst, während alles Übrige das Nemliche bleibt. Die Hauptbalken müssen aber dann alle durchgehen, und es mufs eine Unterstützung derselben in der Mitte von unten vorhanden sein.

*D.* Eine andere, der vorigen ähnliche Dachrüstung macht die linke Seite in (Fig. 12.) vorstellig. Sie ist ebenfalls, vermöge der durchgehenden Streben, ungemein standfest, und das Gespärre bringt wieder gar keinen Seitenschub hervor, weil es überall auf den Sparrenträgern blofs aufruht. Die unteren Sparrenträger *b* können hier sehr füglich auch noch unter dem Hauptgebälke liegen, und wie in (Fig. 6. oder 7.) zugleich den Dienst der Mauerlatte oder des Wandrahmens thun. Auch ist diese Dachrüstung noch anwendbar, wenn das Gebäude eine beträchtlichere Breite hat, bis zu etwa 45 Fufs, weil, wenn die Streben *s*, *s* nur stark genug genommen werden, statt Eines mittleren Sparrenträgers *a*, auch deren zwei gelegt werden können, so dafs das Gespärre zwischen *b* und *c*, statt einmal, zweimal, in drei gleichen Entfernungen, unterstützt und getragen wird. Die mittleren Sparrenträger *a* müssen sich aber hier auf

Knaggen *k* stützen. Die Verstrebung der Länge nach besteht in Windrispen, die über die Sparren geschnitten, und zwischen die Sparrenträger eingespannt werden. Diese Dachrüstung ist insbesondere dann anwendbar, wenn das Hauptgebälk, ungefähr in der Mitte, eine feste Unterstützung hat, wie es häufig der Fall ist. Wären Unterstützungen des Hauptgebälkes nur weiter nach den Seiten vorhanden, oder würden die Streben hinderlich befunden, so kann man, zur Unterstützung der Hauptstreben *s*, *s*, auch in jeden Binder einen Kehlbalken *n* einziehen, der durch Stuhlsäulen *m* unterstützt wird. Auf diese Binder-Kehlbalken, als Träger betrachtet, kann man dann auch ein Gebälk der Länge nach legen, um einen zweiten Boden zu bekommen, wenn ein solcher verlangt wird, auch um den mittlern Theil des Dachraums zu Zimmern zu benutzen. Die Binder-Kehlbalken müssen nur stark genug sein, um das auf ihnen ruhende Gebälk zu tragen. Die Vorzüge dieser Dachrüstung vor der gewöhnlichen bestehen, aufser in der Vermeidung der Knaggen und der Dachknicke, was, wie gesagt, allen übrigen hier beschriebenen Verbänden gemein ist, und, aufser in dem Umstande, dafs sich damit zugleich die durch (Fig. 6. und 7.) vorgestellten Vortheile verbinden lassen, darin, dafs der Dachverband sehr stabil ist, dafs die Sparren keinen Seitenschub hervorbringen, und dafs besonders dann, wenn kein Kehlgebälk verlangt wird, und die Streben *t* gesetzt werden können, an Holz und Kosten gespart wird, indem die Kehlbalken wegfallen. Sollen Walme gemacht werden, so geschieht es ganz wie bei (Fig. 11.); denn die Dach-Verbände (Fig. 11. und 12.) unterscheiden sich im Wesentlichen nur besonders dadurch, dafs, nach (Fig. 11.), der Forstträger von einem senkrechten Stuhle und nach (Fig. 12.) von den Kreuzstreben *s*, *s* getragen wird.

*E.* Stärker und fester als die Verbände (Fig. 11. und 12.) ist die Dachrüstung (Fig. 13.), welcher die verschiedenen Vortheile von (Fig. 11. und 12.) gemein sind, und die vorzüglich da passend sein wird, wo zugleich das Hauptgebälk eines schon etwas breiten Gebäudes von der Dachrüstung getragen werden mufs. Es verhält sich mit dieser Dachrüstung übrigens wie mit den beiden vorigen.

*F.* Einen starken Dachverband, über Gebäude von 45 bis 60 Fufs breit, der zugleich das Hauptgebälk tragen kann, stellt (Fig. 14.) vor. Aufser der Forststuhlsäule *f* können auch die Sparrenstuhlsäulen *s*, *s* als Hängesäulen benutzt werden. Die Streben *t*, wenn sie hinderlich sein sollten, können auch allenfalls wegbleiben, weil schon die Hauptstreben *p*, *p*, zusammen mit dem Kehlbalken *q*, ein Hängewerk bilden, welches, neben dem vom Forste getragenen Haupt-Hängewerke *f*, stark genug ist, das Gebälk an den Seiten zu unterstützen.

Wir wollen nicht weiter die Construction der Dach-Verbände nach den obigen Principien für breitere Gebäude verfolgen, theils weil hier insbesondere nur von den Dachrüstungen in den gewöhnlichen Fällen die Rede sein sollte, theils weil darüber Ausführlicheres auch sonst schon vielfach vorhanden ist. An Untersuchungen des Ungewöhnlichen und selten Vorkommenden, Künstlichen pflegt es überhaupt nicht leicht zu fehlen, während die gewöhnlichen, am häufigsten vorkommenden Fälle, die aber grade die wichtigsten sind, öfters zu wenig dem Nachdenken unterworfen worden sind. Insbesondere läfst sich, was gröfsere Dächer betrifft, auf die Abhandlung No. 7. im 2ten Hefte 5ten Bandes S. 120 etc. dieses Journals verweisen. Die dort beschriebenen Dachrüstungen, insbesondere für breitere Gebäude, dürften vor den sonst gewöhnlicheu wesentliche Vorzüge haben. Zwar scheint das Princip derselben mit demjenigen der sonst gewöhnlichen weiter spannenden Dachrüstungen im Wesentlichen übereinzukommen: es ist aber keinesweges das nemliche, sondern vielmehr wesentlich und gänzlich davon verschieden, wie sich bei näherer Ansicht leicht ergiebt. Es dürfte alle Aufmerksamkeit verdienen, und die Benutzung desselben in passenden Fällen entschiedene Vortheile gewähren.

## 6.

Wir wollen vielmehr, statt uns mit den weniger häufig vorkommenden Fällen weiter zu beschäftigen, zum Schlusse, eines anderen Gegenstandes erwähnen, der für den Bau der Gebäude und ihrer Dächer nicht minder wichtig ist, als die Festigkeit und Angemessenheit der Dachrüstungen selbst, nemlich eines einfachen Mittels, die Feuersgefahr, welcher Gebäude mit hölzernen Dächern und hölzernen Gebälken in den Etagen so sehr ausgesetzt sind, zu vermindern, und zwar dadurch, dafs wenigstens die Fortpflanzung eines im Dach entstandenen Feuers auf die untern Etagen verhütet wird. Ein solches Mittel ist, wie sich sogleich zeigen wird, insbesondere bei den oben beschriebenen Dachverbänden ausführbar, leichter als bei den gewöhnlichen, wodurch also jene einen neuen Vorzug bekommen.

Das Mittel besteht darin, das Dach, mit seinem Holzwerke, durch eine Schicht von Lehm, Gips, Mauerwerk, oder einem andern unverbrennlichen Stoffe, gänzlich von dem nächsten, obern Gebälk abzusondern. Es ist das nemliche, wodurch in der Nähe von Feuer-Essen Holzwerk gegen den Angriff des Feuers geschützt wird. Diese Absonderung des Dachwerks von dem übrigen Gebäude kann wie folgt geschehen. Es sei in (Fig. 15.) *b b* das Gebälk der oberen Etage; dann strecke man über die Balken starke gefugte Schalen, oder ästige, nicht zu Fufsböden oder sonst taugliche, wenigstens $1\frac{1}{2}$ Zoll dicke Bretter. Über dieselben breite man eine etwa 1 Zoll dicke Schicht mit Schefen vermischten Lehms aus, und überpflastere, in diesem Lehme, den ganzen Boden doppelt mit Ziegeln auf die flache Seite, die Fugen ebenfalls mit Lehm gefüllt, und auf die Weise, dafs die Ziegel der oberen Lage die Fugen der unteren decken. Das Pflaster im Lehm würde im Freien nicht haltbar sein: aber hier unter dem Dach, im Trockenen, ist es dauerhaft. Statt des doppelten Pflasters kann man auch auf den Bretterboden einen 3 bis 4 Zoll dicken Lehm-Estrich oder einen Gips-Estrich legen. In allen Fällen aber müssen die Mauern bis unter die unverbrennliche Schicht hinaufgeführt werden, so dafs sie mit derselben zusammenstofsen, und einen Raum einschliefsen, der das Gebälk in allen Puncten gänzlich umschliefst, und vom Holzwerke des Daches absondert. Die Decke, welche das Gebälk der oberen Etage bildet, bedarf, wenn die feuerfeste Schicht aufgelegt ist, natürlich weiter keines Windelbodens. Man darf daher auch um so weniger fürchten, dafs das Gebälk zu sehr werde belastet werden. Die Schicht wird in allen Fällen höchstens 5 Zoll dick, also etwa 3 Zoll dicker als der gewöhnliche Windelboden werden. Der Quadratfufs Decke wird daher nur mit etwa 30 Pfund mehr belastet werden, welches noch nicht die Hälfte der Last einer gewöhnlichen Getreideschüttung ist. Die Treppen-Öffnungen nach dem Dachboden müssen mit Mauerwerk umgeben sein, so dafs das Gebälk nicht an die Öffnungen anstöfst, welches, wenn, wie gehörig, steinerne Treppen vorhanden sind, von selbst geschieht. Ist die Boden-Treppe von Holz, so mufs eine, mit einer Kappe überwölbte, von unten hinreichend unterstützte Umgebung des Treppenloches mit Mauerwerk, auf dem Gebälk und der unverbrennlichen Schicht stehen, und die Treppenthür mufs, wenn nicht von Eisen, wenigstens mit starkem Eisenbleche bedeckt sein.

Nachdem nun das Gebälk auf diese Weise ganz von dem Dach abgesondert worden ist, so dafs die unverbrennliche Schicht, wie man es sich vorstellen kann, mit den Mauern des Gebäudes zusammen eine, überall für das Feuer nicht angreifbare, vom Dache getrennte Umgebung bildet, setzt man diese oder jene von den oben beschriebenen Dachrüstungen auf die unverbrennliche Schicht, wie es z. B. (Fig. 15.) zeigt. Die Dachrüstung bekommt von Neuem ihre Balken, aber nur einzelne Balken, in den Bindern. Diese Balken sind die einzigen Hölzer, die die Absonderung des Daches mehr erfordert. Aber es ist auch damit wieder der Vortheil verbunden, dafs nur einzelne Balken der oberen Etagen-Decke durchzugehen brauchen, und dafs selbst diese Balken nicht mehr nothwendig quer über das Gebäude liegen dürfen, sondern dafs sie, nach Bequemlichkeit, auch der Länge nach liegen können, wenn etwa in dieser Richtung die Zimmer kleiner sind. Man kann auf diese Weise den mehreren Aufwand an Binder-Balken durch schwächere Decken-Balken wiederum ersparen; denn die letztern lassen sich noch an die Binder-Balken, wo es nothwendig ist, mit Eisen anhängen. Hat die Decke keine Unterstützung in der Mitte, so kann man sie auch an die Binder-Balken, oder an das Hängewerk im Dache, mit Eisen anhängen. Die durchlaufenden Sparren kommen, wie man sieht, mit der Decke der oberen Etage nicht in Berührung, und unterbrechen also die Absonderung des Daches nicht. Dieses würde, wenn man auf die gewöhnliche Weise die Sparren in die Balken oder in Stichbalken einzapfen wollte, weniger gut möglich sein. Die Aufschieblinge würden noch länger und nachtheiliger werden.

Geräth nun ein solches Dach in Brand, so wird das Feuer durch die unverbrennliche Schicht von dem Gebälke der oberen Etage, und weiter von dem Gebäude unterhalb, abgehalten werden, so dafs dasselbe unberührt bleibt. Beim Löschen des Feuers im Dache wird man besonders zu verhüten suchen müssen, dafs die stärkeren Holzstücke, namentlich die Sparrenträger und die Hauptstreben *s*, *s*, wo sie vorhanden sind, nicht, ehe sie vom Feuer wenigstens zum Theil verzehrt sind, auf das Gebälk herunterstürzen, weil sie die schützende Decke zerschlagen könnten. Es wird deshalb gut sein, diese Stücke noch immer so schwach und die Träger so kurz als möglich zu machen; indessen wird auch selbst von dem Herunterfallen dieser Hölzer noch nicht viel zu fürchten sein, weil die unverbrennliche Schicht fest aufliegt, die Balkendecke selbst aber nicht so leicht zerschlagen werden wird, um so weniger, da auch die Binderbalken und Stuhlschwellen sie noch schützen. Wo die Decke von dem Holzwerke des Dachgerüstes getragen wird, wird zwar die Gefahr gröfser sein, weil die Decke, so wie das Holzwerk abbrennt, seine Stütze verliert. Aber es wird noch vielleicht angehen, beim Löschen selbst, schnell einige Stützen von unten unter die Decke zu setzen, und dann wird sich dieselbe ebenfalls noch dem Feuer entreifsen lassen. Am wirksamsten wird jedoch freilich die Absonderung des Daches da sein, wo die Decke nicht vom Holzwerke des Daches getragen, sondern durch Scheidewände oder Träger von unten unterstützt wird.

---

Man sieht aus den obigen Bemerkungen über die gewöhnlichen Dächer, dafs selbst sehr einfache Gegenstände der Baukunst, obgleich an denselben schon unzählige Erfahrungen gemacht worden sind, noch mannigfaltige Erwägungen erfordern. Wir sind bei unsern Auseinandersetzungen gewissermafsen, obgleich keine Formeln und dergleichen vorkommen, mathematisch zu Werke gegangen, indem wir nach dem Begehren der Statik unsere Dächer construirt haben. Diejenigen, welche nicht lieben, um die Verbesserung von Dingen sich zu bemühen, die durch Gewohnheit ihre Regeln erhalten haben, oder die gar zu einfach zu sein scheinen, werden es vielleicht nicht gut heifsen, dafs gerade noch solche Erwägungen Erfahrungen entgegengestellt werden sollen. Aber die Erfahrung belehrt ja nur dann, wenn die Wahrnehmung zugleich näherem Nachdenken unterworfen wird, und dieses unterbleibt zuweilen gerade am meisten bei sehr oft vorkommenden, einfachen, oder vielmehr einfach scheinenden Dingen. Die practischen Baumeister haben, wenn sie die Mathematik gleichsam perhorresciren, in so fern sie dabei an künstliche algebraische oder gar Differential- und Integral-Formeln denken, oft ganz Recht damit. Nach solchen Formeln läfst sich nicht gut bauen, und wer danach baut, baut nur zu bald *mit eisernen Säulen auf schwebendem Sande.* Aber in so fern unter Mathematik der einfache Ausdruck und die Zergliederung und Zusammensetzung der Naturgesetze verstanden wird, bedienen sich ihrer, vielleicht unbewufst, zuverläfsig auch die Practiker, in so fern sie ihre Kunst denkend üben; denn auch sie gestehen, dafs die Naturgesetze älter sind und länger bestehen, als die Regeln, welche das Herkommen, vielleicht durch unrichtige, wenn auch noch so oft wiederholte Wahrnehmungen, aufgestellt hat, und die wiederum, w e n n sie richtig sind, aus nichts Anderem als aus den Naturgesetzen selbst entnommen werden konnten. Dafs übrigens hier die gewöhnlichen Dachrüstungen noch der Vervollkommnung fähig sein dürften, ist nicht zu verwundern. Man erinnere sich nur an die alten, hohen, mit starken, wunderlich zusammengefügten Hölzern überladenen Dachrüstungen aus vorigen Jahrhunderten, auf Kirchen, Klöstern, Burgen u. s. w. Niemand wird diese Dachverbände jetzt mehr nachahmen wollen; vielmehr wird Jedermann ihre Unvollkommenheiten einsehen. Gleichwohl haben ohne Zweifel die Verfertiger derselben sie für nicht weniger gut gehalten, als die Verfertiger der jetzt gewöhnlichen Dachverbände die ihrigen; denn sonst würden sie sie anders gemacht haben. Es ist also sehr wohl möglich, dafs auch die jetzt üblichen Constructionen noch der Verbesserung fähig sind. Wir unsererseits wollen aber weder den alten noch den neuen Werkmeistern in dem Puncte der Meinung von u n s e r n Dachrüstungen nachahmen, und diese Verbände keinesweges für v o l l k o m m e n, sondern vielmehr ihrer Seits ebenfalls noch für sehr unvollkommen und verbesserungsfähig halten. Dafs sie indessen die oben im Texte bemerkten Vorzüge vor den üblichen Verbänden haben, ist gewifs.

Berlin, im Juni 1833.

# 13.

# Gesammelte technische und statistische Nachrichten über die Eisenbahnen von St. Etienne nach Roanne und von St. Etienne nach Lyon.

Das gegenwärtige Journal hat im zweiten und dritten Hefte seines sechsten Bandes ausführliche Nachrichten von der zwischen Liverpool und Manchester in den Jahren 1826 bis 1830 erbauten merkwürdigen Eisenschienen-Strafse gegeben. Fast in den nemlichen Jahren, und nur wenig später, ist in Frankreich, von St. Etienne über Andrezieux nach Roanne an der Loire, und von St. Etienne nach Lyon an der Rhône, eine Eisenschienen-Strafse gebaut worden, die nicht minder merkwürdig ist. Die Englische Eisenbahn von Liverpool nach Manchester ist etwa $7\frac{1}{2}$ Preufsische Meilen lang und hat gegen $5\frac{1}{2}$ Millionen Thaler Preufsisch gekostet. Die Französische Eisenbahn bei St. Etienne ist in ihrer ganzen Ausdehnung über 19 Meilen, also mehr als $2\frac{1}{2}$ mal so lang, und überhaupt eine der längsten, die bis jetzt existiren; die Baukosten derselben belaufen sich gleichwohl ebenfalls nur im Ganzen auf etwa $5\frac{1}{2}$ Millionen Thaler, obgleich die Terrain-Schwierigkeiten wenigstens nicht geringer sind, als bei Liverpool. Der grofse Unterschied des Verhältnisses der Kosten zur Länge liegt unstreitig zum Theil in den höheren Preisen vieler Dinge in England (wenn auch nicht aller; denn z. B. das Eisen ist in England sogar wohlfeiler als in Frankreich), und insbesondere in der gröfseren Theurung des Arbeitslohnes; zum Theil aber scheint doch der Unterschied auch in den Fortschritten der Kunst des Bauens dieser neuen Art Strafsen zu liegen, die hier schon zum Theil in Anwendung gekommen sind, während man (in Parenthese bemerkt) hoffen mufs und darf, dafs diese Vervollkommnungen nicht stehen bleiben werden. Nach des Herausgebers Überzeugung dürfte es in der That nicht unmöglich sein, in Deutschland eine Eisenbahn von ganz gleicher Güte, wie die Französischen und Englischen, meistens für vielleicht noch weniger als die Hälfte des Preises der Französischen, also für noch nicht den fünften oder sechsten Theil desjenigen der Englischen Bahn herzustellen. Auch schon die Böhmische Eisenbahn hat viel weniger gekostet, als die Französische, auf die gleiche Länge.

Es schien daher nützlich und wichtig, auch von der Eisenbahn bei St. Etienne durch das gegenwärtige Journal Nachrichten mitzutheilen, besonders jetzt, wo die Nützlichkeit der Eisenbahnen überhaupt immer allgemeiner anerkannt wird, und der Zeitpunct, wo man auch in Deutschland sich des Nutzens derselben allgemeiner zu erfreuen haben wird, näher zu rücken scheint. In einem solchen Zeitpuncte kann gewifs für den Gegenstand nichts erspriefslicher sein, als dafs die bisher bei demselben gemachten Erfahrungen möglichst bekannt werden, damit man recht allgemein mit dem Wesen der Sache, und dem, worauf es dabei ankommt, mehr vertraut werde, und Jeder, der dafür und dabei sich interessirt findet, und auf die Förderung des Gegenstandes einzuwirken hat, von den vorhergegangenen Erfahrungen Vortheil ziehen könne. Die Mittheilung der Nachrichten, grade von der Eisenbahn bei St. Etienne, wird aber dadurch noch um so interessanter und nützlicher, dafs dergleichen Nachrichten, von vorzüglich geübten und erfahrenen Technikern und ausgezeichneten Statistikern verfafst, und mit grofser Klarheit und Sachkenntnifs in das Detail gehend, was sie für den Architekten und für jeden Andern, der sich für den Gegenstand interessirt, insbesondere nützlich macht, zu haben sind. Das Journal beeilt sich daher, diese Nachrichten aufzunehmen, und hofft dadurch dem Publicum einen Dienst zu erweisen, und daher auch diese Mittheilungen von ihm gebilligt zu sehen. Die Nachrichten, welche hier folgen, sind theils aus Französischen Zeitschriften gesammelt, theils aus besonders abgedruckten Schriften über den Gegenstand genommen. Anfangs war es des Herausgebers Absicht, nur einen Auszug der verschiedenen einzelnen Berichte zu geben. Allein bei genauerer Ansicht fand er, dafs jede Weglassung ein Verlust sein würde, weil sich kaum irgendwo etwas Entbehrliches findet. Das Journal giebt daher die einzelnen Berichte ganz und unverkürzt. Selbst die, jedoch nur wenigen und kurzen Stellen, wo die Berichte von einem und demselben Gegenstande sprechen, sind nicht verkürzt worden, weil es schon interessant war, verschiedene Personen über die nemlichen Gegenstände zu vernehmen. Die den Originalen beigefügten Karten und Profile sind ebenfalls mit überliefert worden.

Die Strafse theilt sich in drei unterschiedene Theile. Der erste erstreckt sich von Lyon zunächst, dicht an der Rhône entlang, bis Givors, und dann seitwärts in das Gebirge nach St. Etienne, welches auf der Wasserscheide zwischen der Rhône und Loire, 1239 Fufs hoch über der Brücke bei Lyon, liegt. Diese erste Strecke von Lyon bis St. Etienne ist etwa $7\frac{1}{2}$ Meilen lang, und die Kosten derselben sind zu 10 Millionen Franken berechnet.

Die zweite Strecke ist die von St. Etienne bis Andrezieux, welches an der Loire und 426 Fufs tiefer als St. Etienne liegt. Sie ist etwa $2\frac{3}{4}$ Meilen lang, und hat gegen 2 Mill. Fr. gekostet.

Die dritte Strecke ist eine Fortsetzung der vorigen, längs der Loire, bis Roanne, wo die Brücke über die Loire wieder 409 Fufs tiefer als Andrezieux, folglich 871 F. tiefer als der Anfang der Bahn in St. Etienne liegt. Diese Strecke ist etwa 9 Meilen lang, und die Kosten sind auf 10 Mill. Fr. berechnet, so dafs also die 3 Strecken, zusammen, etwa $19\frac{1}{4}$ M. lang sind, und ungefähr 22 Mill. Fr. kosten.

Der Zweck der Strafse ist, einerseits, die Verbindung der Loire mit der Rhône, durch welche also diejenige des Mittelländischen Meeres mit dem Ocean und dem Canale von England erreicht wird: andrerseits die Erleichterung des Vertriebes der Steinkohlen aus den Gruben von St. Etienne, welche die ergiebigsten in Frankreich sind, so wie der mannichfachen Fabricate der Stadt und Umgegend von St. Etienne, die ungemein beträchtlich sind, gegen 50000 Menschen beschäftigen, und einen Werth von etwa jährlich 72 Mill. Fr. haben. Da St. Etienne auf dem Scheitelpuncte der Strafse liegt, und der Abhang stark genug ist, so werden die Lastwagen auf einen bedeutenden Theil der Länge der Strafse ohne alle fremde Kraft, blofs durch ihr eigenes Gewicht fortgetrieben, was dem Transporte um so mehr zu Statten kommt, da grade von St. Etienne die meisten Lasten von Steinkohlen und Waaren ausgehen. Durch diesen Umstand bekommt diese Eisenbahn noch ein eigenthümliches Interesse. Die zweite Strecke, von St. Etienne nach Andrezieux, ist zuerst gebaut, nemlich im August 1825 angefangen, und im August 1827 beendigt worden. Hierauf hat man die Strecke von St. Etienne nach Lyon angefangen, die, wie bekannt, ebenfalls schon vor einiger Zeit fertig geworden ist, und zuletzt ist die dritte Strecke, von

Andrezieux nach Roanne, im Jahre 1830 angefangen worden, und jetzt wahrscheinlich ebenfalls beendigt.

Von dieser interessanten Eisenschienenstraſse, in die eben bezeichneten drei verschiedenen Strecken abgetheilt, wird man nun in den hier folgenden Aufsätzen die näheren Details finden, die wir gegeben haben, so weit sie bis jetzt, in's Einzelne gehend, und von Sachverständigen verfaſst, zu haben waren.

Der Aufsatz No. I., von Herrn Grangez im Jahre 1829 verfaſst, giebt allgemeine und übersichtliche Nachrichten von der ersten und zweiten Strecke.

Der Aufsatz No. II., von den Herren Seguin und Biot, Directoren der Gesellschaft von Unternehmern der ersten Strecke von St. Etienne nach Lyon verfaſst, giebt specielle Nachrichten von dieser Strecke.

Der Aufsatz No. III., von den Herren Mellet und Henry, früher Eleven der Polytechnischen Schule und Directoren der Gesellschaft von Unternehmern der dritten Strecke von Andrezieux nach Roanne verfaſst, giebt umfassende und statistische Nachrichten von der gesammten Straſse, beleuchtet die Zwecke und den Nutzen derselben im Allgemeinen, und untersucht dann die Kosten- und Ertrags-Verhältnisse der dritten Strecke, von Andrezieux bis Roanne, insbesondere.

Der Aufsatz No. IV., von den nemlichen Verfassern, handelt von der dritten Strecke insbesondere, ist ganz technischen Inhaltes, und enthält besonders für die Techniker viele interessante Details.

Der Aufsatz No. V. ist eine Nachricht von dem Herrn Ch. Dupin, dem durch sein Werk über den Handel und die Statistik von England, und viele andere, auch mathematische, Schriften bekannten Schriftsteller (einem Bruder des Präsidenten der Deputirten-Kammer im Jahre 1832), über die Lage des Baues der dritten Strecke von Andrezieux nach Roanne im Jahre 1830, ebenfalls voll interessanter Details.

Wir haben noch einen Aufsatz No. VI., von einem ungenannten, aber sichtbar sehr erfahrnen Brücken- und Wege-Ingenieur, über die projectirte weitere Fortsetzung der Straſse an der Loire entlang, von Roanne bis Digoin, also über eine vierte Strecke, $7\frac{1}{4}$ M. lang und zu etwa 9 Mill. Fr. Kosten berechnet, folgen lassen. Die Loire ist nemlich zwischen Andrezieux und Roanne stromab nur sehr schwierig, und stromauf gar nicht schiffbar. Aber auch von Roanne weiter bis Digoin ist die Schiffahrt auf diesem Strome noch so beschwehrlich, dafs man sich entweder zu einem Canale, an dem Flufs entlang, oder zur Fortsetzung der Eisenbahn wird entschliefsen müssen. Erst von Digoin an, weiter nach unten, hören die Schwierigkeiten der Schiffahrt auf. Der Aufsatz No. VI. giebt interessante Bemerkungen über diese weitere, projectirte Fortsetzung der neuen Strafse, und insbesondere eine Vergleichung des Canals mit der Eisenbahn.

Die sechs Aufsätze zusammengenommen geben schon einen, wie der Sachkenner finden wird, sehr guten und klaren Unterricht von ihrem Gegenstande. Es sind nun noch neuere, *eben so sachverständige* Nachrichten über den weiteren Erfolg des Baues zu wünschen. Das Journal wird sie mittheilen, sobald es ihm gelungen sein wird, Nachrichten *solcher* Art zu erhalten.

Der Herausgeber hat sich erlaubt, hier und da seinerseits Bemerkungen über diesen oder jenen Gegenstand beizufügen, und darüber offen seine Meinung zu äufsern, auch da, wo er mit der Meinung der Herren Verfasser nicht einverstanden sein zu können glaubte. Vermöge der mannichfachen Erfahrungen, die ihm eine 30jährige, mit angelegentlichem und für den Gegenstand eifrig sich interessirendem Nachdenken verbunden gewesene Ausübung der Baukunst, und vorzugsweise der Strafsen-Baukunst, zum Theil sehr im Grofsen, verschafft hat, glaubte er sich die Äufserung seiner Meinung erlauben zu dürfen, und, da die Resultate jener Erfahrungen wenigstens nicht zurückgehalten werden dürfen, auch gewissermafsen dazu verpflichtet gewesen zu sein. Für den Fall, dafs den geehrten Herren Verfassern der Aufsätze je die gegenwärtigen Mittheilungen zu Gesichte kommen und die Bemerkungen des Herausgebers von ihnen gelesen werden sollten, wird es wohl nicht etwa nöthig sein, sie zu bitten, dieselben nicht übel deuten, sondern sie nur als das, was sie sind, nemlich blofs als rein bauwissenschaftliche Äufserungen, ansehen zu wollen. Von einem unpartheiischeren Architekten als dem Herausgeber konnten die Bemerkungen wenigstens nicht kommen, indem er, an 200 Lieues von der Gegend entfernt, weder Ort noch Personen jemals sah. Aber etwas Anderes als die erbetene Aufnahme der bescheidenen und geringen Bemerkungen auch nur befürchten zu wollen, wäre schon derjenigen Hochachtung zuwider, von welcher sich der Herausgeber gegen die ehrenwerthen Verfasser der Aufsätze, schon angesehen ihren Inhalt, durchdrungen fühlt.

Der Herausgeber gedenkt übrigens in dem Journale noch weiter über ähnliche Gegenstände bei dem Baue der Eisenbahnen sich zu verbreiten, was insbesondere jetzt zeitgemäfs sein dürfte, und wenigstens die aufrichtige Absicht haben wird, die Früchte seines practisch-architektonischen Wirkens nach Kräften auch hierbei nutzbar zu machen.

Der Herausgeber.

---

# I.

## Bemerkungen über die Eisenbahnen von St. Etienne nach der Loire, und von St. Etienne nach Lyon.

(Von Herrn *E. Grangez.*)

(Aus dem „Journal du génie civil" Bd. 2. S. 531 etc.)

### Eisenbahn von St. Etienne nach der Loire.

Die Gegend von St. Etienne, zwischen der Loire und der Rhône, sendet durch diese beiden Flüsse die Steinkohlen ihrer unerschöpflichen Gruben in den gröfsten Theil von Frankreich. Der Menge und Güte der Kohlen wegen sind, besonders in den letzten Jahren, in immer zunehmender Zahl, viele neue Fabriken und Hochöfen bei St. Etienne etablirt worden. Keine Gegend von Frankreich ist mehr und mannichfaltiger belebt *). Sie lieferte, selbst ehe ihr bequeme Ausfuhrwege eröffnet waren, mehr als 600000 Tonnen Steinkohlen jährlich **), trotz der Schwierigkeiten der Verbindungen, welche mehrere Fabriken-Besitzer gezwungen hatten, ihre Werke nach Stellen zu verlegen, wo zwar die Gewinnung der Kohlen kostbarer, aber wenigstens der Transport derselben leichter war. Es war daher äufserst wichtig, die Ausfuhr jener unermefslichen unterirdischen Schätze zu erleichtern, und man konnte kein besseres Mit-

---

*) S. die Abhandlung des Herrn Beaunier über die äufsere und unterirdische Topographie der Kohlen-Gegend von St. Etienne. Anm. d. Orig.

**) S. das Supplement zu der Abhandlung von Héron de Villefosse über die Bergwerke Frankreichs. Anm. d. Orig.

tel dazu wählen, als *Eisenbahnen*, da sie, während sie die Kohlentransporte erleichterten und beförderten, auch noch die Erzeugnisse selbst der von *St. Etienne* entfernteren Etablissements für mäfsige Kosten nach der Loire schafften.

Es fand nicht der geringste Zweifel über den Erfolg dieser Strafsen-Verbindungen Statt, selbst schon als *Frankreich* noch keine öffentlichen Eisenbahnen hatte. Man sah, dafs in *England*, *Deutschland* und *Belgien*, in den Steinkohlenwerken, die Eisenbahnen mit den Canälen wetteiferten, und wirksame Beförderungsmittel der Wohlfahrt wurden.

Die Eisenbahnen waren aber zu der Zeit, als unsere Nachbarn nützliche Anwendungen davon machten, bei uns nicht gänzlich unbekannt; wir besafsen indessen ihrer nur zwei, von geringer Ausdehnung. Die Besitzer der Schmieden zu *Creusot* hatten eine solche Bahn für das innere Bedürfnifs ihrer Werke gebaut, und eine zweite befand sich, seit mehr als 30 Jahren, zu *Indret*. Keine gröfsere Strafse aber hatte eiserne Bahnen. Dafs Frankreich in diesem Puncte hinter andern Ländern zurückblieb, geschah nicht, weil es etwa seinen Vortheil verkannt hätte, sondern vielmehr, wie der Divisions-Inspector der Brücken und Wege, Herr *Dutens*, in einem Bericht über die gegenwärtige Eisenbahn bemerkt, „weil es, durch seine Lage noch auf die Industrie des Ackerbaues beschränkt, in der Entwickelung seiner Fabriken durch politische Zwistigkeiten öfters gehemmt wurde; weil es ferner seine Kräfte mehr auf theoretische Speculationen, als auf practische Resultate wendete, und dadurch zu der Anwendung nützlicher Ideen, die es zuerst gehabt, oft erst dann gelangte, als schon ein anderes Volk, welches besser für seine Interessen sorgte, seine Productivität, seinen Reichthum und seine Macht dadurch vermehrt hatte." *)

---

*) Theoretische Speculationen, wenn sie nicht etwa in das Übersinnliche sich verirren, *schaden* wohl schwerlich der Entwickelung und der Wohlfahrt eines Volkes, sondern sie üben und beleben vielmehr seine geistige Thätigkeit, und sind also, wenn auch ihre Wirkungen weniger direct erkennbar werden mögen, grade ein sehr kräftiges Fortbildungsmittel. Nicht die Speculation selbst, sondern vielmehr ungerechtfertigte Anwendungen derselben, z. B. mathematischer Speculationen in ihrem ganzen Umfange, nicht blofs der einfacheren Sätze, direct auf die Wirklichkeit, schaden der Wohlfahrt, und hemmen ihren Fortgang, wegen der Irrthümer, worauf solche Anwendungen nothwendig führen *müssen*. Die reine Wissenschaft ist nur für sich selbst und für ihren eigenthümlichen Zweck, die Geisteskräfte im Allgemeinen zu entwickeln und zu kräftigen, da. Und *nur* zu diesem Zwecke ist sie nützlich. Sie ist kein

Für keinen Theil von Frankreich verspricht eine Eisenbahn mehr Vortheile, als für die Gegend von St. Etienne. Der Canal von Rive de Gier bis Givors, zur Erleichterung der Ausfuhr der Steinkohlen nach der Rhone, hat schon gezeigt, welchen ungeheuern Gewinn hier eine neue Strafse abwerfen könne. Aber eine Eisenbahn versprach noch viel gröfsere Vortheile, ohne so grofse Anlage-Kosten. Sie hat nicht den Übelstand der Canäle, 3, 4, 5, oft 6 Monate im Jahre feiern zu müssen, was dem Verkehre bedeutenden Schaden zufügt, weil die Bedürfnisse angeschafft werden müssen, die verarbeiteten Erzeugnisse in den Magazinen liegen bleiben, und die Zinsen der Capitale für diese Zeit verloren gehen. Die Eisenbahnen haben ferner vor den Canälen den Vorzug der Beschleunigung der Transporte, weil sie nicht zu so grofsen Umwegen um die Berge gezwungen sind, und die bedeutende Zeit ersparen, welcher die Schiffe bedürfen, um durch die Schleusen zu kommen, die, zumal in einer Gegend wie die von St. Etienne, ungemein zahlreich sein würden; ein Canal parallel mit der Eisenbahn würde hier 74 Schleusen haben müssen.

Herr von Gallois, Ober-Ingenieur der Bergwerke, ist der Erste, welcher diese Vorzüge der Eisenbahnen, in einem der Akademie der Wissenschaften im Jahre 1818 vorgelegten Aufsatze, bemerklich gemacht hat. In seiner Abhandlung über „die Strafsen mit eisernen Bahnen, für eiserne Wagenräder," wo er eindringende Untersuchungen über den Nutzen dieser Strafsen, über die Anwendung der abhängigen Flächen auf dieselben u. s. w. anstellt, findet man die erste Idee einer Eisenbahn von St. Etienne nach der Loire.

Eine Gesellschaft, bestehend aus den Herren Lur-Saluces, Boigue, Milleret, Hochet, Bricogne und Beaunier, bewarb sich im Jahre 1821 um die Ermächtigung, auf ihre Kosten und Gefahr eine Eisenbahn von der Rhône nach der Loire bauen zu dürfen, welche sie späterhin auf die Strafse von St. Etienne nach dem Hafen von Andrezieux beschränkte.

---

Werkzeug, womit man die Wirklichkeit angreifen mag. Nicht mit einem solchen, sondern mit einem durch die Wissenschaft gebildeten und entwickelten Verstande greife man sie an. Dann wird Nützliches hervorgehen; das Werkzeug verdirbt mehr, als es nützt. Anm. d. Herausg.

### I. Strafse von St. Etienne nach Andrezieux.

(Man sehe die Karte Taf. XII.)

Die Regierung konnte diesen Antrag nur billigen, sowohl im Interesse des Handels, als ihrer Cassen, weil, wenn die Eisenbahn das Fuhrwerk an sich zog, und die Chausséen theilweise ersetzte, die Ausgaben des Staats für die letzteren vermindert wurden, zugleich aber die Verbindungen des Landes gewannen *).

Es würde hier überflüssig sein, die Abänderungen aufzuzählen, welchen die ersten von der Gesellschaft vorgeschlagenen Bedingungen unterlagen, uud zu welchen sie sich, auf den Wunsch des General-Conseils des Loire-Departements, des Handels-Rathes für die Gewerbe und Fabriken von St. Etienne, und in Folge der Bestimmungen der Regierung, verstand. Es wird hinreichen, anzugeben, wobei man schliefslich stehen blieb, und was durch die Ordonnanz vom 26. Februar 1822 definitiv bestimmt und zur dauernden Concession erhoben wurde.

Die Gesellschaft wurde ermächtigt, zur Entschädigung für die Bau-Kosten der Eisenbahn, für den Hectoliter Steinkohlen und Bau-Materialien, bergauf und bergab, $1\frac{86}{100}$ Centimen zu erheben, und zwar auf 1000 Meter Länge ($4\frac{1}{3}$ S.-Pf. für den Cub.-Fufs auf die Meile), und eben so viel, als für den Hectoliter Steinkohlen, für 50 Kilogr. (etwa 1 Ctr.) Handelswaaren.

Die Regierung behielt sich bei dieser Bewilligung die Befugnifs vor, alle ähnlichen Anlagen, welche etwa andere Privatleute in dieser Gegend möchten unternehmen wollen, besonders den Bau von Canälen, zu gestatten, ohne dafs die Eigenthümer der Eisenbahn späterhin Anspruch auf Entschädigung haben sollten. Auch hatten die Concessionarien die Kosten der Arbeiten zu tragen, welche bei den Durchschnitten der Eisenbahn mit den Staats-, Departemental- und Communal-Strafsen nöthig sein würden.

Die Gesellschaft übertrug einem ihrer Mitglieder die Ausführung. Sie wählte Herrn Beaunier, *inspecteur divisionnaire* der Bergwerke und Director der Bergwerks-Schule zu St. Etienne, um die Bau-Plane vorzulegen und die Ausführung zu beaufsichtigen.

---

*) In Frankreich nemlich wird bekanntlich kein Chausséezoll bezahlt; daher gewinnt die Staats-Casse an den Kosten der Unterhaltung, wenn weniger Fuhrwerk die Strafsen passirt.

Anm. d. Herausg.

Der von diesem geschickten Ingenieur vorgelegte Plan wurde der Prüfung des Generals-Conseils der Brücken und Wege unterworfen, und von demselben, nach einigen kleinen Abänderungen in der Richtung der Strafse, und bei den Verbindungen derselben mit den vorhandenen Strafsen, welche sie durchkreuzten, gebilligt. Der Plan wurde durch die Ordonnanz vom 30. Juni 1824 bestätigt.

Die Erwerbung des nöthigen Grund- und Bodens begann sogleich, und hat den Concessionarien grofse Schwierigkeiten gemacht. Die Arbeiten wurden im August 1825 angefangen, und waren im August 1827 vollständig beendigt. Seit dem Juni jenes Jahres war die Hauptlinie dem Verkehr eröffnet.

*Richtung der Eisenbahn von St. Etienne nach Andrezieux.* Die Hauptlinie, der Gestalt des Terrains gemäfs, fängt bei der sogenannten Eselsbrücke in der Strafsen-Nummer 106. der Staats-Strafse von St. Etienne nach Lyon an. Sie folgt eine Strecke lang dem Bach Bessard, welchen sie zur Rechten läfst, durchschneidet hierauf den Bache Isérable, und geht unterhalb Marest auf die Domaine Bessard zu. Hier zieht sich ein Seiten-Arm über Treuil nach der Strafse von St. Etienne nach Lyon, nachdem er der Richtung des Vicinalweges von der Trève nach Treuil gefolgt ist, welcher deshalb verlegt wurde.

Von der Domaine Marest geht die Hauptlinie, nachdem sie den Furens-Bach, 125 Met. unterhalb des Werkes Mottelières, passirt ist, nach No. 100. der Staats-Strafse von Roanne nach der Rhône, beim Dorfe la Terrasse. Dort verläfst sie das Thal des Furens, und folgt nun dem Abhange der Hügel auf der linken Seite der Landstrafse, schneidet zwei Vicinalwege, passirt den Bach Bois-Mouzil, entwickelt sich auf der entgegengesetzten Seite der Hügel dieses Namens und derer von Curmieux, kehrt in das enge Thal des Furens zurück, welches sie bei der Mühle Porchon durchschneidet, und folgt seitwärts dem rechten Ufer dieses Flusses, bis zur Mühle St. Paul, nachdem sie den kleinen Giefsbach Pinchinieux, so wie mehrmals den Vicinalweg, welcher längs dem Furens läuft, durchschnitten hat.

Bei dem Bache Malleval angelangt, schneidet die Strafse mehrmals die Vicinal- oder Kohlenwege, und folgt abwechselnd dem einen oder dem andern der durchbrochenen Ufer des Furens, welchen Flufs sie

9 mal bis zur Mühle Cibaud passirt, wo sie sich auf das linke Ufer begiebt, und dann an der Loire beim Magazine Durand anlangt.

Von hier begeben sich zwei Zweige der Strafse nach den Einschiffungs-Magazinen, um die von St. Etienne angelangten Kohlen dorthin zu führen. Der eine Zweig, stromauf, verlängert sich in grader Linie bis zum Magazine Major, der andere, stromab, nachdem er den Furens passirt, und an der linken Stirnmauer der Brücke von Andrezieux vorbeigegangen ist, endigt bei dem Hause des Pontonniers.

Die Hauptlinie der Eisenbahn, von der Eselsbrücke an, über die

| | | |
|---|---|---|
| Domaine Bressard, bis nach Marest, ist lang . | 1670 Met. | (443 R.), |
| der Arm von Treuil, von der Glashütte bis Marest, | 2249 - | (597 - ), |
| von Marest bis zum Magazine Durand . . . . | 16025 - | (4255 - ), |
| der Zweig nach Andrezieux, stromauf . . . . | 657 - | (174 - ), |
| der andere Zweig, stromab . . . . . . . . . | 685 - | (182 - ). |
| Die gesammte Länge den Eisenbahn beträgt also . | 21286 Met. | (5651 R.) |

Das Gefälle der Eisenbahn beträgt

in der Hauptlinie . . 140,71 M. (448 F.) (auf 17695 M. Länge, also 1 auf 126),
in d. Zweige v. Treuil 20,65 M. (66 F.) (auf 2249 M. Länge, also 1 auf 109),
in dem Zweige stromauf 3,70 M. (12 F.) (auf 657 M. Länge, also 1 auf 205),
in dem Zweige stromab 4,56 M. (14½ F.) (auf 685 M. Länge, also 1 auf 150) *).

*Construction der Eisenbahn.* Die Eisenbahnen bestehen gewöhnlich aus zwei Schienen aus gegossenem oder geschmiedetem Eisen (*rails* genannt), welche parallel und so weit von einander liegen, als die Spur der Wagen breit ist. Jede Schienenreihe ist aus einzelnen Stücken von 1 bis 1,6 Met. (3 F. 2 Zoll bis 5 F. 1 Z.) lang, und 1 bis 2 Decimet. (3$\frac{5}{6}$ bis 7$\frac{2}{3}$ Z.) breit, zusammengesetzt, mit einem Rande von 1 bis 1½ Decimet. (4 bis 6 Z.) hoch, um die Wagen auf der Bahn zu halten. Die Schienen wiegen 30 Pfd. der Meter (beinahe 10 Pfd. der Fufs). Die Schienen auf der Bahn von Darlington wiegen 35 Pfd.

Die Eisenbahn von St. Etienne nach der Loire hat gegossene Schienen, 26 Kilogr. (½ Ctr.) schwer, welche auf den Boden gelegt sind, und die Felgen der Wagenräder vermittelst eines Vorsprunges tragen, so

*) Der Abgangs-Punct der Strafse bei St. Etienne wird also über dem Ausgangs-Puncte bei Andrezieux etwa 462½ F. hoch liegen, und die Länge der Strafse zwischen diesen beiden Puncten 4880 Ruthen betragen. Anm. d. Herausg.

dafs die Wagen, weil sie nur auf einem Punct aufruhen, wenig Reibung erfahren. Die an ihren Enden verbundenen, 1,1 Met. ($3\frac{1}{2}$ F.) langen Stangen werden am Stofse, zwischen zwei Klauen eines auf dem Würfel befestigten Trägers, durch einen Bolzen festgehalten. Da der Theil des Trägers, auf welchem das Ende der Stange ruht, abgerundet ist, so können die Träger, wie in einem Charniere, den verschiedenen Bewegungen, welchen sie unterworfen sind, folgen, ohne zu zerbrechen. Sie sind zusammengesetzter, wenn sie vier Stangen bei den Abzweigungen der Bahn, oder die Seile tragen, welche die Wagen beim Herabfahren von den abhängigen Flächen halten, wie man dergleichen hat an dem Strafsen-Zweige von Treuil machen müssen.

Die beiden, $1\frac{1}{2}$ Met. von einander entfernten Schienen bilden eine einfache Bahn, und der Weg für dieselbe war nur $4\frac{1}{2}$ Met. (14 F. 4 Z.) breit nöthig, wovon $1\frac{1}{2}$ Met. (4 F. 9 Z.) auf die Bahn und 3 Met. (9 F. 7 Z.) auf zwei Bankette kamen, so wie auf die Gräben an den Seiten, das Terrain zu den Böschungen des Dammes ungerechnet. Wo die Bahn verdoppelt ist, ist der Weg 7,4 Met. (23 F. 7 Z.) breit, wovon 3 Met. (9 F. 6 Z.) auf die Schienen, 0,6 Met. (1 F. 11 Z.) auf das Bankett in der Mitte, und 1,9 Met. (6 F. 1 Z.) auf jedes Bankett an der Seite kommen. Die Breite des zur Strafse erkauften Terrains ist 9 Met. (28 F. 8 Z.).

*Nebenbauwerke.* Die Eisenbahn folgt zwar ziemlich überall dem Terrain; indessen liegt sie beim Übergang über den Bach Bois-Mouzil etwa 10 F. hoch über dem Boden, und etwa 17 F. über dem Bache. Sie senkt sich hierauf wieder zu dem Terrain hinab, bis dahin, wo sie mit nur Einer Bahn (die überall da gelegt ist, wo Aufschüttungen, oder Einschnitte, oder Brücken nöthig waren) auf einer hölzernen Brücke mit steinernen Pfeilern das Seitentheil des Pechier, 12 F. hoch, passirt. Der Übergang über die Staats-Strafse von Roanne nach der Rhône machte auch ein besonderes Bauwerk nothwendig. Die blofsen Vicinal- oder Feldwege werden von der Eisenbahn ohne Weiteres, als einen schwachen Vorsprung der Schienen, geschnitten.

Den Sturzbach Pinchinieux passirt die Strafse auf einer hölzernen Brücke mit steinernen Pfeilern. An jeder Seite derselben sind 66 Ruthen lange Futtermauern gebaut, zum Schutze gegen die schnellen und häufigen Anschwellungen des Furens. Nach einem sanften Falle passirt die Eisenbahn, welche fast immer an derselben Seite liegt, auf Brücken von

Holz, mit Pfeilern von Hausteinen, den Bach Malleval, $5\frac{1}{4}$ F. hoch, und elfmal den Furens.

Nahe an den beiden Abzweigungen stromauf und stromab ruht die Eisenstrafse zunächst auf den Granitfelsen, die durch gemauerte Bogen mit einander verbunden sind, auf eine Strecke von 32 R. lang. Sie hat hier nur Eine Bahn, folgt darauf dem Terrain, und hält sich fast überall an Einer Seite.

Der Zweig stromauf überschreitet, nahe bei der Brücke des Magazins, mit doppelter Bahn, den Platz, welcher die beiden Enden trennt, auf einer Brücke von Holz, mit steinernen Pfeilern.

*Kosten.* Die Neben-Bauwerke, nebst den Erdarbeiten im Terrain, den Schienen etc., waren schätzungsweise auf 1200000 Fr. (320000 Rthlr.) berechnet, und zwar nach dem Maafsstabe der damals in England gebauten, oder in der Ausführung begriffenen Eisenstrafsen. Erwägt man die Unbekanntschaft mit einer damals in Frankreich noch neuen Art von Bauwerken, und die vielen Versuche, welche dabei erst gemacht werden mufsten, so mufs man sich wundern, dafs der Baumeister, welchem die Compagnie die Ausführung ihres Unternehmens anvertraut hatte, im Stande gewesen ist, die vorausberechnete Kostensumme nur wenig zu überschreiten, und dabei das Werk schon in zwei Jahren zu vollenden.

Die ausgegebenen Summen sind folgende:

| | | |
|---|---|---|
| Für Terrain . . . . . . . . . . . . . . . . . . | 88000 | Rthlr. |
| Für Erd-Arbeiten, Mauerwerk und Brücken . . . . | 98134 | - |
| Für Steinwürfel und die Lager der Schienen . . . . | 47733 | - |
| Für Gufseisen in den Schienen, 1825 und 1826 gekauft (hätte man es 1828 gekauft, so wären 40000 Rthlr. erspart worden) . . . . . . . . . . . . . . . . | 139733 | - |
| Allgemeine Neben-Kosten . . . . . . . . . . . . | 8000 | - |
| Maschinen und Anordnungen zum Auf- und Abladen . . | 8000 | - |
| Aufsichts-, Aufnahme- und Bauführungs-Kosten . . . | 25333 | - |
| Zusammen 1556000 Fr. . . . | (414933 | Rthlr.) |

(Die Meile hat also etwa 146500 Rthlr. gekostet.)

Wagen und Karren . . . . . . . 230000 Fr. . . . ( 61333 Rthlr.)

Wir wollen nun das Minimum der Kosten berechnen, welche ein Canal für die kleine Schiffahrt, der allein mit der Eisenbahn wetteifern möchte, erfordert haben würde. Man wird darin, ohne an die sonstigen Vorzüge der Eisenbahn zu denken, den Beweis von dem finden, was wir oben gesagt haben.

Die Gestalt des Terrains hätte eine Länge des Canals von wenigstens 25000 Met. (6637 R.) erfordert. Die Erdarbeiten würden gekostet

| | | |
|---|---|---|
| haben etwa . . . . . . . . . . . . . . . . . . | 106666 | Rthlr. |
| 74 Schleusen zu 48000 Fr. (12800 Rthlr.), nebst den Brücken darüber, . . . . . . . . . . . . | 946666 | - |
| Andere Neben-Bauwerke, als Wasserleitungen, Ein- und Ausflüsse, Häuser bei den Schleusen etc., . . . | 106668 | - |
| Die Wasserzuleitungen wenigstens . . . . . . . . . | 266666 | - |
| Terrain, wenigstens . . . . . . . . . . . . . . | 106667 | - |
| Summe, ohne unvorhergesehene Fälle zu rechnen, | 1533333 | Rthlr. *). |

Dieses würden ungefähr die Kosten desjenigen Canals von St. Etienne nach der Loire sein, der in dem Project eines Canals zwischen der Rhône und Loire vom Jahre 1751 begriffen war, und auf welche ein Herr Zacharias eine Concession erhalten hatte. Der Canal von Rive de Gier nach Givors ist ebenfalls ein Theil desselben.

Wenn man auch die gröfste Leichtigkeit des Transports und den stärksten Verkehr voraussetzt, so würde doch der Ertrag des Canals den Unternehmern niemals angemessene Zinsen des Anlage-Capitals gewährt haben. Es giebt keine ähnliche Örtlichkeit in Frankreich für einen Canal. Die Berechnung der Kosten desselben gegen die der Eisenbahn kann also auch nicht als sicher angesehen werden. Es giebt Fälle, wo auf 55 Kilom. (etwa $7\frac{1}{2}$ Meilen) Länge, wie hier, 186 Schleusen nöthig sein würden.

Die Eisenbahn von St. Etienne nach der Loire ist für den Transport in drei, ungefähr gleich lange Theile getheilt, und es sind drei Relais gemacht worden: das erste oberhalb des Furens bei Motteliéres, unfern der Terrasse, das zweite bei den Magazinen von Ravel, das dritte zu la Rajelière.

Man bedient sich keiner mitfortrückenden Maschinen (*machines locomotives*).

Von einem Relais zum andern zieht Ein Pferd, je nach dem Abhange des Weges, 3 bis $3\frac{1}{2}$ Wagen-Ladungen von 30 Hectol. Steinkoh-

*) Also beinahe 4 mal so viel als die Eisenbahn. Anm. d. Herausg.

len oder von 2400 bis 2500 Kilogr. Jedes Relais wird 4 mal hin und her in einem Tage zurückgelegt. *) Das Frachtfuhrwerk ist Privat-Unternehmern überlassen.

Der Verkehr wird, nach Vollendung der Eisenbahn von Andrezieux nach Roanne, auf welche die Herren Mellet und Henry durch Ordonnanz vom 21. Juli 1828 concessionirt sind, noch sehr zunehmen. Diese Eisenbahn von Andrezieux nach Roanne wird die unterbrochene Wasserstraſse auf der Loire, die nur stromab, und nur einige Tage im Jahre, fahrbar ist, ersetzen. Sie schlieſst sich an den Canal von Roanne nach Digoin, und wird die Vervollständigung der Verbindung der Loire mit der Rhône herstellen, sobald die Herren Seguin ihre Eisenbahn von St. Etienne nach Lyon vollendet haben werden.

Dann, wenn die Gegend von St. Etienne endlich die Communicationen erlangt haben wird, welche sie seit so vielen Jahren zu wünschen hatte, wird der Verbrauch ihrer Steinkohlen und Erzeugnisse nicht mehr auf die engen Grenzen, wie jetzt, beschränkt sein, und der erweiterte Verkehr mit dieser Gegend wird wesentlich zum Gedeihen der Wohlfahrt des ganzen Landes beitragen.

## II. Eisenbahn von St. Etienne nach Lyon.

(Man sehe die Karte Taf. XIII.)

Die Gegend von St. Etienne und Rive de Gier enthält einen unerschöpflichen Reichthum an Steinkohlen, und es haben sich deshalb eine groſse Menge von Werkstätten aller Art dort etablirt. Der Mangel an bequemen Straſsen legte aber dem Verkehre, durch die hohen Preise der Frachten, ungemeine Hindernisse in den Weg. Dieser Zustand der Dinge konnte, ohne bedeutenden Schaden für die Fabricanten, nicht lange bleiben.

Die Eisenbahn von St. Etienne nach der Loire gewährt dem Gebiete dieses Flusses das so lange entbehrte Bedürfniſs. Für das Fluſsgebiet der Rhône dagegen genügte der Canal von Givors noch keinesweges, weil er erst in Rive de Gier anfängt. Der Verkehr von St. Etienne bedurfte ebenfalls einer Straſse.

---

*) Es zieht also Ein Pferd im Durchschnitt etwa 154 Centner, und wenn das nemliche Pferd 4 mal hin und her den Weg macht, zieht es die 154 Centner täglich $3\frac{1}{2}$ Meilen weit, und macht auſserdem $3\frac{1}{2}$ Meilen Rückweg, wahrscheinlich mit den leeren Wagen. Anm. d. Herausg.

Die Ausführung der von Herrn Beaunier unternommenen Eisenbahn war noch lange nicht begonnen, als schon die Herren Gebrüder Seguin und Herr Eduard Biot um die Ermächtigung sich bewarben, eine ähnliche Eisenstrafse von St. Etienne nach Lyon zu bauen.

Die Unternehmung wurde zum Concurs gebracht, und sollte derjenigen Gesellschaft zugeschlagen werden, welche den geringsten Wegezoll fordern würde. Als Maximum desselben waren 15 Cent. für 1000 Kilogr. Waaren auf 1000 Met. Entfernung festgesetzt (etwa $5\frac{3}{5}$ Silberpf. für den Centner auf die Meile). Die Bedingungen waren, dafs die Bahn auf der ganzen Länge doppelt gebaut, und in 7 Jahren vollendet werden solle.

Es meldeten sich die Herren Gebrüder Seguin, nebst Herrn Ed. Biot, und die Herren Bérard und César de la Panouze. Den Ersten, welche einen Rabat von $5\frac{1}{10}$ pr. Ct. boten, wurde die Unternehmung zugeschlagen (so dafs also der Wegezoll nun etwa $5\frac{7}{25}$ Slbpf. für den Ctr. auf die Meile betrug); die Ordonnanz vom 27. März 1826 bestätigte den Zuschlag.

Die Unternehmer hatten einen so geringen Zollsatz nicht ohne die vollständigste Sachkenntnifs zugestanden. (Man sehe ihren Bericht vom Jahre 1826 an die Actionnairs.) In der That war der Hauptzweck der Unternehmung der: das grofse Mifsverhältnifs zu heben, welches die Schwierigkeit des Transportes bisher zwischen den Preisen der Kohlen von St. Etienne und von Rive de Gier hervorgebracht hatte. Die Bilanz mufste für die Kohlen von St. Etienne vortheilhaft gestellt werden, um mit dem Canale von Givors und der Bergfahrt auf der Rhône (von Givors nach Lyon) den Wettstreit aushalten zu können. Die Ausführbarkeit und der Nutzen der Eisenbahn hing also davon ab, dafs ihr Tarif so niedrig sei, dafs, wie tief auch der Canal seinen hohen Zoll, zu welchem er berechtigt ist, gutwillig herabsetzen möchte, die neue Strafse für den Verkehr dennoch vortheilhafter bleibe.

Es kam nun darauf an, die Anlage-Kosten der Eisenbahn und den Umfang des Verkehrs auf derselben zu schätzen, um den Wegezoll zu berechnen, der, nach Abzug der Fracht und der Verwaltungs- und Erhaltungs-Kosten, angemessene Zinsen des Anlage-Capitals gewähren möchte.

*Schätzung der Anlage-Kosten.* **1. Die Bahn selbst.**

| | |
|---|---|
| Kosten der Strafse, Kosten des Terrains, Baukosten der kleinen Brücken und Übergänge über die Feldwege . | 656000 Rthlr. |
| Doppelte Eisenbahn, bestehend aus 4 Reihen geschmiedeter Schienen, . . . . . . . . . . . . . . . . | 996800 - |
| Feststehende Bewegungs-Maschinen . . . . . . . . . | 160000 - |
| Unvorhergesehene Ausgaben . . . . . . . . . . . . | 267200 - |
| **2. Transportmittel.** | |
| 700 Wagen . . . . . . . . . . . . . . . . . . . . | 130666 - |
| 36 mitfahrende Maschinen . . . . . . . . . . . . . | 140000 - |
| Unvorhergesehene Kosten . . . . . . . . . . . . . | 49334 - |
| **3. Zinsen und Dividenden** . . . . . . . . | 266667 - |
| Ganze Summe . . . . | 2666667 Rthlr. |
| | (10 Mill. Fr.) |

Diese Summe ist jetzt auf 2656419 Rthlr. (9961571 Fr. 66 Cent.), in Folge von Ersparungen bei verschiedenen Artikeln und Beschränkung auf das Nothwendigste, herabgesetzt worden.

Der Umfang des Verkehrs, auf welchen die Herren Seguin und Biot rechnen durften, um mit dem Ertrage die vorausberechneten Bau-Kosten, so wie die jährlich auf 227133 Rthlr. (851750 Fr.) geschätzten Kosten, nemlich 106667 Rthlr. an Zinsen, und 120466 Rthlr. für den Dienst der Strafse, zu decken, war nach genauen örtlichen Ausmittelungen folgender, der aber jetzt zugenommen hat.

Die Kohlen-Gruben von St. Etienne lieferten jetzt,

| | | |
|---|---|---|
| nach der Loire hin . . . . . . | 100500 Tonnen, | |
| nach Lyon, zu Lande, . . . . . | 25500 - | |
| zum örtlichen Verbrauche . . . . . | 99000 - | |
| zusammen . . . . . . . | | 225000 Tonnen. |

Diejenigen von Rive de Gier:

| | | |
|---|---|---|
| nach Lyon, zu Lande, . . . . . | 34000 Tonnen, | |
| auf den Canal von Givors . . . . | 108000 - | |
| nach dem Süden, über Givors, auf dem Canale, . . . . . . . . . | 130000 - | |
| zum örtlichen Verbrauche . . . . . | 153000 - | |
| zusammen . . . . . . . . | | 425000 - |
| In Allem . . . . . . . | | 650000 Tonnen. |

Es war anzunehmen, dafs die Eisenbahn, wegen der Schnelligkeit des Transportes und des geringen Wegegeldes, die 25000 Tonnen an sich ziehen werde, die auf so beschwerliche Weise zu Lande von St. Etienne nach Lyon transportirt werden, so wie ferner diejenigen Kohlen, welche der Canal von Givors transportirt. Ferner konnte dazu ein Theil derjenigen gerechnet werden, welche von Rive de Gier nach Lyon oder nach dem Süden gebracht werden, was eine Summe von 157000 Tonnen giebt. Hierzu konnten 120167 Tonnen verschiedener anderen Gegenstände, als Glaswaaren, Sand, rohes Eisen etc., gerechnet werden. Nahm man aber auch nur das an, was ganz unbezweifelt der Eisenbahn zufiel, so konnte man immer auf 250000 Tonnen rechnen, und zwar 170000 T. abwärts und 80000 T. aufwärts.

Dividirt man nun die obigen 851750 Fr., nemlich die Zinsen und übrigen Kosten, mit 250000, so findet man, dafs 0,0567 Fr. (nemlich auf 1000 Met. Länge; die Strafse ist, wie weiter unten sich ergiebt, etwa 57000 Met. lang, d. H.) nothwendig sind, um die jährlichen Ausgaben zu decken. Nun ist der von der Gesellschaft eingegangene Tarifsatz 0,0980 Fr.: also bleibt ein Überschufs von 0,0413 Fr., und es zeigt sich, dafs die Concessionarien sich hinreichend vorgesehen haben, um des Erfolges gewifs zu sein.

Wollte man auf einen Canal von Rive de Gier nach St. Etienne, als Fortsetzung des Canals von Givors, zurückkommen (man sehe den Bericht des Herrn Brisson an die Actionnairs der Eisenbahn vom Jahre 1827), so darf nur erinnert werden, dafs auf dieser Strecke eine solche Menge von Schleusen nöthig sein würde: dafs die Kosten der Zuleitung der Gewässer des Furens, des Ozon und des Janon (während gleichwohl die Speisung des Canals durch dieselben wegen der zu übersteigenden Höhen noch ungewifs sein dürfte) so bedeutend sein würden, und dafs der zu dem Canal und den Leinenpfaden nöthige breite Terrainstreifen so kostbar sein würde, dafs die 20000 Met. (etwa $2\frac{2}{3}$ Meilen) Canal so viel kosten dürften, als die ganze Eisenbahn. Es müfste also dann so viel Wegegeld für diesen dritten Theil des Weges bezahlt werden, als jetzt für die ganze Länge; was ganz unpracticabel ist. Erwägt man ferner, wie viel Zeit die beschwerliche Schiffahrt auf dem Canale erfordern würde, und rechnet den Betrag der Schiffsmiethe und des Schleusengeldes, so zeigt sich, dafs offenbar die Steinkohlen von St. Etienne gar nicht die Concurrenz mit denen von Rive de Gier würden aushalten können, und dafs also der Hauptzweck der Strafse ganz verfehlt werden würde.

*Richtung der Eisenbahn.* Nach einer genauen Untersuchung der beiden Ufer der Rhône wählten die Herren Seguin und Biot für die Eisenbahn das rechte Ufer, weil sie dort gegen die Angriffe des Stromes am besten geschützt sein würde, und fester gebaut werden konnte.

Die Stadt Lyon, erkennend die Vortheile, welche für sie aus dem Entstehen so vieler neuen gewerblichen Anlagen erwachsen mufsten, bewilligte den Herren Seguin eine grofse Strecke Terrain auf der Landzunge Perrache, am Zusammenflusse der Rhône und Saone. Hier werden die Auf- und Ablade-Stellen und die Magazine für die Eisenbahn gebaut werden. Die dazu vorgelegten Entwürfe sind lange Zeit durch die Discussionen wegen der Brücke de la Mulatière verzögert worden, welche an der Spitze von Perrache, in der Mittellinie der Allee selbst, zum Ersatz einer alten verfallenen, etwas weiter oberhalb über die Saone führenden hölzernen Brücke erbaut werden soll, und welche für die Staats-Strafsen von St. Etienne nach Lyon, von Paris nach Nizza und von Genf und Paris nach Toulon und Marseille bestimmt ist.

Von dieser Brücke ab wird die Eisenbahn die Staats-Strafse schneiden, vermittelst Schienen, die so gelegt werden, dafs sie weder die Fuhrwerke aufhalten, noch von ihnen beschädigt werden können. Sie wird hinter Mulatière unter der Erde fortgehen, statt an der Rhône entlang, was man Anfangs beabsichtigte, aber aufgeben mufste, um für die Dampfwagen mehr Länge zu gewinnen.

Die Eisenbahn geht hierauf weiter über den Flufs Oullins, auf einer steinernen Brücke, die über den höchsten Fluthen liegt, gelangt an die kleine Bergspitze von Pierre Bénite, und von da in die Ebene. Sie liegt daselbst theils in dem Felsen, welcher den Strom begrenzt, theils auf einer 3 Met. hohen Chaussée. Sie geht ferner an den Flecken Ivour vorbei, schneidet den Bach Mouche, und läuft nun dicht an der Rhône entlang bis nach dem Dorfe Vernaison, wo ihr Durchgang noch nicht bestimmt ist.

Die Chaussée, welche der Rhône folgt, geht an Irigny vorbei, und bildet einen Schutzdamm gegen die Überschwemmungen. Die Strecke von Grigny bis zu dem Canale von Givors erfordert wenig Terrain-Arbeiten, mit Ausnahme der Passage des Garon und des unterirdischen

Durchganges durch den Hügel Herbora. Bis hierher wird die Strafse mit Futtermauern eingefafst (*revêtue en peré*), und der Strom wird dadurch in seinem Bette zurückgehalten werden. Den Canal von Givors passirt die Eisenbahn unmittelbar zwischen dem Bassin und dem ersten Gerinne, auf einer steinernen Brücke, ähnlich der über den Gier.

Hier theilt sich die Eisenbahn, und ein Zweig von ungefähr 800 Met. (212 R.) lang geht nach dem Hafen von Givors ab.

Die Hauptlinie folgt ferner fast parallel dem rechten Ufer des Gier, über welchem sie 32 Fufs hoch liegt, passirt mehrere Schluchten, auf Brücken, und geht an dem Dorfe St. Romain vorbei, von wo ab sie sich dem Flusse noch mehr nähert. Der Gier-Flufs ist auf 4- bis 5000 Met. lang in einem sehr engen Thale eingeschlossen, und die Unternehmer haben müssen einen Sandsteinschiefer-Felsen durchbrechen lassen, welcher, nur wenig von dem Flusse angegriffen, seinem Laufe mehrmals an 20 Met. hoch sich entgegenstemmt. Nachdem die Strafse weiter dem Flusse gefolgt ist, gelangt sie nach der Stadt Rive de Gier, durch welche sie 238 Ruthen lang unterirdisch fortgeht. Es werden dort Magazine und Seiten-Arme gebaut werden, zu Stationen für die Fuhrwerke, um die Passage nicht zu unterbrechen.

Beim Ausgang aus der Stadt nähert sich die Strafse dem Gier-Flusse, passirt den Bach Egarende, geht an den Weilern Logis des Pères, Jardon, Rechus, Logis Fournas und Roubardes vorbei, passirt den Flufs Dourlay und einige Schluchten, so wie die Staats-Strafse, auf steinernen Brücken, die blofs die Schienen tragen, und gelangt nach St Julien und St. Chamond, hinter welchen Städten sie, in einem tiefen Einschnitt, in dem höchsten Berg-Ufer fortgeht.

Von hier steigt die Eisenbahn wieder hinab unter das Dorf Isieux, wo sie die Gier passirt. Sie folgt dem Thale des Janon, passirt diesen Flufs an der Mühle Perrot, und mehrere Schluchten. Aufser dem Bau an der Terre noire findet sich kein bemerkenswerthes Werk. Hier ist die Wasserscheide zwischen der Loire und Rhône. Die Strafse passirt sie unterirdisch, in gerader Linie, 1500 Met. (398 R.) lang. Vom Ausgange der Gallerie ab geht die Eisenbahn über den Bach Marest und über die Staats-Strafse von St. Etienne nach Lyon, und gelangt bis zur sogenannten Eselsbrücke. Dort befindet sich die Vereinigung der Hauptlinien der beiden Strafsen. Die Strafse der Herren Seguin geht noch ein wenig weiter, parallel mit der Chaussée, unterhalb Monteil fort, und endigt in St. Etienne, wo über den Eingang noch nicht entschieden ist.

Die Länge der Strafse von Lyon bis Givors beträgt

| | | |
|---|---|---|
| | 18600 Met. | (4938 R.), |
| von Givors nach Rive de Gier . . . . . | 16315 - | (4331 - ), |
| von Rive de Gier nach St. Etienne . . . | 21150 - | (5615 - ), |
| der Seiten-Arm bei Givors . . . . . . . . | 800 - | (213 - ), |
| zusammen . . | 56865 Met. | (15097 R.) |

(oder etwas über $7\frac{1}{2}$ Meilen).

*Gefälle der Eisenbahn.* Von der Brücke Mulatière bis zum Garon-Flusse beträgt das Gefälle der eisernen Schienen

0,0004 Met. auf 1 Met. (1 auf 2500),

| | | | |
|---|---|---|---|
| von da bis zur Brücke über den Canal . . . . . | 0,000565 - | auf 1 - | (ungefähr 1 auf 1770), |
| von hier bis Rive de Gier | 0,00569 - | auf 1 - | (ungefähr 1 auf 176), |
| und von da bis St. Etienne | 0,013446 - | auf 1 - | (ungefähr 1 auf 74). |

Die Maafse für die Eisenbahn werden völlig dieselben sein, wie bei der Bahn von St. Etienne nach der Loire, so dafs die Fuhrwerke von der Rhône bis nach der Loire, und umgekehrt, gehen können. In den unterirdischen Stellen bei Lyon und St. Etienne, und auf den Brücken bei diesen Städten, wird die Breite nicht über 4 Met. ($12\frac{3}{4}$ F.) betragen, und nach der eingeführten Ordnung werden sich an diesen Stellen die Fuhrwerke nie begegnen.

Auf der ganzen Bahn von Lyon nach St. Etienne wird das Fuhrwerk von Dampfwagen, mit der Kraft von 10 Pferden, fortgeschafft werden, welche Wagen, auf horizontalem Boden, 20 Kohlenwagen, 1000 Kilogr. an Gewicht, jeden mit 2000 Kilogr. beladen, also etwa 70 Tonnen, ziehen *). Von St. Etienne nach Lyon hin, in welcher Richtung das meiste Fuhrwerk geht, wird dasselbe vermöge des Abhanges der Bahnen,

*) An dieser Stelle ist vielleicht ein Druckfehler; denn 1000 Kilogr. für eine Tonne angenommen, beträgt die Ladung von 20 Wagen 40 Tonnen. Wiegt nun jeder Wagen 1000 Kilogr. oder 1 Tonne, was kaum wahrscheinlich ist, so ist die Summe der ganzen Last 60 Tonnen, nicht 70 Tonnen. Vielleicht ist das Gewicht des Dampfwagens selbst hinzugerechnet, was aber auch nicht leicht 10 Tonnen (200 Ctr.) sein kann. Anm. d. Herausg.

auf zwei Drittheile der Länge derselben, *durch sein Gewicht allein fortbewegt*.

Anfangs fürchtete man, dafs die Dampfwagen bergauf, auf den stärkeren Abhängen, nicht Kraft genug haben würden. Aber neuere Versuche in den Werkstätten der Herren Seguin haben gezeigt, dafs, vermöge der Reibung der Räder auf den Schienen, die Hälfte der Last, welche in der Ebene fortgeschafft wird, auf einen Abhang von dem 60sten Theile der Länge zur Höhe hinaufgezogen werden kann. Um so sicherer also wird die Wirkung der Maschinen auf der Bahn sein, deren stärkstes Gefälle nur der 74ste Theil der Länge ist.

*Lage der Arbeiten* nach dem Berichte an die Actionnairs vom 1. Decbr. 1828. Unmittelbar nach Vorlegung des Entwurfs, im Februar 1826, beschäftigten sich die Herren Seguin und Biot thätigst, und mit einem bei solchen Gelegenheiten seltenen Erfolge, mit Erwerbung des nöthigen Terrains. Nur wenige Grundbesitzer durften zu Abtretung des Terrains gezwungen werden. Die bis dahin bezahlten Grund-Entschädigungen beliefen sich auf 327536 Rthlr.

Es sind bis zu jenem Zeitpuncte 12 Brücken gebaut; die vorzüglichsten davon sind die von Mulatière, Oullins, Garon, Gier, Egarande und Dourlay. Ferner sind mehrere Bögen zum Übergange über die Staats- und Departemental-Strafsen, Futtermauern, und die grofsen Souterrains gebaut.

An Erde sind etwa 26447 Sch.-R., und an Felsen etwa 132,000 Sch.-R. abgetragen, und 238000 Sch.-R. aufgeschüttet worden.

Für die Ausführung ist die Linie in drei Theile getheilt.

*Erster Theil, von Lyon nach Givors.* Die Arbeiten auf der Erdzunge Perrache sind begonnen, nemlich die Magazine und Auf- und Ablade-Plätze. Auch ist der Hafen auszugraben angefangen, den die Eisenbahn durchschneiden wird.

Die Herren Seguin hatten Anfangs die Absicht, bei Mulatière eine Kettenbrücke, von 90 Met. (etwa 287 F.) Spannung, 7,15 Met. (etwa 23 F.) hoch über dem niedrigsten Wasser zu bauen, auf zwei gemauerten Bögen ruhend, von 15 Met. (etwa 48 F.) Öffnung an beiden Ufern. (Man sehe Taf. XIII.) Diese Bauart der Brücke hätte gestattet, sie an den Zusammenflufs der beiden Ströme zu setzen, ohne die Heftigkeit derselben fürchten zu dürfen. Aber man gab im J. 1827 dieses Project auf, wahrscheinlich aus Furcht, dafs die hängende Brücke durch das Gewicht der Wagen zu sehr eingebogen werden möchte. Nach unendlichen und peinlichen Discussionen entschlossen sich die Herren Seguin zu einer feststehenden Brücke. Sie legten dazu einen Entwurf vor, welcher mancherlei Abänderungen erfuhr. Endlich ist ein letztes Project eingegeben worden, dessen Annehmbarkeit das Bau-Conseil möglich hielt. Nach demselben soll, fast auf der nemlichen Stelle, eine Brücke von 8 hölzernen Bögen, jeder von 18,9 Met. (etwa 60 F.) weit, auf 7 gemauerten Pfeilern von 3,45 Met (etwa 11 F.) dick, gebaut werden, so dafs also die ganze Länge dieser Brücke zwischen den Stirn-Pfeilern 557 F. betragen wird, von welchen 480 F. auf die Öffnung der 8 Bögen, und 77 F. auf die Dicke der Pfeiler kommen. (Man sehe Taf. XIII.) Die Breite der Brücke ist auf 11 Met. (35 F.) zwischen den Geländern bestimmt. Davon sollen 3 Met. ($9\frac{1}{2}$ F.) der Eisenbahn, 6 Met. ($19\frac{1}{4}$ F.) dem Fahrwege und 2 Met. ($6\frac{1}{4}$ F.) den Fufspfaden zugetheilt werden. Da sich Bedenken wegen des Vorbei-Passirens der Pferde und der Dampfwagen erhoben hatten, so wurde noch eine Commission ernannt, um über die Versuche damit zu urtheilen. Um diesem Hindernisse auszuweichen, haben sich die Herren Seguin erboten, sich für jetzt auf der Brücke keiner Dampfwagen sondern nur Pferde zu bedienen, bis die Erfahrung gezeigt haben werde, dafs gegen die Dampfwagen kein Bedenken sei; was angenommen worden ist. Der Bau der Brücke bei Mulatière war schon lange begonnen; aber wegen der Discussionen darüber mufsten die Unternehmer ihn im Laufe des vorigen Novembers wieder einstellen. Hoffentlich wird derselbe im nächsten Jahre weiter vorgerückt sein.

Die Durchbrechung hinter Mulatière ist noch nicht angefangen.

Die Brücke von Oullins ist vollendet, so wie die von Garon. Jede hat 3 gewölbte Bögen von 8 Met. ($25\frac{1}{2}$ F.) Öffnung.

Man hat auch 3 Bögen von 6 Met. (19 F.) lang, und 9 Met. (28 F.) hoch gebaut, um einen Vicinal-Weg zu tragen, den die Unternehmer haben verlegen müssen. Die Durchbrechung der Felsen von Yrigny ist vollendet; diejenige bei Pierre Bénite und beim Hügel Herbora ist in der Arbeit, eben so eine Ufermauer gegen die Rhône bei Vernaison. Die ganze Länge des vollendeten Strafsen-Dammes beträgt 6200 Met., und es sind vorläufig zwei Schienen auf diese Länge gelegt worden.

*Zweiter Theil, von Givors bis Rive de Gier.* Dieser Theil des Weges war schwieriger. Er ist am weitesten vorgerückt. Es sind, an 8 Stellen, zusammen 173 Ruthen Durchbrechungen vollendet, an den kürzesten Stellen für zwei Bahnen; an den andern, wo sie eben so angefangen sind, werden sie nur für Eine Bahn vollendet werden. Da, wo die Felsen nicht fest genug sind, oder an der Luft verwittern, werden sie durch Mauern unterstützt werden.

Die Aquäducte, Brücken und Futtermauern längs des Gier sind beinahe fertig.

Da das Project zu dem Strafsen-Arme von Givors nach der Rhône erst seit Kurzem bestätigt ist, so hat man sich erst mit der Aussteckung und den Ablade-Orten beschäftigen können. Diejenigen von Rive de Gier, oberhalb dieser Stadt, und bis dahin, wo die Eisenbahn die Staats-Strafse von St. Etienne nach Lyon schneidet, werden jetzt ausgeführt.

Die Erd-Arbeiten sind an verschiedenen Stellen beendigt, und die Schienen auf die Hälfte der Länge definitiv, auf die andere Hälfte vorläufig gelegt.

*Dritter Theil, von Rive de Gier bis St. Etienne.* In dieser Strecke befinden sich zwei unterirdische Durchschnitte, der eine bei St. Julien, 155 Met. (49 R.), der andere, 1500 Met. (478 R.) lang, durch den Hügel Terre noire oder Bois d'Avaize. Der letztere ist auf 380 Met. (121 R.) lang vollendet, für Eine Bahn, und mit Mauerwerk überwölbt.

Die Bögen von Monteil sind vollendet, so wie die Pfeiler und die Stirnmauern einer Brücke von 3 Bögen über den Gier, bei Ysieux. Jetzt baut man die Brücke über den Dourlay, verschiedene andere kleine Brücken, die Futtermauern am Gier und andere Nebenwerke.

Die Erd-Arbeiten, wo die Strafse über der Erde liegt, sind auf 1743 R. vollendet. Auf den vierten Theil dieser Länge sind die Schienen definitiv, auf die übrige Länge vorläufig gelegt. Das vorläufige Legen der Schienen, um darauf die ausgegrabene Erde zu transportiren, hat grofse Ersparungen zu Wege gebracht, und die Arbeiten ungemein gefördert.

Zusammengenommen sind bis jetzt 4036872 Fr. 79 Cent. (1076500 Rthlr.) ausgegeben, mit Inbegriff der Zinsen vom Capital und der unvorhergesehenen Ausgaben. Zieht man diese Summe von den obigen 9961571 Fr. 66 Cent. ab, so bleiben 5924598 Fr. 87 Cent. (1579919

Rthlr.) für den Rest der Arbeiten, ohne die Kosten der Brücke bei Mulatière auf der Staats-Strafse.

Die vorausberechneten Kosten dieser grofsen Unternehmung werden wenig überschritten werden. Dieses ist um so merkwürdiger, da man die Krümmungen der Strafse, deren Halbmesser auf das Minimum von 150 Met. (478 F.) bestimmt waren, weit flacher gemacht, und ihnen Halbmesser von wenigstens 500 Met. (1593 F.) gegeben hat, was eine Vermehrung der Ausgaben von ungefähr 1 Mill. Fr. (266666 Rthlr.) erforderte.

*Der Zeitpunct der Vollendung der Eisenbahn* dürfte folgender sein. Wie schon gesagt, sind die Arbeiten auf dem zweiten Theile der Linie am weitesten vorgerückt. Aber ein Durchschnitt von 240 Met. (64 R.) lang, und einige andere Schwierigkeiten erfordern noch Ein Jahr Arbeit, weshalb dieser Theil des Weges noch nicht, wie es beabsichtigt war, wird eröffnet werden können. Der Theil der Strafse dagegen, welcher mit dem Canal von Givors parallel ist, wird in den ersten Monaten des Jahres 1830 fertig sein. Um diese Zeit wird auch die Passage auf der Strafsenstrecke von Rive de Gier aufwärts, nach den vorzüglichsten Kohlengruben dieser Commune, bis auf etwa 1593 Ruthen von der Stadt, eröffnet werden können. Diese Strecke allein würde schon eine Ersparung an Fracht von 1 Fr. (8 Sgr.) auf die Tonne Kohlen hervorbringen.

Die übrigen, vorzüglich durch die starken Durchbrechungen aufgehaltenen Theile des Weges werden wahrscheinlich vor dem Ende des Jahres 1831 vollendet werden.

Durch stets noch zunehmenden Eifer, und durch diejenige Geschicklichkeit, von welcher die Unternehmer schon so viele Proben gegeben haben, wird es denselben gelingen, dieses schöne Werk, selbst noch vor dem Ablaufe des von der Regierung bestimmten Zeitraumes, zu vollenden.

> „Eine erstaunliche Schnelligkeit," wie sich der Herr Präfect der Seine bei Eröffnung der Brücke de l'Archevêché ausdrückte, „welche die Fortschritte der Künste in Frankreich, so wie die Vorzüglichkeit unserer Industrie beweiset, und zugleich zeigt, was der Geist der Association vermag, wenn er mit Einsicht auf nützliche Unternehmungen geleitet wird!"

Wenn die Eisenbahn von Lyon, über St. Etienne, bis Roanne in ihrer ganzen Ausdehnung, 152350 Met. (20 Meil. und 1690 Rthn.) lang, vollendet sein wird: wenn die Wasserstrafsen, welche theils Actionnairs, theils die Regierung unternommen haben, zwischen Paris und Marseille und zwischen dem Ocean und dem Mittelländischen Meere ausgeführt sein werden: so wird Frankreich auch mit seinen Strafsen keinem andern Volke mehr etwas zu beneiden haben. Es wird die nützlichsten und schönsten Wege in ganz Europa besitzen: eben so bemerkenswerth durch ihre Wichtigkeit, als durch ihre Ausdehnung.

---

## II.

## Bericht an den General-Director der Brücken und Wege, Herren Becquey, zu dem Entwurfe der Eisenbahn von St. Etienne nach Lyon; verfafst von den Herren Seguin und Biot im Jahre 1826.

(Eine besonders gedruckte Schrift.)

---

Bei der Ausführung einer Eisenbahn, welche eine so bedeutende Wirkung auf den Handels-Verkehr zwischen den beiden gröfsten Städten des Landes, und insbesondere auf den Gewinn der Erze und die Verwandlung des Gufs-Eisens in geschmiedetes, hervorzubringen bestimmt ist, haben wir die Beschleunigung für eine vorzügliche Obliegenheit gehalten; auch vereinigt sich unser eigenes Interesse hier mit dem eines wichtigen Industrie-Zweiges des Staats.

Wir haben zunächst die Ausarbeitung des speciellen Entwurfs möglichst zu beeilen gesucht, und diese ausgedehnte und beschwerliche Arbeit in noch nicht vollen 5 Monaten zu Stande gebracht, welche seit der Ausfertigung der Ordonnanz verflossen sind. Indem wir ihn überreichen, wünschen wir, dafs er so schleunig als möglich geprüft werden möge, damit alsdann der Bau selbst begonnen werden könne.

Eine Untersuchung der beiden Ufer der Rhône (man sehe die Karte Taf. XIII.), die den Messungen vorhergehen mufste, zeigte uns, dafs auf dem linken Ufer, während dort weniger Terrain-Entschädigungs- und auch weniger Constructions-Kosten nöthig gewesen wären, längere gerade Linien und gröfsere Bögen hätten gemacht werden können; die Orts-Behörden wünschten indessen angelegentlich, dafs die Strafse auf dem rechten Ufer des Stromes gebaut werden möchte. Da sie hier sicherer und fester gegen die Angriffe des Stromes liegen wird, so sind wir bei diesem Ufer stehen geblieben. Die gute Stimmung und Bereitwilligkeit der Anwohner benutzend, haben wir in der entworfenen Linie einen kleinen Graben ziehen lassen, um die Linie fester zu bezeichnen und Jedem deutlicher sichtbar zu machen, welche Vortheile oder Nachtheile sie für ihn haben werde.

Nachdem so die Hauptrichtung bestimmt war, gingen wir an die Einzelnheiten des Entwurfs.

Bei der ersten Übereinkunft über den Bau einer Eisenbahn von St. Etienne nach Lyon, über Chamond, Rive de Gier und Givors, ist weder der Anfangs- noch der Endpunct der Linie näher bestimmt worden. In dieser Ungewifsheit haben wir geglaubt, die beiden Städte an den beiden Enden der Strafse befragen zu müssen, um zu ermitteln, was den verschiedenen Interessen am willkommensten sein möchte.

Da der grofse Raum zwischen der Rhône und Saone der Stadt Lyon für die Erweiterung ihres Verkehrs sehr geeignet schien, so hat der Maire der Stadt den Wunsch geäufsert, dafs die Eisenbahn dorthin möchte geführt werden, und für diesen Fall, im Namen der Stadt, dem Hause Seguin und Comp. ein ausgedehntes Terrain zugestanden, zu einem Hafen und Auf- und Ablade-Platze für die Schiffe; welche Anlage schon alles Gewünschte erfüllen wird, wenn uns nicht etwa eine für das Publicum noch vortheilhaftere Anordnung vorgeschrieben wird. In St. Etienne wird der Endpunct der Strafse unweit des Platzes Monta sein, in dem Mittelpunct eines neuen Stadt-Viertels zwischen den Strafsen nach Lyon und nach Roanne, wo schon Anordnungen getroffen sind, dafs die Compagnie die für ihre Magazine und übrigen Bedürfnisse nöthigen Räume zu mäfsigen Preisen erwerben kann.

Wir hätten gewünscht, uns zur Verlängerung der Eisenbahn bis zu den Kohlengruben von Béraudière und la Ricamarie erbieten zu können, von wo sich die reichen Kohlen-Lager der Gegend von St. Etienne in einen Raum von mehreren Millionen Quadrat-Meter ausbreiten. Ein und zwanzig übereinander liegende Lagen, die Eine mehr als 10 Met. mächtig, bieten hier die vorzüglichsten Kohlen der ganzen Gegend dar, so dafs besonders die Verbindung mit dieser Gegend wichtig sein würde. Leider sind aber hier die Schwierigkeiten des Baues gar zu grofs. Wegen der überaus starken Gefälle würde, bei dem gegenwärtigen Tarife, die Strafse für die Compagnie allzu kostbar werden, und die Fracht allein würde beinahe dem Wegezolle gleich kommen, so dafs nichts zur Entschädigung für die ungeheuern Kosten des Baues durch ein Stadt-Viertel übrig bleiben würde, wo das Terrain bis 60 Fr. der Quadratmeter (227 Rthlr. die Quadrat-Ruthe) kostet.

Die angenommene Linie vereinigt sich mit der Eisenbahn von St. Etienne nach der Loire bei der sogenannten Eselsbrücke, und schneidet einen Zweig dieser Strafse, 880 Met. von jenem Punct entfernt.

Die Schienen werden auf unserer Strafse eben so gelegt werden, wie sie auf der Strafse nach der Loire liegen, damit die Wagen ohne Unterbrechung von der Rhône nach der Loire gehen können, und umgekehrt.

Wir haben geglaubt, einen sehr niedrigen Tarif annehmen zu müssen, weil wir der Meinung sind, dafs uns die Zunahme des Verkehrs mehr Gewinn bringen müsse, als ein höherer Tarifsatz, und dafs unser Gewinn mit der öffentlichen Wohlfahrt gleichen Schrittes gehen müsse, wie bei allen grofsen Unternehmungen, wo das Publicum einen Theil seiner Privatrechte opfern mufs. Da das Zunehmen der Transporte zugleich auf der gröfsten Leichtigkeit derselben beruht, und jeder Aufenthalt wieder einen Theil der gewonnenen Vortheile zerstört, so schlagen wir vor, uns streng an die ursprüngliche Bestimmung halten zu dürfen, welche nur drei Ab- und Auflade-Orte, nemlich in den Städten St. Chamond, Rive de Gier und Givors, vorschreibt.

In diesen drei Städten werden Seiten-Arme der Strafse nach den Ablade-Plätzen gebaut werden, um die durchgehenden Wege nicht in ihrem Laufe zu unterbrechen.

Sie werden sich erinnern, Herr General-Director, dafs auf der Eisenbahn von Darlington die zur Einschiffung bestimmten Kohlen, welche also die ganze Linie durchlaufen müssen, nur den achten Theil des Zolles derjenigen bezahlen, welche auf der Linie selbst abgesetzt werden. Diese verständige Maafsregel hat den Zweck, die Unternehmer für die grofsen Kosten zu entschädigen, welche ihnen der Transport der Waaren, blofs auf einem Theile der Bahn, verursacht, und zugleich die entlegeneren Gegenden zu begünstigen, und sie an den Vortheilen der den Kohlengruben näher liegenden Theil nehmen zu lassen. Da die Frachten, auf einen Theil der Entfernung, von einem Auflade-Platze zum andern, auf unserer Eisenbahn uns blofs wie für die ganze Länge bezahlt werden, so wird hier die Erhöhung des Tarifs nicht verhältnifsmäfsig sein, besonders rücksichtlich der Beschwerlichkeiten, die für die Compagnie daraus erwachsen, dafs sie zu diesen Transporten, von dem einen oder andern Abgangs-Puncte her, leere Wagen transportiren lassen mufs.

Wir haben noch keine näheren Angaben der Abgangs-Puncte der Seiten-Arme von der Strafse in den drei Städten vorlegen können, wegen der Schwierigkeit, hier die verschiedenen Interessen zu vereinigen. Diese Puncte haben indessen auf die Richtung der Hauptstrafse keinen Einflufs. Bis zur Eröffnung der Hauptstrafse können noch Veränderungen in der Richtung der Seiten-Arme nothwendig werden, die, wenn wir jetzt die Projecte schon vorlegten, uns und der Regierung doppelte Arbeit verursachen würden.

Nah den gröfseren Etablissements, welche an der Strafse schon vorhanden sind, oder sich noch anbauen könnten, werden, in Übereinstimmung mit der Compagnie, ebenfalls Seiten-Arme angeordnet, und es wird der Zoll für dieselben nach dem Umfange des Transports regulirt werden. Diese Seiten-Arme werden nach gütlicher Übereinkunft mit den Besitzern der Ländereien, welche sie durchschneiden, etablirt, und als Privat-Eigenthum betrachtet werden.

Die Lage der Strafse auf dem rechten Ufer der Rhône macht eine Brücke über die Saone nothwendig. Eine Kettenbrücke wird in der Richtung der Allee von Perrache gebaut werden können, was mit keiner andern, nach frühern Entwürfen, anging, wegen der Schwierigkeit, am Zusammenflusse der beiden Ströme Pfähle in den Grund zu treiben. Jetzt befindet sich auf der Strafse von Lyon nach St. Etienne eine hölzerne, sehr verfallene Brücke. Man hatte einer Gesellschaft angetragen, die Wieder-Erbauung dieser Brücke gegen einen Zoll, dessen Dauer durch Licitation bestimmt werden sollte, zu übernehmen. Da man jetzt sieht, dafs die Eisenbahn zwei Drittheile oder Dreiviertel der sämmtlichen Passage aufnimmt, so wird die Ausführung jenes Projectes ganz unthunlich sein.

Wir erbieten uns, unsere Strafse so bauen, dafs sie zugleich allen Bedürfnissen des Überganges über die Flüsse genügt. Der für jede andere Gesellschaft unzureichende Brückenzoll wird hinreichen, um uns für unsere Mehr-Ausgaben zu entschädigen, und das Publicum wird für den nemlichen Zoll, wie bisher, so lange die Eisenbahn existirt, eine Brücke haben, die es durch die neue Strafse zu verlieren fürchten mufste. Die Brücke (man sehe Taf. XIII.) wird zwei steinerne Bögen, jeden 20 Met. (67 F.) weit, und eine Ketten-Öffnung von 90 Met. (287 F.) weit erhalten, was eine Durchflufs-Öffnung von 130 Met. (411 F.) giebt, die derjenigen der neuen Brücke von 7 Bögen gleich kommt, welche man bauen wollte. Die Unterkante der Bahn der Kettenbrücke wird 7 Met. (22 F.), und der Gipfel der Gewölbe $6\frac{1}{4}$ Met. (20 F.) über das kleinste Wasser erhöht sein, so dafs die Schienen 7,65 Met. ($24\frac{1}{2}$ F.) hoch über dem kleinsten Wasser liegen können. Eine gröfsere Höhe würde unverhältnifsmäfsige Schwierigkeiten haben, sowohl wegen der zu starken Gefälle der An- und Abfahrten, als wegen der Erhöhung der Chaussée in den Ebenen von St. Foix und Perrache. Die Balken des hängenden Theiles der Brücke werden von 36 eisernen Ketten, in 6 Reihen vertheilt, getragen werden. Die Breite der Brücke wird in drei Theile getheilt werden. Von dem mittleren Theile, 5 Met. (16 F.) breit, werden die Schienen 2 Met. (6 F. 4 Z.) wegnehmen, und an jeder Seite der Schienen wird ein Fufsweg von ($1\frac{1}{2}$ F. 10 Z.) breit bleiben. Die Fufswege werden von dem Fahrwege durch hohe eiserne Geländer gesondert werden, so dafs kein Schaden geschehen kann. Die Seitenwege werden jeder 3 Met. (9 F. 7 Z.) breit, und ausschliefslich für die gewöhnlichen Wagen und Fuhrleute bestimmt sein. In den Pfeilern, welche die Ketten tragen, werden sich drei Öffnungen befinden, auf die einzelnen Wege zutreffend. Die drei Öffnungen werden mit Halbkreisen überwölbt werden, und an der Seite 5 Met. (16 F.) hoch sein. Die mittlere Öffnung wird 5 Met. (16 F.) breit sein, die beiden andern jede 3 Met. (9 F. 7 Z.) breit. Die gesammten Pfeiler werden Gesimse und eine Attika erhalten, um sich regelmäfsig und annehmlich darzustellen.

Wenn die Brücke gebaut sein wird, wird man ihre Festigkeit, ehe man sie der Passage öffnet, mit einem Gewichte von 200 Kilogr. auf jeden Quadrat-Meter der ganzen, für die Fuhrwerke und Fufsgänger bestimmten Oberfläche (etwa 40 Pfd. auf den Quadr.-F.), und aufserdem den für die Eisenbahn bestimmten Theil durch ein Gewicht von 70000 Kilogr. (etwa 1380 Ctr.) prüfen *). Sobald die neue Brücke eröffnet ist, fällt bedingungsweise die alte Brücke der Compagnie anheim, welche sie auf ihre Kosten unverzüglich abbrechen lassen wird. Die alten Materialien werden ihr als Entschädigung zugehören.

Bei der Abfahrt von der Brücke schneiden die Schienen die Staats-Straſse; dieses wird auf die Weise angeordnet werden, daſs die Schienen weder von den Fuhrwerken auf der Landstraſse beschädigt werden, noch die Passage hindern können. Die Bahn gelangt nun auf den Quai de la Mulatière, mit einer Krümmung von 100 Met. ($26\frac{1}{2}$ Rthn.) Halbmesser. Dieses ist die kürzeste Krümmung auf der ganzen Linie. Alle übrigen haben wenigstens 150 Met. (40 Rthn.) Halbmesser. Hier war eine gröſsere Krümmung nicht möglich, weil man sonst einen ganzen Haufen von Häusern hätte wegbrechen müssen, was ungeheure Kosten gemacht haben würde. Auf dem Quai de la Mulatière wird man die Schienen auf hölzerne Joche legen, die 4 Met. ($12\frac{3}{4}$ F.) von einander entfernt sind, und eben so hoch über dem Boden emporragen, so daſs überall dem Publicum der Zugang zu dem Flusse offen bleibt. Fluſswärts von diesen Jochen wird ein Leinenpfad sein, 3 Met. breit, und durch eine Mauer um eben so viel über das kleinste Wasser der Rhône erhöhet.

Hier, so wie auf der Brücke über die Rhône, wird die Eisenbahn nur Ein Paar Schienen erhalten, was ganz hinlänglich ist, da die Wagen den Weg nur Einmal täglich machen, und sich also nahe an den Abgangs-Puncten nie begegnen können. Sollte in der Folge die Passage in dem Maaſse zunehmen, daſs Eine Bahn nicht mehr hinreicht, so wird man Schienen auf die beiden Seitenwege der Brücke legen, und dagegen den Fuhrwerken und Fuſsgängern den mittleren Weg anweisen. Statt der Leinenpfad-Mauer wird dann eine Quai-Mauer gesetzt werden, was 3 Met. (9 F. 7 Z.) mehr Breite giebt, und zu einer doppelten Bahn mehr als hinreichend ist.

Das Gefälle der Eisenbahn von der Brücke de la Mulatière bis zum Flusse Oulins, 2410 Met. (etwa 640 Rthn.) lang, beträgt 0,0016 Met.

*) Beides wäre ungemein wenig. Die ruhende Last kann auf einer Brücke bis über Einen Centner auf den Quadrat-Fuſs steigen, und wenn diese Last in Bewegung geräth, so ist bekanntlich ihre Wirkung noch weit stärker. Vielleicht ist hier im Text ein Druckfehler. Anm. d. Herausg.

auf den Meter (1 auf 625). Dieses Gefälle war nöthig, um bei dem Oulins-Flusse mit 4,3 Met. (14 F.) Höhe die höchste Anschwellung desselben zu passiren.

Eine alte Brücke über diesen Flufs, in einiger Entfernung von dem Übergangs-Puncte, hat 4 Bögen, zwei, jeder 10, und zwei, jeder 8 Met. (zusammen 36 Met.) weit. Sie dient zur Verbindung der beiden Ufer, und die Öffnungen der Brücke sind vollkommen zum Durchzuge der Fluthen hinreichend, weil sich die höchste Anschwellung kaum $1\frac{1}{2}$ Met. (4 F. 10 Z.) über das kleinste Wasser erhebt. Deshalb haben wir geglaubt, uns mit 3 Bögen, jeden zu 9 Met. weit (also 27 Met. Öffnung), begnügen zu dürfen, von welchen zwei bei gewöhnlichem Wasserstande zur Verbindung der Ufer dienen; denn bei hohem Wasser kann man auf der grofsen Strafse fortkommen, deren Brücke, wie sie entworfen ist, nur 250 Met. (66 R.) entfernt sein wird. Die Brücke wird im Ganzen 5 Met. (16 F.) breit, und ausschliefslich für die Eisenbahn bestimmt sein; es werden Vorkehrungen getroffen werden, dafs überall, wo die Schienen eingeengt liegen, weder Fuhrwerke, noch Fufsgänger einen Zugang finden, damit sie nicht beschädigt werden können *).

Von hier bis zu dem Flusse Garon, auf $13172\frac{1}{2}$ Met. (3480 R.) lang, beträgt das Gefälle 0,0004 M. (1 auf 2500), und von dort bis Givors, und zwar bis zu dem Puncte, wo die Eisenbahn den Canal schneidet, auf 2295 Met. (610 R.) lang, 0,000565 auf den Meter (etwa 1 auf 1770).

Fast in dieser ganzen Linie wird die Chaussée so nahe an die Rhône gelegt werden, dafs sie, als ein Damm, das Uferland, welches die hohen Fluthen überschwemmen, gegen die Verwüstungen derselben schützen wird. Von dem Iseron-Flusse bis Pierre Bénite wird der Damm $11\frac{1}{2}$ F. über das niedrigste Wasser erhöht.

Eine Uferspitze bei Pierre Bénite würde eine zu kurze Krümme des Weges erfordert haben. Man mufste deshalb durch zwei von Mauern eingeschlossene Grundstücke gehen, und einen Einschnitt von 10 Met. machen. Die Eigenthümer der Grundstücke, welche die Nützlichkeit des Weges einsahen, haben uns das nöthige Terrain, auf unser erstes Ansuchen, gern abgetreten. Hinter Pierre Bénite gelangt die Strafse wieder in die

*) Es ist nicht wohl verständlich, wie von drei Bögen einer Brücke zwei bei gewöhnlichem Wasser zur Verbindung der Ufer dienen können, und wie es überhaupt mit dieser Brücke gemeint sei. Anm. d. Herausg.

Ebene, und wird theils in den Felsen ausgehauen, theils auf einen Damm von etwa $9\frac{1}{2}$ F. hoch gelegt. Sie durchschneidet einiges Weideland von geringem Werthe, von welchem ein Theil, der der Commune gehört, unserer Compagnie schon gutwillig überlassen worden ist, und erreicht hierauf das Dorf Vernaison, welchem sie ungemeinen Nutzen verschaffen wird, sowohl durch Beschützung desselben gegen den Strom, als in Rücksicht der Annehmlichkeit. Der Straſsen-Damm, welcher das Dorf umgeben wird, muſs mit einer Mauer bekleidet werden, und wird auf diese Weise dasselbe gegen die Fluthen schützen, und an der Stelle des unregelmäſsigen Ufers einen angenehmen Spaziergang darbieten. Der Weg von Vernaison nach Grigny, welcher ein Theil der Straſse von Givors nach Lyon ist, wird von der Rhône mit steilen Ufern eingeschlossen, und ist an verschiedenen Stellen mit Häusern besetzt. Da die Schienenbahn nur auf dieser Straſse Platz findet, so muſs der Weg selbst verlegt werden; der Plan dazu ist unserm Entwurfe beigefügt. Es gab vor etwa 100 Jahren einen Weg über den Hügel, welchen man aufgegeben und dafür die jetzige Straſse eingerichtet hat. Die Spuren des alten Weges sind noch an einigen Stellen erkennbar. Wir haben diesen alten Weg bei Verlegung der Straſse benutzt, so weit es ohne allzu starkes Gefälle anging. Die alte Straſse, welche wir herzustellen vorschlagen, hat an einer Stelle 0,15 Met. (1 auf $6\frac{2}{3}$) Gefälle; das stärkste Gefälle der neuen Straſse ist 0,08 Met. auf den Meter (1 auf $12\frac{1}{2}$). An Breite haben uns 4 Met. ($12\frac{3}{4}$ F.) hinreichend geschienen, weil die Straſse, welche verlegt wird, an mehreren Stellen nur 3 Met. ($9\frac{1}{2}$ F.) breit ist, und von der Rhône schon bei mäſsig hohem Wasser überschwemmt und unterbrochen wird. Wir dürfen daher hoffen, daſs das Publicum durch die Verlegung des Weges gewinnen wird, und daſs uns die Genehmigung des Vorschlages werde zu Theil werden.

In dem nun folgenden Dorfe Grigny ist das Eigenthum des Bodens so ungemein vertheilt, daſs wir vor dem Gedanken erschraken, 80 verschiedene Grundbesitzer, auf einer Strecke von etwa 400 Ruthen lang, zu berühren, von welchen zufällig 10 oder 12 Bergleute waren, die uns alle die Verzögerungen zugezogen haben würden, welche die Gesetze in solchen Fällen veranlassen. Nach näherer Erwägung aber fanden wir, daſs sich, mit einiger Kosten-Erhöhung, zu der Straſse ein Damm gegen die Rhône um das Dorf herum bauen lasse, wie zu Vernaison. Dieser Vorschlag wurde von den Einwohnern mit der allgemeinsten Zustimmung und dankbar angenommen. Mehrere derselben traten uns das dazu nöthige Terrain unentgeldlich ab, und haben dabei die Überzeugung gewonnen, daſs es unser Wunsch war, ihr Wohlwollen und ihre Freundschaft zu erwerben, während wir ihnen eine nützliche Anlage zuführten.

Von Grigny bis Givors findet sich weiter keine Schwierigkeit. Ein Hügel (*balme*) auf dem halben Wege gewährt uns die nöthige Erde (16150 Sch.-R.) zu dem Straſsen-Damme, welcher die Ebene und zwei Arme der Rhône, Grigny gegenüber, passiren muſs. Ein Theil des Dammes wird mit Mauerwerk bekleidet werden, und der Strom wird dadurch zugleich bis Givors regulirt, und in sein Hauptbette zurückgetrieben werden, welches er zu verlassen und die von so arbeitsamen Leuten bewohnte Ebene anzugreifen drohte.

Beim Ausgang aus der Ebene trifft die Straſse auf den Canal von Givors. Derselbe wird von der Straſse unmittelbar unterhalb der ersten Schleuse, welche zwischen dem Bassin und dem ersten Gerinne sich befindet, passirt werden, und zwar auf einer hölzernen Brücke, die sich an eine vorhandene alte Brücke anlehnt. Die Balken der neuen Brücke werden genau in der Höhe der alten gelegt werden, so daſs kein Widerspruch von der Canal-Compagnie erhoben werden kann, indem die Schiffbahn in nichts eine Veränderung erleidet.

Die Brücke über den Gier wird in geringer Entfernung von derjenigen über den Canal erbaut werden. Sie wird 15 F. über dem jetzigen Kiesboden, und 25 F. über dem Niveau der Rhône hoch erbaut werden, welche etwa 150 Ruthen entfernt ist. Die Breite der Schienen wird dieselbe sein, wie bei der Brücke über den Oulins und bei allen übrigen Brücken und Brückchen, die ausschlieſslich für die Eisenbahn bestimmt sind. Da indessen die Passage von Givors nach Lyon aus Mangel einer Brücke über den Gier häufig unterbrochen ist, so hat die Stadt Givors den Wunsch geäuſsert, über die neue Brücke, neben den Schienen, eine Überfahrt zu erhalten; wir erwarten ihren bestimmten Entschluſs, um dann eine Verbreiterung der Brücke vorzuschlagen. Die Erhöhung der Kosten wird die Commune tragen, und der Plan der Verbreiterung wird vorgelegt werden, sobald der Entschluſs gefaſst ist.

Dieser Theil der Straſse, so wie auch der folgende übrige, wird eröffnet werden, sobald nur der Damm und die Brücken und Futtermauern beendigt sind. Wir werden bei dem Baue selbst die Erde auf *provisorisch gelegten Schienen* transportiren lassen, welche durch bleibende Schienen ersetzt werden sollen, sobald unter jenen die Erde so fest gefahren ist, dafs die bleibenden Schienen fest genug liegen können, ohne sich zu biegen. Der Weg wird also sogleich für die Fracht- und Acker-Fuhrwerke fahrbar sein, und kann, auf die beschriebene Weise, zur Verbindung der Orte dienen, welche die Strafse berührt.

Der geringe Abhang der Strafsenstrecke zwischen Lyon und Givors, den man in der Praxis als Null betrachten kann, hört bei der Brücke von Gier auf, und es folgt nun, auf 1292 Meter (343 R.) lang, ein Abhang von 1 auf 400, und von hier bis zur Brücke der Stadt, welche 80,96 Met. (257 F.) höher als die Canal-Brücke von Givors liegt, auf 13613 Met. (3614 R.) lang, ein Abhang von 0,00569 M. (etwa 1 auf 176).

Von Givors und der Brücke über den Gier an passirt die Eisenbahn ein grofses Kiesfeld, welches eine Gesellschaft urbar zu machen beschäftigt ist: durch einen Deich, der das Feld gegen die Überschwemmungen schützen soll, und durch Hineinleitung des Schlammes, den der Flufs bei hohem Wasser führt. Diese Gesellschaft, indem sie uns das zur Eisenbahn nöthige Terrain abtrat, hat uns die Hälfte desselben unentgeldlich angeboten, wenn wir hier einen kleinen Hafen zum Ausschiffungs-Platze bauen wollten. Wir können uns darüber noch nicht entscheiden, weil uns noch mehrere Data zur Beurtheilung fehlen, werden es aber thun, sobald wir dieselben erlangt haben.

Das nächste Dorf, St. Romain, 1447 Ruthen von der Brücke über den Gier bei Givors entfernt, liegt 32 F. über dem Gier. Von hier nähert sich die Eisenbahn der Oberfläche des Flusses bis Rive de Gier. Dafs auf diese Weise die Bahn nicht mit dem Wasserspiegel des Flusses parallel ist, kommt daher, dafs das Gefälle der Flüsse von oben nach unten abnimmt, und dafs also eine Bahn mit gleichstark bleibendem Gefälle die Sehne der krummen Linie der Flufs-Oberfläche bilden, und folglich in der Mitte sich davon entfernen mufs, wenn sie an den beiden Enden damit zusammentrifft.

Bis Rive de Gier stöfst die Eisenbahn auf keine Schwierigkeiten; sie wird überall auf dem Abhange der Berge liegen, und die Wiesen an den Ufern des Gier nicht berühren, wobei sonst manche Privat-Interessen verletzt worden wären. Einige Seiten-Schluchten werden, vermittelst

Dämme, auf Brücken passirt werden. Es sind mit den Grundbesitzern die nöthigen Anordnungen, um den Lauf der Gewässer, so wie die Passage nirgends zu unterbrechen, verabredet worden; mehrere dieser Verabredungen sind ohne alle Schwierigkeit zu Stande gekommen, und es hat sich überall der gröfseste Eifer gezeigt, die neue Strafse zu begünstigen.

Das Dorf St. Romain liegt an einer der schönsten Stellen des Thales, auf einer von dem Flusse umströmten, sanft abhängenden Bergspitze. Die am höchsten liegenden Häuser befinden sich etwa 10 Met. über dem Flusse. In dieser Höhe liegt auch die Eisenbahn, welche auf solche Weise so wenig als möglich die Privat-Interessen verletzt. Einige zu einem Bauerhofe gehörige Gebäude von geringem Werthe und ein kleiner Theil des Pfarr-Gartens sind das Einzige, was der Strafse wird weichen müssen. In diesem Dorfe haben alle Einwohner, ohne Ausnahme, unsere Anordnungen freiwillig angenommen; vom Maire und dem ehrwürdigen Pfarrer sind diese Anordnungen ebenfalls auf das Geneigteste aufgenommen worden. Diese beiden Herren unterrichteten die Einwohner von unsern friedlichen und freundlichen Absichten, und bereiteten die Gemüther auf die leichte und billige Vereinigung vor, die wir, wie sie wufsten, vorzuschlagen gedachten.

Jenseit St. Romain, etwa 4- bis 5000 Met. lang, ist das Thal des Gier sehr enge. Es wird von grofsen Massen unregelmäfsig geschichteten Sandsteins eingeschlossen, die, kaum von dem Flusse durchbrochen, oft senkrecht, und mehr als 20 Met. hoch, sich seinem Laufe entgegenstellen. Die Unmöglichkeit, an zwei solchen Stellen hinreichend grofse Krümmen zu erhalten, zwingt uns, auf 250 Met. (66 Ruth.) lang durch den Felsen zu gehen, und hierauf zwei Brücken über den Gier zu schlagen. Wenn die Strafse fertig ist, wird man die Schwierigkeit nicht sehen, welche das enge Thal verursachte. Die Erhöhung der Kosten, welche allein uns hätte abhalten können, hier auf die beschriebene Weise zu bauen, schien uns nicht bedeutend genug, um das Hindernifs zu gestatten, welche das Fuhrwerk in einer Krümme von höchstens 100 Met. ($26\frac{1}{2}$ Ruth.) Halbmesser gefunden haben würde.

Weiterhin, bis Rive de Gier, hat die Strafse wiederum keine Schwierigkeit. Die Bahn nähert sich dem Flusse allmälig, bis zum Eingange in die Stadt, welche sie auf einer Quai-Mauer quer durch passirt, die in dem Flufsbette erbaut wird, und von den Häusern längs dem Flusse begrenzt sein wird. An der Stadtbrücke wird die Bahn mit dem Pflaster gleich hoch liegen, und an der Abfahrt wird sie die Strafse auf dieselbe Weise schneiden, wie bei der Brücke de la Mulatière. Bedingungsmäfsig wird hier die Eisenbahn auf einen Damm von $4\frac{1}{2}$ Met. (14 F. 4 Z.) breit gelegt werden. Die Verengung des Flufsbettes durch die Quai-Mauer kann nicht den geringsten Nachtheil haben. Denn während der Flufs dadurch noch regulirt wird, bleiben ihm an der schmalsten Stelle noch etwa 21 Met. (65 F.) zur Breite, was bei weitem mehr ist, als er hie und da jetzt hat. Die Brücke von Verchères, beim Eingange in die Stadt, obgleich sehr schräg das Flufsbette durchschneidend, hat nur 3 Bögen, jeden von 8 Met. weit, und wenn man an der Stadtbrücke jedem Bogen 1 Met. mehr Öffnung gegeben hat, so ist es unstreitig mehr der örtlichen Lage wegen, als für das Bedürfnifs des Flusses geschehen. In einiger Entfernung von hier wird der Flufs sogar von einem Felsen bis auf 19 Met. eingeengt. Sehr leichte Mauern, dieser Stelle gegenüber, um Kohlen-Ablagestellen herum, zeigen deutlich, dafs der Strom hier, selbst bei den gröfsten Fluthen, noch eine hinreichende Durchflufs-Öffnung findet; weil er die Ufer nicht angegriffen hat. Wir haben die beschriebene Anordnung einer unterirdischen Gallerie von 1000 bis 1200 Met. lang vorgezogen, mit welcher man 30 Met. tief unter einem Theile der Stadt hätte durchgehen können. Die Kosten der Gallerie wären wahrscheinlich geringer gewesen, als die der beschriebenen Anordnung. Wir können also auch dazu uns erbieten, wenn man irgend ein Bedenken finden sollte, den Bau in dem Strome zu gestatten; wir glauben indessen, dafs man auch dem Bedürfnisse der Stadt etwas aufopfern müsse, deren jetzige Strafsen von der Art sind, dafs ihr eine neue und offene Strafse nützlich und angenehm sein wird. Kein Privat-Eigenthum wird bei der beschriebenen Anordnung bedeutend verletzt. Blofs Ein Haus, unterhalb der Brücke von Verchères, obgleich an einer Stelle liegend, wo der Flufs sehr breit ist, wird um 1 Met. zurückgerückt werden müssen, damit man ihn nicht am Ausflusse verengen dürfe, was ihn auf die Ländereien oberhalb zurücktreiben könnte.

Das Gefälle der Strafse von der Stadtbrücke bis zur Brücke von Verchères, auf 634 Met. (168 Ruth.) lang, wird 0,006521 Met. (etwa 1 auf 153) betragen. Dieses Gefälle war hier unvermeidlich, weil die Strafse

No. 88., die über die Brücke der Stadt und über die Brücke von Verchères geht, mit dem Pflaster gleich hoch geschnitten werden mufste, und die Communication nicht unterbrochen werden durfte.

Hier hört nun das Gefälle auf, welches durch die blofse Reibung der Räder der Dampfwagen sich überwinden läfst. Es folgt jetzt ein Gefälle von 0,013446 Met. (etwa 1 auf 74½), für welches eine andere Art der bewegenden Kraft nöthig ist. Die senkrechte Höhe von dem vorigen Puncte bis zur Eselsbrücke beträgt auf 19890 Met. (5182 Ruth.) Länge 264,46 Met. (842 F.). Wir haben auf diese ganze Länge Krümmungen von möglichst grofsen Halbmessern müssen zu erlangen suchen, um die Bergfahrt zu erleichtern, und der Beschädigung der Schienen bei der Thalfahrt vorzubeugen, die durch die Wirkung der Centrifugal-Kraft entsteht, welche die Reibung der Wagenräder an den äufseren Schienen vergröfsert. Dieser Umstand hat hier viel weniger als im unteren Theile der Bahn gestattet, auf örtliche und Privat-Interessen Rücksicht zu nehmen. Die engen Grenzen, in welche wir eingeschlossen waren, haben uns hie und da zu Anordnungen gezwungen, welche den Grundbesitzern nicht genehm waren, und die hier die Mifsbilligung des Unternehmens noch vermehrten.

Die Hindernisse wurden indessen vermindert, und sind sogar gröfstentheils weggeräumt worden, durch die allgemein begriffene Erwägung, dafs der Werth der Grundstücke durch die neue Strafse erhöht werden wird, überall, wo sie nahe genug ist, um neue Anlagen zu begünstigen. Eine einzige Besitzung von bedeutendem Werthe lag in der Richtung der Eisenbahn. Aber entschlossen, den Einwohnern zu beweisen, dafs wir, wenn es unsere Kräfte nicht übersteigt, lieber unsere Strafse uns mehr kosten lassen, als dafs wir sie in ihrer gewohnten Lage stören mögen, haben wir die Eisenbahn unterhalb des benannten Grundstücks auf einen 10 Met. (32 F.) hohen Damm gelegt; wir hoffen dadurch einen Anspruch auf erkenntliches Wohlwollen für unsere Unternehmung erlangt zu haben. Ein anderer Eigenthümer, welcher mit Mifsfallen eine theure Wiese auf eine bedeutende Strecke durchschneiden sah, begriff plötzlich, dafs sein Einkommen auf die Eisenbahn fester gegründet sein werde, und nahm bereitwillig die ihm angebotene Entschädigung in Actien an.

An dieser Stelle wird die Strafse von Lyon nach St. Etienne zum zweiten Male durchschnitten, auf einer Brücke, die über derselben 19 F. hoch ist. Die Spannung dieser Brücke ist 25½ F., so grofs, als die

Breite zwischen den Fufspfaden der Brücke von Verchères zu Rive de Gier.

Von hier bis St. Chamond kommt nur Eine bedeutendere Damm-Arbeit vor, nemlich die Aufschüttung durch ein Thal, und der Durchschnitt durch einen Hügel, welcher, senkrecht gemessen, etwa 80 F. über dem Thale hoch war. Wir haben diese Arbeit machen lassen zu müssen geglaubt, um schädliche Krümmen abzuschneiden, die die Fahrt erschwert haben würden, und uns lästige und kostbare Reparaturen und Unterhaltungskosten der Eisenbahn zugezogen haben könnten.

Hier gelangten wir nun auf ein Plateau, welches die Stadt St. Chamond beherrscht, und etwa 80 F. höher als der Wasserspiegel des Gier liegt. Zwei Gründe bestimmten uns, diese Höhe zu ersteigen, nemlich: um das Gefälle der Strafse von Rive de Gier bis zur Eselsbrücke zu reguliren, und um nicht durch die Stadt St. Chamond gehen zu dürfen, wo die Entschädigung der Einwohner sehr bedeutend gewesen sein würde. Wir hätten auch gewünscht, entfernter von der Stadt bleiben zu können, um den Strafsen und Wegen dorthin Raum zur Verminderung ihres Gefälles zu verschaffen, und Platz zwischen der Landstrafse und der Eisenbahn zu Fabriken und andern Anlagen zu lassen, welche den Wohlstand dieses Thales so sehr erhöhen würden. Allein die Kosten eines Durchbruchs von 200 Met. (53 Ruth.) lang durch einen sehr harten Felsen, der dann nöthig gewesen wäre, hielt uns davon ab, und zwang uns, den Gipfel des Hügels zu umgehen, und uns der Stadt St. Chamond zu nähern.

Die Linie, weiter bis Terre noire, hat auf 8193 Met. (2182 Ruth.) lang weiter keine Schwierigkeit.

Der Punct von Terre noire befindet sich dem Berge von Bois d'Avaise gegenüber. Dieser Berg ist die Wasserscheide zwischen der Rhône und Loire, und sein niedrigster Punct liegt noch 50 Met. (159 F.) höher, als Terre noire. Es gab nur zwei Mittel, um über die Wasserscheide zu kommen: feststehende Maschinen, und eine unterirdische Gallerie durch den Berg, 1500 Met. (398 Ruth.) lang. Das erste Mittel haben wir, wegen der Langsamkeit und Schwierigkeit der Passage, sogleich von der Hand gewiesen. Eine genaue Berechnung der Kosten des zweiten Mittels hat uns dagegen gezeigt, dafs die Ausführung desselben, mit Hülfe einer Constructions-Methode, deren wir uns zu bedienen gedenken, unsere Kräfte nicht übersteigen wird. Wir haben es also gewählt, und die Art der Bewegung auf der ganzen übrigen Linie wird nun auch hier nicht unterbrochen werden *). Das Gefälle der Bahn wird im Innern des Berges das nemliche bleiben; das Gewölbe der Gallerie wird hoch genug sein für die Durchfahrt der Dampfwagen mit ihren Schornsteinen; der Weg wird ganz gerade sein, so dafs die Passage, die an solchen Stellen nothwendig schwierig sein zu müssen scheint, hier eben so bequem sein wird, als irgendwo anders.

Durch die Gallerie gelangt man zu der sogenannten Eselsbrücke, wo die beiden Eisenbahnen nach der Loire und nach der Rhône, zusammenstofsen werden. Hier also hätte unsere Linie ihr Ende erreicht, weil wir uns nun an dem Anfang einer Eisenbahn befinden, die, da sie schon die ihr gemachten Bedingungen erfüllt hat, auch zur Communication mit St. Etienne dienen konnte; denn die beiden Eisenbahnen haben gleich breite Spuren, und können daher wechselseitig als Fortsetzung einer der andern betrachtet werden. Da wir indessen gern durch unsern Strafsenbau den Verkehr noch auf alle Weise fördern und erleichtern mochten, so haben wir noch die Verlängerung der Eisenbahn bis Monta vorschlagen zu müssen geglaubt, einem der neuen Stadttheile von St. Etienne, welcher schon eines der Erzeugnisse der unberechenbaren Entwickelung des Handels, der Gewerbe und der glücklichen Lage dieser Stadt ist. Hier wird das von der Compagnie erkaufte Terrain derselben gestatten, Magazine und Stapelplätze für die Producte des Bodens und der Industrie zu bauen, die aus allen Gegenden Frankreichs hier zuströmen werden, auf diesen neuen, wie man sie nennen kann, bis zu ihren Quellen schiffbaren Flüssen. Denn ein kleiner Wasserlauf zur Versorgung der Dampfmaschine reicht zur Fortbewegung der Lasten hin. Hier strömt ein solcher Wasserlauf von dem Berge Bois d'Avaise herab. Er wird zur Bewässerung einiger Wiesen benutzt, und darf nur etwa 2- oder 300 Met. verlegt werden, was für die Eigenthümer der Wiesen nur geringes Interesse hat.

Die ganze Länge der Eisenbahn, von der Brücke de la Mulatière bei Lyon bis zur Vorstadt Monta in St. Etienne, wird 55150 Met. (7 Meilen und 643 R.) sein, welche Länge sich nur noch durch Abände-

*) Dieses war gewifs sehr angemessen. Wenigstens am Gipfel der Wasserscheiden sollte man das Hinauf- und Herabsteigen möglichst zu vermeiden suchen.
Anm. d. Herausg.

rungen des Projects, bei der Prüfung desselben und bei der Ausführung, um etwas ändern kann. Die Höhe von Monta über Givors beträgt auf 37279 Met. (9867 Ruth.) Länge 375,348 Met. (1196 F.).

Auf der ganzen Linie sind 112 Brücken und Durchlässe zu bauen, nemlich die Brücken über die Saone zu la Mulatière, über den Oulins, über den Garon, vier Brücken über den Gier, eine Brücke über den Couson-Bach, eine über die Egarande, eine über den Dorlay-Bach, eine Brücke über den Canal von Givors, 24 Brücken-Bögen zu Verbindung der Wege, und zur Communication mit abgeschnittenen Grundstücken, Ein solcher Bogen über die Landstrafse, vier Durchlässe von 4, vier von 3, 10 von 2, 30 von 1, 28 von ½ Met. Öffnung. Ferner eine Futtermauer an der Brücke la Mulatière, von 500 Met. (133 Ruth.) lang, eine andere um das Dorf Grigny herum, von 600 Met. (159 Ruth.) lang. Eine unterirdische Gallerie zwischen Givors und Rive de Gier, von 250 Met. (66 Ruth.) lang, eine Quai-Mauer, oder ein Souterrain, zum Durchgange durch Rive de Gier von 12- bis 1500 Met. (320 bis 400 R.) lang; endlich der Durchbruch durch den Berg Bois d'Avaise, St. Etienne gegenüber, 1500 Met. (398 R.) lang.

Die Damm-Arbeiten werden in 22482 Sch.-R. Erd- und 112410 Sch.-R. Felsen-Abträgen, und in 202338 Sch.-R. Aufschüttungen bestehen.

Die Frachten werden von Lyon bis Givors ununterbrochen durch Dampfwagen fortgezogen werden. Jeder Dampfwagen wird die Kraft von 10 Pferden haben, welche Kraft 300 dynamischen Einheiten, von 1 Cubik-Meter Wasser, 1 Met. hoch gehoben (6802 Pfd. 1 F. hoch), gleich ist. Ein solcher Dampfwagen kann, nach den Erfahrungen in England, auf horizontaler Eisenbahn, 20 Wagen, jeder 1000 Kilogr. schwer, und jeder mit 2000 Kilogr. beladen, also ungefähr 70 Tonnen, fortziehen (770 Ctr. Fracht und 583 Ctr. Gewicht der Wagen) *). Wenn der Abhang der Bahn so gering ist, dafs sie als horizontal betrachtet werden kann, so wird der Unterschied der Geschwindigkeit der Bewegung bergab und bergan wenig bemerkbar sein. Von Givors bis Rive de Gier beträgt das Gefälle 0,00569 (1 auf 176), fast das äufserste, was vermittelst der blofsen Reibung der Räder des Dampfwagens erstiegen werden kann. Es wird also die Ge-

---

*) Wahrscheinlich ist das Gewicht des Dampfwagens selbst mitgerechnet; sonst würden nur 60 statt 70 Tonnen im Ganzen herauskommen.

Anm. d. Herausg.

schwindigkeit der Bewegung bergan bedeutend geringer sein. Man kann sie leicht berechnen, wenn man zu der Kraft des Widerstandes der Wagen auf der horizontalen Bahn diejenige Kraft hinzuthut, welche nöthig ist, das Gewicht der Wagen und der Fracht auf eine schiefe Ebene von gegebenem Gefälle hinaufzuziehen. Die Rechnung *) ergiebt, und die Erfahrung bestätigt es, dafs die Geschwindigkeit in unserm Falle um 0,94 Met. abnehmen, und dafs man die nemliche Geschwindigkeit hervorbringen wird, wenn man an Einen Dampfwagen nur 9 Wagen anhängt. Alsdann also zieht eine Maschine von 10 Pferden Kraft nur 27 Tonnen (175 Ctr. Gewicht der Wagen, und 350 Ctr. Fracht) **).

Auf diese Weise also wird man Rive de Gier erreichen. Dort fängt der steilere Abhang von 0,013419 (1 auf $74\frac{1}{2}$) an, welcher bis zur

---

*) Die Einheit der Geschwindigkeit sei $v$. Bleibt die Zahl der Wagen die nemliche, so geht ein Theil der Kraft auf, um die Fracht auf ein Gefälle $\frac{1}{a}$ (in dem obigen Falle wäre $a = 0,00569$) zu heben. Die Zahl der Pferde, deren Kraft nöthig ist, die Reibung zu überwinden, sei $x$. Bekannt ist, dafs eine Maschine von 10 Pferden Kraft, auf horizontaler Bahn, 70 Tonnen mit einer Geschwindigkeit von 2 Met. (etwa $6\frac{1}{4}$ F.) in der Secunde (etwa 1 Meile in der Stunde) fortziehen kann. Also ist das Kraft-Moment eines Pferdes $\frac{70}{10} . 12 = 14$, und wenn nun $x$ Pferde 70 Tonnen mit der Geschwindigkeit $v$ fortschaffen sollen, so ist

$$1. \quad 14x = 70v.$$

Ferner ist $10 - x$ die Zahl der Pferde, welche nöthig sind, die Last auf den Abhang $\frac{1}{a}$ zu schaffen; und da nun die Kraft Eines Pferdes 90 Kilogr., mit der Geschwindigkeit von 1 Met. in der Secunde, oder 0,09 Tonnen, ist (192 Pfd. mit 3 F. $2\frac{1}{4}$ Z. Geschwindigkeit), und dieses Gewicht den Abhang $\frac{1}{a}$ herauf gezogen werden soll: so reducirt sich die Kraft des Pferdes auf $0,09 . \frac{1}{a}$, und folglich ist $0,09 . \frac{1}{a}(10 - x)$ die gesammte Kraft, welche angewendet wird, die Last auf den Abhang $\frac{1}{a}$ hinauf zu schaffen. Diese Kraft ist aber auch $70v$. Also ist

$$2. \quad 0,09 . \frac{1}{a}(10 - x) = 70v.$$

Aus der Gleichung (1.) folgt $x = 5v$. Setzt man dieses in (2.), so erhält man $0,09 . \frac{1}{a}(10 - 5v) = 70v$, und hieraus folgt

$$3. \quad v = \frac{0,18}{0,09 + 14a} = \frac{0,18}{0,09 + 14 . 0,00569} = \frac{0,18}{0,09 + 0,08} = \frac{0,18}{0,17} = 1,06 \text{ Met.}$$

(also gegen die Geschwindigkeit von 2 Met. auf horizontaler Bahn um 0,94 Met. geringer).
Anm. d. Orig.

**) Hier ist wieder blofs das Gewicht der Fracht und der Lastwagen gerechnet.
Anm. d. Herausg.

Wasserscheide fortgeht. Nach der obigen Rechnung würde auf diesem Abhange die Geschwindigkeit 0,646 Met. (2 F.) in der Secunde sein. Es kann vortheilhaft sein, sich mit dieser Geschwindigkeit, so gering sie auch sein mag, zu begnügen; denn es könnte sein, dafs die Vermehrung derselben, durch Verminderung der Fracht, mit der Kraft nicht im Verhältnisse stünde, die nöthig ist, den Dampfwagen selbst mit grofser Geschwindigkeit hinaufzuschaffen. Ein Beispiel wird diesen Umstand, der beim ersten Anblicke paradox scheinen könnte, deutlicher machen. Ein Dampfwagen von 10 Pferden Kraft kann nemlich auf horizontaler Bahn 70 Tonnen, mit einer Geschwindigkeit von 5 Met. in der Secunde, fortziehen. Der Widerstand, welchen die Kraft hier zu überwinden hat, besteht blofs in der Reibung der Axen in den Naben, und in der Reibung der Radfelgen auf den Schienen. Soll nun die Last einen Abhang hinauf gezogen werden, so mufs sie effective gehoben werden, was die Wirkung vermindert. Wäre z. B. der Abhang 1 auf 9, so müfsten die 70 Tonnen auf jede 9 Met. Länge 1 Met. gehoben werden, woraus folgt, dafs das Gewicht des Dampfwagens, welches 7 Tonnen ist, einem senkrecht zu hebenden Gewichte von ungefähr 800 Kilogr. gleich zu schätzen sein würde. Dieses Gewicht zu heben sind aber beinahe 9 Pferde Kraft nöthig, und da nun der zehnte Theil der Kraft der Maschine zur Überwindung der Reibung nöthig ist, so würde die gesammte Kraft der Maschine blofs dazu aufgehen, sich selbst hinauf zu schaffen. Dagegen, wenn der Dampfwagen die ganze Last mit geringer Geschwindigkeit fortziehen sollte, würden die Räder auf der Bahn ausgleiten und den Dienst versagen.

Wir haben die Absicht, uns an den steilen Stellen der Bahn einer Art des Bugsirens zu bedienen, welches dem Zuge durch Dampfmaschinen mittelst fester Puncte ähnlich ist. Es werden an den steilen Stellen Seile längs den Schienen gelegt werden, die in den Krümmungen über Rollen laufen, und in Entfernungen von 2- bis 500 Met. werden sie sich über Trommeln wickeln, die auf dem Dampfwagen befestigt sind, und durch dessen Kraft umgedreht werden. Dieses schon in England vorgeschlagene Mittel wird grofse Vorzüge vor den feststehenden Maschinen haben. Die grofse Geschwindigkeit, welche man den hinabfahrenden Lasten geben müfste, um die durch die Handhabung der Taue verlorene Zeit wieder zu gewinnen, könnte Unglücksfälle nach sich ziehen. Mehrere von uns, die auf der Eisenbahn von Darlington steile Abhänge mit 7 oder 8 Met. (22 bis 25 F.) Geschwindigkeit hinabgefahren sind, haben dabei eine Beunruhigung empfunden, welche die gewisseste Überzeugung von den sichersten Vorkehrungen nicht hat zerstreuen können *).

Zu erwägen sind noch die schnellen Fortschritte der Vervollkommnung der Dampfmaschinen, sowohl in Absicht der Ersparung von Brenn-Material, als des Gewichtes der Maschinen. Je weiter diese Vervollkommnungen vorschreiten: um so mehr wird es rathsam werden, den feststehenden Maschinen auf Eisenbahnen zu entsagen, weil allein die Fortbewegung der eigenen Last der Dampfwagen es ist, die gegen sie für die stehenden Maschinen entscheiden kann **).

Wir haben bei unsern Anordnungen nicht blofs den jetzigen Stand der Bewegungskunst und der Gewerbe, sondern auch die Vervollkommnungen berücksichtigen müssen, denen sie entgegen gehen, um uns gegen den Tadel zu schützen, dem leider öfters Anlagen unterworfen werden, die in einer Zeit entstehen, wo die Künste, deren sie bedürfen, sich schnell weiter entwickeln ***).

Wir schliefsen hier die nähere Beschreibung unseres Projects. Wir hoffen, Herr General-Director, dafs unsere Bemühung, von demselben und der Art wie es entworfen ist ein deutliches Bild zu geben, sichtbar sein

---

*) Der Dampfwagen wickelt also das Seil auf, welches an einen festen Punct gehängt ist, und zieht so, sich und die Last hinauf. Das Seil ist folglich blofs da, um dem Dampfwagen ein festeres Eingreifen zu verschaffen, als es die Reibung der Räder auf den Schienen gewährt. Gezahnte Schienen an den steilen Stellen, und Löcher in dem Umfange der Räder, die in die Zähne passen, dürften vielleicht noch besser diesen Zweck erreichen, als die Seile, die immer grofse Schwierigkeiten haben werden. Anm. d. Herausg.

**) Diese Last ist aber auch in der That, verhältnifsmäfsig gegen Pferde, sehr grofs. Ein Pferd zieht auf horizontaler Eisenbahn etwa 60 Mal so viel, als es wiegt, ein Dampfwagen nur höchstens 9 Mal so viel; und da das Gewicht des ziehenden Wesens dasjenige ist, was ohne Effect mit fortgeschafft werden mufs, so ist, zumal auf steigender Bahn, die Dampfmaschine gegen Pferde ungemein im Nachtheil. Anm. d. Herausg.

***) Wie man äufserlich weifs, und auch aus den obigen Angaben der Gefälle folgt, werden die Fuhrwerke auf der Eisenbahn zwischen Etienne und Lyon, bergab, blofs durch ihr Gewicht fortgetrieben. Wahrscheinlich ist solches nur auf dem stärkeren Gefälle, 1 auf $74\frac{1}{2}$, vom Scheitelpuncte bis zur Brücke von Verchères, 5281 Ruthen lang, der Fall. Es ist zu bedauern, dafs die obigen Nachrichten nichts Bestimmteres darüber sagen; denn es wäre interessant, zu wissen, ob auf schwächeren Gefällen, und bis zu welcher Grenze derselben, die Wagen blofs durch ihr Gewicht fortgetrieben werden. Anm. d. Herausg.

wird, und dafs auch Sie, indem Sie und Ihre Räthe uns mit Ihrer Einsicht unterstützen, Ihren Namen denen der Urheber einer so bedeutenden Unternehmung anreihen werden, von deren vorzüglichsten Auszeichnungen eines die Schnelligkeit der Ausführung sein wird.

---

## III.
## Über die Eisenbahn längs der Loire, von Andrezieux bis Roanne.

Von den Herren *Mellet* und *Henry*, früher Eleven der Polytechnischen Schule, und Concessionarien der Strafse.

(Aus dem *Journal du génie civil*, Bd. I. S. 1. etc.)

---

Es ist bekannt, dafs die Hemmungen der Fortschritte der mineralischen Ausbeutungen und der metallurgischen Industrie in Frankreich vorzüglich in dem Mangel und der Unvollkommenheit der inneren Strafsen-Verbindungen liegen. Entweder fehlt es ganz an Vertriebsstrafsen, oder die Producte, welche auf einige Entfernung fortgeschafft werden müssen, werden wenigstens durch den Transport über die Mafsen theuer. Insbesondere ist dieser Übelstand bei den Stein- und Erdkohlen fühlbar. Während diese an den Gruben selbst nur 12 Frs. die Tonne kosten, ist der mittlere Preis derselben im Lande 30, 40, 50 bis 60 Fr. Die Verbrauchs-Kosten werden also verdreifacht, und der Verlust beträgt, bei der Menge der geförderten Kohlen, eine ungeheure Summe.

Im Jahre 1825 *) wurden im Ganzen 1 400 000 Tonnen **) gefördert, und also, im Durchschnitte zu 12 Fr. an den Gruben gerechnet, für 16 800 000 Fr. Diese Summe verdreifacht, giebt etwa 50 Millionen Fran-

---

*) S. das Supplement zu der Abhandlung über die Eisenhütten in Frankreich, von Heron de Villefosse. Paris 1827. Anm. d. Orig.

**) Wegen Mangels eines schicklichen metrischen Maafses bedienen wir uns des gewöhnlichen Maafses, der Tonne, um ein Gewicht von 1000 Kilogrammen (also etwa 20 Ctr. Preufsisch) zu bezeichnen. Anm. d. Orig.

ken, als Verbrauchs-Kosten, wovon zwei Drittheile auf den Transport und die Schwierigkeiten desselben kommen.

Das Departement der Loire ist dasjenige, wo die meisten Steinkohlen gewonnen werden; von den obigen 1 400 000 Tonnen liefert es allein 660 000 *) bis 700 000 **) Tonnen, also die Hälfte des Ganzen. Die Wichtigkeit der Erleichterung des Vertriebes dieses Erzeugnisses ist also hier besonders offenbar, und die Verbesserung ist um so nothwendiger, wenn man die Güte der Kohlen der Loire erwägt. „Diese Kohlen," sagt einer unsrer ersten Ingenieurs ***), „sind die besten in Frankreich, und den vorzüglichsten Englischen an Qualität gleich. Sie werden besonders in den Schmieden gebraucht." Auch nimmt der Verbrauch derselben immerfort zu, ungeachtet immer neue Gruben geöffnet und viele Kohlen aus der Fremde eingeführt werden; desgleichen ist die Zunahme stärker, als bei andern Gruben. So z. B. wurden, nach den oben genannten Memoiren von Cordier und Villefosse, im Nord-Departement, welches, nächst dem Loire-Departement, die meisten Kohlen liefert, im Jahre 1812, 248 800 Tonnen, und im Jahre 1825, 346 800 Tonnen, also nach 13 Jahren nur 98 000 Tonnen mehr: dagegen im Loire-Departement im Jahre 1812, 274 300 Tonnen, und im Jahre 1825, 660 000, also in 12 Jahren 385 700 Tonnen mehr gefördert, so dafs die Zunahme der Ausbeute an der Loire in der nemlichen Zeit viermal so stark gewesen ist, als im Nord-Departement, ungeachtet die Nähe des Meeres und der Hauptstadt den Kohlen des Nord-Departements leichtere Vertriebswege darbietet. Die Ursache davon liegt blofs in der besseren Qualität der Kohlen und in der Leichtigkeit des Gewinnens derselben, die sehr grofs ist, indem die meisten angebrochenen Lager fast zu Tage kommen, während sie im Nord-Departement 3- bis 400 Meter tief, und zum Theil in überschwemmtem Terrain liegen.

Es ist daher nicht zu verwundern, dafs die Gruben der Loire einen weit verbreiteten Absatz haben, einerseits bis nach Bordeaux und

---

*) Supplement zu der Abhandlung über Eisenhütten in Frankreich, von Heron de Villefosse. Paris 1826. Anm. d. Orig.

**) *Bulletin d'industrie* von St. Etienne. S. 8. 1828. Anm. d. Orig.

***) Abhandlung über die Kohlengruben von Frankreich, von M. L. Cordier, *insp. div. des mines. Journ. des mines*, Bd. 36. S. 365 und 394. Anm. d. Orig.

Havre, andrerseits bis nach Marseille und Paris, über das ganze Land zwischen dem Meere, der Garonne, der Rhône und der Saone, also über den gröfsten Theil von ganz Frankreich *).

Die oben erwähnte Zunahme der Kohlen-Ausbeute im Loire-Departement, von 274 300 bis auf 660 000 T. in den 13 Jahren von 1812 bis 1825, beträgt jährlich im Durchschnitt den vierzehnten Theil, und nach diesem Maafsstabe würde der Ertrag im Jahre 1835 abermals verdoppelt und folglich auf 1 320 000 T. gestiegen sein **).

Die Zunahme kann aber nur dann bedeutend steigen, wenn Eisenschienenstrafsen gebaut werden: einerseits von St. Etienne nach der Rhône und Lyon: andrerseits nach der Loire und nach Roanne. Die Nützlichkeit oder vielmehr Nothwendigkeit solcher Strafsen, von dem Lagerungs-Orte so grofser mineralischer Reichthümer ausgehend, deren Verbrauch schon so schnell zugenommen hat, kann gar nicht zweifelhaft sein; die Erfahrung hat sie schon bei dem ersten im Jahre 1827 eröffneten Wege von St. Etienne bewiesen, und noch ehe dieser Ausweg vollendet war; seit 40 Jahren beweiset sie der Canal von Givors, ungeachtet der Schwierigkeiten der Schiffahrt auf demselben.

Die Eisenbahn von St. Etienne nach der Rhône und nach Lyon, von den Herren Seguier und Biot im Jahre 1826 unternommen, hat den Zweck, die Ausfuhr der Lyoner Kohlen nach dem östlichen und mittäglichen Frankreich zu erleichtern und zu befördern. Die Eisenbahn von St. Etienne nach Andrezieux, 20 Kilometer (etwa $2\frac{2}{3}$ Meilen) lang, vom Herrn Beaunier im Jahre 1827 vollendet, hat zum Theil den nemlichen Zweck für die westlichen und nördlichen Gegenden; aber es bleibt der Übelstand, dafs die Strafse die Loire an einer Stelle erreicht, wo dieselbe, stromauf und stromab, nur wenige Tage im Jahre schiffbar ist. Die Lücke bis Roanne ist also noch auszufüllen. Von dort ist der Flufs, stromab und stromauf, den gröfsten Theil des Jahres schiffbar. Diese Lücke ist der Gegenstand der Unternehmung, von welcher der gegenwärtige Aufsatz insbesondere handelt.

---

*) Man sehe die Kohlengruben-Karte von Frankreich, und das oben citirte Memoire von Cordier S. 340, 341. Anm. d. Orig.

**) Die Ausbeute zu Newcastle in England beträgt jährlich 3 600 000 Tonnen, also das Dreifache der obigen. Anm. d. Orig.

Unabhängig von der Ausfuhr der Loire-Kohlen werden wir aber auch die Vortheile in Erwägung ziehen, welche die durch die Eisenbahn herzustellende Verbindung der Rhône mit der Loire gewährt, so wie die Beziehungen der Eisenbahn zu den damit mehr oder weniger in Verbindung kommenden Land- und Wasserstrafsen. Wir werden die Vortheile zeigen, welche die Eisenbahn den meisten Transporten von Süd nach Nord zu gewähren vermag, und die Lebhaftigkeit, welche auf der Linie Statt finden dürfte, besonders zur Zeit des Krieges, sowohl im Handels- als Kriegs-Fuhrwesen, weil alsdann die Schiffahrt auf dem Meere gehemmt oder beschränkt ist.

Die statistischen Angaben, auf welche wir uns stützen werden, sind theils an Ort und Stelle gesammelt, theils im *Bulletin d'industrie* von St. Etienne, oder in andern zuverlässigen Quellen, die wir namhaft machen werden, zu finden.

Wir geben die gegenwärtige Untersuchung so, wie sie vor dem Zuschlage vom 21. Juli geschrieben worden ist; nur dafs wir die Berechnung des Ertrages der Unternehmung definitiv nach dem Tarife des Zuschlages aufgestellt haben, welcher $14\frac{1}{2}$ Cent. abwärts, und $17\frac{1}{2}$ Cent. aufwärts, für die Tonne und für den Kilometer beträgt, für alle Arten von Waaren (etwa $5\frac{1}{2}$ Spf. abwärts, und $6\frac{1}{2}$ Spf. aufwärts für den Ctr. auf die Meile).

Dieser Tarif, ziemlich gleich dem in England (2 Pence für $2\frac{1}{2}$ Tonnen auf die Englische Meile), entspricht, wie man sehen wird, den beiden Bedingungen: die Transporte wohlfeiler als bisher, zu Lande und zu Wasser, zu machen, und zugleich den Actionnairen der Eisenbahn einen Ertrag zu gewähren, welcher nicht allein die Zinsen des Anlage-Capitals deckt, sondern auch noch bedeutenden Gewinn abwirft. Ersparung für den Handel und sichern Gewinn für die Gesellschaft der Unternehmer mufs jede Unternehmung geben, deren Ausführung Privatleuten überlassen ist, und die auf die Vereinigung Mehrerer beruht *).

---

*) Wir haben uns beschränkt, die wesentlichsten Resultate der Eisenbahnen namhaft zu machen. In folgenden Werken findet man Allgemeineres und Vollständigeres über diesen Gegenstand:

Mellet *et* Henry, *traité de chemins de fer comparés avec les canaux et les routes ordinaires. Paris* 1828.

Mellet, *traité des machines à vapeur et de leur application aux mines, aux*

### Wichtigkeit der Kohlenlager von St. Etienne und Gewerbthätigkeit in dieser Gegend.

(Man sehe die Karte Taf. XII.)

Die Gegend von St. Etienne giebt das erfreuliche, leider in unsern meisten Departements nur noch zu seltene, Beispiel einer thätigen und betriebsamen Bevölkerung. Zwischen der Rhône und Loire, und so nahe als möglich an diesen beiden nach entgegengesetzten Richtungen fliefsenden Strömen liegend, sendet sie ihre zahlreichen Producte nach dem südlichen und nördlichen Frankreich. Beide Auswege würden aber sehr erleichtert werden, wenn die Waaren leichter nach der Rhône geschafft werden könnten, und wenn die Schiffahrt auf der Loire weniger unterbrochen und gefährlich wäre.

Der Weg nach der Rhône wird durch die Eisenbahn von St. Etienne nach Lyon, welche jetzt die Herren Seguin und Biot bauen, sehr verbessert werden. Die Strafse nach der Loire, von welcher schon die Eisenbahn von St. Etienne nach Andrezieux der Anfang ist, und deren Anlage man den Talenten und dem Eifer des Herrn Beaunier verdankt, wird durch den neuen Weg von Andrezieux nach Roanne vervollständigt werden. Diese Strecke wird also die, die Rhône mit der Loire, oder das südliche mit dem nördlichen Frankreich verbindende, Strafse vervollständigen. Die Wasserstrafse der Loire wird aufserdem durch den Canal von Roanne nach Digoin und besonders durch den noch viel wichtigeren Canal von Digoin nach Briare, der jetzt gebaut wird, vervollkommnet werden.

Ist die Rhône mit der Loire verbunden, so kann nichts mehr den Aufschwung der Gewerbthätigkeit in diesen Gegenden hemmen, denen die Natur so verschwenderisch jenen kostbaren Brennstoff geschenkt hat, der als das unentbehrlichste Bedürfnifs für die Fabriken betrachtet werden mufs. Die Eisenbahn der Loire wird die zahlreichen Werke in den ausgedehnten Flufsthälern an ihrer Benutzung Antheil nehmen lassen,

---

*voitures à vapeur, aux chemins de fer etc., trad. de l'anglais, avec des notes et add.* 2 *vol.* 4. *Paris* 1828. *Bachelier.*

Mellet *et* Tourasse, *Essai sur les bâteaux à vapeur etc. et sur les autres modes de transport par eau, par terre et sur les chemins de fer.* 1 *vol.* 4. *Paris* 1828. *Malher et Comp.*

Wood *and* Tredgold, *treatises on rail-roads. London* 1825.

Anm. d. Orig.

wie es schon der Canal von Givors für die Rhône thut; und gegenseitig werden die beiden Flüsse ihre Transporte nach St. Etienne hinaufsenden und mit diesem Fabrik-Ort ihre Waaren austauschen.

Erwägt man, dafs die Stadt St. Etienne bis jetzt keine andere directe Verbindung mit der Rhône hatte, als eine gewöhnliche Chaussée, die unaufhörlich viele tausend schwere Kohlenwagen zerfuhren, und dafs auf der andern Seite die Loire ihr noch jetzt nur einen unvollkommenen Ausweg darbietet, der nur den nothwendigsten Brennstoff der nächsten Gegend zuzuführen, und nur einen kleinen Theil der Kohlen-Ausbeute, die den Hütten an der Loire, oder der Hauptstadt nützlich sein könnten, fortzuschaffen vermag: so mufs man wirklich verwundert sein, dafs, ungeachtet so grofser Hindernisse, die Gruben und Fabriken dieser Gegend dennoch schon zu einem solchem Grade der Bedeutenheit und Wohlfahrt haben gelangen können.

Die Bevölkerung des Kreises von St. Etienne hat innerhalb 20 Jahre um zwei Fünftheile zugenommen. Am stärksten ist die Zunahme in St. Etienne selbst und in dem Weichbilde der Stadt gewesen; die dortige Bevölkerung belief sich im Jahre 1801 auf 27000, und im Jahre 1827 schon auf 55000 Menschen.

Die Steinkohlen, welche die erste und vorzüglichste Quelle der Wohlfahrt dieser Gegend sind *), liegen in einer Fläche, die sich von der Rhône nach der Loire, von St. Paul de Cornillon bis Givors, etwa 46250 Metres (etwa 6 Meilen) weit, von Südwest nach Nordost erstreckt. Die gröfste Breite dieser Fläche, bei Roche la Molière, ist 13000 Meter (etwa 1¾ Meilen). Diese Breite nimmt, über St. Etienne hinaus, nach Rive de Gier hin, ab; dort sind die beiden Grenzen der Kohlengegend nur etwa 2300 Met. (etwa 600 Ruthen) von einander entfernt. Sie ist gegen die Rhône hin noch geringer. Die ganze Oberfläche des Kohlen-Landes beträgt 221,45 Quadrat-Kilom. (etwa 4 Quadrat-Meilen): die gröfste verticale Tiefe zwischen dem höchsten und niedrigsten Puncte ungefähr 750 Met. (etwa 2400 Fufs).

Die Zahl der Gruben in dem Becken von St. Etienne ist 40. Sie sind im Durchschnitte 40 Met. (etwa 127 Fufs) tief. Die Mächtigkeit

*) Man sehe die interessante Abhandlung über die äufsere und unterirdische Topographie der Kohlen-Gegend von St. Etienne und Rive de Gier von Herrn Beaunier, Insp. div. der Bergwerke. Anm. d. Orig.

der Kohlenlager ist verschieden; gewöhnlich 1 bis 5, zuweilen auch 16 bis 20 Meter *).

Die Kohlen-Gegend von Rive de Gier hat kaum den zehnten Theil der Oberfläche derjenigen von St. Etienne. Ihre Lager sind weniger mächtig. Einige, die bearbeitet werden, haben nur eine Dicke von 48 Centimeter (etwa $1\frac{1}{2}$ F.) In 31 Stollen, von durchschnittlich 300 Met. (etwa 370 Lachter) tief, werden Kohlen ausgebeutet. Wegen der gröfseren Schwierigkeiten des Gewinnes sind die Kohlen in Rive de Gier 20 Cent. der Hectoliter (etwa 4 Spf. der Cub.-F.) theurer, als zu St. Etienne.

Lange Zeit lieferten die Kohlen-Gruben von St. Etienne nur den Bewohnern der Umgegend ihr Bedürfnifs. Nachdem im Anfange des vorigen Jahrhunderts die Compagnie La Gardette einige Baken für die Schiffahrt in der Loire hatte setzen lassen, konnten während des hohen Wassers einige Kohlen bis Roanne gebracht werden. Im Jahre 1790 zählte man auf diese Weise 800 Kohlenschiffe, welche Zahl allmälig bis auf 4000 zugenommen hat. Der gegenwärtige Zustand der Wasserstrafse gestattet aber nicht allein keine Vergröfserung der Zahl der Transporte, sondern es war vielmehr, wie wir weiter unten sehen werden, die Zeit nicht fern, wo der Wasser-Transport bedeutend abnehmen mufste, wenn man nicht auf den Gedanken gefallen wäre, die Wasserstrafse durch eine Eisenbahn zu ersetzen.

Nach der Rhône zu gewährt der im Jahre 1779 erbaute Canal von Givors den Kohlen von Rive de Gier einen Ausweg, und ungeachtet der Langsamkeit und Kostbarkeit des Transports auf dieser Strafse, wegen der Menge von Schleusen für 82 Met. Gefälle auf 17 Kilom. Länge (261 F. auf $2\frac{1}{4}$ Meilen), hat dieser Canal dennoch dem Lande, welches er durchstreicht, grofsen Nutzen gebracht, indem er die Bearbeitung der Kohlengruben belebt, und die Bildung grofser industrieller Anlagen befördert hat. Es werden jetzt 331 000 Tonnen Steinkohlen und Waaren auf dem Canale fortgeschafft, und obgleich er nur 4 Lieues lang ist, trägt er doch den Actionnairs so viel ein, als der ganze 60 Lieues lange Canal du midi.

In Rive de Gier werden jährlich 430 000 Tonnen Steinkohlen gewonnen, von welchen nach der Rhône, auf Lyon zu, 270 000 Tonnen

---

*) Man hat berechnet, dafs die vorhandene Kohlenmasse etwa erst in 1000 Jahren würde ausgebeutet werden. Anm. d. Orig.

gehen. Die übrigen 160 000 Tonnen werden am Orte selbst, oder in der Umgegend verbraucht. In St. Etienne werden jährlich 230 000 Tonnen Kohlen gewonnen, wovon 112 000 nach der Loire gehen, und 118 000 an Ort und Stelle verbraucht, oder nach Lyon geschafft werden. Zusammen also werden in Rive de Gier und in St. Etienne 660 000 Tonnen Steinkohlen gewonnen.

Die Gewerbthätigkeit des Bezirks von St. Etienne beschränkt sich nicht auf die Steinkohlen allein, sondern setzt noch weit mehrere Transporte in Bewegung, theils roher, theils verarbeiteter Producte *). Nemlich:

5 Hoch-Öfen, die mit Coaks gefeuert werden, liefern jährlich 7- bis 8000 Tonnen Gufseisen.

6 eiserne Mühlen, oder Englische Schmieden, liefern 15000 Tonnen Schmiede-Eisen, dem die Streckwerke die verlangte Form geben.

4 Stahlfabriken liefern 350 Tonnen Stahl.

Ferner giebt es 115 Seidemühlen, 120 Sägemühlen, 70 Schleifmühlen, 30 Hammerwerke, 11 Giefsereien, 3 Papiermühlen, und eine Menge Getreide-Mühlen, Öl-Pressen u. s. w.

Die Cultur des Maulbeerbaums und die Seidenwürmerzucht, die Zubereitung der Seide, und die Band-Fabrication sind die stärksten Zweige der Gewerbthätigkeit von St. Etienne: nach der Zahl der Arbeiter, welche sich damit beschäftigen. Die Bandfabrication zu St. Etienne und in der Umgegend allein beschäftigt 27- bis 28000 Menschen.

Der Bezirk zählt ferner 37 Glashütten, von welchen sich 21 zu Rive de Gier, die übrigen zu Firmini und St. Just sur Loire befinden.

Die Klempner-Arbeiten, die Nägel- und Waffen-Fabriken beschäftigen ebenfalls eine Menge Menschen, und ihre Producte sind in der Menge und Güte bedeutend.

Die verschiedenen Gewerbe und Fabriken in diesem Bezirke beschäftigen ungefähr 48000 Menschen, verarbeiten jährlich für 37 Mill. Franken rohe Producte, und liefern für 72 Mill. Franken Erzeugnisse.

---

*) Die folgenden Details sind aus einer statistischen Notiz über das Gewerbe des Bezirks von St. Etienne in dem *Bulletin d'industrie* dieser Stadt, Bd. 6. 1828 genommen. Anm. d. Orig.

Schwierigkeit der Transporte auf der oberen Loire.

Ein an mineralischen und industriellen Gegenständen so reiches Land hat nun gegen Nord und Ost keinen andern Ausfuhrweg, als die unterbrochene, schwierige und kostbare Schiffahrt auf der Loire; denn auf den Land-Transport, der beinahe noch einmal so theuer ist, läfst sich, für Kohlen und dergleichen, gar nicht rechnen.

Die Wasserstrafse auf dem gröfsten Strome Frankreichs ist im Allgemeinen der ganzen Länge nach so schlecht, dafs man die Nothwendigkeit eingesehen hat, Canäle längs dem Flusse zu ziehen, und oberhalb noch viel unvollkommener. In der That ist der Flufs von Andrezieux bis Roanne, theils wegen des Wassermangels, theils wegen der Heftigkeit des Stromes, stromauf gar nicht, stromab aber nur selten und mit Gefahr schiffbar. Man stöfst unaufhörlich auf Sand- und Kiesbänke, Felsen, Wasserstürze und sehr kurze Stromkrümmen. Bei niedrigem Wasser finden die Schiffe, zwischen allen diesen Hindernissen hindurch, durchaus gar keine Bahn; sie müssen die Anschwellungen abwarten, welche aber sehr bald vorübergehen. Die geringen Fluthen gewähren der Schiffahrt noch zu wenig Tiefe, die höheren Fluthen reifsen Alles mit sich fort: die Fahrzeuge gehorchen nicht mehr dem Steuer, und werden vom Strome gegen die Felsen, die in der Strombahn zerstreut sind, oder die theilweise die Ufer bilden, getrieben und zertrümmert. Im ganzen Jahre kann der Strom kaum 50 bis 70 Tage lang beschifft werden.

Da die Wasserstrafse von Roanne nach Andrezieux stromauf ganz unfahrbar ist, so können die abwärts kommenden Fahrzeuge nicht zurückkehren. Sie müssen also, nach einmaligem Dienste, zu Spottpreisen verkauft und zerlegt werden, wodurch die Fracht wiederum viel theurer wird.

Die Loire-Kähne werden aus den Fichten der Berge zwischen der Loire und dem Allier gebaut, deren Haupt-Ablage zu St. Bonnet le Chateau ist. Die 4000 Kähne, welche man baut und fortsendet, consumiren 40- bis 50000 Stämme Holz. Die Wälder an den Ufern der Loire sind seit lange erschöpft; die andern Wälder in der Umgegend, die regelmäfsig bewirthschaftet werden, müssen bald auch verschwinden; das Bauholz, welches jedes Jahr weiter hergeholt werden mufs, wird fortwährend theurer werden, und bald für kein Geld mehr zu haben sein. Ein Schiff, welches sonst 250 bis 300 Fr. kostete, kommt in der neueren Zeit schon auf 6-

bis 700 Fr. zu stehen, und die Kosten werden noch höher steigen, vorzüglich auch, weil die Eisenbahn von St. Etienne nach der Rhône einen neuen Ausfuhrweg für das Holz von der oberen Loire eröffnet hat. Jetzt kosten, blofs die Fahrzeuge zur Schiffahrt auf der Loire, jährlich mehr als 2 Millionen Franken.

Auf den Werften von Andrezieux, St. Just und St. Rambert gezimmert, müssen sie oft mehrere Monate lang erst den günstigen Zeitpunct zur Abfahrt erwarten. Man mufs die nächste Anschwellung benutzen, welche aber selten länger als 2 oder 3 Tage dauert. Öfters werden dann die Schiffe, mitten in ihrer Fahrt, durch Mangel an Wasser wieder aufgehalten, und müssen längs dem Flusse kürzere oder längere Zeit warten, allen Beschädigungen und Havarien mit ihren Ladungen blofs gestellt. Es hat Fälle gegeben, wo Kohlenschiffe 6 Monate brauchten, um von Andrezieux bis nach Paris zu gelangen. Diese Havarien und Verzögerungen haben die Fabricanten von St. Etienne bewogen, von den Sendungen auf der Loire ganz abzugehen, und die Waaren lieber durch die kostbare Landfracht zu expediren.

Der gefährlichste Theil der Schiffahrt auf der Loire ist der von dem Einflusse des Aix-Flusses an bis Commières (man sehe die Karte Taf. XIV.), 35 Kilom. ($4\frac{3}{4}$ Meilen) lang, wo die Ufer aus fast senkrechten Felsen bestehen. Fast jeden halben Kilom. dieses langen Engpasses trifft man Wasserstürze von 1 bis 5 Met. hoch, wo die Geschwindigkeit 10 bis 15 Met. (32 bis 48 F.) in der Secunde beträgt. Die Schiffe können diese Stellen nur bei mittlerer Tiefe von 1 Met. passiren. Bei niedrigerem Wasser sind die Gefahren und Hindernisse unübersteiglich.

Die Schiffe laden, je nach dem Wasserstande, 8 bis 12 Fuhren Kohlen, oder 20 bis 28 Tonnen. Jeder Kahn erfordert von Andrezieux bis Balbigny zwei Schiffer, und von Balbigny bis Roanne deren noch drei zur Hülfe. Der Lohn der Schiffer, der Verlust an dem Werthe der Kähne, das Risico, der Schiffahrtszoll und die Nebenkosten bringen zusammen die Transportkosten für eine Schiffsladung auf 360 bis 380 Fr. Also kostet die Tonne, oder 1000 Kilogr., im Durchschnitt 14 Fr. (der Centner etwa $5\frac{1}{2}$ Sgr.). Man mufs nun zu dem Verluste noch die Havarien an Kohlen rechnen, die Aufsichts-Kosten auf die Fahrzeuge während des Aufenthalts unterweges, den Verlust an Interessen vom Capital, und am Ertrage, den ein regelmäfsiger Transport abwerfen würde: überhaupt alle die Übelstände einer unterbrochenen Schiffahrt, welche öfters nur die Hälfte oder den dritten Theil der jährlichen Sendung gestattet, die im vorigen Jahre gemacht wurde.

Da der Wassertransport stromauf gar nicht Statt finden kann, so bleibt in dieser Richtung nur die Landfracht, welche von Roanne nach Andrezieux 24 bis 28 Fr. die Tonne ($9\frac{1}{2}$ bis 11 Sgr. der Centner), also doppelt so viel als stromab kostet.

Zusammengenommen also existirt für die Verbindung von St. Etienne mit dem nördlichen Frankreich stromab nur eine unterbrochene, ungewisse und gefährliche Schiffahrt, stromauf nur der Landweg. Die Transportkosten steigen fortwährend, und die Schiffahrt wird, weil die Wälder der Erschöpfung nahe sind, bald ganz aufhören.

### Nothwendigkeit einer Eisenbahn zwischen Andrezieux und Roanne.

Um den mannigfachen Verlusten bei dem Verkehre mit dem reichsten Kohlen-Bezirke von Frankreich ein Ziel zu setzen, und den Bergwerken und den übrigen Gewerben jenes Bezirkes neuen Schwung zu geben, müssen vor Allem die Hindernisse des Transports weggeräumt, und es müssen bequeme Strafsen eröffnet werden. Das nächste Mittel, welches sich beim ersten Anblicke dazu darzubieten scheint, wäre die Verbesserung der Wasserstrafse auf der Loire, entweder auf dem Strome selbst, oder durch einen Canal am Ufer entlang. Um diese beiden Projecte zu beurtheilen, müssen wir ein Bild von der Gegend geben.

Von der Quelle ab, auf ihrem ganzen nicht schiffbaren Theile, das heifst, von dem Berge Gerbier bis St. Rambert, fliefst die Loire zwischen steilen Gebirgen, wo das Wasser tief in dem ursprünglichen Lande sein Bett sich ausgehöhlt hat. Bei St. Rambert, und nur wenige Kilometer oberhalb Andrezieux, öffnet sich das Flufsthal, und verwandelt sich nun in eine weite Ebene, die unter dem Namen der Ebene von Forez oder Montbrison bekannt ist. Rundum begrenzt von hohen Bergen, scheint es, dafs diese Ebene einst der Boden eines grofsen Sees war, den die Loire durchströmte, wie noch jetzt die Rhône den Genfer See. Den Damm, welcher den See begrenzte, erblickt man noch in der quer über laufenden Bergkette, welche die Wasserscheide der Saone und Loire mit derjenigen zwischen der Loire und dem Allier verbindet, oder die Höhen von Tarare mit den Höhen von Madelaine. Der Boden des Sees, von dem Niederschlage des Flusses erhöht, wurde trocken, als die Loire sich durch den Granitfelsen, 3- bis 400 Met. tief, eine Öffnung gebrochen hatte. Dieser Senkung des Wassers verdankt ohne Zweifel die Ebene von Forez ihr Dasein und ihre Fruchtbarkeit.

In diese Ebene gelangt, verliert die Loire ihre heftige Strömung, und fliefst nun, zwischen Sand- und Kiesbänken, in einem vier- bis fünfmal breiteren Bette, in welchem sie, bei niedrigem Wasser, unmerklich fast ganz versiegt. Die Nebenflüsse, in nicht weniger ungewisser Richtung, senden ihr träge ihre Gewässer zu. So endigen die Coise, die Loise, die Mare, die Vizezy und die Lignon, welche einst der Romanzendichter d'Urfé, der Schönheit ihres Stromes und ihrer Ufer wegen, besang.

Aber am Ende der Ebene fangen die Nebenflüsse, welche in der querüber laufenden Bergkette entspringen, an, sich reifsend, und gegen den Strom, in die Loire zu stürzen, die ihrerseits, von dem Zusammenflusse mit dem Sturzbache Aix ab, ihre frühere Heftigkeit wieder annimmt. Sie durchströmt nun den langen Engpafs, der nach der Ebene von Roanne führt, auf ähnliche Art, wie den Engpafs oberhalb der Ebene von Forez, das heifst, in einem mit Felsen besäeten und davon eingeschlossenen Bett, unterbrochen von Wasserfällen, und in ihrem Laufe, schroff, durch unzählige Krümmungen und vorspringende Ecken gehemmt.

Erst bei Commières, 3 Kilom. oberhalb Roanne, öffnet sich abermals das Thal, und die Ebene verlängert sich nun ohne weitere Unterbrechung, nicht allein bis Roanne und Digoin, sondern fast für den ganzen übrigen Lauf des Stromes: einige wenige steile Stellen auf dem rechten Ufer ausgenommen. Das Bett der Loire ist, nachdem es sich erweitert hat, wieder sandig, seicht und unbestimmt, und die Wasserstrafse ist so unvollkommen, dafs Seitencanäle bis Briare, und selbst bis Tours, 500 Kilom. (66 Meilen) lang, nöthig gewesen sind.

Natürliche Hindernisse erschweren also die Schiffahrt auf der Loire zwischen Roanne und Andrezieux. Es bleibt nun zu untersuchen, ob sie sich durch Regulirung des Bettes, oder durch einen Seiten-Canal, wegräumen lassen.

Wir sahen, dafs sich die Loire von Andrezieux bis zum Aix, in einem Bette von einigen hundert Metern breit, zwischen Sand- und Kiesbänken, die bei jeder Fluth ihre Stelle verändern, dahin schlängelt.

In diesem Terrain würde es unmöglich sein, einen tiefen, bleibenden Canal zu graben. Kaum fertig, würde ihn die erste Überschwemmung wieder überschütten. Wollte man den Flufs zwingen, sich selbst sein Bett auszuhöhlen, so müfste man ihn mit starken wasserfreien Deichen einschliefsen, die ungemein kostbar sein, und dennoch nur eine unsichere Wasserstrafse hervorbringen würden, von der Art, wie es an andern Stellen der Loire der Fall ist, wo dieselbe von ungeheuern Erdwällen eingeschlossen wird, die gleichwohl den Canal zur Seite nicht haben entbehrlich machen können.

Von dem Aix-Flusse bis gegen Roanne giebt die enge Begrenzung, und das starke Gefälle des Flusses demselben eine so reifsende Geschwindigkeit, dafs, um dieselbe zu mindern, von Strecke zu Strecke Wehre nöthig sein würden, mit Schiffahrts-Schleusen daneben. Aber wie könnten wohl diese Bauwerke gegen den Ungestüm eines Flusses Stand halten, der hier über das gewöhnliche Wasser 15 bis 20 Met. (48 bis 64 F.) hoch anschwillt! Zwar wäre es möglich, sie zu bauen, weil man in dem Strombette selbst noch die Pfeiler einer, zwar mit Unrecht für Römisch gehaltenen, jeden Falls aber doch sehr alten Brücke, so wie die Reste eines Dammes Stand halten sieht, den Ludwig XIV. anfangen liefs, um den Flufs zu hemmen, und die Wirkungen der ungeheuern Überschwemmungen zu mäfsigen. Jedoch wird man gestehen müssen, dafs die Bau- und Unterhaltungs-Kosten so grofser Werke unmäfsig grofs, und der Erfolg der Unternehmung dennoch immer zweifelhaft sein würden.

Das Gefälle der Loire beträgt auf diesen Theil ihrer Bahn 52 Met. (165 F.). Es würden also wenigstens 25 Wehre und eben so viele Schleusen nöthig sein, welche im Flufsbette selbst gegründet, und stark genug sein müfsten, um der Heftigkeit des Stromes zu widerstehen. Es müfste ein Leinenpfad gebaut werden, von welchem zu fürchten wäre, dafs der Flufs ihn, so wie die Schleusenwärter-Häuser, bei jeder Überschwemmung zerstöre. Es würde wohl unnütz sein, die Millionen zu berechnen, die die Anlage und Unterhaltung so grofser Werke kosten könnte; denn was vermögen Rechnungen gegen einen reifsenden Strom, der Alles in einem Augenblicke wieder umstürzen kann. Man erinnere sich nur, wie viele Millionen die Baumeister gefordert haben, um die 18 Met. (57 F.) Gefälle der Seine, von Paris bis Rouen, auf diesem ruhigen Flusse, zu überbauen, und es wird leicht zu erachten sein, was 25 Schleusen, statt 8, in der heftigen Loire kosten würden.

Das Project eines Canals zur Seite ist nicht weniger unausführbar. Denn, so leicht auch der Canal in der Ebene von Forez sich bauen lassen möchte: so unmöglich würde es sein in dem Felsenpasse. Hier, auf 35 Kilom. (4¾ Meilen), sieht man nicht blofs steile Ufer zu beiden Seiten der Loire, sondern Granitfelsen, die, wie wir oben bemerkt haben, mehrere hundert Met. hoch gerade aufsteigen. Beide Absichten: den Canal über der Loire zu bauen, und denselben unterirdisch durch den Felsen zu hauen, möchten wohl gleich ausschweifend sein.

Wollte man nun, in der Gegend dieser Felsen, die Ufer der Loire verlassen, und über die Berge einen Canal mit Scheitelpunct bauen, so müfste man auf dem rechten Ufer östlich das Thal des Bernand hinaufsteigen, den Scheitel mit einem Einschnitte durchbrechen, und nach Roanne in dem Gand-Thal wieder heruntergehen. Aber auch dieser Canal würde noch eine grofse Menge Schleusen, Behälter und Zuleitungen erfordern, und ungeheuere Kosten verursachen, während es ungewifs bliebe, ob sich hinreichendes Wasser zu seiner Speisung während der trockenen Jahreszeit finden werde.

Da es nun bis jetzt kein besseres und wohlfeileres Ersatz-Mittel für Canäle giebt, als Eisenbahnen, so ist es eine solche Bahn, durch welche man den Kohlengruben von St. Etienne einen Ausfuhrweg zu verschaffen suchen mufs. Aber, selbst wenn nicht die Nothwendigkeit zu einer Eisenbahn führte, würde die Örtlichkeit ihr den Vorzug geben.

Zuerst nemlich eignen sich Canäle nicht gut für die Dampfschiffahrt: Eisenbahnen dagegen ganz vorzüglich für Dampfwagen, und diese werden hier, wo die Kohlen im Überflufs und so wohlfeil zu haben sind, besonders an ihrem Orte sein. Andrerseits wird die Eisenbahn, zunächst in der Ebene Forez, leicht zu bauen sein; es werden, um über die kleinen Flüsse zu kommen, nur ein Paar Brücken von höchstens 2 bis 3 Bögen nothwendig sein. Auf das Plateau zwischen der Ebene von Forez und Roanne läfst sich bequem und mit mäfsigem Gefälle gelangen, welches durch einen Einschnitt, oder durch eine kurze unterirdische Galerie noch vermindert werden kann. Bis zur Aussicht auf Roanne gelangt, kann man parallel mit der gegenwärtigen Strafse, und dann ohne weiteres Hindernifs auf diese Stadt zu gehen, bis zu dem projectirten Hafen des Canals von Roanne nach Digoin.

Wollte man von Andrezieux bis Roanne ein ununterbrochenes Gefälle haben, so müfste man überall dem Ufer der Loire folgen, selbst in dem Felsenpasse. Auch dies ist zwar ausführbar, weil die Eisenbahn im Vergleich gegen einen Canal nur schmal ist. Inzwischen wird der Weg in dieser Richtung länger werden, und, wegen der steilen Ufer, auf eine längere Strecke nur Eine Wagen-Bahn bekommen können *).

Da jeden Falles die Eisenbahn das vortheilhafteste, und selbst das einzige ausführbare Verbindungsmittel ist, so wird es nun zunächst darauf ankommen, die Ersparung zu berechnen, die es gegen die Flufs-Schiffahrt gewähren dürfte, und dann die Masse der darauf zu transportirenden Gegenstände.

Wir sahen oben, dafs die Schiffs-Fracht von Andrezieux nach Roanne 14 Franken für die Tonne beträgt. Die Verluste durch Verzug und Unsicherheit des Transports, sammt den Nebenkosten, lassen sich noch auf 1 Fr. anschlagen. Also kostet jetzt, selbst abgesehen von fernerer Erhöhung, die von dem Theurerwerden des Schiffsbauholzes zu erwarten ist, die Schiffsfracht 15 Franken für die Tonne (6 Sgr. der Centner).

Eine Eisenbahn von Andrezieux nach Roanne, in der längsten Linie, nemlich nach den Krümmen der Loire gezogen, würde 80 Kilom. ($10\frac{1}{2}$ Meilen) lang sein müssen. Der Transport Einer Tonne würde also, nach dem Tarif der Concession, nemlich zu 14 Centimen auf den Kilom. (5 Spf. der Centner auf die Meile), 11 Fr. 60 Cent. kosten, was gegen den jetzigen Preis schon eine Ersparung von 3 Fr. 40 Cent., oder $22\frac{2}{3}$ pro Cent giebt.

Aber die Eisenbahn kann noch kürzer sein, wenn sie sich der neuen Strafse von St. Etienne nach Roanne nähert. Hier ist sie nur

*) Die gröfsere, hier, wie sich gleich weiterhin findet, nicht sehr verschiedene Länge war, nach der Überzeugung des Herausgebers, durchaus kein hinreichender Grund, den Flufs mit der Eisenbahn zu verlassen, und mit derselben über die Berge zu gehen. Die Erschwerung der Transporte, welche aus dem Hinaufsteigen auf Berge und dem wieder Herabsteigen entsteht, schätzt man zuverlässig viel zu gering, und dagegen den Schaden gröfserer Länge zu grofs; oder vielmehr, man schätzt wohl beide gar nicht eigentlich, auch nur durch Überschlag, sondern höchstens gleichsam nur nach dem Augenmaafse. So grofs ist noch die Unvollkommenheit des Strafsenbaues! Denn über jene Frage: ob, wenn Berge vorkommen, und man die Wahl hat, es vortheilhafter sei, sie zu übersteigen, oder zu umgehen, geht man meistens oberflächlich hin, und doch ist die Entscheidung dieser Frage eine der ersten Hauptsachen.

Anm. d. Herausg.

75 Kilom. (10 Meilen) lang nöthig, und die Frachtkosten reduciren sich auf 10 Fr. 87 Cent., was gegen die jetzigen eine Ersparung von 4 Fr. 13 Cent., oder $27\frac{1}{2}$ pr. C. giebt*).

Bergauf ist der Tarif $17\frac{1}{2}$ Cent. auf den Kilom. ($6\frac{1}{4}$ Slbpf. für den Ctr. auf die Meile), was für die 75 Kilom. 13 Fr. 12 Cent. beträgt. Die Landfracht kostet 24 bis 28 Fr. Also beträgt die Ersparung ungefähr 50 pr. Cent. Bei so entscheidenden Vorzügen hat die Eisenbahn bergauf und bergab keine Concurrenz zu fürchten, weder von einer andern Landstraſse noch von der Wasserstraſse.

### Muthmaſslicher Betrag des Waarentransports auf der Eisenbahn zwischen Andrezieux und Roanne.

#### Bergab, nach Roanne.

Wegen der jetzigen vielen Schwierigkeiten des Transports können von St. Etienne jährlich nicht über 112000 Tonnen Steinkohlen ausgeführt werden. Die 4000 Fluſsfahrzeuge, welche die Loire hinunterschiffen, und welche, ihrer Oberfläche nach, jedes 70 bis 80 Tonnen Kohlen laden könnten, können kaum den dritten Theil davon fortschaffen; die transportirte Masse reducirt sich also auf einen kleinen Theil der Ladungsfähigkeit der Schiffe, während die Kosten die nemlichen bleiben.

Erwägt man nun erstlich den Reichthum der Kohlengruben von St. Etienne, welcher die Ausbeute, ohne Erhöhung des Preises der Kohlen, und ohne Besorgnisse für die Zukunft, zu verfünfachen gestattet: zweitens die Ausdehnung der mit Kohlen zu versorgenden Landstriche, und die Menge der darin enthaltenen Gewerbs-Etablissements und Fabriken, die thätige und zahlreiche, sie bewohnende Bevölkerung, an welcher das Fluſsthal der Loire bei weitem reicher ist, als das Rhône-Thal:

*) Es war, so scheint es dem Herausgeber, nicht gut, den Tarif nach einem bestimmten Stück Straſse (1000 Kilom.) abzumessen. Durch diese Bestimmung wurden die Unternehmer, um den Transport auf ihren Straſsen wohlfeiler als zu Wasser oder auf der Chaussée zu machen, und dadurch die Fracht an sich zu ziehen, bewogen, die Linie, so viel als möglich, abzukürzen, und also über die Berge zu gehen, obgleich sie sich selbst dadurch Schaden zu thun gezwungen waren. Da hier die beiden Endpuncte der Straſse gegeben waren, so wäre es besser gewesen, den Satz zu bestimmen, der für die ganze Länge, und allenfalls für aliquote Theile derselben, zu bezahlen sei. Dieser Satz konnte, weil die Fracht auf einer Linie, die kein vergebliches Steigen und Fallen hat, leichter war, für die gröſsere Länge im Ganzen dennoch geringer sein, als jetzt für die kürzere Linie. Anm. d. Herausg.

drittens, dafs der Canal von Givors (nach der Rhône), auf welchem die Schiffahrt noch so kostbar ist, gleichwohl noch eine Ausfuhr von ungefähr 238 000 Tonnen Kohlen *) hat hervorbringen können: so wird man gewifs nicht zu viel rechnen, wenn man eine gleiche Ausfuhr nach dem Loire-Thale annimmt, als Folge einer bequemeren Verbindungsstrafse. Diese Schätzung ist unstreitig sehr mäfsig, in Betracht der vielen Umstände, welche die Vermehrung der Ausfuhr veranlassen können, und des mannigfaltigen Verbrauchs jenes Brenn-Materials.

Die verschiedenen Waaren-Erzeugnisse von St. Etienne, als Nägel, Blech-Arbeiten, Feuergewehre, Gufseisenwaaren etc., können auf 8000 Tonnen geschätzt werden. Die Erzeugnisse der Glashütten von Firmini und St. Just auf 5000 Tonnen.

Die Weine und andere Producte, welche das mittägliche Frankreich nach den nördlichen und östlichen Gegenden sendet, begeben sich die Rhône und Saone hinauf, gehen durch den Canal du centre nach Chalons, und folgen hierauf dem Laufe der Loire; oder sie werden von Lyon auf Frachtkarren verfahren. Ist der neue Weg eröffnet, so werden die Schiffe vortheilhafter ihre Ladungen zu Givors absetzen, um sie der Eisenbahn zu überliefern, und, als Rückfracht, Kohlen von Rive de Gier oder St. Etienne einnehmen.

Die Waaren werden dann besser auf der Eisenbahn bis Roanne weiter gehen, und hernach die Loire oder die Seiten-Canäle passiren, um nach Paris, oder Nantes zu gelangen.

Drei Fünftheile der Gegenstände, welche auf dem Canal du centre transportirt werden, sind Weine und andere Waaren aus dem Süden und aus der Gegend von Mâcon. Zwei Fünftheile kommen aus den mittäglichen Departements, und können auf nicht weniger als 20000 Tonnen geschätzt werden. (Man sehe, für den aus dem Süden kommenden Theil, den Prospectus der Herren Seguin, wegen der die Rhône heraufschif-

*) Für 1826 geben die Herren Seguin und Biot den jährlichen Transport auf dem Canale von Givors wie folgt an:

| | | |
|---|---|---|
| Steinkohlen . . . . . . . . . . . . . . | 238 000 | Tonnen. |
| Allerhand andere Waaren, stromab . . . | 16 000 | - |
| stromauf . . . | 77 000 | - |
| Zusammen . | 331 000 | Tonnen. |

Jetzt werden nach der Rhône schon 350 000 Tonnen Kohlen verfahren. (Bullet. von St. Etienne. 1828. S. 8.) Anm. d. Orig.

fenden Fahrzeuge, und eine Arbeit des Herrn Baude über die Canäle, in dem *Bullet. ind.* von St. Etienne.)

Wegen der Schwierigkeit und Langsamkeit der Schiffahrt auf der Rhône, und wegen der Unterbrechung derjenigen auf der Saone, bei kleinem Wasser, zieht man für eine Menge von Gegenständen die Landfracht vor. Die Waaren, welche auf diese Art nach dem nördlichen und östlichen Frankreich transportirt werden, kann man auf 36000 Tonnen anschlagen. Frachtfuhrleute werden nun in der Folge mit Vortheil ihre Ladungen auf die Eisenbahn bei Givors absetzen, und dort Manufactur-Producte von St. Etienne oder Lyon als Rückfracht nehmen können. Man kann rechnen, daſs ein Drittheil der obigen Masse, also 12000 Tonnen, diese Straſse einschlagen, und sie in der Folge bis Roanne verfolgen wird.

Bergauf, nach Andrezieux.

Die Districte von Montbrison und St. Etienne consumiren viele Weine aus der Gegend von Roanne. Man rechnet, daſs 10000 Stückfaſs (*barriques*) nach St. Etienne und in die Umgegend verfahren werden. Dies macht etwa 4000 Tonnen für die beiden genannten Bezirke.

Die Steinbrüche von St. Léger, am Canal du centre, liefern den Gips zum Bauen und zum Dünger des Ackers bei St. Etienne, und in den Bezirk von Montbrison. Dieser Gips, etwa 10000 Tonnen, dessen Verbrauch mit der Leichtigkeit des Transports wahrscheinlich zunehmen wird, kommt durch den Canal du centre nach Digoin, von wo er weiter auf dem Canal transportirt werden wird, den man bis Roanne baut, und hierauf auf der Eisenbahn.

Die Erze aus Burgund, welche nur durch die Saone nach den hohen Öfen von St. Etienne gelangen können, desgleichen diejenigen von Nivernais und Berry, die sich jetzt bergauf gar nicht transportiren lassen, werden die Eisenbahn einschlagen, um mit Steinkohlen geschmolzen zu werden. Dieses wird etwa 10000 Tonnen betragen.

Endlich muſs man rechnen die schwerflüssigen Erze, welche in Menge aus der Auvergne kommen, und die Eisenbahn nach Feurs einschlagen werden; die Fische aus den Teichen der Ebene von Forez, die Töpferwaaren, den Hanf, das Getraide vom Allier etc. Wir wollen für diese Artikel nur 1000 Tonnen ansetzen.

Rechnen wir aber blofs die Gegenstände des jetzigen Transportes, so finden wir folgende Transporte bergab:

| | |
|---|---|
| Wir sahen, dafs gegenwärtig 112 000 Tonnen Steinkohlen verfahren werden. Die Ersparung von 25 pro Cent auf der Eisenbahn, und die Regelmäfsigkeit des Transportes auf derselben, werden ihr diese Masse zuführen, thut . . . . . . . . . . . . . . . . . . | 112 000 Tonnen. |
| Glaswaaren . . . . . . . . . . . . . . . . . | 5 000 - - |
| Allerhand andere Waaren, als Blecharbeiten, Nägel, Feuer-Gewehre aus St. Etienne . . . . . . . . | 8 000 - - |
| Waaren, die jetzt zu Wasser aus den mittäglichen Departements kommen, . . . . . . . . . . . . . | 20 000 - - |
| Solche, die zu Lande kommen, . . . . . . . . | 12 000 - - |
| An Rückfracht: Gips 8000 T., Wein 4000 T., Erze aus der Auvergne nach Feurs, Töpferwaaren, Hanf, Getreide vom Allier etc., ungefähr 1000 T., zusammen | 13 000 - - |
| Ganze gegenwärtige Transportmasse: | 170 000 Tonnen. |
| Rechnen wir aber, statt der 112 000 Tonnen Steinkohlen, blofs 250 000, wie auf dem Canal von Givors (s. oben), so erhalten wir mehr . . . . . . . . . | 138 000 - - |
| ferner Erze und Anderes mehr . . . . . . . . . | 12 000 - - |
| zusammen | 320 000 Tonnen. |

Überschlag der Baukosten der Eisenbahn zwischen Andrezieux und Roanne, 80 Kilom. ($10\frac{1}{2}$ Meilen) lang.

Die Strafse, mit doppelter Bahn, von $1\frac{1}{2}$ Met. (4 F. 9 Z.) jede breit, wird in der Krone 6 Met. (19 F. 2 Z.) breit werden; die Gräben erfordern 2 Met. (6 F. 4 Z.) Breite.

Die Kosten des laufenden Meters Strafse und Eisenbahn lassen sich wie folgt schätzen:

| | | |
|---|---|---|
| Art. 1. | Kosten des Grund und Bodens | 3 Fr. |
| | Erd-Arbeiten . . . . . . . | 6 - |
| | Brücken und andere Nebenwerke | 6 - |
| | zusammen | 15 Fr. (4 Rthlr.) |

(thut etwa 30 000 Rthlr. auf die Meile). Also für 80 Kilom. 1 200 000 Fr.

Diese Rechnung ist auf unmittelbare, neuere Erfahrungen an Ort und Stelle gegründet. Die grofse Strafse von Roanne

Bis hierher 1 200 000 Fr.

nach St. Etienne, welche man in diesem Augenblicke bis Tournon an der Rhône verlängert, ist so eben zwischen dem Hospital und der Goyonnière, $56\frac{1}{2}$ Kilom. lang, auf dem rechten Ufer der Loire vollendet worden. Sie ist 10 Met. (31. F. 10 Z.) in der Krone breit, mit 3 Met. ($9\frac{1}{2}$ F.) breiten Graben, und hat auf den laufenden Met. 2 Fr. 66 Ct. für Terrain, 4 Fr. 55 Ct. für Erd-Arbeiten und 3 Fr. 99 Ct. für Brücken und Nebenwerke, also zusammen 11 Fr. 19 Ct. (etwa 22500 Rthlr. auf die Meile) gekostet. Die Eisenbahn, wenn sie auf dem rechten Ufer der Loire gebaut wird, wird das nemliche Terrain haben, wie diese neue Strafse. Setzen wir also für eine schmalere, blofs 8 Met. breite Strafse mehr an, so werden wir sicherlich nicht zu wenig rechnen.

Art. 2. Die Eisenbahn.

| | | |
|---|---|---|
| 56 Kilogr. geschmiedetes Eisen (etwa 4 Ctr. auf die Ruthe) zu 55 Ct. (etwa 3 Rthlr. 20 Sgr. der Ctr.) thut . . . | 30 Fr. 80 Ct. | |
| Auf der Eisenbahn, die von St. Etienne nach Lyon gebaut wird, wiegen die Schienen 52 Kilogr. auf den laufenden Met., und das Eisen kostet der Compagnie 52 Ct. das Kilogr., was nur 28 Fr. 4 Ct. auf den laufenden Met. macht. | | |
| 4 Steinwürfel, zu 2 Fr. . . . . . . | 8 - — - | |
| Die Steinwürfel in der eben genannten Bahn kosten nur 1 Fr. | | |
| Gegossene eiserne Träger, 11 Kilogr. (etwa 86 Pfd. auf die Ruthe), zu 47 Ct. (etwa 6 Rthlr. 18 Sgr. der Ctr.) . . . . . | 5 - 17 - | |
| Eichene Pflöcke, Nägel und Keile . . | 1 - 90 - | |
| Das Legen der Schienen . . . . . . | 6 - 50 - | |
| thut für den laufenden Met. | 52 Fr. 37 Ct. | |
| (etwa 105 000 Rthlr. auf die Meile) und für 80 Kilom. . | | 4 189 600 - |
| | Bis hierher | 5 389 600 Fr. |

| | |
|---|---|
| Bis hierher | 5 389 600 Fr. |
| **Art. 3.** Administrations-Kosten, Ausmessung der Grund-Plane, Nivellements, Veranschlagung, Bureau-Kosten, Reisen, Aufsicht etc. . . . . . . . . . . . . | 800 000 - |

(etwa 20000 Rthlr. auf die Meile).

Diese Kosten haben auf der Strafse von St. Etienne nach Andrezieux 11 Fr. auf den laufenden Met. betragen [etwa 22000 Rthlr. auf die Meile, eine ungeheuer hohe Summe! Anm. d. Herausg.]. Da diese Kosten bei weitem nicht im Verhältnisse der Länge stehen, so haben wir wohl oben das Äufserste angesetzt.

| | |
|---|---|
| **Art. 4.** Abhängige Flächen mit feststehenden Bewegungs-Maschinen; eine unterirdische Gallerie von etwa 1200 Met. (etwa 320 Ruthen) lang, zu 400 Fr. den laufenden Met. (etwa 400 Rthlr. die R.), nach Verhältnifs der Härte des Terrains, . . . . . . . . . . . . . | 480 000 - |

Die unterirdische Gallerie bei Janon, nahe bei St. Etienne, in einem sehr harten Sandstein, hat 250 Fr. auf den laufenden Met. (250 Rthlr. auf die Ruthe) durchzubrechen gekostet, und ungefähr eben so viel das Mauerwerk. Hier wird die Gallerie durch sehr harten Granit zu brechen, aber kein Mauerwerk nöthig sein; daher werden die Kosten nicht höher als auf den obigen Ansatz steigen.

**Art. 5.** Neben-Arbeiten, und zwar:

| | | |
|---|---|---|
| Magazine in Roanne . . . . . . . . | 300 000 Fr. | |
| Brücke über die Loire . . . . . . | 300 000 - | |
| | | 600 000 - |

Die Brücke würde erspart werden, wenn die Eisenbahn auf dem rechten Ufer gebaut würde, und die Administration gestattete, Eisenschienen auf eines der Trottoirs der Brücke zu Roanne zu legen. Eine Brücke über die Loire zu Andrezieux ist übrigens so eben einer Compagnie in Entreprise gegeben, und die von ihr berechneten Kosten belaufen sich auf 280 000 Fr.

| | |
|---|---|
| Ganze Summe der Baukosten | 7 269 600 Fr. |

| | | |
|---|---|---|
| | Bis hierher | 7 269 600 Fr. |
| **Transportmittel.** | | |
| Art. 6. 700 Wagen, jeden zu 700 Fr. (186 Rthlr. 20 Sgr.) . . . . . . . . . . . | 490 000 Fr. | |
| Art. 7. 30 Dampf-Wagen, zu 15000 Fr. (4000 Rthlr.) . . . . . . . . . . . . | 450 000 - | |
| | | 940 000 - |
| Summe der Baukosten und der Transportmittel, wenn man auf zwei Fahrbahnen rechnet, . . | | 8 209 600 Fr. |
| Legte man nur zunächst Eine Fahrbahn, mit Ausweiche-Stellen, so würden an dem Eisen allein wenigstens 2 Mill. Fr. erspart werden; also würden dann die Kosten, wenn alles Übrige bleibt, nur sein: . . . . . . | 6 209 600 Fr. | |
| Unvorhergesehene Ausgaben, 10 pro Cent | 620 960 - | 820 000 - |
| Summe | 6 830 560 Fr. | 9 030 560 Fr. |
| Art. 8. Zinsen des Anlage-Capitals, zu 4 pro Cent gerechnet, und zwar für die allmälige Zahlung desselben: | | |
| während 5 Jahre zu 1 pr. C. der ganzen Summe . . . . . . . . . . . . . . . . | | 903 056 - |
| während 4 Jahre zu $\frac{4}{5}$ pr. C. der ganzen Summe . . . . . . . . . | 546 445 - | |
| Ganze Summe der Kosten des Baues, der Transportmittel und der Zinsen | 7 377 005 Fr. | 9 933 616 Fr. |

Nimmt man also in runder Summe für die 80 Kilom. ($10\frac{1}{2}$ Meilen) lange Eisenstrafse:

10 Millionen Franken ($2\frac{2}{3}$ Mill. Thaler, was ungefähr 254 000 Rthlr. auf die Meile ausmacht) für Zwei Fahrbahnen, und

$7\frac{1}{2}$ Millionen Franken (2 Mill. Thaler, was ungefähr 190 000 Rthlr. auf die Meile ausmacht) für Eine Fahrbahn an,

so wird man vollkommen sicher rechnen, und noch sicherer, wenn man für den letzten Fall

8 Millionen Franken (etwa 2133000 Rthlr., und etwa 203 000 Rthlr. für die Meile) setzt.

Unterhaltungs- und Transport-Kosten auf das Jahr.

| | | |
|---|---|---|
| **Art. 9.** Verwaltungs- und Aufsichts-Kosten, nach der Vollendung der Strafse, bei dem Gebrauche derselben | | 60 000 Fr. |
| **Art. 10.** Unterhaltungskosten, $1\frac{1}{2}$ pr. C. ungefähr des Anlage-Capitals, . . . . . . . . . . . . . . . | | 100 000 - |
| **Art. 11.** Transport-Kosten. | | |
| Diese Kosten betragen für Einen Dampfwagen: | | |
| 100 Kilogr. (etwa 2 Ctr.) Steinkohlen in der Stunde; thut für 14 St. täglich 1400 Kilogr., und für 300 Tage (den Tag 14 Fr. gerechnet) . . | 4200 Fr. | |
| 12 Tonnen Wasser . . . . . . . . . | 200 - | |
| Reparatur- und Ersatz-Kosten der Maschine, 20 pr. C. der Anlage-Kosten, . . . . | 3000 - | |
| Einem Maschinisten und 2 Gehülfen, zu 3000 Fr. jährlich, . . . . . . . . . | 3000 - | |
| Öl, Talg, Hanf etc. . . . . . . . . . | 600 - | |
| Zusammen für Eine Maschine | 11000 Fr. | |
| thut für 30 Maschinen . . . . | | 330 000 - |
| **Art. 12.** Erhaltung der Wagen und des übrigen Materials. | | |
| Dampf-Wagen . . . . . . . . . . . | 490 000 Fr. | |
| Krahne, Waagen etc. . . . . . . . . | 110 000 - | |
| | 600 000 Fr. | |
| Hiervon 10 pr. C. . . . . . . . . . . . . | | 60 000 - |
| Summa der jährlichen Kosten | | 550 000 Fr. |
| **Art. 13.** Zinsen des Capitals von 10 Millionen zu 4 pr. C. | | 400 000 - |
| Summe, welche jährlich der Ertrag der Strafse decken mufs, (etwa 253 000 Rthlr.) | | 950 000 Fr., |

Ertrag, um 10 pro Cent des Anlage-Capitals zu gewinnen.

| | |
|---|---|
| Die obigen jährlichen Ausgaben waren . . . . . . . . | 950 000 Fr. |
| Verlangt man nun eine jährliche Dividende von 6 pr. C. auf 10 Mill., so mufs man noch hinzu thun . . . . | 600 000 - |
| Die jährliche Ertragssumme, welche 10 pr. C. des Anlage-Capitals abwerfen soll, mufs also sein . . . . . . (etwa 400 000 Rthlr.) | 1 550 000 Fr. |

Die Eisenbahn müfste also einen Brutto-Ertrag von 1 550 000 Fr. liefern. Wir wollen nun berechnen, welche Fracht-Masse dazu nöthig ist.

(Der Schlufs im nächsten Hefte.)

## 14.
## Nachtrag zu dem Aufsatze über Dächer von Papier, No. 4. im ersten Hefte dieses Bandes des gegenwärtigen Journals S. 73 etc.

(Von dem Kaiserlich Russischen Bau-Intendanten Herrn *Engel* zu Helsingfors.)

Seitdem ich Kenntnifs von der Papier-Bedachung erhalten, und seitdem der in der Überschrift genannte Aufsatz gedruckt worden ist, habe ich noch mehrere Dächer dieser Art gesehen; auch dem Auftragen des zweiten Überzuges der Incrustation auf einem Dache beigewohnt, so wie einige Notizen über mifslungene Dächer erhalten, welches zusammengenommen mir verschiedene Bemerkungen gewährte, die mir Veranlassung geben, den ersten Aufsatz mit dem gegenwärtigen Nachtrage zu vervollständigen.

Die Dauer eines Papier-Daches beruhet hauptsächlich auf seiner Unterlage von Brettern, die stark und unwandelbar sein mufs. Obgleich dünne, einzöllige Bretter schon überflüssig stark zum Tragen der Papier-Bedeckung sind, so sind sie doch, wegen ihrer zu grofsen Empfänglichkeit für atmosphärische Veränderungen hier nicht tauglich; denn bei feuchter Luft dehnen sie sich zu leicht und stark aus, und bei trockener und sehr kalter Luft ziehen sie sich wiederum stärker zusammen, als dickere Bretter. Nun steht zwar das Papier auf dem Dache, in derselben Zeit, unter den nemlichen Einwirkungen und Temperatur-Veränderungen der Atmosphäre, und folgt ihnen ebenfalls nach, wie die Brett-Unterlage, jedoch, nach seiner Beschaffenheit, und da es mit Theer durchdrungen ist, in andern Verhältnissen. Bei den ungleichen innern Bewegungen beider Körper mufs aber der schwächere endlich leiden; d. h., das Papier zerreifst, oder kann zerreifsen, wenn die gröfsere Empfindlichkeit der Bretter die Elasticität des Papiers übersteigt. Da, wie ich schon im ersten Aufsatze bemerkt habe, das Papier durch die Theer-Tränkung eine grofse Zähigkeit erhält, so hat sich zuweilen dieser Erfolg erst im dritten Jahre bemerklich gemacht, indem die Elasticität des getheerten Papiers bis dahin Widerstand leistete; allein er blieb gleichwohl nicht aus. Die Bretter zur Unterlage eines Papier-Daches dürfen daher niemals unter $1\frac{1}{2}$ Zoll dick sein; auch sind schmale, 5 bis 6 Zoll breite Bretter den breiteren vorzuziehen; und wo man nur breite Bretter hat, mufs man, um ganz sicher zu gehen, dieselben in der Mitte auftrennen, indem dann die Veränderlichkeit der beiden Körper einander ähnlicher wird, und sie mit einander besser gleichen Schritt halten können.

Obgleich bis jetzt diese Vorsicht des Auftrennens der Bretter bei den Papier-Bedachungen nicht beobachtet worden ist, so ist sie doch, unter allen Umständen, ganz nothwendig, weil man oft nicht wissen kann, was für eine Bretter-Sorte man vor sich hat. Wie bekannt, sind die Bretter, die aus einem Sägeblock erfolgen, nicht nur der Güte nach verschieden, sondern auch ihr Verhalten unter der Einwirkung der Witterung ist sehr ungleich. Aus einem gewöhnlichen 15- bis 16zölligen Sägeblock erhält man fünf verschiedene Bretter-Sorten, nämlich: 2 Kern-Bretter, 2 reine Bretter, 2 halb reine Bretter, 2 Splint-Bretter und 2 bis 4 Schwarten. Die Ersten und die Letzten sind die schlechtesten; denn die Kern-Bretter haben die unangenehme Eigenschaft, an der Luft, in der Mitte, der Länge nach zu zerspringen, und breite Risse zu bekommen, da ihre Masse keine gleichförmige Dichtigkeit besitzt, sondern aus Kern und Splint besteht, die beide sich in verschiedenen Verhältnissen zusammenziehen und ausdehnen, weswegen das Zerspringen erfolgt. Sie sind daher wohl unter Metall-Bedachungen zu gebrauchen: zu Papier-Dächern jedoch gefährlich, und zu Brett-Dächern ganz untauglich. Die reinen und halb reinen Bretter sind diejenigen, die vorzugsweise zu Tischler-Arbeiten dienen; sie unterscheiden sich nur dadurch von einander, dafs Erstere ganz vollkantig, letztere aber wahlkantig sind, und auch öfter Äste haben. Die halb reinen und die Splint-Bretter sind die geeignetsten zu Papier-Bedachungen, da sie, der freien Luft ausgesetzt, am wenigsten Veränderungen erleiden, und seltener, als alle andere Bretter-Sorten, Risse und Sprünge bekommen. Dieser Eigenschaft wegen werden im Norden die Splint-Bretter ganz allein zu den Brett-Dächern verwendet, und, unter der Benennung Dach-Bretter, besonders sortirt und verkauft. Wo man also im Handel die Bretter nicht schon nach ihrer verschiedenen Qualität sortirt erhält, oder die Bretter etwa selbst sägen und sie vielleicht ohne weitere Auswahl durch einander verbrauchen läfst oder lassen mufs, wird, wenn die Bretter zu einem Papier-Dache gebraucht werden sollen, das Auftrennen derselben immer ganz unumgänglich nöthig sein, damit ihr verschiedenes Verhalten bei den Veränderungen der Luft für die Papier-Bedachung unschädlich gemacht werde.

Am besten und unveränderlichsten werden Bretter sein, die schon mehrere Jahre in der Luft gelegen haben, oder die aus Hölzern gesägt sind, welche längere Zeit im Wasser gelegen haben, und völlig ausgelaugt sind. Eben so wird es sehr gut und zuträglich sein, wenn man die Brettbedeckung, ehe man das Papier darauf nagelt, einige Wochen Wind und Wetter ausgesetzt sein läfst, damit sich die Bretter frei ziehen, werfen und verändern können.

Nachdem das Papier auf das Dach genagelt ist, mufs man nicht gar zu viel Zeit verstreichen lassen, ehe der erste Theer-Überstrich darauf gebracht wird. Es giebt zwar Beispiele, wo der Theer-Überstrich sehr lange nachher erst auf das Papier gebracht worden ist, und wo die Dächer doch gut ausgefallen sein sollen; ich habe einen Fall hier im Orte selbst gesehen, wo das Papier im October auf das Dach gelegt wurde, der erste Theer-Auftrag aber erst im Juli des folgenden Sommers erfolgte. Dieses Verfahren ist aber nicht zu billigen; denn man setzt das Papier dadurch immer gröfserer Gefahr aus, beschädigt zu werden, indem die abwechselnde Witterung der verschiedenen Jahreszeiten einen zu starken Einflufs auf das getheerte Papier äufsert, der sich sowohl durch die Veränderung der Farbe zu erkennen giebt, als auch dadurch sichtbar wird, dafs sich bei Regenwetter das Papier stark ausdehnt, und sich dann beutelig und blasig zeigt. Da nun die festgenagelten Kanten der einzelnen Papier-Bogen der übrigen Ausdehnung derselben nicht gleichmäfsig folgen können, so ist immer zu befürchten, dafs bei den Nagelköpfen das Papier zerreifse. Man geht daher sicherer, wenn man beide Arbeiten einander sogleich folgen läfst.

Der Theer zu den Papier-Dächern wird hauptsächlich deshalb gekocht, um ihn flüssiger zu machen, als er im ungekochten Zustande ist, und um ihn von einer Menge Wassertheile zu befreien, mit welchen er geschwängert zu sein pflegt. Ihn aber bis zur halben Dicke oder Steifigkeit des Peches einzukochen, wie es hier häufig geschehen, ist offenbar unrecht, weil dadurch erstlich mehr Theer verbraucht wird, als nöthig; zweitens, weil der Theer im dickern Zustande nicht so gut das Papier durchdringen kann; drittens, weil er dann nicht so gut, so gleichförmig und dünne auf die Dachfläche sich ausstreichen läſst, als wenn er flüssiger ist; und viertens, weil durch zu langes und anhaltendes Kochen des Theers auch zugleich die Holzsäure in demselben verflüchtigt wird, die dem Papiere zum Widerstande gegen die Nässe unentbehrlich ist.

Um den Theer-Anstrich dünn und gleichförmig über die Papierfläche ausgebreitet zu erhalten, muſs man sich ganz kurzer und steifborstiger Pinsel, oder, noch besser, der in Deutschland zum Fuſsboden-Scheuern üblichen sogenannten Schrubber, bedienen. In Ermangelung solcher Bürsten kann man sich aber auch dadurch helfen, daſs man ein Brettchen, von 8 bis 9 Zoll im Gevierte, schräg an einen 5 Fuſs langen Stock befestigt, und dasselbe mit einem Stücke kurzwolligten Schaffelles, die Wollseite nach aussen, überziehet, womit dann die Ausstreichung des Theeres auf dem Dache bequem und gut von statten gehet.

Gegen die Regel des dünnen und gleichförmigen Auftragens des Theeres hat man bei der Verfertigung der Papier-Dächer häufig gefehlt, und es finden sich hier einige Dächer, welche, wegen der zu groſsen Freigebigkeit mit dem Theere, niemals hart, sondern bei jedem warmen Sonnenschein wieder weich und flüssig werden; indem die Menge des Theers sich nicht genugsam mit Sand hat sättigen lassen. Ein anderes Dach habe ich gesehen, wo der Fehler des zu reichlichen Theer-Auftrages nur stellenweise, und nur bei dem ersten Überstriche schien gemacht worden zu sein. Die Kruste dieses Daches ist zwar vollkommen hart, aber sehr dick und ungleich; alle dickere Stellen sind voller Risse, die nach allen Richtungen laufen, und also deutlich zu erkennen geben, daſs nicht die Brett-Unterlage Anlaſs dazu gegeben hat. Die Risse sind zwar im Ganzen nicht beträchtlich; man bemerkt aber doch, daſs sich die Kruste zu beiden Seiten der Sprünge um etwas erhöht hat, woraus zu schlieſsen, daſs eine Kraft von unten nach oben die Kruste sprengte. Die Ursache scheint keine andere zu sein, als daſs die zu groſse, nicht völlig bis auf das Papier hinab, mit Sand gesättigte Theermasse, bei starker Sonnen-Wärme sich so stark ausdehnte, daſs sie sowohl nach oben die Kruste zersprengte, als auch zugleich nach unten das Papier über den Fugen zwischen den Brettern zerriſs, und auf diese Art Lücken im Dache erzeugte, die ziemlich zahlreich sein sollen.

Dieses Dach wird sich aber wieder herstellen lassen, wenn man bei recht warmem Sommerwetter (wo anzunehmen, daſs sich die Risse am meisten geöffnet haben, und die übrige Masse der Kruste am stärksten zusammengezogen hat) die Risse noch mehr zu erweitern, und aufzukratzen sucht, sie sorgfältig mit heifsem Theer, in welchem bis zur Hälfte Harz zerlassen ist, ausgiefst, gleich nach Füllung derselben so viel Sand als möglich mit hineindrückt, und dann das ganze Dach noch einmal mit einem Anstriche von Theer und Bleilgätte überzieht.

Um Übelstände bei den Papierbedachungen, wie ich sie eben beschrieben habe, zu vermindern, mufs man, einige Zeit nach dem ersten Auftrage der Kruste, das Dach an einem warmen Sommertage genau besichtigen, und nachsehen, ob sich etwa Stellen finden, wo der Theer zu dick stehen geblieben ist, und die vielleicht unzureichend gesättigt worden sind. Finden sich solche Stellen auf dem Dache, die durch ihre Weichheit und Neigung zum Fliefsen sich leicht bemerklich machen, indem sie ein schuppiges, oder das Aussehen eines im Flufs erstarrten Körpers haben: so kann man versuchen, diese Stellen mit grobem Mauersande noch ferner zu sättigen, und damit durchzukneten, oder denselben darin eintreten zu lassen. Sollte die gewünschte Sättigung und Erhärtung aber dadurch nicht erreicht werden, so ist es am Besten, die obere dicke und überflüssige Theermasse abzukratzen, und den darunter weich gebliebenen Theer vollständig mit Sande zu sättigen, oder auch die Stellen noch ein Mal ganz dünne mit warmem Theere zu überstreichen, und wie anfänglich mit Sand zu behandeln, damit die Kruste durchaus überall eine gleiche Dicke und Härte erhalte und annehme.

Da die Sättigung des Theer-Auftrages mit feinem Sande und Ziegelmehl, Schwierigkeiten zu haben scheint, wenn der Theer-Anstrich ein wenig zu reichlich, oder ungleich dick aufgetragen worden ist, wo die feine mehlige Masse dann nur mehr eine dicke Haut darüber bildet, als, ihn gänzlich sättigend, ihn durchdringen will: so wird man die Sättigung des Theer-Anstrichs am zuverlässigsten erreichen, wenn man zuerst dünn, groben Mauersand, gleich darauf aber den feinern Sand übersiebt, und dann die beiden Sandlagen in den Theer-Anstrich hineintreten läfst: wobei die unten liegenden groben Sandkörner leicht den Theer durchdringen können, und die Papierfläche erreichen müssen, während der feinere Sand und das Ziegelmehl nur die kleinen Räume zwischen den groben Sandkörnern auszufüllen und zu sättigen haben.

Die Papier-Bedachung läfst sich zwar, wie ich im vorigen Aufsatze gesagt habe, mit einer hinlänglichen Anzahl Arbeiter, in sehr kurzer Zeit auf einem Gebäude vollenden. Da aber durch viele Menschen auf einem kleinen Raume viel Getümmel und Geräusch entsteht, welches ihre Aufmerksamkeit zu sehr von der Arbeit, die verrichtet werden soll, abzieht, und zu viel Zerstreuung verursacht, auch oft Einer den Andern hinderlich ist: so scheint es besser zu sein, lieber einige Tage mehr Zeit zu gestatten und das Überstreichen und Incrustiren der Papier-Bedachung mit einer kleinern Anzahl Arbeiter verrichten zu lassen, die dem Geschäfte die erforderliche Aufmerksamkeit widmen und mit Ruhe und Ordnung verfahren.

Im vorigen Aufsatze ist nicht gesagt worden, wie man die Papier-Bedachung um die Schornsteine herum zu behandeln habe. Um das Dach hier auf allen Seiten fest und wasserdicht zu bekommen, werden die Schornsteine, so lang und breit, wie sie unter dem Dache sind, etwa 3 bis 4 Zoll hoch über die Dachfläche hinaufgeführt; dann werden die Mauerziegel in den äufsern Wangen, um eine Plinte zu bilden, rund herum $1\frac{1}{2}$ Zoll herausgeschoben, so dafs eine um den Schornstein herumlaufende Vertiefung entsteht, die überall mit der Dachfläche parallel sein mufs. Die Bretter-Verschalung läfst man nun bis dicht an den Schornstein gehen, und biegt die darauf liegenden Papier-Bogen in die Vertiefungen und so gegen den Schornstein ein, dafs ihre Kanten bis unter den Vorsprung der Plinten-Mauer hinaufreichen, wo man sie, unten dicht neben, und oben an den Seiten des Schornsteins festnagelt, wie es (Taf. XIII. Fig. 16.) zeigt. Hierauf werden hölzerne Leisten gemacht, die genau in die Vertiefungen zwischen der Dachfläche und der Plinten-Mauer passen, die nach aufsen abgeschrägt, und deshalb unten breiter sind, als oben. Diese Leisten werden, nachdem sie auf der untern, hintern und obern Seite gehörig mit Theer überstrichen worden sind, in die Vertiefungen eingeschoben, auf die Dachfläche festgenagelt, und hierauf auch von aufsen mit Theer überstrichen.

In den meisten Fällen begnügt man sich hiermit; oft hat man aber auch noch die Leisten von auswendig entweder mit einem Streifen getheerten Papiers, oder mit Blech, auf die Weise überdeckt, wie es ebenfalls die Figur zeigt. Besonders bedient man sich des Bleches da, wo hinter dem Schornstein eine Kehle sein mufs, indem es an den Enden der Kehle, zu beiden Seiten des Schornsteins, einige Schwierigkeiten hat, das Papier daselbst so zu biegen, das alles gehörig wasserdicht wird, weshalb man denn die Blechkehle oder Rinne zu beiden Seiten des Schornsteins weiter vorgehen läfst, um das gegen den Schornstein strömende Wasser weit genug über diese Stelle hinweg zu leiten.

Das Buch Dach-Papier hat 24, nicht wie ich gesagt habe 20 Bogen, welcher Irrthum aus einer Zahlen Verwechselung entstanden ist, und den ich hierdurch berichtige.

Vielleicht ist es nicht überflüssig, noch Einiges über die climatischen Verhältnisse zu bemerken, unter welchen die Papier-Bedachungen in Finnland stehen, und sich erhalten, damit Diejenigen, die etwa geneigt sein möchten, in Deutschland davon Gebrauch zu machen, selbst mögen urtheilen können, ob der Versuch rathsam sei, oder nicht.

Wie bekannt, ist in Finnland der Sommer sehr kurz, der Winter dagegen sehr lang; aber in dem kurzen Zeitraume von 5 und selbst bis zu 3 und 2 Monaten hinab, leistet die Natur hier beinahe das Nemliche, wozu sie in südlicheren Breiten 9 bis 10 Monate verwendet. Der Mensch darf hier, will er seine Zwecke erreichen, nicht hinter ihr zurückbleiben. Schade nur, dafs sie sich oft plötzlich unterbricht, und öfters in einer Nacht wieder vernichtet, was Tausende mit Freude und Hoffnungen belebte. Regen fällt, im Ganzen genommen, in Finnland viel weniger, als in Deutschland. Am meisten regnet es in den Monaten Juli und August, obgleich der September und October nicht davon frei sind; in der übrigen Zeit ist der Regen nur Begleiter von Gewittern, und fällt nur stellen- und strichweise. In nassen Jahren trifft es sich, dafs der Regen den ganzen August und bis zur Mitte Septembers aushält; und obgleich die Wärme gewöhnlich 11 bis 12 Grad Reaum. übersteigt, so ist doch der Fermentations- und Vegetationstrieb der Natur so grofs, dafs nicht selten das frische Mauerwerk, beinahe unter den Händen der Maurer, grün beschlägt, und sich mit einem feinen Schlamme belegt. Dieser grüne Anflug bildet sich aber nicht auf den Papier-Dächern, obwohl sich unter der Kruste ebenfalls gebrannte Thonerde befindet; es scheint der Theer, oder die darin enthaltenen Holzsäure, diesen schlammigen Beschlag zu verhindern, und die Dächer davon frei zu erhalten.

Die Sommerhitze steigt öfters bis zu 24 Grad, jedoch nur auf wenige Wochen; Ausnahmen davon machen sehr trockene Sommer, wo die Hitze länger anhält und dann alles bis zum Verdorren austrocknet.

Der Winter ist zwar lang, anhaltend und kalt: durch seine Gleichförmigkeit aber angenehm. Starke Kälte, bis zu 20 und 24 Grad und darüber, hält längs den Küsten des Finnischen Meerbusens selten länger als 14 Tage, und höher hinauf nur etwa 4 Wochen hinter einander an, und wiederholt sich einige Male während der Dauer des Winters; in den

Intervallen ist die Kälte selten anhaltend über 15 Grad, und längs den Seeküsten oft nicht 10 Grad. Vom Thauwetter wird ein hiesiger Winter äufserst selten unterbrochen.

Der Schnee stellt sich gewöhnlich im November, höher hinauf früher, längs den Küsten aber später, nicht selten sogar erst nach Neujahr ein. Der meiste Schnee fällt im Februar und März.

Die nachtheiligste Wirkung auf alle Körper, die der freien Einwirkung der atmosphärischen Einflüsse ausgesetzt sind, erzeugt im Winter die starke Kälte, im Frühlinge die zehrende Luft des Märzmonates, und die zur Fäulnifs reizende des July, August und September. Am deutlichsten ist diese zerstörende Wirkung am Holzwerke zu erkennen, welches auf eine auffallende Weise und in einem Grade davon angegriffen wird, wie ich es zuvor in Deutschland nie gesehen hatte.

Steigt im Winter die Kälte über 10 bis 15 Grad, so fangen die hölzernen, aus auf einander liegenden Balken erbauten Häuser an, zu arbeiten, vorzüglich die neuen. Die Balken bersten und zerreissen in den Wänden, so dafs Spalten wohl von ½ Zoll breit darin entstehen, die oft durch die ganzen Wände gehen. Die Häuser ziehen sich der Höhe nach zusammen, und setzen sich mit starkem Krachen, welches die ganzen Häuser erschüttert. Holzwerk, selbst die dicksten Baumstämme, welches gänzlich den abwechselnden Einwirkungen der Jahreszeiten ausgesetzt liegt, ist in wenigen Jahren völlig zerstört, in einzelne Fasern zertrennt und aufgelöst. Selbst massive Gebäude, von Mauerziegeln, leiden stark von den Angriffen der Witterung. Die westlichen, über die See streichenden feuchten Winde im Herbst, vereinigt mit Regen und Frost, greifen die Ecken, vorzüglich die der Hauptgesimse, an der Süd- und Westseite, stark an, was öftere Reparaturen veranlafst.

Nach dieser kurzen Darstellung des atmosphärischen Verhaltens in Finnland und dessen Einflusses auf bauliche Gegenstände, also auch auf die Papier-Dächer, die sich gleichwohl darunter erhalten *), wird man leicht im Stande sein die atmosphärischen Verhältnisse seiner eignen Gegend, und deren Einwirkung auf Bauwerke, damit zu vergleichen, und so zu einem Urtheile zu gelangen, ob diese Bedachungs-Art auch anderswo zu beachten sei.

Da indessen das Gelingen jeder neuen Sache, und jedes Zweckes, der mit neuen Mitteln erreicht werden soll, wie einfach und leicht ausführbar dieselben an und für sich auch sein mögen, doch immer gewisse Handgriffe, kleine Übungen und Erfahrungen erfordert, die sich nicht alle beschreiben lassen, sondern erlernt sein wollen: so wird man auch hier gut thun, die ersten Versuche nur auf kleinen, unwichtigen Gebäuden zu machen, und ihr Verhalten zu erproben, um bei etwanigem Mifslingen nicht zu viel gewagt zu haben.

Helsingfors, den 28. September 1833.

---

*) Die meisten Papier-Dächer finden sich in der Stadt Uleaborg am Bottnischen Meerbusen, wo fast der gröfsere Theil der Gebäude solche Dächer hat. Anm. d. Verf.

# 15.

# Beschreibung der Bedeckung des Daches einer kürzlich zu Berlin erbauten Cavallerie-Caserne mit Eisenblech.

(Von Herrn *Hampel*, Baurathe beim Königlichen Hohen Kriegs-Ministerio zu Berlin.)

---

Bekanntlich werden in Rufsland, schon seit den Zeiten Peters des Grofsen, Dächer mit ordinairem schwarzen Eisenbleche bedeckt; eben so in Schweden, und es läfst sich aus den dabei, in der seitdem verflossenen Zeit, gemachten Erfahrungen auf eine mehr denn hundertjährige Dauer solcher Dachbedeckungen schliefsen. Über die Art und Weise, wie man in Rufsland bei solchen Dachbedeckungen verfährt, findet sich in No. 48. des Kunst- und Gewerbeblattes des polytechnischen Vereins für das Königreich Baiern, vom Jahre 1828, eine Beschreibung. Nach derselben ist das Blech, dessen man sich in Rufsland bedient, gewöhnlich $27\frac{1}{2}$ Baierische Zolle lang und eben so breit, oder $27\frac{1}{2}$ Zoll breit, und zweimal so viel, also 55 Zoll, oder 4 Fufs 7 Zoll lang. Eine solche Tafel wiegt beinahe 11 Pfund Baierisch, folglich der Quadrat-Fufs beinah Ein Pfund. Ferner geht aus dieser Beschreibung im Wesentlichen hervor, dafs das Pfalzen der 4 Fufs 7 Zoll langen Tafeln, oder, an zwei beliebigen, einander gegenüberstehenden Enden, der 2 Fufs $3\frac{1}{2}$ Zoll langen Tafeln dadurch geschieht, dafs der eine Pfalz etwa $\frac{3}{4}$ Zoll hinauf, der andere $\frac{3}{4}$ Zoll hinunter gebogen wird, etwa so, wie es Taf. XVII. Fig. 1. zeigt. Je zwei Platten der gröfseren, oder vier der kleineren Art, werden zusammengepfalzt, und bilden dann eine zusammengesetzte Tafel von 9 Fufs 4 Zoll Länge und 2 Fufs 3 Zoll Breite. Es wird ferner jede lange Seite einer so zusammengesetzten Tafel gepfalzt, indem beide Pfalze nach der obern Seite gebogen werden, und zwar auf der einen Seite $1\frac{1}{2}$ Zoll, auf der andern $2\frac{1}{2}$ Zoll hoch, wie aus Fig. 2. zu sehen ist.

Um die Blechtafeln gegen den Rost zu schützen, werden sie, ehe man sie pfalzt, mit gewöhnlichem Ölfirnifs, oder, besser, mit Ölfarbe (welche,

## Inhaltsverzeichnifs des dritten Hefts siebenten Bandes.



### Druckfehler.

Statt Taf. XII., XIII. und XIV. lese man in diesem Hefte, sowohl auf den Figurentafeln, als überall im Texte: Taf. XIV., XV. und XVI.

S. 277 Z. 19. v. o. lese man 7 Rthlr. 20 Sgr. statt 3 Thlr. 20 Sgr.

Berlin, gedruckt bei G. Reimer.

# Journal

für

# die Baukunst.

In zwanglosen Heften.

Herausgegeben

von

Dr. A. L. Crelle,

Königlich-Preufsischem Geheimen-Ober-Baurathe, Mitgliede der Königlichen Akademie der Wissenschaften zu Berlin, Correspondenten derjenigen zu Neapel und Ehrenmitgliede der Hamburger Gesellschaft zur Verbreitung der mathematischen Wissenschaften.

Siebenter Band.

Viertes Heft.

Mit 2 Kupfertafeln (Taf. XVI. — XVIII.).

Berlin,

bei G. Reimer.

1834.

# 15.

# Beschreibung der Bedeckung des Daches einer kürzlich zu Berlin erbauten Cavallerie-Caserne mit Eisenblech.

(Von Herrn *Hampel*, Baurathe beim Königlichen Hohen Kriegs-Ministerio zu Berlin.)

---

Bekanntlich werden in Rufsland, schon seit den Zeiten Peters des Grofsen, Dächer mit ordinairem schwarzen Eisenbleche bedeckt; eben so in Schweden, und es läfst sich aus den dabei, in der seitdem verflossenen Zeit, gemachten Erfahrungen auf eine mehr denn hundertjährige Dauer solcher Dachbedeckungen schliefsen. Über die Art und Weise, wie man in Rufsland bei solchen Dachbedeckungen verfährt, findet sich in No. 48. des Kunst- und Gewerbeblattes des polytechnischen Vereins für das Königreich Baiern, vom Jahre 1828, eine Beschreibung. Nach derselben ist das Blech, dessen man sich in Rufsland bedient, gewöhnlich $27\frac{1}{2}$ Baierische Zolle lang und eben so breit, oder $27\frac{1}{2}$ Zoll breit, und zweimal so viel, also 55 Zoll, oder 4 Fufs 7 Zoll lang. Eine solche Tafel wiegt beinahe 11 Pfund Baierisch, folglich der Quadrat-Fufs beinah Ein Pfund. Ferner geht aus dieser Beschreibung im Wesentlichen hervor, dafs das Pfalzen der 4 Fufs 7 Zoll langen Tafeln, oder, an zwei beliebigen, einander gegenüberstehenden Enden, der 2 Fufs $3\frac{1}{2}$ Zoll langen Tafeln dadurch geschieht, dafs der eine Pfalz etwa $\frac{3}{4}$ Zoll hinauf, der andere $\frac{3}{4}$ Zoll hinunter gebogen wird, etwa so, wie es Taf. XVII. Fig. 1. zeigt. Je zwei Platten der gröfseren, oder vier der kleineren Art, werden zusammengepfalzt, und bilden dann eine zusammengesetzte Tafel von 9 Fufs 4 Zoll Länge und 2 Fufs 3 Zoll Breite. Es wird ferner jede lange Seite einer so zusammengesetzten Tafel gepfalzt, indem beide Pfalze nach der obern Seite gebogen werden, und zwar auf der einen Seite $1\frac{1}{2}$ Zoll, auf der andern $2\frac{1}{2}$ Zoll hoch, wie aus Fig. 2. zu sehen ist.

Um die Blechtafeln gegen den Rost zu schützen, werden sie, ehe man sie pfalzt, mit gewöhnlichem Ölfirnifs, oder, besser, mit Ölfarbe (welche, um die in Petersburg fast allgemein zum Anstreichen der Eisendächer gebräuchliche rothe Farbe zu geben, aus Ölfirnifs mit Schwedischer, geschlemmter Bolus-Erde besteht) Einmal von beiden Seiten angestrichen, und anfänglich, damit sie bald trocknen, jede Tafel besonders, frei an eine Wand gestellt. Nachdem sie trocken geworden, werden sie wieder aufgestapelt.

Bei dem Aufdecken der Tafeln wird bei den Gesimsen oder den Attiken, von wo das Dach in die Höhe geht, angefangen, indem man die zusammengesetzten Tafeln, der Länge nach, auf die das Gesims bedeckenden Bretter, mit einer Ausladung von 4 bis 7 Zoll, legt, und an die Bretter mit Klammern und Dachdecker-Nägeln, an die Ausladung aber mit eigens dazu aus dünnem Schienen-Eisen geschmiedeten Haken, in Entfernungen von 2 bis $2\frac{1}{2}$ Fufs, befestigt. Auf diese erste Reihe Tafeln werden die Rinnen durch Haken befestigt, welche aus dünnen Reif-Eisen geschmiedet, und auf die Deckbretter des Gesimses, in Entfernungen von 20 Zoll, angeschlagen werden. Über die Rinnen werden nun die geraden, zusammengesetzten Tafeln gelegt, und mit Klammern und Dachnägeln befestigt. Bei dieser Deckungs-Art soll die Entfernung der Sparren, von Mittel zu Mittel, 5 Fufs 10 Zoll betragen; die Latten sollen $2\frac{1}{2}$ Zoll dick und breit, die Bretter aber $2\frac{1}{2}$ Zoll dick und 8 Zoll breit sein. Zur Befestigung an die Sparren sind 4, und zu jedem Brette 6 Nägel von 5 Zoll lang nöthig. Von der äufsersten Kante der Gesimse an werden, mit demselben parallel, 4 Reihen Bretter, dann aber Latten, in Entfernungen von $5\frac{3}{4}$ bis 6 Zoll von Mitte zu Mitte, und zwischen denselben, 45 Zoll von Mitte zu Mitte entfernt, Bretter genagelt; oben, am Gipfel der Sparren, wieder eine Reihe Bretter, mit dem Gesimse parallel.

Aus dieser kurzen, aus dem genannten Blatte genommenen Beschreibung geht nicht undeutlich hervor, dafs eine danach ausgeführte Dachdecke noch Manches zu wünschen übrig lassen mufs. Insbesondere wird bei den horizontalen Pfalzen, sobald das Wasser nur $\frac{3}{4}$ Zoll aufstauet, das Eindringen desselben schwerlich zu verhindern sein. Man mufs daher annehmen, dafs entweder die beschriebene Eindeckungs-Art nicht gerade diejenige ist, welche für die beste gehalten wird, oder, wenn es so ist, dafs die Dächer so steil sind, dafs von einem Rückstau, der durch Eis auf der Fläche entstehen kann, das Eindringen des Wassers nicht zu besorgen ist, u. s. w.

Auch bei uns sind in neuerer Zeit einige Dächer mit Eisenblech bedeckt worden. Man hat sich dabei der ältesten Zink-Deckmethode, nemlich mit doppelten Pfalzen, bedient. Vielleicht wird sich das Eisenblech auch mit Rundpfalzen eindecken lassen, wie Zinkbleche, nemlich nach der Beschreibung im zweiten Hefte zweiten Bandes dieses Journals S. 199 etc. Ich habe einen Versuch damit auf einem kleinen Dache anstellen lassen. Es hat sich dabei nur gefunden, dafs, bei dem Ineinanderziehen der Rollen, von dem Überzuge (Ölfarben-Anstriche) leicht Etwas abgeschabt wird, und das Blech dann Blöfsen bekommt, die innerhalb der Rollen nicht gut gefüllt werden können, und die also Anlafs zum Rosten geben können. Ein anderer Übelstand ist auch der bei der Befestigung der Laschen, welche die oberen Bleche in der Mitte an die unteren halten.

Aus einem Vergleiche der Preise der Eisenbleche in Rufsland mit den hiesigen geht übrigens hervor, dafs dort der Centner auf 7 Thlr. 26 Sgr. 6 Pf. zu stehen kommt, während er hier, einschliefslich des Transportes von der Eisenspalterei zu Neustadt-Eberswalde, und mit Berücksichtigung des Rabats bei einem Quantum von wenigstens 50 Centnern, 10 Thlr. 4 Sgr. 8 Pf. kostet.

Dies vorausgeschickt, soll nun die Beschreibung einer, von den bis dahin versuchten Arten abweichenden, in den Jahren 1830 und 1831 nach meiner Angabe hier ausgeführten Dach-Bedeckung mit gewöhnlichem Eisenbleche folgen.

Die hohe Militair-Behörde, stets auf Verbesserungen bei ihren Bauten bedacht, befahl im Frühlinge des Jahres 1830, dafs, bei den zum Kriegs-Ministerio gehörigen Gebäuden, die Bedeckung eines Daches mit Eisenblech versucht werden solle. Ich gab mir, in Folge dieses Befehles, Mühe, eine Beschreibung solcher Dach-Bedeckungen zu erhalten, konnte indessen nur diejenige bekommen, welche hier oben angedeutet worden ist. Um diejenigen Mängel dabei zu vermeiden, deren oben gedacht wurde, entwarf ich eine Construction, deren Beschreibung hier folgen wird, und liefs ein Modell im Grofsen davon verfertigen. Nachdem dasselbe als zweckmäfsig anerkannt, und technisch geprüft worden, erhielt ich vom hohen Kriegs-Ministerio den Auftrag, die neue Garde-du-Corps-Caserne in der Charlottenstrafse hieselbst, nebst den daran stofsenden Ställen, auf die vorgeschlagene Weise, mit gewöhnlichem Eisenbleche bedecken zu lassen. Dieses ist geschehen, und nachdem diese Dach-Bedekkung sich bisher sehr gut gehalten, und auch der Preis vortheilhaft sich ergeben hat, soll nun die Beschreibung dieser Deckmethode folgen.

Der Grundrifs (Taf. XVII. Fig. 3.) zeigt die bedeckten Dächer. Sie sind mit *a*, *b* und *c* bezeichnet, und man findet die Länge und Breite der Dach-Bedeckung eingeschrieben; Fig. 4. und 5. sind die Profile der Dachrüstungen des Haupt-Gebäudes und der Neben-Gebäude. Auf dem Dache des Haupt-Gebäudes befinden sich nur in der Vorderfronte und in den beiden Giebeln Dachfenster; in der Hinterfronte dagegen, wo zwischen den Consolen des Haupt-Gesimses die Rosetten weggelassen worden sind, blofs Licht-Öffnungen, zur Beleuchtung des Bodens. Auf den Neben- oder Stall-Gebäuden, (Fig. 5.), waren keine Dachfenster nöthig, da der Bodenraum durch eine halbe Etage gebildet wird, und folglich Licht von den Fronten her bekommen konnte. Um bemerklich zu machen, dafs bei dieser Dachbedeckung manche Schwierigkeiten, z. B. bei den Graden und den Walmen, vorkamen, ist auch die auszuführen vorgeschriebene Façade auf Taf. XVII. in Fig. 6. dargestellt worden.

Die Schalung der Dächer ist wie bei der gewöhnlichen Zinkdeckung verfertigt, und besteht aus 6 bis 8 Zoll breiten Brettstreifen. Die Eisenbleche, deren man sich bedient hat, sind 2 Fufs 6 Zoll an dem einen Ende, und 1 Fufs 8 Zoll an dem andern lang, und 1 Fufs $7\frac{7}{8}$ Zoll breit; Eine Tafel wiegt $4\frac{1}{4}$, $4\frac{1}{2}$ bis $4\frac{3}{4}$ Pfund. Die obere Breite der Tafeln ist von der unteren deshalb verschieden, damit die Bleche, aufgelegt, in einander passen. Fig. 7. Taf. XVIII. zeigt die Tafeln im Grundrisse, Fig. 8. im Durchschnitte, wo man sieht, dafs sie an den langen Seiten, unter einem rechten Winkel, $\frac{3}{4}$ Zoll hoch in die Höhe gebogen sind. Um die Tafeln auf die Schalung zu befestigen, und so fest als möglich auf die darunter liegenden Bleche aufzudrücken, erhielt jede Tafel, an dem schmalen Ende, in der Mitte, ungefähr 1 bis $1\frac{1}{4}$ Zoll von der Kante entfernt, ein von unten nach oben getriebenes (gebunzeltes) Loch *a* (Fig. 7.). Das bei *b* angedeutete zweite Loch wurde erst bei dem Auflegen eingeschlagen, und es geschieht desselben späterhin ferner Erwähnung. Durch diese Aufbunzelung der Löcher, und die dadurch entstandene Erhöhung, wird dem von oben herablaufenden Regenwasser der Eintritt in die Löcher verwehrt.

Die so bearbeiteten Tafeln wurden nun, vor dem Verlegen auf dem Dache, mit Ölfarbe, bestehend aus gutem, reinem Leinöl, mit Ocker und etwas Frankfurter Schwarz angerieben, von unten zweimal und von oben einmal angestrichen.

Um die umgebogenen Kanten der Bleche zu bedecken, sind Rinnen gemacht worden, oben $1\frac{1}{4}$ Zoll breit, und unten um ein Geringes schmaler. Fig. 10. stellt dieselben im Profil, Fig. 11. in der Ansicht vor. In diese Rinnen ist, ebenfalls von unten herauf, ein ähnliches Loch *c*, wie bei den Blechtafeln, eingebunzelt; auch sind die Rinnen gleich den Tafeln angestrichen worden. Auf der First sind die Bleche etwas verschieden gestaltet; diejenigen nemlich von der Morgenseite nach der Abendseite hin sind etwa um 2 Zoll umgebogen, diejenigen von der Abendnach der Morgenseite hin haben dagegen eine etwas gröfsere Überdeckung, etwa von 4 bis 5 Zoll, erhalten, damit, weil von Westen her die meisten Regengüsse und das sogenannte Schlagwetter zu kommen pflegen, der Regen und Schnee, der mehreren Überdeckung wegen, um so weniger eindringen können.

Zur Befestigung der Blechtafeln auf dem Dache haben Schrauben gedient, die den gewöhnlichen Holzschrauben gleich sind, nur mit dem Unterschiede, dafs der Kopf der Schrauben hutförmig gestaltet ist, wie es Fig. 12. und 13. in natürlicher Gröfse zeigen. Die Verschiedenheit der Länge der Schrauben kommt daher, dafs diejenigen Schrauben, welche durch die Mitte der Bleche gehen, nur so lang sein dürfen, als es die Blechstärke und die Dicke der Schalung erfordern, wogegen diejenigen, welche zur Befestigung der Überdeck-Rinnen dienen, um so viel länger sein müssen, als die Rinnen hoch sind.

Nachdem auf die beschriebene Weise so viele Bleche, als erforderlich, bearbeitet, die Dachrüstung aufgebracht, und die Schalung auf die beste Weise verfertigt war, begann man mit dem Legen und der Befestigung der Tafeln auf dem Haupt-Gebäude. Es wurde mit der einen Walm-Seite angefangen, und zwar, des Überdeckens wegen, von unten nach der First zu. Zur Beleuchtung des Bodenraums waren, wie schon bemerkt, vorn sieben, und auf jedem Walm Ein Dachfenster vorhanden; es wurden von den Arbeitern die Bleche auf der untern Kante des Daches möglichst so eingetheilt und gerückt, dafs die Dachfenster nicht in den Weg kamen, und kein Verschnitt gemacht werden durfte. An dem oberen Gliede des Hauptgesimses wurde auf hinreichende Überdeckung der unteren Tafeln gerechnet, und dieselben dann mittelst der kurzen Schrauben befestigt. Diese Schrauben, so wie auch die längeren, haben in ihrem hutförmigen Obertheile, gleich den gewöhnlichen Holzschrauben, einen Einschnitt erhalten, um sie mittelst einer sogenannten Brustleier (Fig. 14.) (wie sie der Schlosser nennt) bequem einschrauben zu können. War die Eintheilung der unteren Reihe, und die Befestigung von zwei, drei oder vier Tafeln geschehen, so begann die der nächst folgenden, und zwar mit drei Zoll Überdeckung. Die Befestigung der zweiten und der übrigen Reihen Tafeln war aber von der der ersten darin verschieden, dafs die Schrauben durch die unteren Bleche, wo sich noch keine Öffnungen befanden, gehen mufsten. Die Arbeiter schlugen daher mit einem gewöhnlichen Vorschlage-Eisen, welches die Dicke der Schrauben hatte, eine Öffnung durch die untere Tafel, durch welche sich dann die Schraube bei dem Einleiern (so nennen es die Schlosser) hindurch zwängte, und beide Bleche hart aufeinander drückte. Zur Vorsicht habe ich die Höhlung in dem Hute der Schrauben noch mit Kitt ausfüllen lassen, welcher sich beim Einschrauben in das eingebunzelte Loch drückte; der etwa überflüssige Kitt quoll wieder heraus, und wurde mit dem Finger, um den Schraubenkopf herum, festgestrichen.

So wie man bei der Verlegung der Bleche, auf die beschriebene Weise, nach dem Grade des Walms hinaufrückte, kamen die End-Bleche vor. Bei mehrerer Routine der Arbeiter werden dieselben in der Folge in der Werkstatt gemacht werden können: hier mufste man noch für diesmal zugeben, dafs sie einzeln auf dem Dache, wie es die Gradlinie erforderte, gebogen wurden. Fig. 15. stellt ein End-Blech vor, und die punctirten Linien um den Rand herum zeigen den Aufbug desselben. Die Befestigung der Tafel geschahe, wie bei allen übrigen Tafeln.

Nachdem die bis jetzt beschriebene Arbeit auf einer bedeutenderen Fläche fertig war, wurde zum Aufschrauben der Überdeck-Rinnen geschritten. Diese, so lang als die Blechtafeln, wurden, mit selbigen gleichlaufend, über die aufrecht stehenden Kanten je zweier Tafeln gelegt. Man fing ebenfalls von der Unterkante des Daches an, und ging nach der Spitze desselben hinauf, wobei dann immer die obere Rinne gerade um so viel die untere deckte, als die Bleche übereinander griffen. Durch die eingezogenen Schrauben wurden die Rinnen, eine auf die andere, und durch sie zugleich auch noch die Bleche befestigt. Bei dem Einschrauben mufs man darauf sehen, dafs man nicht auf Fugen der Schalung trifft, weil sonst die Schrauben nicht haltbar sind. Fig. 12. ist der Durchschnitt einer Rinne an der Stelle, wo in derselben das Loch sich befindet. So wurde nun der Walm, jedoch ohne das Dachfenster, fertig gemacht, und darauf auf der Morgenseite des Gebäudes auf gleiche Weise verfahren. Die Abendseite mufste deshalb zuerst bedeckt werden, damit, wie schon bemerkt, die Überragung der Bleche von der Ost- nach der Westseite unter jene von der West- nach der Ostseite zu, griff. Als die auf der Morgenseite begonnene Bedeckung etwas vorgerückt war, ward mit der Westseite ebenfalls angefangen, und immer in gleichen Linien, gegen den Walm und die gegenüber liegende Seite hin, auf die Weise fortgefahren, wie oben beschrieben. Die Dachfenster, welche sich auf der Westseite befinden, wurden einstweilen noch nicht bedeckt; aber es wurde hinsichtlich ihrer das Nemliche beobachtet, wie bei dem Walme. Nachdem die Ost- und Westseite auf vorgedachte Weise beendigt waren, ging man zur Eindeckung des vierten und letzten Theiles des Daches, nemlich zur andern Walmseite über, und machte es mit dieser wie mit der vorigen.

Nachdem hierauf das Dach, so zu sagen, im Rohen fertig war, begann die Bedeckung der Grade und der First. Die Grade erhielten gleiche Überdeck-Rinnen, wie die aufrechten Umbiegungen. Diese Rinnen konnten jedoch nicht über diejenigen Biegungen greifen, welche von den Seiten gegen den Grad hin anlaufen. Um dies deutlicher zu sehen, nehmen wir eine Ecke der First, und legen dabei Fig. 16. zum Grunde. Hier sieht man, dafs fünf Linien in einem Puncte zusammen fallen, die mit Rinnen bedeckt werden sollen, von welchen nicht eine die andere decken kann. Es ist deshalb, nachdem die Rinnen an ihren unteren Enden bei *b, b, b, b, b* befestigt und oberhalb nach der Gierung zusammen geschnitten waren, $\frac{1}{12}$ Zoll starkes Rollenblei so übergedeckt worden, wie es Fig. 18. zeigt; und da die Deck-Rinnen oberhalb ebenfalls gebunzelte und erhöhte Löcher hatten, so sind die Befestigungs-Schrauben da durchgezogen worden, wo sich die erhöhten Stellen, bei *x*, zeigten. Auf gleiche Weise ist an den andern Stellen, auch auf den Graden, wo die Bleche zusammenstiefsen, verfahren worden; nur waren hier blofs drei Endpuncte der Rinnen gegen das Eindringen des Regens zu verwahren. Fig. 17.

zeigt eine solche bleierne Bedeckung, und es sind *y y y* diejenigen Seiten, welche über die nach unten gehenden Deckrinnen greifen, dahingegen ist *z* derjenige Theil, welcher unter der am First herabkommenden Deck-Rinne steckt, und über welchen diese greifen mufs. In Fig. 16. ist *k* eine solche von der First herabkommende Deck-Rinne, und *l* die bleierne Überdeckung der Rinnen *f, g, h.* Zur Versicherung der Stellen, wo die Bleche auf der First aneinander stofsen, sind ähnliche Reiter (Cavaliers), wie sie bei der Zinkbedeckung an der oben angeführten Stelle dieses Journals beschrieben sind, aus Eisenblech getrieben, und vermittelst zweier Schrauben befestigt worden. Fig. 19. zeigt diese Art der Überdeckung. Die auf dem Dache befindlichen Schornsteinkasten sind auf ähnliche Weise, wie bei der gewöhnlichen Ziegelbedeckung, nemlich mit einer Rinne am oberen Theile, und mit Gegenschlag-Blechen an den andern Seiten, versichert worden.

Nachdem, wie beschrieben, das Dach bedeckt worden, waren noch die Dachfenster übrig. Diese haben die gewöhnliche Form, wie Fig. 20. in der Ansicht zeigt. Bei ihnen sind die gegen die Haupt-Dachfläche anlaufenden Kehlen aus gröfserem Bleche getrieben, und dadurch gesichert worden. Zur Bedeckung des Daches der Luken haben 4 Fufs lange Bleche, die ohne Unterbrechung über die First derselben hinweg reichten, gedient; indessen wird man hier unbedenklich auch eben so, wie bei dem Haupt-Dache, verfahren, und auch den First der Dachfenster wie den Haupt-First eindecken können. Die Wangen der Dachfenster sind mit 4 Zoll über einander deckenden Blechen, die nach der Schräge des Daches geschnitten wurden, benagelt worden.

Nachdem das Dach, nebst Graden, Walmen, Firsten, Dachfenstern und Schornsteinen, bedeckt, und wiederholt Alles genau nachgesehen worden, fanden sich einige Stellen, wo die Schrauben, bei dem Einwinden, in die Fugen der Schalung gerathen waren, die Bleche also nicht Festigkeit genug haben konnten. Es mufste, dadurch, dafs man die Schrauben schräg setzte, versucht werden, ihnen das nöthige Holz zum Eingriff zu geben, was sich auch leicht bewerkstelligen liefs. Man mufs deshalb, wie schon bemerkt, anfänglich darauf achten, dafs die Schalung so gemacht werde, dafs die Schrauben in keine Fugen treffen.

Es blieb jetzt nur noch übrig, oben an der First einige Haken anzubringen, woran Leitern bei etwaigen Reparaturen angehängt werden können, um nicht allein bequemer die Arbeiten zu verrichten, sondern auch, um nicht auf das Dach treten zu dürfen, was Metall-Dächern immer mehr oder weniger nachtheilig ist.

Die Bedeckung des Daches war jetzt bis auf den letzten Anstrich fertig; denn, wie oben bemerkt, waren die Bleche nur auf der unteren Seite, und da, wo sie übereinander decken, zweimal, auf der zu Tage liegenden Seite dagegen nur einmal angestrichen worden. Sie wurden daher nun auch noch von aufsen zum zweitenmale bestrichen. Es wurde dabei beobachtet, dafs, bei dem Aufstreichen der Farbe, der Pinsel immer gegen die Fugen geführt wurde, überall, wo die Bleche übereinander deckten, wo die Rinnen auflagen, und überhaupt allenthalben, wo eine kleine Fuge, die nicht zu vermeiden gewesen, sich blicken liefs; es wurde gegen die Fugen, oder, wie die Anstreicher sagen, *ab* gestrichen. Dadurch drängt sich die Farbe auch in die kleinsten Öffnungen, und macht die Dachdecke, so zu sagen, vollends zu einem Ganzen.

Nächst der Bedeckung des Haupt-Gebäudes sind ferner noch die links und rechts liegenden, im Grundrisse mit *b*, *b* und *c* bezeichneten Gebäude bedeckt worden, und zwar ganz auf dieselbe Weise wie vorbeschrieben. Nur war hier die Bedeckung leichter, weil weder Walme noch Dachfenster vorhanden waren, also ununterbrochen fortgedeckt werden konnte, was denn auch Einflufs auf die Kosten hatte. Auch diese im vorigen Herbste verfertigten Dächer haben sich bis jetzt ganz vorzüglich gut gehalten. Zur völligen Sicherheit ist der einmalige äufsere Anstrich im vorigen Frühlinge wiederholt worden, und es wird nun wahrscheinlich in 3 bis 4 Jahren kein Anstrich weiter nöthig sein.

Zum Schlusse wird es gut sein, der Beschreibung dieser Deckung mit Eisenblechen noch die aus den Erfahrungen entnommene Angabe des Kosten-Betrages für den Quadratfufs beizufügen, um die Eisenblech-Decke, auch in Rücksicht des Preises, mit andern Dachdecken vergleichen zu können. Die Kosten, nach der beschriebenen und hier ausgeführten Methode, sind folgende:

| | | |
|---|---|---|
| 50 Quadrat-Fufs Dachfläche kosten, für Material und Transport, 6 Rthlr. 28 Sgr. 4 Pf., also ein Quadrat-Fufs . . | 4 Sgr. | 2 Pf. |
| Hierzu an Arbeitslohn, für Schrauben zur Befestigung, für den Anstrich mit Ölfarbe, für Rüstung etc. zusammen . | 2 - | 4 - |
| thut überhaupt | 6 Sgr. | 6 Pf. |

Die Kosten der Verschalung sind hierunter nicht mit begriffen.

Nach Band 2., Heft 2., S. 215. dieses Journals betragen die Kosten der von mir dort beschriebenen Zinkbedeckung, eben so berechnet, 8 Sgr. 6 Pf. für den Quadrat-Fufs; also ist die Bedeckung mit Eisenblechen wohlfeiler. Es kommt nun darauf an, ob die Eisenblech-Decke weniger dauerhaft sein werde, was aber nicht wahrscheinlich ist.

Berlin, im November 1833.

## 16.

# Gesammelte technische und statistische Nachrichten über die Eisenbahnen von St. Etienne nach Roanne und von St. Etienne nach Lyon.

(Beschlufs des Aufsatzes No. 13. im vorigen Hefte.)

---

Der Tarif bestimmt bergab $14\frac{1}{2}$, und bergauf $17\frac{1}{2}$ Cent. für die Tonne auf den Kilometer. Wir wollen annehmen, dafs bergab fünfmal so viel transportirt werde, als bergauf. Dies würde, als einen Durchschnitt des Tarifsatzes, 15 Cent. für den Kilom., also 12 Fr. für die 80 Kilom. Weges von Andrezieux nach Roanne geben ($4\frac{4}{5}$ Sgr. für den Centner). Die Zahl der nöthigen Tonnen wäre daher 1 550 000, dividirt durch 12, folglich 129 167. Mithin würde der Transport von 129 167 Tonnen auf der Eisenbahn den Unternehmern einen Ertrag von 10 pro Cent ihres Capitals gewähren.

Oben haben wir gesehen, dafs jetzt schon 170 000 Tonnen in dieser Richtung transportirt werden, also 40833 Tonnen mehr, als nöthig. Da die Kosten schon für diese Transportmasse berechnet sind, so ist der Überschufs von 40833 Tonnen reiner Gewinn, und der Ertrag von 12 mal 40833, also von 490 000 Fr., giebt eine neue Dividende für die Unternehmer. Dieselbe steigt also nun schon auf $14\frac{9}{10}$ pro Cent.

Hat die Transportmasse auf der Eisenbahn 300 000 Tonnen, oder etwa $\frac{5}{6}$ des Verkehrs auf der Rhône, durch den Canal von Givors, erreicht, so werden die doppelten Kosten des Personals und Materials, also 1 100 000 Fr., nöthig sein; aber alsdann wird sich der Brutto-Ertrag auf mehr als 3 Mill. Fr. belaufen, und die Dividende wird 21 pro Cent betragen.

Würde die Eisenbahn blofs mit Einer Fahrstrafse gebaut, so dafs sie nur $7\frac{1}{2}$ Millionen Franken kostete, so würde, um einen Ertrag von 10 pro C. zu erlangen, schon eine Transportmasse von 85000 Tonnen hinreichen. Denn zu diesem Transporte sind nur 275 000 Fr. Verwaltungs- und Bewegungs-Kosten nöthig, welche, zu 10 pro C. des Capitals von

7½ Mill. gethan, 1 025 000 Fr. geben, was ungefähr die Frachtkosten von 85000 Tonnen sind.

Endlich, um 6 pro C. Zinsen des Anlage-Capitals zu gewinnen, reichen 55000 Tonnen aus. Denn die Kosten sind alsdann 210 000 Fr., und der reine Ertrag ist 55000 mal 12, weniger 210 000 Fr., thut 450 000 Fr.

Man könnte glauben, daſs die Unternehmer des Transports auf der Loire im Stande sein möchten, durch Herabsetzung ihrer Frachtpreise mit der Eisenbahn in Concurrenz zu treten. Wir wollen sehen, in wiefern solches möglich sei.

Erstlich bleibt alle Fracht bergauf unbedingt der Eisenbahn, weil die Schiffahrt stromauf unmöglich ist. Sodann können die Fabriken-Erzeugnisse von St. Etienne und aus dem mittäglichen Frankreich sich den Verzögerungen und Gefahren des Transports auf der Loire nicht aussetzen, ohne an Werth zu verlieren, und es ist viel weniger wahrscheinlich, als bisher, daſs sie es thun werden, sobald ihnen nur auf der Eisenstraſse ein Transportmittel dargeboten sein wird, welches wohlfeiler ist, als die bisherigen Fuhrwerke. Bei den Steinkohlen allein würde also eine Concurrenz Statt finden können. Ziehen wir nun von den 170 000 Tonnen, die, wie wir sahen, auf dieser Straſse transportirt werden, 112 000 Tonnen Steinkohlen ab, so bleiben zuerst 58000 Tonnen der Eisenbahn unbedingt, welche einen jährlichen Ertrag von 696 000 Fr. geben. Nun steht es in der Willkür der Compagnie, ihren Tarif für die Steinkohlen auf die Hälfte, das Drittheil, und selbst bis auf den vierten Theil der gegenwärtigen Transportkosten herabzusetzen, ohne immer noch weniger als 6 pro C. reinen Ertrag zu behalten. Denn, nehmen wir z. B. an, sie lieſse sich für die Tonne Steinkohlen statt 15 Fr. nur 4 Fr. Fracht bezahlen, so gäbe dies immer noch 448 000 Fr., und mit den vorigen 696 000 Fr. zusammen eine Einnahme von 1 144 000 Fr., welche hinreichend ist, auſser den Kosten, die obige Dividende zu gewähren. Also selbst bei diesem Tarif würde die Eisenbahn immer noch rentiren, während die Loire-Schiffahrt denen, die kühn genug zur Concurrenz, oder verblendet genug wären, sie auszuhalten, einen Schaden von 11 Fr. auf 15, also von mehr als 73 pro C., bringen würde.

Noch eine andere Betrachtung dringt sich hier auf: nemlich die der Unvereinbarkeit der Wohlfahrt des Handels mit einem Transportsysteme, bei welchem die Kosten, weit entfernt, im Verhältnisse mit der

Zunahme des Verkehrs abzunehmen, vielmehr zunehmen. Ein solches System ist offenbar der weiteren Entwickelung der Gewerbthätigkeit nachtheilig, und umgekehrt ist jede weitere Ausdehnung der Ausbeute der Erzeugnisse schädlich für eine Transport-Art, deren Kosten mit der Masse des Transportes wachsen. Da man hier nicht mehr als 4000 Flufs-Fahrzeuge bauen kann, so ist die Kohlen-Ausbeute in St. Etienne auf 112 000 Tonnen jährlich beschränkt; und wenn, ungeachtet dieser Hindernisse, die Ausbeute sich verdoppeln sollte, so würden die Transport-Unternehmer entweder durch die Theurung der Fahrzeuge und des Lohns der Schiffleute ruinirt werden, oder die Berg-Arbeiter und die Käufer der Kohlen würden unverhältnifsmäfsigen Schaden leiden.

Die Eisenbahn dagegen findet ihren Nutzen gerade in der Vergröfserung der transportirten Massen, und umgekehrt wirkt ihr Wohlstand auf die Ausdehnung der Ausbeute zurück. Die Eisenbahn genügt, mit einer geringen Erhöhung der Ausgaben auf derselben, selbst der doppelten und dreifachen Transportmasse, und fast alle Mehr-Einnahme wird zu reinem Gewinn.

Das Gedeihen der Eisenbahn kann auch selbst wiederum neue Quellen der Industrie eröffnen, und vorhandene flüssig machen; denn die Compagnie kann, ohne ihre Einnahme zu vermindern, ihren Tarif herabsetzen, zu Gunsten von Gegenständen, die, im Überflufs vorhanden, durch vermehrte Frequenz sie reichlich für die Herabsetzung wieder zu entschädigen vermögen. In diesem Sinne löset die Eisenbahn in der That das oft so schwierige Problem: die Interessen des Gemeinwesens mit denjenigen der Einzelnen in Übereinstimmung zu bringen.

Um alle Berücksichtigungen bei diesem Gegenstande zu erschöpfen, ist auch noch zu untersuchen, wie diese Veränderung der Transport-Art auf die Schiffer und die Schiffbauer, und die Bauholz-Besitzer wirken werde. Das Loos der Schiffer und Schiffbauer würde in der That das lebhafteste Interesse erregen, wenn die Eisenbahn sie alles Erwerbes berauben sollte. Aber, da die neue Strafse, besonders mit der Wahrscheinlichkeit der beständigen Zunahme der Transportmasse, bald ein bei weitem zahlreicheres Personal beschäftigen dürfte, als jetzt die beschränkte und unterbrochene Schiffahrt: so ist leicht zu sehen, dafs die Compagnie im Stande sein werde, diejenigen Arbeiter, welche bei ihr arbeiten wollen, zu beschäftigen, und dabei zugleich diejenige Gewöhnung an Ordnung und Wirthschaftlichkeit unter ihnen einzuführen, welche bei dem jetzigen Zustande der Dinge nicht wohl Statt haben kann.

Was die Eigenthümer der Holzungen betrifft, deren Zahl übrigens nicht grofs ist, so werden diese, abgesehen von den neuen Ausfuhrwegen, die ihnen die Eisenbahn zwischen der Loire und Rhone eröffnen wird, und von dem steten Wachsthume der Bedürfnisse der Gewerbe und des Verbrauches, ihren Vortheil darin finden, dafs sie ihre Hölzer in unverletztem Zustande, oder doch nur in solche Stücke zerlegt, wie der Verbrauch sie verlangt, fortschicken können, ohne sie zu Schiffen verbauen, oder durchbohren, mit Nägeln und Pflöcken bespicken, und endlich als Trümmern verkaufen zu müssen.

Zusammengenommen also ist es offenbar, dafs die Wirkung der Eisenbahn sein wird: die namhaftesten Quellen des Wohlstandes zu eröffnen und zu verstärken, ohne irgend einer, selbst untergeordneten, Quelle auf irgend eine merkbare Weise zu schaden.

Endlich sieht man, dafs, in der ungünstigsten Voraussetzung, nemlich: dafs nur der dritte oder vierte Theil der gegenwärtigen Transportmasse die Eisenbahn passiren werde, der Ertrag derselben dennoch gesichert bleibt, während, im entgegengesetzten Falle, das Einkommen auf eine Höhe steigt, von welcher wir in Frankreich noch kein Beispiel gesehen haben, ausgenommen, in der nemlichen Gegend, auf dem Canale von Givors, und auf der Strafse von St. Etienne nach Andrezieux.

Dieses sind die Resultate, welche sich von dem gegenwärtigen Zustande der Dinge erwarten lassen; aber es ist offenbar, dafs die Entwickelung der Gewerbe auf ihrer jetzigen Stufe nicht stehen bleiben wird. Der Verbrauch der Steinkohlen nimmt immerfort zu; er ist jetzt nur durch die grofse Schwierigkeit des weiteren Transportes auf das Thal der Loire beschränkt. Die Gas-Fabriken von Paris ziehen die Steinkohlen von St. Etienne allen andern vor. Diese Fabriken werden sich erweitern, wenn ihnen erst neue Wege eine Verminderung der gegenwärtigen Kosten von 20 Franken für eine Ladung von 30 Hektoliter gewähren. Und was von den Gas-Fabriken gesagt werden kann, gilt eben so von den Glashütten und einer Menge anderer Werke, die jetzt mit grofser Schwierigkeit gegen die Concurrenz des In- und Auslandes kämpfen, deren Bestehen aber durch die Verminderung der Preise des Brennmaterials wird gesichert werden.

Die Eisenbahn der Loire als Vervollständigung der Verbindung des nördlichen und südlichen Frankreichs betrachtet.

Es existirt schon eine beinahe vollständige Verbindungsstrafse des Südens von Frankreich mit dem Norden, oder des Mittelländischen Meeres mit dem Canale von England und dem Ocean, nemlich diejenige, welche die Rhône, den Canal von Givors und die Eisenbahn von der Rhône nach St. Etienne hinaufsteigt, hierauf die Eisenbahn von St. Etienne nach der Loire hinabgeht, durch die kurze Strecke von Andrezieux bis Roanne unterbrochen, der Loire und deren Seiten-Canälen folgt, einerseits bis an den Ocean, andererseits bis Briare, und von da bis in die Seine, nach Paris und nach Havre. Auf dieser, etwa 1200 Kilom. (etwa 159 Meilen), langen Linie befindet sich nur eine kurze Lücke von 80 Kilom. ($10\frac{1}{2}$ M.). Diese kurze Lücke auszufüllen ist die hier projectirte Eisenbahn bestimmt. Sie wird also wesentlich dienen, den Austausch der reichen Erzeugnisse des Bodens im Süden mit denen der weiter gediehenen Gewerbthätigkeit im Norden zu erleichtern. Auf dieser Strafse werden die Weine von Languedoc und von den Ufern der Rhône, das Öl der Provence, die gebrannten Wasser von Montpellier, von Pezènas und Bezières, das Salz von den Mündungen der Rhône, die sogenannten Lyoner Castanien von der Ardêche und der oberen Loire, die Seide von Vaucluse, vom Gard und von Lyon, die Seife von Marseille u. s. w. nach dem Norden gelangen. Dagegen werden Erze und andere Bergwerks-Producte, verarbeitete Metalle, Maschinen und Werkzeuge, und die verschiedenen Producte der Mode und des Geschmacks von Paris, auf jener Strafse nach dem Süden geschafft werden.

Noch vor der Vollendung der Eisenbahn der Loire werden dem übrigen Theile dieser grofsen Strafsenlinie bedeutende Verbesserungen zu Theil geworden sein, die der gegenwärtigen Unternehmung zu Gute kommen. Südlich läfst die Regierung den Canal von Arles nach Bouc vollenden, der aus der Rhône nach Marseille führen soll, so wie die Canäle der Weiher, welche bis in den Canal von Languedoc reichen, und folglich die Verbindung mit Bordeaux herstellen. Dampfschifffahrts-Gesellschaften beschäftigen sich, das Stromaufwärtsziehen der Rhône-Schiffe mit Dampf zu Stande zu bringen, während die Ingenieurs einen Seiten-Canal, neben diesem Strome, entwerfen. Die Herren Biot und Gebrüder Seguin vollenden die Eisenbahn von der Rhône nach St. Etienne. Nördlich vollendet die Regierung den Seiten-Canal nach der Loire auf 200 Kilom. ($26\frac{1}{2}$ Meilen) lang. Derselbe eröffnet eine neue Verbindung der Loire mit der Seine, durch den Canal von Nivernois. Die Canal-Gesellschaft von Briare verbessert die vorhandene Canal-Verbindung, indem sie neue Schleusen baut, die sich für den gegenwärtigen Canal eignen, dessen schon so schnelle Ausdehnung in Folge so vieler Vervollkommnungen fast unberechenbar sein dürfte.

Auch mit dem Osten von Frankreich und dem Ocean wird unsere Eisenbahn durch eine directe Strafse in Verbindung kommen, nemlich: durch den Canal von Berry. Derselbe endigt bei Tours, und führt folglich nach Nantes zu. Auf dieser Strafse werden die Bergwerks-Producte von St. Etienne ihren Austausch gegen Colonial-Waaren, gegen Seefische und ausländische Hölzer finden, die die Seeschiffahrt nach Nantes bringt.

Für alle diese Transporte hat unsre Eisenbahn keine Nebenbuhler.

Denn in der That giebt es von Süden nach Norden keine fahrbare Wasserstrafse, weder auf der Garonne, der Dordogne, oder dem Lot, noch der Loire. Noch lange wird man auch nicht daran denken können, eine solche zu bauen, wegen der mächtigen, hohen Schranken, die die Bergmassen des Cantal, Mont d'or, der Lozère und der Cevennen ihr entgegensetzen, welche einer Seits sich bis an die Küsten des Oceans erstrecken, anderer Seits das Thal der Rhône schroff begrenzen. Bis zu noch fernen Zeiten wird also der nächste Weg aus dem Westen immer die Rhône und Loire sein, und folglich der Eisenbahn ihre Ausschliefslichkeit vorbehalten bleiben.

Aus dem Osten kann man ebenfalls nur dem Laufe der Rhône folgen. Zu Givors angelangt, konnte man entweder auf der Rhône weiter gehen, darauf die Saone passiren, und nach Belieben durch den Canal du centre in die Loire oder durch den Canal von Burgund in die Seine gelangen. Aber die Schwierigkeit der Schiffahrt auf der Rhône, stromauf, des Passes von Lyon, der Bergfahrt auf der Saone, welche 6 Monate im Jahre zu wenig Wasser hat, und endlich der Aufenthalt und die Umwege, welche die Schleusen auf dem Canal du centre verursachen, werden den Verkehr von dieser Linie ablenken, sobald eine kürzere und bequemere Strafse vorhanden ist. Um so mehr noch wird man die Fahrt auf dem Canal von Burgund zu vermeiden suchen, welcher mit einer noch weiteren Bergfahrt auf der Saone, mit dem Durchgange durch noch mehrere (fast 200) Schleusen, und endlich mit der beschwerlichen und unterbrochenen Schifffahrt auf der Yonne verbunden ist.

Alles sichert also unserer Eisenbahn einen ausschliefslichen und verdienten Vorzug zu. Aus der sogleich folgenden Übersicht der vorhandenen Strafsen, die wir dem Herrn Beaunier, Divisionnair der Bergwerke und Director der Eisenstrafse von St. Etienne nach der Loire, verdanken, wird solches noch deutlicher sich zeigen.

Um aber die Übersicht der Vortheile der Eisenbahn zu vervollständigen, müssen wir auch noch der Verbindung gedenken, welche sie zwischen dem mittleren Frankreich und den Grenz-Departements, so wie mit dem Auslande, herstellen wird. Durch die Rhône und Isère wird unmittelbar eine Strafse nach der Dauphiné, nach Savoyen und Italien entstehen; durch die obere Rhône nach Genf und der Schweiz; durch die Rhône, Saone und den Canal von Monsieur nach dem Elsafs und Deutschland; durch die Loire, Seine und Oise nach Flandern und den Niederlanden, oder nach dem Havre und England; durch die Loire und den Canal von Berry nach Nantes und den Küsten des Oceans; durch die Strafse von St. Etienne nach Tournon und Puy oder Toulouse, und durch die Eisenbahn der Rhône nach dem mittäglichen Frankreich und den Küsten des mittelländischen Meeres.

Vergleichende Übersicht der drei Strafsen von der Rhône (nemlich von Givors bei Lyon) nach Paris*).

No. I. Erste Strafse über die Eisenbahn. Von Givors nach Roanne, durch den Seiten-Canal von Roanne nach Briare, durch die Canäle von Briare und Loing und auf der Seine.

No. II. Zweite Strafse durch den Canal du centre. Von Givors nach Lyon und nach der Rhône, von Lyon nach Chalons auf der Saone; weiter durch den Canal du centre, den Seiten-Canal von Digoin nach Briare, durch die Canäle von Briare und Loing und auf der Seine.

No. III. Dritte Strafse durch den Canal von Burgund.

*) Der Kürze wegen ist die Zahlen-Angabe in Französischem Maafs und Gelde weggelassen, und Alles nur in Preufsischem Maafs und Gelde ausgedrückt worden.
Anm. d. Herausg.

Von Givors nach Lyon auf der Rhône, nach Lyon und nach St. Jean de Losne auf der Saone, durch den Canal von Burgund, durch die Yonne und die Seine.

| | No. I. | No. II. | No. III. |
|---|---|---|---|
| Eisenbahn . . . . . . . | $18\frac{1}{2}$ Meilen, | — Meilen, | — Meilen. |
| Bergfahrt auf Flüssen . . | — - - | 21 - - | $28\frac{2}{3}$ - - |
| Thalfahrt auf Flüssen . . | 10 - - | 10 - - | $25\frac{1}{2}$ - - |
| Canäle mit Scheitelpunct . | $14\frac{1}{2}$ - - | $29\frac{2}{3}$ - - | $32\frac{1}{3}$ - - |
| Seiten-Canäle . . . . | $32\frac{1}{2}$ - - | $25\frac{1}{6}$ - - | — - - |
| Ganze Länge | $75\frac{1}{2}$ Meilen, | $85\frac{5}{6}$ Meilen, | $86\frac{1}{2}$ Meilen. |
| Höhe des Scheitelpunctes der Canäle über d. Meere | 528 Fuſs, | 998 Fuſs, | 1358 Fuſs. |
| Zahl der zu passirenden Schleusen . . . . . . | 119, | 183, | 195, |
| Dauer der Fracht, ohne auf Unterbrechungen zu rechnen, . . . . . . . | 35 Tage, | 47 Tage, | 44 Tage. |
| Frachtkosten für den Cent. | 16 Sgr. 5 Pf., | 21 Sgr. 3 Pf., | 24 Sgr. 4 Pf. |
| | Keine Unterbrechung auf der Eisenbahn, wenig auf den Seiten-Canälen und den von Briare und Loing. | Unterbrechung der Schiffahrt auf der Saone und auf dem Canal du centre, 6 Monate im Jahre. | Wassermangel in dem Canal von Burgund, einen groſsen Theil des Jahres hindurch. Groſse Ungewiſsheit der Schiffbarkeit der Yonne. |

Von der wahrscheinlichen Zunahme der Frachten und des Ertrages der Eisenbahn.

Wir haben schon gesehen, daſs der Transport auf der Eisenbahn wenigstens bis auf 320 000 Tonnen steigen könne, wenn wir zum Maaſsstabe den wirklichen jetzigen Transport von Steinkohlen auf dem Canale von Givors annehmen, welcher Canal, seiner Lage und Bestimmung nach, ganz der Loire-Straſse ähnlich ist. Wir wollen noch einige fernere Bemerkungen beifügen über die wahrscheinliche schnelle Zunahme, welche der Verkehr durch die Eröffnung der neuen Straſse erfahren dürfte.

Das Fluſsbecken der Loire, selbst wenn man bloſs diejenigen Departements rechnet, die mit der Eisenbahn durch Wasserstraſsen in Verbindung stehen werden, ist zweimal so groſs, und zweimal so stark bevölkert, als das Thal der Rhône und Saone, welche der Canal von

Givors mit Steinkohlen versorgt. Nimmt man die Departements im Becken der Seine hinzu, welche durch Wasserstrafsen mit der Loire verbunden sind, so findet sich, dafs der Eisenbahn die Versorgung eines Bezirks bevorsteht, der dreimal so beträchtlich ist, als der Rhône-Bezirk, und dafs folglich der Transport auf derselben dreimal so stark sein wird. Gleichwohl haben wir in unserer obigen Rechnung nur die Hälfte der Rhône-Consumtion angenommen; also haben wir nur auf den sechsten Theil dessen gerechnet, was wirklich Statt finden kann.

Das Becken der Loire hat die meisten Hüttenwerke, die gröfstentheils noch mit Holzkohlen sich behelfen. Sind erst Steinkohlen, statt der jedes Jahr theurer werdenden Holzkohlen, zu haben, so wird der Verbrauch der Steinkohlen auch dadurch noch zunehmen; auch wird man sich ihrer dann in umfassenderem Maafse zum Kalk- und Gipsbrennen, zur Töpferwaaren-Fabrication u. s. w. bedienen.

Die Strafse vom Norden nach dem Süden wird vermehrte Wichtigkeit erlangen durch Verbesserung der Fahrt auf der Rhône, und durch Eröffnung einer ununterbrochenen Fahrt auf der Loire. Schon bewegen sich jährlich auf der Rhône etwa 120 000 Tonnen verschiedener Waaren stromauf, und ungefähr eben so viel stromab. Nimmt die Eisenbahn nur den sechsten Theil davon auf, so giebt dies für sie eine neue Transport-Vermehrung von 40000 Tonnen.

Es würde schwer sein, im Voraus zu berechnen, um wieviel der Verkehr auf der Loire-Strafse durch die Eröffnung von Seiten-Canälen nach diesem Flusse, durch die neuen Canäle von Nivernois und Berry, durch die neue Eisenbahn von St. Etienne nach Lyon, und durch die Strafse von jener Stadt nach Tournon an der Rhône zunehmen werde. Diese bedeutenden Communications-Verbesserungen, in Gegenden, wo bisher Alles blofs der Natur überlassen war, müssen die ganze Gestalt derselben verändern. Man sehe nur, was für die Kohlengruben von Rive de Gier schon der kleine Canal von Givors gethan hat, und erwäge dann, was 160 Kilom. (21 Meilen) Eisenbahn, und 700 Kilom. (93 M.) Canäle werden zu thun vermögen.

Im Kriege ist die Verbindung des südlichen mit dem nördlichen Frankreich zur See nicht practicabel, und die Waaren nehmen dann ihren Weg über Land. Dieser Umstand, statt den Verkehr auf der Eisenbahn zu vermindern, wird ihn erhöhen. Man hat gesehen, wie lebhaft das Fuhrwerk auf der Strafse von Marseille nach Paris, und die Schiffahrt auf der Rhône, Saone und dem Canal du centre, im letzten Kriege war.

Die Bergwerke der Regierung, welche meistens im Becken der Loire liegen, können vermittelst der Eisenbahn schneller die Häfen am Mittelländischen Meere versorgen, und dagagen die ihnen nöthigen Steinkohlen aus St. Etienne erhalten. Diese Transporte von Eisen und Kohlen werden allmälig immer stärker werden, da man beim Schiffbau nach und nach immer mehr Eisen anwendet, und die Flotte immer mehr Dampfschiffe in sich aufnimmt.

Es wäre leicht, diese Betrachtungen noch auf vieles Andere auszudehnen. Das Obige zusammengenommen reicht aber offenbar schon hin, zu beweisen, dafs die Eisenbahn der Loire keinesweges eine ihrer Natur nach stillstehende Unternehmung sein, sondern dafs der Verkehr auf dieser Strafse, in geradem Verhältnisse mit der Entwickelung und dem Wohlstande des Gebietes des vorzüglichsten Stromes von Frankreich, zunehmen, und seiner Seits selbst auf diese Entwickelung einwirken wird.

### Bemerkungen zu der (dem vorigen Hefte) beigefügten Karte.
(Taf. XII., in Steindruck.)

Wie die Karte zeigt, kommen die Rhône und Loire, nach entgegengesetzten Richtungen fliefsend, einander bei St. Etienne am nächsten. Die kurze Entfernung der beiden Flüsse daselbst von einander deutet also die vortheilhafteste Richtung einer Strafse zur Verbindung derselben an.

Das Project der Verbindung hat im J. 1822 den Anfang der Ausführung durch die Eisenbahn von St. Etienne bis Andrezieux nach der Loire zu, 20 Kilom. ($2\frac{2}{3}$ Meilen) lang, erhalten.

Der zweite Theil der Verbindungsstrafse von St. Etienne nach der Rhône und Lyon, 60 Kilom. (8 Meilen) lang, wird jetzt gebaut. Dieser Theil der Strafse befindet sich in dem Thale von Gier, auf dem linken Ufer der Rhône.

Die Vervollständigung wird die Verbindung durch die Strecke von Andrezieux bis Roanne, seitwärts auf die Loire zu, 80 Kilom. ($10\frac{1}{2}$ M.) lang, erhalten; denn diese Strecke endigt an einer Stelle der Loire, von welcher an sie, stromab wie stromauf, schiffbar ist, und wo die Seiten-Canäle von Roanne bis Briare einmünden.

Diese Canäle, so wie diejenigen, welche mit ihnen verbunden sind, sind folgende: Zuerst der Canal du centre, welcher die Loire mit der Saone über Digoin und Chalons verbindet. Hierauf der Canal von Nivernais, welcher die Verbindung mit der Yonne und der Seine über Decise und Auxerre herstellt, und also eine neue Strafse nach Paris eröffnet. Sodann der Canal von Briare und Loing, der die Seine mit der Loire verbindet. Endlich der Canal von Berry, welcher die Loire mit dem Cher verbindet, und eine geradere Strafse nach der unteren Loire, nemlich nach Tours, Nantes und dem Ocean, eröffnet.

Das Flufsgebiet der Rhône enthält nicht so umfassende Bauwerke. Inzwischen wird die Schiffahrt auf diesem Strome durch das Bugsiren der Schiffe mittelst Dampfböte verbessert werden, und einen neuen bequemen Ausweg durch den Canal von Arles nach dem Hafen du Bouc erlangen. Seine Verbindung mit dem Süden und Westen von Frankreich wird durch die neuen Canäle der Weiher gesichert werden, welche, eine Fortsetzung des Canals von Beaucaire, es mit dem Hafen von Cette und dem Canal du midi und der Garonne in Verbindung setzen.

Mellet und Henry.

---

## IV.

## Bericht der Herren Mellet und Henry, an den General-Director der Brücken und Wege, über den Entwurf der Eisenbahn von Roanne bis Andrezieux.

(Besonders gedruckte Schrift, vom Jahre 1829.)

---

Wegen der Wichtigkeit dieser Strafse, die zum Transporte der Steinkohlen aus den reichen Minen von St. Etienne, so wie der Erzeugnisse des mittäglichen Frankreichs nach den nördlichen und mittlern Departements, bestimmt ist, war eine sehr sorgfältige Wahl, nicht allein unter den verschiedenen bekannten Transportmitteln, sondern auch der vortheilhaftesten Richtung der Strafsenlinie nothwendig. Dafs einer Eisenbahn der Vorzug vor einem Canale und vor der Flufsschiffahrt gegeben worden, hat die allgemeine Zustimmung der Sachverständigen, welche das Local kannten, erhalten. Auch unsere neueren, jetzt eben beendigten Untersuchungen haben den Vorzug der Eisenbahn bestätigt: einer Art von Strafsen, welche, noch neu in Frankreich, sich zuverlässig in eben dem Maafse vervollkommen werden, wie ihre Anwendung sich verbreitet, und deren noch wenig anerkannten Vorzüge sich ohne Zweifel schnell, unter der Erfindungsgabe unserer Landsleute, und dem freisinnigen Schutze, welcher neuen nützlichen Ideen zu Theil wird, entwickeln werden.

Durchdrungen von dem Wunsche, dafs dem Verkehre alle Vortheile einer für ihn entworfenen Strafse zu Theil werden mögen, haben wir uns sehr angelegentlich bemüht, die vortheilhafteste Richtung unserer Strafse auszumitteln. Wir haben eine Menge von Richtungen, in welchen es möglich wäre, zu bauen, so wie ihre verschiedenen Combinationen, an Ort und Stelle genau untersucht, und es ist uns endlich gelungen, zu einem Resultate zu gelangen, durch welches die Ersparungen für die Handelstransporte beinahe verdoppelt werden dürften.

In der That ist jetzt die Strafse, statt 86 und selbst 90 Kilom. (11 bis 12 Meilen), die man anfangs geschätzt hatte, nur $67\frac{1}{2}$ und selbst nur $61\frac{1}{2}$ Kilom. (8 bis 9 M.) lang nöthig befunden worden, vermöge der unten zu beschreibenden Anordnung, wodurch also für den Verkehr eine neue Ersparung von 25 bis 30 Procent zu derjenigen, welche schon die Eisenbahn gegen andere Strafsen gewährt, hinzukommen wird *).

---

*) Das Letztere möchte wohl zweifelhaft sein, insofern die Abkürzung der Strafse (wie es in solchen Fällen leider nur zu oft zu geschehen pflegt) auf Kosten des Gefälles erkauft ist. Ist man, statt um den Berg, über den Berg gegangen, so hat man dadurch wahrscheinlich mehr verloren, als gewonnen. Jeden Falls läfst sich nicht allgemein und ohne Weiteres sagen, dafs durch eine Strafsenlinie, die um den vierten Theil kürzer ist, als eine andere, unbedingt gegen letztere 25 pr. C. gewonnen werden. Steigt die kürzere Linie über einen hohen Berg, während die längere eben fortgeht, so können leicht eher, umgekehrt, durch die längere Linie 25 pr. C. gewonnen werden, gegen die kürzere, und zwar an der wirklichen Transportkraft, worauf es ankommt. Was gewonnen wird, läfst sich nicht nach einem für eine gewisse Länge bestimmten Tarif berechnen, weil sich dieser Tarif selbst erst nach der Schwierigkeit des Transportes richtet. Hat die Strafse kein unnöthiges Steigen und Fallen, so kann der Tarif geringer sein, und die gröfsere, ebene Linie wird auch, nach ihm, nothwendig weniger zu durchlaufen kosten müssen, als die kürzere bergige, in so fern auf jener weniger Transportkraft nöthig ist.

Anm. d. Herausg.

Die Gegend zwischen Andrezieux und Roanne theilt sich in zwei verschieden gestaltete Theile: einen ebenen, und einen gebirgigen. Da der erste Theil für die Wahl der Strafsenrichtung gar keine Schwierigkeiten hat, so kommt es zunächst insbesondere nur auf den zweiten an, und die sehr verworrene Gestalt der Terrains giebt hier zur Vergleichung einer Menge verschiedener Richtungen Veranlassung.

Diejenige Richtung, welche sich zuerst darbietet, und welche die natürlichste zu sein scheint, hier, wo die beiden Endpuncte, in einem und dem nemlichen Flufsthale liegend, gegeben sind, ist die, welche das Thal gar nicht verläfst, sondern ganz der Bahn folgt, welche das Wasser sich selbst gebrochen hat, während sie einen sanften und regelmäfsigen Abhang, dem des Flusses ähnlich, und alles abwechselnde Steigen und Fallen vermeidend, zu erlangen sucht. Diese Richtung würde den Vortheil haben, dafs die Fuhrwerke überall nur einen gleichen Widerstand finden, und weder das Bewegungsmittel, noch die Kraft desselben zu wechseln brauchen.

Dem zu Folge haben wir also die Linie innerhalb der engen Schlucht, in welche sich das Flufsthal der Loire, von der Mündung des Bernand (bei Balbigny) bis Commière (bei Roanne), 36000 Met. (9558 Ruthen) lang, zusammenzieht (Steindr.-Taf. XIV. vor. Heft), näher untersucht.

Wir haben Beobachtungen über die Höhe der Anschwellungen der Loire gesammelt, um zu erfahren, wie hoch die Strafse gelegt werden müsse. Die Fluthen in dieser langen Schlucht erheben sich nicht weniger als 10,15 bis 20 Met. (32, 48 bis 64 Fufs). Dieses Umstandes wegen würde es nöthig sein, die Strafse an vielen Stellen auf sehr hohe Dämme zu legen, und diese Dämme mit Steinen zu bekleiden, oder mit Futtermauern zu unterstützen, um sie gegen den Angriff des Flusses zu schützen, über die zahlreichen Zuflüsse der Loire aber sehr hohe Brücken zu bauen, die sehr kostbar und sehr der Zerstörung ausgesetzt sein würden, sowohl ihrer Höhe als Lage wegen, am Zusammenflusse zweier reifsenden Ströme. Wären diese Schwierigkeiten überwunden, so müfste man die spitzen Berg-Ecken, welche die hohen Ufer der Loire bilden, mit Krümmungen umgehen, deren Halbmesser hinreichend grofs wäre, um den Lauf der Fuhrwerke nicht zu hemmen. Eine genaue Aufnahme der Krümmungen des Flusses und seiner Zuflüsse, so wie der Schluchten und Seitenthäler, welche die Berge durchschneiden, hat uns gezeigt, dafs der Halbmesser, welcher sich den Krümmungen geben läſst, bis auf 100 Met. (319 F.) hinabsteigt, wenn man nicht die Durchschnitte und Durchbrechungen allzusehr vervielfältigen, und unverhältniſsmäſsige Kosten anwenden will, um sich durch die Granit- und Porphyrmassen einen geraderen Weg zu bahnen. Dann aber wäre man für diese ganze Strecke auf den Gebrauch der Pferde, als bewegende Kraft, beschränkt, weil Dampfwagen in Krümmungen von so kleinen Halbmessern sich nicht bewegen lassen. Eine auf diese Weise, auf den steilen Abhängen 2- bis 300 Met. hoher Berge gebaute Straſse würde ferner beträchtliche Kosten verursachen, um sie gegen Erdstürze und andere Wirkungen der Regengüsse zu schützen, deren Fluthen sich mit reiſsender Gewalt herabstürzen, so wie gegen den Fall der Schneemassen. Endlich würde die Linie von der Mündung des Bernand bis Roanne, wegen der zahlreichen Krümmen der Loire, 39400 Met. (9664 Ruth.), also um ein Drittheil länger sein müssen, als die gerade Entfernung. Alle diese Umstände waren mehr als hinreichende Beweggründe, um einer Straſsenlinie zu entsagen, welche für die Unternehmer und für den Verkehr gleich unvortheilhaft gewesen sein würde, und ihr eine Richtung mit Scheitelpunct vorzuziehen *).

*) Allerdings können hier die örtlichen Schwierigkeiten gröſser sein, als in ähnlichen Fällen, wo man Straſsen in engen, mit hohen Bergen eingeschlossenen Thälern, wie z. B. am Rhein, hat bauen müssen, weil es, umgekehrt, über die Berge kaum möglich gewesen wäre: es kann sein, daſs die Bau- und Erhaltungskosten der Straſse, am Fluſs entlang, hier bedeutend gröſser gewesen wären, als diejenigen über die Berge; allein es kommt doch immer auf eine wirkliche Vergleichung dessen an, was an Bau- und Erhaltungskosten verloren wird, mit dem, was man an Kosten der Transportkräfte möglicher Weise gewinnt. Jedenfalls darf in solchen Fällen die Linie am Fluſs entlang etwa bloſs, oder auch nur insbesondere, ihrer gröſseren Länge wegen, nicht verworfen werden. Sie kann, ungeachtet derselben, und selbst ungeachtet ihrer gröſseren Kostbarkeit, bei weitem die bessere sein; ja noch mehr: sie ist es meistentheils in solchen Fällen wirklich; und bei gewöhnlichen Chausséen, welchen kürzere Krümmen weniger schaden, noch um so mehr. Wird bei Eisenbahnen der Bau einer Straſse in einem Fluſsthale dadurch erschwert, daſs sich den Krümmungen nicht füglich groſse Halbmesser geben lassen, so kommt es wieder auf eine Vergleichung der Transportkosten mit Dampfwagen gegen die mit Pferden an, für welches letztere Transportmittel kurze Krümmen kein besonderes Hinderniſs sind, und zwar auf eine Vergleichung für die beiden Straſsen, um die Berge und über die Berge: und dies um so mehr, weil gerade beim Übersteigen der Berge die Dampfwagen insbesondere im Nachtheil gegen andere Transportmittel sind.

Anm. d. Herausg.

Die Landstrafsen mit Scheitelpunct haben in der That nicht die Unvollkommenheiten, welche man Canälen dieser Art vorwirft. Diese sind um so kostbarer, je gröfser die Höhe ist, welche sie zu übersteigen haben, und je gröfser folglich die Zahl der Schleusen ist, deren sie bedürfen. Die Speisung mit Wasser wird schwieriger, und die Bewegung der Schiffe erfordert bergab dieselbe Kraft, wie bergauf. Die Baukosten einer Eisenbahn dagegen bleiben die nemlichen, die Bahn mag wagerecht oder abhängig sein, und die Vermehrung der bewegenden Kraft bergauf wird bergab wieder eingebracht, weil bergab die Schwere die Fuhrwerke von selbst sich fortbewegen macht *).

Dieser Umstand, wohl erwogen und benutzt, wird in der Folge die Möglichkeit gewähren, Eisenbahnen über sehr hohe Bergketten zu bauen, wo jeder Canal für immer unmöglich sein würde **).

Von diesen Erwägungen ausgehend, haben wir sehr füglich das Project einer Strafse in den engen Windungen der Loire aufgeben dürfen. Wir haben dagegen die beiden Bergketten zur Seite durchforscht, von dem Puncte an, wo der Strom sie tief durchbrochen, getrennt und den sogenannten Felsenpafs gebildet hat, bis zu dem Puncte, wo sie sich,

*) So scheint es theoretisch, aber so ist es wohl nicht immer practisch. Wenn eine Strafse eine halbe oder eine ganze Meile lang steigt, und dann wieder ungefähr eben so lang fällt: wie soll man es da wohl anfangen, um die beim Aufsteigen verlorene Kraft durch die vielleicht überflüssige Kraft beim Herabfahren wieder zu gewinnen? Und wenn so lange Seile und so weit reichende Maschinen wirklich möglich wären: würde nicht ihre Anordnung und Erhaltung, so wie der Aufenthalt durch dieselben, am Ende mehr kosten, als der Gewinn beträgt? Oder wenn die Meinung die ist, dafs, da auf der Eisenbahn die Fuhrwerke bergab die halbe oder ganze Meile lang von selbst hinunter rollen, nachdem sie eben so weit in die Höhe gezogen worden sind, der Gewinn dabei eben so grofs sei, als der Verlust beim Steigen: so ist diese Meinung im Allgemeinen offenbar nicht richtig, weil auf solche Weise mit andern Worten für die zwei Meilen über den Berg nicht mehr Transportkräfte nöthig sein würden, als auf horizontaler Linie. Dafs dies unmöglich so sein kann, läfst sich selbst ohne besondern Beweis einsehen. Ein Anderes ist es freilich, wenn die Lasten nur eine sehr kurze Strecke lang hinaufzuheben sind, um darauf eine sehr lange Strecke von selbst fortzurollen; dann ist das Emporheben verhältnifsmäfsig leicht und wenig umständlich; aber dieser Fall ist nicht der im Texte.
Anm. d. Herausg.

**) Allerdings: möglich wird eine Eisenbahn oder Chaussée da immer noch sein, wo der Canal unmöglich ist, etwa wegen Mangel an Wasser auf den Bergen. Aber wenn man die Bergkette, statt sie zu übersteigen, umgehen kann, so wird das Letztere häufig das Bessere sein, selbst dann, wenn die Strafse um den Berg herum viel länger sein müfste, als über den Berg. Es kommt in jedem besondern Falle auf die wirkliche Vergleichung der Kosten des Baues und der Erhaltung der Strafse, und der Transportkräfte an. Anm. d. Herausg.

wie zwei Strebepfeiler, wieder vereinigen, bei den hohen Bergen von Beaujolais östlich, und von Madeleine westlich. In den Schluchten dieser Bergketten, und in den Thälern, welche darin entspringen, hatten wir die geradeste und bequemste Richtung für die Strafse zu suchen.

Die Bergkette auf dem linken Ufer, von den Gipfeln von Madeleine beginnend, die etwa 1200 Met. (3824 F.) über dem Thale hoch sind, läuft von Nordwest nach Südost zwischen den Thälern von Renaison und Isable hin, und endet, allmälig wellenförmig sich senkend, bei dem Berge südlich von Bully, dessen steile Abhänge, 300 Met. (956 F.) hoch, auf dieser Seite die Ufer der Loire bilden.

Die östliche Kette, welche von einem nicht minder hohen Puncte, dem Gipfel des Violey, ausgeht, senkt sich schnell nach St. Colombe hinab, und läuft dann, von Südost nach Nordwest, zwischen den Bächen Gand und Bernand fort; sie hält sich bis Nullise, kleine Senkungen ausgenommen, fast auf der nemlichen Höhe, erhebt sich darauf wieder bis zu dem Scheitelpuncte der Strafse von Roanne nach St. Etienne, und endigt bei dem bewachsenen Gipfel von Cordelle, gerade gegenüber dem Gipfel von Bully.

Diese Gestalt des Terrains liefs die Möglichkeit mehrerer Übergänge über die Bergrücken vermuthen, und es kam darauf an, den vortheilhaftesten zu finden. Die beiden wesentlichen Bedingungen waren: dafs, erstlich, der Scheitelpunct so niedrig als möglich liege, um das Gefälle zu vermindern, und dafs, zweitens, die Linie auf den beiden Abhängen in die Richtung der beiden correspondirenden Thäler falle, unmittelbar von dem einen in das andere übergehend.

Die Wasserläufe, so wie weitere Untersuchungen und Messungen der Gegend, zeigten uns an, dafs auf dem linken Ufer der Loire jene beiden Bedingungen, bis auf einen gewissen Punct, einander ausschliefsen. Es liefs sich nemlich entweder die Höhe des Übergangspunctes nicht anders vermindern, als dadurch, dafs man sich der Loire näherte, und mehr oder weniger Zuflüsse überbaute, um ihren Schluchten zu entgehen, oder dafs man allmälig immer höher stieg, während man sich immer mehr von der Loire, also von der Hauptrichtung, entfernte.

So konnte man aus dem Thale von Villat, einem Zuflusse der Renaison, bei Roanne, grade nach der Isable, einem Seitenflusse des Aix, gehen, welcher in der Ebene von Forez fliefst. Aber, um in diesem Fall über den Rücken zu kommen, welcher das Thal der Isable von dem Anfange der Villat trennt, hätte man müssen auf die beiden Abhänge der Spitze Cherier eine doppelte abhängige Eisenbahn legen, welche wenigstens 200 Met. (637 F.) senkrechte Höhe bekommen mufste; oder man hätte müssen, mehrere tausend Meter lang, durch sehr harten Granit die Strafse durchbrechen, gleichwohl aber noch in die beiden Ebenen, mit einem Gefälle von 1 auf 100, also steil genug, hinabsteigen. Die Gipfel von Pitellière und Cinquin, obgleich ein wenig niedriger, als die vorigen, hätten die Unbequemlichkeit gehabt, dafs man über die beiden Thäler des Lourdon, und die drei Rücken, welche die Gewässer der Villat von dem Chatelus-Bache trennen, gehen mufste; und dieser Übelstand wäre bedeutender gewesen, als der Gewinn an Höhe.

Die erste ausführbare Richtung ist die, welche vom Ausgange aus dem Thale der Villat an, unterhalb Lentigny, der Reihe nach in die Thäler des Lourdan, oberhalb Royaux, in das Thal von Chatelus, beim Schlosse dieses Namens, und in die beiden Schluchten des Serpentin-Baches, oberhalb Ménard, sich begiebt, und welche, nachdem sie sich in dem sehr durchbrochenen Terrain entwickelt, und mit beträchtlichen Ab- und Aufträgen dasselbe passirt hat, in das Gebiet des Baches Montouze und seiner zahlreichen Zuflüsse gelangt, wo sie sich ebenfalls wieder ausdehnt, und mehrere Schluchten übersteigen mufs, auf den Pafs von Vitré sich erhebend, von welchem sie auf einer geneigten Ebene von 98 Met. (312 F.) hoch nach der Isable hinabsteigen kann.

Aber es würde noch leichter sein, bis Vitré fortzugehen, und auf der Hauptkette sich zu entwickeln, beständig gegen Südost gerichtet, um auf diese Weise einen um 50 Met. (159 F.) niedrigeren Rücken, unmittelbar unterhalb des Fleckens St. Polgues, zu erreichen. Man könnte diesen Rücken vermittelst abhängiger Ebenen passiren, oder 1200 Met. (318 Ruthen) lang durch den Berg gehen; übrigens würde die Linie ein Gefälle von 1 auf 100 erhalten.

Wenn man, um einen weniger hohen Übergangspunct zu finden, die Berge noch weiter umgehen wollte, würde man auf noch zahlreichere Hindernisse stofsen. In der That wird das Terrain, je mehr man sich der Loire nähert, immer zerissener, und die Schluchten, oder vielmehr

Abgründe, über welche man gehen müſste, sind ungemein tief und jäh *). Um diesen Hindernissen auszuweichen, müſste man die Schluchten hinaufsteigen, und die Krümmen vervielfachen, welches die Linie sehr verlängern würde. So könnte man 80 Met. (255 F.) an Höhe gewinnen, wenn man, statt nach dem Rücken von St. Polgues hinaufzusteigen, auf Bully, Penneron, Foëve, les Costes und Pierrefitte (dem höchsten Puncte) ginge, hierauf in die Thäler des Chalava und Sac hinabstiege, und durch die Wälder von Bas und Ardilliers ginge, um nach dem Fluſs Aix bei Pommiers zu kommen; aber diese Linie würde um 3500 Met. (929 R.) länger sein, und dafür keinen andern Vorzug haben, als einen etwas niedrigeren Übergangspunct **).

Der Fehler aller Linien auf dem linken Ufer der Loire ist ihre zu groſse Länge ***), und diese entsteht aus der nicht zutreffenden Richtung der Thäler des nördlichen Abhanges, und der Loire selbst, deren Richtung, von Roanne aus, auf die Hauptrichtung, beinahe senkrecht ist, und, auf einige Lieues lang, sich dem Zielpuncte wenig nähert. Die kürzeste Linie, welche wir auf dem linken Ufer haben finden können, ist 9000 Met. (2390. R.) länger, als auf dem rechten, und 17000 Met. (4513 R.) länger, als die gerade Linie von Roanne nach Pommiers, welche 22500 Met. (5974 R.) lang ist †).

Auf diese Weise hat also das rechte Ufer der Loire vor dem linken für die Straſse den Vorzug. Die Richtung des Rhins liegt von Roanne bis L'Hôpital auf 8000 Met. (2124 R.) lang völlig in der Haupt-

---

*) So ist es an Strömen gewöhnlich. Das Terrain ist am schwierigsten zwischen dem höchsten Rücken der Ufer und dem Strome, weil dort die Schluchten der Zuflüsse von den Seiten am tiefsten sind. Man muſs daher meistens mit einer Straſse entweder dicht an dem Strome bleiben, oder den hohen Rücken der Uferberge ersteigen; auf mittler Höhe ist selten fortzukommen. Dieser Umstand verstärkt die Beweggründe, den Strom mit der Straſse nicht zu verlassen.
Anm d. Herausg.

**) Es ist sehr die Frage, ob, in diesem kleinen einzelnen Beispiele, der Gewinn von 255 F. Höhe nicht mehr werth wäre, als der Verlust an 929 R. Länge.
Anm. d. Herausg.

***) In so fern nicht gröſsere Höhen zu übersteigen sind, als auf dem andern Ufer. Sonst ist auch die gröſsere Höhe, und diese ein verhältniſsmäſsig noch viel gröſserer Nachtheil, als die Länge. Anm. d. Herausg.

†) Von der Höhe ist also gar nicht die Rede. Das kommt von dem Tarife, und den, wie es nach den obigen Bemerkungen scheint, nicht angemessenen Bestimmungen desselben. Anm. d. Herausg.

richtung. Der Gand-Bach, einer der Haupt-Arme des Rhins, beinah ebenfalls in der Hauptrichtung, bietet das directe Mittel dar, die Wasserscheide des nördlichen und südlichen Abhanges zu erreichen. Es kommt nur noch darauf an, den angemessensten Übergangspunct zu finden.

Wie schon bemerkt, senkt sich die Bergkette zwischen St. Colombe und Nullize, wo mehrere Zuflüsse der Hauptthäler, nemlich des Gand und Bernand, entspringen. Wir haben an dieser Stelle vier Puncte ausgemittelt, die ungefähr gleich tief unter der Hauptlinie liegen. Die Höhe dieser Puncte über der Brücke von Roanne ist folgende:

Der Rücken la Croix, 30 Met. unterhalb St. Just, 254 Met. (809 F.).
Der Rücken von Janin, gegenüber Croiset, . . 249 - (793 F.).
Der Rücken von Corneillon . . . . . . . . 254 - (809 F.).
Der Rücken von Ratisson, 50 Met. tiefer als Nullize, 243 - (774 F.).

Da die Höhe dieser Übergangspuncte nur wenig verschieden ist, so muſs die Wahl zwischen ihnen durch andere Rücksichten entschieden werden.

Der erste Punct, nur 550 Met. vom Gand entfernt, und 600 Met. von einem kleinen Zuflusse des Bernand, wäre geeignet, direct aus dem Thale des Gand in das Thal des Bernand zu gelangen, welchem man dann folgen müſste, um in die Ebene zu kommen. Aber diese Richtung würde eine Verlängerung der Linie von 5700 Met. (1513 R.) erfordern. Obgleich eine solche Verlängerung zur Verminderung des Gefälles gereicht haben würde, haben wir sie, nach unserm Principe, verworfen, und eine kürzere Linie vorziehen zu müssen geglaubt*).

Die Richtungen durch den zweiten und dritten Übergangspunct würden weniger direct sein, weil man das Thal des Berneton überschreiten müſste, um in das Thal des Bernand zu kommen; aber die Linie kann hier kürzer sein. Besonders ist das Letztere bei dem vierten Übergangspuncte, in der Senkung von Ratisson, der Fall; und da die Höhe dieses Punctes, ungeachtet der Abkürzung der Linie, mit höchstens Einem Centimeter Gefälle mehr gewonnen werden kann, so sind wir bei dieser Richtung stehen geblieben.

---

*) Die Verminderung des *Gefälles* kann allerdings nur bedingungsweise das sein, was eine Verlängerung der Linie rathsam macht. Dagegen zur Ersparung an Hinauf- und wieder Hinabsteigen, also an *Höhe* des Scheitelpunctes überhaupt, ist eine verhältniſsmäſsige Verlängerung der Linie *unbedingt* rathsam.
Anm. d. Herausg.

Wir wollen nicht die verschiedenen Vergleichungen von Linien, welche wir untersucht haben, sowohl für des System eines stetigen Abhanges, als für dasjenige durch abhängige Flächen unterbrochener Gefälle, aufzählen; es wird hinreichend sein, diese Vergleichung für die Linie anzuzeigen, bei welcher wir stehen geblieben sind.

Wir haben zunächst eine Linie von Roanne bis Balbigny nach der Regel versucht: nur Ein Auf- und Ein Absteigen, und nirgend ein stärkeres Gefälle als 1 auf 100 zu haben, weil auf einer stärker abhängigen Bahn das Hinunterfahren der Wagen gefährlich ist. Nach dieser Regel mufste die Strafse, nachdem sie die Ebene von Roanne durchlaufen ist, sich auf das linke Ufer des Rhins erheben, und von da auf das linke Ufer des Gand gehen, 20 bis 30 Met. hoch über demselben; sie mufste ferner die dortigen Seitenschluchten, vermittelst mehr oder weniger ausgedehnter Krümmungen, umgehen, hierauf zu dem linken Ufer des Grand-Ris zurückkehren, und beim Schlosse Peray, auf einem Puncte des Thales anlangen, welcher 53 Met. (169 F.) unter dem Gipfel liegt; sie mufste 1200 Met. (318 R.) lang durch den Berg gehen, hierauf nach der Domaine la Ronde, und dann längs dem linken Ufer des Berneton hinabsteigen, durch Montarnos, St. Marcel und la Varenne; hierauf gelangte sie auf das Plateau von Biesse, wo sie zur Rechten blieb. kehrte nach dem Bache Bernand zurück, passirte ihn, bei dem Hause Timognier, und erreichte bei demselben die Ebene von Forez.

Diese Linie ist, von der Brücke zu Roanne bis zu der Brücke über den Bernand, wegen der zahlreichen Krümmungen auf den Abhängen des Gand und des Berneton, so wie um das Plateau von Biesse herum, 35300 Met. (9371 R.) lang. Nun war es aber klar, dafs man, wenn man das System abhängiger Flächen annimmt, und sich vermittelst derselben, nach Erfordern, auf die Höhen oder in die Thäler begiebt, die meisten Umwege ersparen kann, die nothwendig sind, wenn man den Abhängen der Berge folgt, und dafs sich also dann die Linie bedeutend verkürzen läfst *).

Nach diesem Systeme konnten wir dem Thale des Gand folgen, dessen Abhang nur 0,009686 (ungefähr 1 auf 103) ist, und nur einige

---

*) Es kommt auf eine Berechnung nach den örtlichen Umständen an, was besser ist. Anm. d. Herausg.

Meter über dem Bache hoch, bis in das Thal des Grand-Ris fortgehen, dessen starker Abhang eine erste schräge Fläche, Symphorien gegenüber, erfordert. Der Übergang über den Scheitelpunct geschah hierauf durch eine doppelte, nach Nord und Süd in die Thäler des Grand-Ris und des Champagny abhängende schräge Fläche, welche nun direct nach dem Fufse von St. Marcel führte, den Krümmen des oberen Theiles des Berneton entgehend. Die Linie, auf dem Abhange des letzteren Thales fortgesetzt, erreichte das Plateau von Biesse, und stieg vermittelst einer dritten abhängigen Fläche, deren Fufs den Bernand erreichte, in die Ebene Forez hinab. Diese Linie ist nur 28986 Met. (7696 R.) lang, also 6014 Met. (1579 R.) kürzer, als die vorige. Dieser Unterschied hat uns wichtig genug geschienen, um der kürzeren Linie den Vorzug zu geben *). Wir hatten zwar, indem wir auf die Vortheile verzichteten, welche eine längere und leichtere Linie gewährte, nicht zu übersehen, dafs, indem wir gleichsam die Schwierigkeiten und Kosten auf eine kürzere Linie zusammendrängten, zugleich den Ertrag des Werks, im Verhältnifs zum angewendeten Capital, verminderten; aber diese Erwägung hat uns nicht abhalten können, weil wir überzeugt sind, dafs der Gewinn, welcher dem Verkehr zu Theil werden wird, denselben auch wiederum verstärken, und uns für unsere Opfer und Auslagen wiederum entshädigen werde **).

Nachdem die Strafse den Bernand, auf einem Damme von 22 F. hoch, passirt ist, gelangt sie in die Ebene von Forez, und durchschneidet sie in ihrer ganzen Länge, ohne das geringste Hindernifs. Am Ende derselben, 4000 Met. (1062 R.) von Andrezieux, kann man nach Belieben die Strafse nach diesem Dorfe führen, oder sie gerade nach La Fouillouse, mit einer Abkürzung von 5000 Met. (1327 R.), fortsetzen. Nach unserm Princip bei der übrigen Linie, nemlich unser eigenes Interesse auf den festen Grund des öffentlichen Wohles zu

*) Immer wieder die obigen Bemerkungen. Anm. d. Herausg.

**) Diese Aufopferung des eigenen Interesses für das allgemeine Beste ist unstreitig ungemein ehrenwerth. Allein es ist die Frage, ob selbst bei dieser Aufopferung das Publicum durch die über die Berge geführte Linie wirklich gewinnt, und ob nicht eine Linie ohne Steigen und Wieder-Fallen für beide Theile, das Publicum und die Unternehmer, vortheilhafter gewesen wäre. Anm. d. Herausg.

bauen *), würde die Wahl nicht zweifelhaft sein. Der Umstand, daſs dem Verkehr 5000 Met. (1327 R.) Weg erspart werden können, was nach unserm Tarif 75 Cent. für die Tonne, und 75000 Franken jährlich ausmacht, wenn man nur auf 100000 Tonnen Fracht rechnet **), würde uns so bedeutend geschienen haben, daſs wir keinen Anstand genommen haben würden, uns zu der Abkürzung zu verstehen, selbst wenn sie eine Erhöhung des Bau-Capitals erfordert hätte; aber es setzten sich der Abkürzung Privat-Interressen entgegen ***). Ein Theil der Eisenbahn von St. Etienne nach der Loire wäre nemlich dadurch weniger ergiebig geworden, und obgleich unsere Unternehmung, indem sie den Verkehr mehr belebte, die Verminderung reichlich durch die Vermehrung der Einnahme des andern Theils wieder einbringen muſste, so ist es doch möglich, daſs man die Entschädigung nicht für vollständig gehalten haben würde. Jedenfalls haben wir geglaubt, nicht ein einzelnes Project allein vorlegen zu müssen, welches vielleicht von den Ingenieurs hätte verworfen und von den Handeltreibenden gemiſsbilligt werden können; wir haben also den Plan zwiefach machen, und Ihnen, Herr General-Director, die Entscheidung überlassen zu müssen geglaubt. In der That kommt es der achtbaren Bau-Behörde und der Regierung, der natürlichen Beschützerin der öffentlichen und der Privat-Interessen, allein zu, dieselben gegen einander abzuwägen, und nach Billigkeit zu urtheilen. Die Befolgung der Entscheidung findet hier keine Schwierigkeit, da die Behörde versichert sein kann, daſs wir uns in diesem Puncte bereitwillig jede Änderung unserer Concession gefallen lassen werden, welche den Verkehr befördert, und weil Niemandem hernach ein gesetzliches Recht der Hinderung übrig bleibt. Jedenfalls aber werden wir, da wir aus St. Etienne und Lyon das Schmiede- und Guſs-Eisen und einen groſsen Theil der Steinwürfel, und anderer zum Bau und zur Versorgung der Eisenbahn nothwendigen Gegenstände nehmen müssen, von unserm Rechte, beson-

---

*) Ein herrliches Princip! dasjenige, worauf das Gedeihen und die Wohlfahrt der gesammten menschlichen Gesellschaft beruht. Anm. d. Herausg.

**) Nach dem Tarif der Eisenbahn von St. Etienne nach der Loire, welcher 18 Cent. für den Cubikmet. Steinkohlen, oder 23 Cent. für die Tonne ist, würde die jährliche Ersparung 115 000 Fr., und für eine gröſsere Transportmasse noch mehr betragen. Anm. d. Orig.

***) Hier, in der Ebene, war die Abkürzung der Linie ohne allen Zweifel im Interesse des Publicums. Anm. d. Herausg.

dere Materialienwege zu bauen, Gebrauch machen, und einstweilen einen Arm der Eisenbahn nach Fouillouse legen, um die Transportkosten unserer Materialien zu vermindern. Nach dem Schlusse der Arbeiten werden wir, wenn man es verlangt, diesen Seiten-Arm wieder wegnehmen. Da wir aber, als die Vertreter der Interessen einer zahlreichen Vereinigung von Personen, welche uns mit ihrem Zutrauen beehrt haben, keinen Theil der Unternehmung den Zufälligkeiten einer ungewissen Zukunft dürfen unterworfen sein lassen, so würden wir gegen unsere Obliegenheit zu fehlen, und das in uns gesetzte Zutrauen zu mifsbrauchen glauben, wenn wir, indem wir auf den Seiten-Arm der Strafse von Fouillouse, für den Fall, dafs es verlangt wird, verzichten, nicht zugleich ausdrücklich die Bedingung uns vorbehielten, dafs dieses von uns vorgelegte und als ausführbar erkannte Project von Niemand Anderem, zum Nachtheil unserer Gesellschaft, ausgeführt werden dürfe. Denn verwürfe die Regierung die Abkürzung, um nicht das Interesse der Gesellschaft für die Strafse von St. Etienne nach Andrezieux zu beeinträchtigen, welche keinen Vorbehalt gemacht hat, so würde das nemliche Recht um so mehr von unserer Gesellschaft dadurch erworben werden, dafs man sie zwänge, ursprünglich diejenige Richtung zu vermeiden, welche man späterhin gestattete.

Nachdem wir nun eine Übersicht unseres Projects gegeben haben, wollen wir noch einige Details über die bemerkenswerthesten Stellen der Linie hinzufügen. Die erste dieser Stellen ist der Zugang nach Roanne. Da der Stadtrath den Wunsch geäufsert hatte, dafs die Eisenbahn ins Innere der Stadt, und insbesondere auf den gegenwärtigen Loire-Quai geführt werden möchte, der das künftige Bassin abgeben soll, so haben wir, diesen Wunsch erfüllend, die Strafse bis auf das linke Ufer der Loire und längs dem Quai Charpentiers, in gleicher Höhe mit ihm, verlängert, obgleich wir, wegen des Einganges in die Stadt, zu erwarten hatten, dafs die bewegende Kraft geändert, und ein Pferde-Relais werde angeordnet werden müssen. Jedenfalls werden längs dem Quai die Waaren abgesetzt werden müssen, welche die Eisenbahn den Schiffen der Loire oder des Canals zuführt, und umgekehrt. Um aus dem Bassin zu kommen, macht die Strafse eine Wendung mit einer Krümmung von 53 R. Halbmesser, auf einer Erdfläche von ungefähr gleicher Höhe mit der Chaussée No. 7. Auf dieser Erdfläche könnte die Umladung der Frachten zwischen der Eisenbahn und der Chaussée geschehen. Hierauf geht die Eisenbahn über den linken Fuſspfad der Brücke, ohne daſs an derselben das Geringste verändert werden dürfte. Da der Pfad 2 Met. (6 F. 4 Z.) breit ist, die Einfassung mitgerechnet, die Eisenbahn aber nur $1\frac{1}{2}$ Met. (4 F. 9 Z.), so bleibt $\frac{1}{2}$ Met. (1 F. 7 Z.) Raum zwischen den Schienen und dem Geländer. Die Schienen sind hier platt, 2 Centimet. ($9\frac{1}{5}$ Linien) dick, und werden auf die Steinplatten des Pfades unmittelbar hingelegt und befestigt, so daſs daraus für die Fuſsgänger kein Hinderniſs entstehen kann, um so weniger, da für dieselben der andere Fuſspfad allein vollkommen hinreichen dürfte, wenn auch das Fuhrwerk denselben Pfad ununterbrochen einnehmen sollte, was nicht der Fall sein wird, indem es vielmehr nur Eine Stunde des Tages dort erscheint. Der Weg für die Wagen auf der Chaussée No. 7. wird eben so wenig im Geringsten gehemmt werden, weil die Eisenbahn die Chaussée nicht durchschneidet, sondern stets auf der linken Seite derselben bleibt, von einem Ende der Brücke bis zum andern.

Von diesem Punct an geht die Linie in der Ebene von Roanne fort, Anfangs mit einem Gefälle von 0,00165 auf den Met. (1 auf 606), 3112 Met. (826 R.) lang, und hierauf 3429 Met. (910 R.) lang mit 0,00385 (1 auf 260) Gefälle. Sie tritt hierauf in das enge Thal des Rhins, welchem sie, 1360 Met. (361 R.) lang, mit einem Gefälle von 0,006373 (1 auf 157), vom Bache Mordon an bis zum Durchschnitte mit der Straſse No. 7. in dem Dorfe Hôpital, folgt, wo die Schienen in der Ebene der Chaussée liegen werden. Das nemliche Gefälle bleibt noch 900 Met. lang in dem Thale des Gand bis zur Begegnung mit der Straſse No. 82., welche ebenfalls in gleicher Höhe mit ihr geschnitten wird, und von wo dann ein anderes Gefälle von 0,006686 (1 auf 103) anfängt, welches 6618 Met. (1757 R.) lang fortdauert. Der Bach Grand-Val wird auf einer Brücke von $9\frac{1}{2}$ F. Öffnung überschritten, und der Gand-Bach, auf dessen rechtes Ufer sich die Straſse zurückbegiebt, auf einer Brücke von 19 F. Öffnung. Wir haben die Lage der Straſse auf dem rechten Ufer des Gand vorgezogen, weil dasselbe die Sonnenseite ist, und auch weniger Zuströmungen sich daselbst befinden. Der auſserordentlich gekrümmte Bach wird an zwei Stellen gerade gestochen, und der Bord der Straſse an den Durchstichen, im Fall es nothwendig ist, mit Futtermauern, bis zur Höhe der höchsten Fluthen, eingefaſst werden.

Da das Thal hier ungemein eng und zerrissen ist, so hat die Strafse eine Menge Krümmen bekommen müssen, deren Halbmesser wir überall so grofs als möglich zu machen gesucht haben. Von drei dieser Krümmen ist der Halbmesser 200 Met. (637 F.), von den übrigen gröfser.

Von dem zweiten Durchschnitte des Gand 100 Met. ($26\frac{1}{2}$ R.) entfernt, fängt ein starkes Gefälle von 1 auf 20 an, welches 832 Met. (221 R.) fortdauert, und die Strafse in das Thal des Grand-Ris hebt, in welchem sie, 1424 Met. (378 R.) lang, mit 0,0079 (1 auf 127) Gefälle fortgeht. Der Bach wird hier zweimal gerade gestochen, und nun folgt die nach zwei Seiten abhängige Bahn, deren entgegengesetztes Gefälle auf jeder Seite 2228 Met. (592 R.) lang 0,041 (1 auf $24\frac{1}{3}$) beträgt, während die beiden Abhänge oben durch eine horziontale, 628 Met. (167 R.) lange, Linie getrennt sind. Wir hätten diesen horizontalen Theil der Linie, und mit ihr beträchtliche Erd-Arbeiten, vermeiden können, wenn wir die Strafse, statt mit ihr die Schlucht von Goutte-Froide und das Thal von Champagny quer zu schneiden, in das Thal des Berneton, oder auf die Abhänge von Ratisson und Montarnos gelegt hätten; aber hier wäre die Linie 1400 Met. (372 R.) länger geworden *).

Die Strafse, bis zu dem Park von St. Marcel gelangt, steigt nun weiter, mit einem Gefälle von 1 auf 500, 4227 Met. (1122 R.) lang hinab. Auf dieser Strecke überschreitet sie den Bach Berneton auf einer Brücke 13 F. Öffnung, geht auf dem linken Ufer des Baches fort, und schneidet die Schlucht von St. Marcel, der Brücke de la Revoute gegenüber, auf einem Damme von 21 Met. (67 F.) hoch und 150 Met. (40 R.) lang, und 35000 Cub.-Met. (7861 Sch.-R.) Inhalt. Dieser Damm ist der höchste auf der ganzen Linie. Die Strafse befindet sich nun auf dem Bergrücken von Biesse, welcher die Scheide zwischen den Thälern des Berneton und des Bernand ist. Sie geht über diesen Rücken, rechter Hand von der Strafse No. 82., 19 F. hoch über derselben, und erreicht den Gipfel der abhängigen Bahn des Bernand. Diese Bahn ist auf den südlichen Abhang des Berges gelegt, 1897 Met. (503 R.) lang, mit 0,0446 (1 auf $22\frac{1}{2}$) Gefälle, und endigt bei dem Hause Reynaud, nahe am Bernand-Bache. Nachdem die Strafse die Chaussée No. 82. zum vier-

*) Wahrscheinlich wäre aber nicht an Höhe gewonnen worden; sonst würde die andere Linie besser gewesen sein. Anm. d. Herausg.

ten Male, mit ihr gleich hoch, geschnitten hat, tritt sie in die Ebene von Forez, von welcher sie zunächst einen Theil, 950 Met. (252 R.) lang, durchläuft, und dann, auf 7136 Met. (1895 R.) lang, ein Gefälle von 0,0012 (1 auf 833) annimmt. Über die Bäche Bernand, Bois-Vert, Pouilly, und überhaupt über alle Wasserläufe, geht sie, wie auf der ganzen Linie, auf gemauerten Brücken. Es findet sich auf dieser Strecke nichts Bemerkenswerthes; aber am Loise-Fluſs angelangt, trifft die Straſse auf ein breites und tiefes Thal, welches einen groſsen Damm erfordern wird. Obgleich wir einen Übergangspunct gewählt haben, wo das Thal eng ist, werden doch 70000 Cub.-Met. (15722 Sch.-R.) Masse zu einem Damme von 400 Met. (106 R.) lang, und an der höchsten Stelle 13 Met. (41 F.) hoch nothwendig sein. Die Brücke über die Loise wird, gleich derjenigen, welche man, 400 Met. (106 R.) oberhalb, über den nemlichen Fluſs gebaut hat, 29 F. Öffnung erhalten. Die Straſse geht nun in der Ebene in langen geraden Linien und mit fast unmerklichen Abhängen fort. Von dem vorigen Abhange an beträgt das Gefälle, auf 2996 Met. (795 R.) lang, 1 auf 1000, und dann folgt 6843 Met. (1817 R.) lang ein Gefälle von 1 auf 1250, welches bis zur Mitte der Allée des Schlosses Magneux anhält. Zwischen dieser Allée und der Departemental-Straſse No. 1. beträgt das Gefälle auf 4238 Met. (1125 R.) lang 0,001767 (1 auf 568). Die Straſse wird von der Eisenbahn in ihrer eigenen Höhe geschnitten.

Der Übergang über die Straſse No. 89., von Lyon nach Bordeaux, wird 1 Met. tiefer als dieselbe geschehen. Da indessen die Chaussée an dieser Stelle auf den natürlichen Boden gelegt ist, und verlegt werden muſs, des bessern Einganges in die Stadt Feurs wegen, so haben wir es für unbedenklich gehalten, hier eine kleine Veränderung an dem jetzigen Zustande der Straſse zu machen; eine andre Anordnung würde beträchtlich mehr Damm-Arbeiten verursacht haben.

Die Eisenbahn begegnet in dieser Strecke den Bächen Garollet und Thoranche, über welche 18 und 19 F. weite Brücken werden gebaut werden. Von der Chaussée No. 1. ab behält die Eisenbahn noch 6444 Met. (1711 R.) lang das Gefälle von 1 auf 1250 bei, und gelangt nun zu dem Übergange über die Coise, welcher auf einer 25½ F. weiten Brücke geschehen wird, derjenigen ähnlich, welche auf der Straſse No. 82., 4000 Met. (1062 R.) unterhalb, gebaut wird. Das Gefälle endigt 300 Met. (80 R.) vor dem Übergang über die Coise, wo es, 512 Met. (136 R.) lang, 1 auf 750 betragen wird. Von St. Galmier bis Cuzieux macht dieser Fluſs die Grenze zwischen dem obern und untern Theile der Ebene. Der obere Theil liegt ungefähr 20 Met. (64 F.) höher, als der untere.

Anstatt diese Höhe auf einer abhängigen Bahn zu ersteigen, hat es uns besser geschienen, in das Thal des Voulvon hineinzugehen, welches in gerader Linie lag, und die Bahn allmälig, mit einem Gefälle von 0,006 (1 auf 167), welches dem Abhange des Baches gleich ist, in die Höhe steigen zu lassen. Dieses Gefälle dauert dann auch auf der Höhe fort, im Ganzen 7995 Met. (2123 R.) lang, von der Coise bis zum Fuſse des Abhanges im Walde von Fouillouse, und bis 250 Met. (66 R.) hinter dem Wege von la Gouyonnière nach St. Héand. Da die Abhängigkeit des Bodens nun stärker wird, so ersteigt die Bahn den Hügel in dem Walde von Fouillouse mit einem Gefälle von 0,0401 (1 auf 25) 740 Met. (196 R.) lang, schneidet die Straſse No. 82., bleibt 687 Met. (182 R.) lang horizontal, und steigt darauf, mit einem Gefälle von 0,045 (1 auf 22), 931 Met. (247 R.) lang, in das Thal des Furens hinab.

Schlieſslich vereinigt sie sich mit der Eisenbahn von St. Etienne nach der Loire vermittelst einer horizontalen Strecke von 70 Met. (18½ R.) lang, die in der Verlängerung einer der Linien jener Eisenbahn liegt.

Der andere Arm nach Andrezieux trennt sich bei der Domaine Muron von der Hauptlinie, und geht, 2623 Met. (696 R.) lang, schräg über die Ebene hin, gelangt ohne Abhang bis zum Ende der Ebene bei der Capelle von Andrezieux, und steigt nun auf das Ufer der Loire hinab, vermittelst einer 887 Met. (236 R.) langen abhängigen Bahn von 0,0415 (1 auf 24) Gefälle, nachdem sie die Departemental-Straſse No. 2. geschnitten hat, und schlieſst sich an die Eisenbahn von Andrezieux an, 550 Met. (146 R.) lang horizontal fortlaufend, bis über das Magazin Marcoux, wo sich die beiden Eisenbahnen, 100 Met. (26½ R.) diesseit der Brücke über den Furens, vereinigen.

Auſser den beiden Auf- und Ablade-Stellen am Anfange und Ende der Bahn, werden wenigstens noch zwei andere eingerichtet werden, die eine zu Feurs, beim Durchschnitte der Eisenbahn mit der Straſse No. 89. von Lyon nach Bordeaux, die andere auf dem Felde von St. Symphorien, nahe an der Brücke über den Gand.

Die Bewegungsmittel auf der Eisenbahn werden im Allgemeinen Dampfwagen sein, auf der abhängigen Fläche Fouillouse jedoch

Pferde. Hier wird man, wenn eine Reihe Wagen im Begriff ist, hinabzufahren, sie vermittelst eines Seiles an eine andere Reihe hängen, die hinauffahren soll; und da auf diese Weise die beiden Frachten ungefähr in's Gleichgewicht gebracht werden, so wird der Zug der Pferde nur die Reibung der Räder und den Widerstand der Seile zu überwinden haben.

Auf der abhängigen Bahn von Andrezieux ist eine feststehende Dampfmaschine nöthig; da auf dem Gipfel Wasser fehlt, so mufs dasselbe von der Maschine aus der Loire heraufgehoben werden.

Die abhängige Bahn am Bernand bekommt ebenfalls eine feststehende Dampfmaschine, welcher der nur 300 Met. (80 R.) entfernte Bach das nöthige Wasser liefert.

Auf der doppelten abhängigen Bahn auf der Wasserscheide bei Nullize wird die Bewegung genau auf dieselbe Weise vor sich gehen, wie bei derjenigen von Fouillouse.

Endlich werden auf der abhängigen Bahn des Gand die beladenen Wagen selbst, welche hinunterfahren, die zurückkommenden leeren oder wenig beladenen Wagen von Roanne her heraufziehen *).

Stellenweise, zusammen auf etwa zwei Siebentheile der ganzen Länge, ist das Gefälle der Eisenbahn stark genug, dafs die Wagen durch ihr Gewicht allein hinabgetrieben werden. Diese Stellen sind von Fouillouse bis zur Coise 7810 Met. (2074 R.) lang, und vom Thale des Grand-Ris bis zum Bache Mordon 11400 Met. (3026 R.) lang.

Zusammengenommen werden zu der 68427 Met. (18167 R.) langen Eisenbahn, von der Brücke von Roanne bis zum Anschlusse bei la Fouillouse, oder 67037 Met. (17798 R.) lang bis Andrezieux, nothwendig sein:

1. 547604 Cub.-Met. (123012 Sch. R.) gewöhnliche Erd-Arbeiten, 226212 Cub.-Met. (25304 Sch. R.) Felsen-Abträge.

---

*) Das Seil mufs also auf der doppelt abhängigen Bahn bei Nullize über 800 Ruthen lang sein, und jede Reihe Wagen mufs die entgegenkommenden erwarten. Besonders das Letztere scheint auf dieser Strafse grofse Schwierigkeiten machen zu müssen, weil die Masse der Transporte in den beiden entgegengesetzten Richtungen sehr verschieden ist, und namentlich bei weitem mehr Fracht, z. B. Steinkohlen, die Loire hinab transportirt werden, als andere Waaren stromauf. In wie fern der Zug an den 800 Ruthen langen Seilen ohne grofse Schwierigkeiten vor sich gehen werde, mufs die Erfahrung lehren. Anm. d. Herausg.

2. Eine Brücke von drei Bogen, 29 Fufs weit, über die Coise,
Eine Brücke von Einem Bogen, 29 F. weit, über die Loise,
Eine Brücke, 19 F. weit, über die Thorauche,
Zwei Brücken, 19 F. weit, über den Gand,
Eine Brücke, 16 F. weit, über den Bernand,
Sieben Brücken, $9\frac{1}{2}$ Fufs weit, und
Ein und sechszig kleine Brücken, von $3\frac{1}{4}$ und $6\frac{1}{2}$ Fufs weit, über verschiedene Bäche und Wasserläufe.
3. Verschiedene Steinböschungen und Futtermauern längs dem Rhins, Gand und Voulvon, zusammen 650 Met. (173 R.) lang.

Da das Interesse unserer Gesellschaft erfordert, dafs die Arbeiten so schnell als möglich angefangen werden, so müssen wir dringend bitten, dafs unser Bauplan unverzüglich geprüft werde. Wir zählen hierbei auf Ihr gewohntes Wohlwollen, Herr General-Director, für alle Entwürfe von öffentlichem Nutzen, und auf den einsichtsvollen Eifer, mit welchem die Herren Ingenieure Unternehmungen zu befördern pflegen, welche sich Ihres Schutzes erfreuen.

Roanne, den 27. Juni 1829.

Die Directoren der Concessionirten:
Mellet und Henry.

[Anm. d. Herausg. Wenn man das Steigen und Fallen nach den obigen einzelnen Angaben des Gefälles und der Länge der verschiedenen Abhänge berechnet, so findet man, dafs die Eisenbahn in Andrezieux um 409 F. höher liegt, als auf der Brücke zu Roanne. Dieses wäre also auch ungefähr das Gefälle der Loire von Andrezieux bis Roanne. Zwischen diesen beiden Puncten ist der Flufs, der Karte zufolge, in seinen Krümmen, etwa 21750 R. ($10\frac{7}{8}$ Meilen) lang. Es kommt also ein mittleres Gefälle von 1 auf 628, oder von etwa 1 Fufs und $10\frac{1}{2}$ Duod.-Zoll auf 100 Ruthen heraus, welches einen ungemein reifsenden Strom anzeigt.

Ferner findet man, dafs die Eisenbahn von Andrezieux aus zuerst steigt: . . . . . . . . . . . . . . . . . . . . . . 117 F.
Darauf fällt sie . . . . . . . . . . . . . . . . 346 F.
Dann steigt sie wieder . . . . . . . . . . . . . . . . . . 588 F.,
und fällt bis Roanne hinab . . . . . . . . . . 768 F.
Zusammen also steigt sie . . . . . . . . . . . . . . . . . . 705 F.
und fällt . . . . . . . . . . . . . . . . . . . . 1114 F.,

was eben den obigen Unterschied von 409 F., nemlich den Abhang von Andrezieux bis Roanne, giebt. Nun würde die Strafse, wenn sie im Thale der Loire läge, und nicht über die Berge ginge, stromab *gar nicht* zu steigen brauchen, sondern könnte parallel mit dem Spiegel des Flusses, also mit einem Gefälle von 1 auf 628, *stetig* fallen; in entgegengesetzter Richtung, stromauf aber, brauchten nicht, wie jetzt, zusammen 1114 F., sondern nur 409 F. erstiegen zu werden. Die Strafse über die Berge steigt und fällt also jetzt eine senkrechte Höhe von 705 Fufs mehr, als nöthig. Ferner wären längs dem Flusse keine abhängige Bahn, keine stehende Dampfmaschine, und kein Aufenthalt, den sie verursachen, nothwendig, sondern die Lasten könnten ohne alle Unterbrechung stromab und stromauf transportirt werden. Da auf Eisenbahnen, die einen Abhang von etwa 1 auf 160 haben, die beladenen Wagen durch ihr Gewicht allein fortgetrieben werden, so würden hier, auf dem Abhange von 1 auf 628, bergab nur etwa drei Viertheile und bergauf etwa fünf Viertel der Kraft nothwendig sein, die zum Zug auf horizontaler Bahn nöthig ist; und da bei weitem der gröfste Theil der Frachten bergab geht, so würde das stetige Gefälle von 1 auf 628 dem Fuhrwesen sehr zu Statten kommen. Ob nun die Vertheurung des Transportes, die nothwendig daraus entstehen mufs, dafs die 3 bis $3\frac{1}{2}$ Millionen Centner Lasten, die man jährlich über diese Eisenbahn gehend rechnet, 705 F. höher als nöthig gehoben werden müssen, nicht mehr beträgt, als die Zinsen des Capitals, welches man vielleicht hätte anwenden müssen, um im Flufsthale, statt über die Berge zu bauen, noch mit hinzugethaner Erhöhung der Erhaltungskosten, ist eine interessante Frage, deren nur zur Stelle mögliche Beantwortung dahingestellt bleibt.

Um indessen einerseits zu sehen, wieviel die wegen der Steigung von 705 F. nöthige Vermehrung der Transportkräfte betragen würde, wollen wir dieselbe ganz ungefähr wie folgt berechnen. Ein starkes Pferd zieht, horizontal sich fortbewegend, etwa 150 Pfd. mit $3\frac{1}{3}$ F. Geschwindigkeit senkrecht hinauf (etwa vermittelst eines über eine Rolle gehenden Seiles), und kann diese Anstrengung, des Tages, nach Abzug der Unterbrechungen, 8 Stunden lang fortsetzen. Seine Wirkung ist also in einem Tage so grofs als das Heben von $150 . 3\frac{1}{3} . 3600 . 8$ Pfd. $= 130909$ Ctr. 1 F. hoch, oder als das Heben von etwa 180 Ctr. 705 F. hoch. Nun wollen wir annehmen, dafs jährlich 3 Mill. Ctr. über die Strafse gehen, was etwa 150 000 Tonnen, und täglich 8219 Ctr. ausmacht. Daraus findet sich, dafs $\frac{8219}{180}$ oder 46 Pferde nöthig sind, um die gesammte Transportmasse 705 F. hoch zu heben. Diese Berechnung ist, wie gesagt, nur ganz ungefähr; indessen giebt sie nicht ein zu grofses, sondern vielmehr ein zu kleines Resultat. Die genauere Berechnung giebt mehr. Ferner kann man annehmen, dafs die Kraft Eines Pferdes auf horizontaler Eisenbahn täglich 140 Ctr. 4 Meilen weit, also etwa 62 Ctr. durch die 9 Meilen lange Bahn fortschafft; mithin würden zu dem gesammten Transport auf horizontaler Bahn $\frac{8219}{62} = 133$ Pferde nöthig sein. Da aber hier bei weitem die meisten Lasten bergab gehen, und, wie oben bemerkt, nur $\frac{3}{4}$ der Kraft dazu nöthig ist, so läfst sich, mit Rücksicht darauf, dafs bergan wieder etwas mehr nöthig ist, wenigstens noch $\frac{1}{8}$ abziehen, und wir können annehmen, dafs 117 Pferde zu dem gesammten Transporte zureichen. Zu dem Heben der Lasten 705 F. hoch waren 46 Pferde nöthig, also ist, *wegen dieser 705 F. Höhe, mehr als der dritte Theil, ja fast die Hälfte der Transportkraft mehr nöthig.* Ob nun die Strafse an dem Flusse auch den dritten Theil und fast die Hälfte mehr zu bauen und zu unterhalten kosten würde, ist eine weitere Frage. Wäre aber das auch, so bliebe immer noch die Ersparung an Aufenthalt und Zeit zu Gunsten der Strafse am Flusse.

Da einmal die Zahl der Pferde ungefähr berechnet worden ist, die zur Fortschaffung der auf dieser Eisenbahn präsumirten Fracht nothwendig sein würde, so wollen wir auch noch eine ungefähre Vergleichung der Kosten der beiden Transportmittel: der Pferde nemlich und des Dampfes, folgen lassen, und dabei die Kosten der Pferde, weil dieselben hier nicht rathsam befunden wurden, so hoch als möglich anschlagen. Wir wollen zu den 117 und 46, zusammen 163 Pferden, die zum Transporte von 150000 Tonnen jährlich nöthig befunden wurden, noch, als Reserve für Krankheitsfälle, und zu etwa nöthiger, vorübergehender Verstärkung der Karft, den achten Theil, also 21 Pferde, hinzusetzen, so findet sich, dafs 184 Pferde in Allem erforderlich sind. Nun wollen wir auf jedes Pferd Einen Führer, und für denselben jährlich 150 Rthlr., für die Pferde aber, nemlich für Nahrung, Beschlag, Stallung und Geschirr,

200 Rthlr. ansetzen, so giebt dieses für 184 Pferde, mit ihren Führern, zu 350 Rthlr. ein jedes, eine jährliche Summe von . . 64400 Rthlr.

Ferner 3 Wagen auf jedes Pferd, thut 552 Wagen, nach dem Ansatze der Herren Mellet und Henry, oben S. 279., zu 700 Fr. (186 Rthlr. 20 Sgr.) thut . . . 103040 Rthlr.

Davon, nach den Herren Mellet und Henry, 10 pr. C. zur Erhaltung . . . . . . . . . . . 10304 -

Die Kosten von 184 Pferden zu 200 Rthlr. 36800 -

Davon der sechste Theil an Ersatz-Kosten . . . . . . . . . . . . . . . . . . . . . $6136\frac{2}{3}$ -

Thut zusammen . . $80840\frac{2}{3}$ Rthlr. jährlich.

Diese Ansätze sind, wie man finden wird, hoch; auch kann die Berechnung der Zahl der nothwendigen Pferde nicht wohl trügen; denn der obige Haupt-Satz, von welchem sie ausgeht, dafs ein Pferd horizontal 150 Pfd. mit einer Geschwindigkeit von $3\frac{1}{3}$ F. in der Secunde ($\frac{1}{2}$ Meile in der Stunde) täglich 8 Stunden lang, also 4 Meilen weit, fortzieht, ist bekannt und bewährt. Die berechnete Kosten-Summe ist daher gewifs in jedem Falle nicht zu gering. Nun rechnen die Herren Mellet und Henry oben S. 280. Art. 11. an Kosten der Feuerung, Führung und Erhaltung der Dampf-Maschinen und der Wagen jährlich 330000 und 49000, zusammen 379000 Fr., und zwar, wie weiterhin zu ersehen, für 150000 Tonnen Transportmasse jährlich; denn für 300000 Tonnen wollen sie den Ansatz verdoppelt wissen. Dieses thut . . $101\,066\frac{2}{3}$ Rthlr. jährlich.

Es scheint also, dafs: so hoch auch die Kosten der Pferde, und so niedrig auch die Kosten der Dampfkraft angeschlagen werden mögen, doch der Transport mit Dampfwagen wenigstens nicht wohlfeiler sein dürfte, als der Transport mit Pferden, selbst hier nicht, wo die Feuerung so nahebei zu haben ist. Der einzige Vorzug, welcher den Dampfwagen zu bleiben scheint, ist der der gröfseren Geschwindigkeit der Fahrt. Dieser Umstand kann allerdings berücksichtigt werden müssen, auf einer Strafse, welche mehr von Reisenden als von Frachten befahren wird, weil man jetzt, nur zu allgemein, grade auf Reisen zu eilen liebt — wenn auch vielleicht noch so wenig bei den Geschäften zu Hause —. Aber ob dagegen hier die Steinkohlen wenige Stunden oder Tage eher oder später an den Ort ihrer Bestimmung gelangen, scheint ziemlich gleichgültig. Nähme man übrigens hier Pferde zum Transportmittel, so würde eine Schwierigkeit mehr beim Baue der Strafse wegfallen, nemlich die der grofsen Krümmen, und die Eisenbahn könnte dann um so leichter längs dem Flusse, im Thale desselben, gebaut werden, was ihr, wie es scheint, mehr Nutzen bringen würde, als der Gebrauch von Dampfwagen.

Man sieht an diesem Beispiele wieder, wie nöthig es sei, jeden Gegenstand recht genau und ohne alle Vorliebe, für jeden besondern einzelnen Fall, zu untersuchen, ehe man sich entscheidet; denn nur zu oft ist in technischen Dingen Etwas an diesem Orte gut und vortheilhaft, was es an einem andern Orte, unter andern Umständen, nicht ist. Unstreitig ist die Dampfkraft selbst, und die so höchst sinnreiche Art, sie zu benutzen, unschätzbar. Man kann sagen, dafs allein schon die Dampfschiffahrt wahrscheinlich die Cultur des gesammten Menschengeschlechts um einen grofsen Schritt weiter vorrücken wird. Auch *Dampfwagen* können unter Umständen nützlich sein: namentlich werden sie nützlich sein können auf Eisenbahnen, die, während der Brennstoff recht wohlfeil ist, recht wenig Gefälle haben; aber ihr Nutzen leidet, so scheint es, viele Ausnahmen. Sie sind, in diesem Puncte, um ein anderes Beispiel solcher Dinge zu nennen, auf gewisse Weise den Kettenbrücken zu vergleichen, die auch in einzelnen Fällen, insbesondere da, wo andere Brücken nicht ausreichen, ungemeinen Werth haben. Aber deswegen haben Dampfwagen und Kettenbrücken keineswegs unbedingt den Vorzug. Wollte man sich ihrer überall bedienen, so wäre es, vergleichsweise, etwa so, als wenn man immer und überall auf Stelzen gehen wollte: auch da, wo man besser einfach blofs mit den Beinen fortkommt. Es ist daher auch bei Dingen, die sich in vielen Fällen höchst auffallend ausgezeichnet und hervorgethan haben, und grade oft bei diesen am meisten, die sorfältigste Prüfung, jedesmal nach den örtlichen Umständen, nothwendig. Der Herausgeber gedenkt sich über diesen Gegenstand noch etwas weiter in der Eingangs erwähnten Abhandlung auszulassen. Möchte man doch, bei dem schönen Antriebe, der jetzt rege geworden ist, den Strafsen die unschätzbare und unabsehliche Verbesserung zu geben, die ihnen durch *eiserne Schienen* zu Theil werden kann, die sorgfältigste Prüfung, wie *am besten* zu bauen sei, und welche Transportmittel jedesmal, nach den örtlichen Umständen, die besten sind, nicht verabsäumen, und nicht

Hauptsachen Nebensachen, nicht Wahrheiten Meinungen, nicht das wirklich Gute dem Scheine, dem blofs Auffallenden und Ungewöhnlichen unterordnen. Geschähe das, so könnte man (denn der Gegenstand ist dazu verwickelt und schwierig genug) den so löblich ertrachteten Nutzen leicht sehr verfehlen.]

Dem obigen Berichte der Herren Mellet und Henry, über den Entwurf der Eisenbahn von Andrezieux nach Roanne, ist noch die darauf am 21. März 1830 erfolgte Königliche Ordonnanz angehängt. Diese enthält folgende Bestimmungen:

Art. 1. Die Eisenbahn zwischen der Domaine Muron und der Allée des Schlosses Ailly soll die durch eine rothe Linie bezeichnete Richtung erhalten. (Die rothe Linie ist in der Karte nicht angedeutet. Wahrscheinlich aber ist es doch die entworfene Linie von Muron bis gegen Roanne.)

Art. 2. Von der Domaine Muron soll die Eisenbahn nach Andrezieux gebaut, und beim Hafen in diesem Dorfe mit der Eisenbahn von St. Etienne nach Lyon in Verbindung gesetzt werden, so wie es die Ordonnanz vom 27. August 1826 vorschreibe.

Art. 3. Unterhalb, vom Schlosse Ailly ab, soll die Bahn nach Roanne gebaut werden, ohne über die steinerne Brücke dieser Stadt zu gehen. Jedoch soll es den Concessionirten freistehen, die Bahn auf diesem oder jenem Ufer des Flusses endigen zu lassen.

Art. 4. Binnen Jahresfrist sollen sie die Projecte zu den Endstrecken der Bahn in Andrezieux und in Roanne eingeben, so wie zu den Auf- und Ablade-Stellen in Feurs. Sie sollen sie dem Präfecten des Departements vorlegen, der sie dem General-Director der Brücken und Wege übergeben wird.

Art. 5. Bei den Übergangs-Puncten der Eisenbahn über die Staatsstrafsen No. 7. und 82. und über die Departemental-Strafsen No. 1. und 2. soll die Höhe dieser Strafsen nicht verändert werden.

Beim Übergange über die Strafse No. 89. von Lyon nach Bordeaux (bei Feurs) sollen sie die Chaussée um 1 Meter senken dürfen; sie sollen jedoch, auf ihre Kosten, zu beiden Seiten Anfahrten der Chaussée, mit einem Gefälle von 1 auf $33\frac{1}{3}$, und, unter der Strafse, in der Richtung der Gräben der Eisenbahn, Wasserrinnen zur Ableitung des Wassers machen lassen. Die Schienen und die Einfugungen der Eisenbahn in die Steinfel sollen eben so gemacht werden, wie es beim Übergange der Eisenbahn von St. Etienne nach Lyon über die Staatsstrafse No. 82. geschehen ist.

Art. 6. Die Unternehmer sollen dem Präfecten die Entwürfe zu allen gröfseren oder kleineren Brücken und Wasserrinnen über öffentliche Gewässer zur Bestätigung vorlegen, oder wenigstens ein Verzeichnifs der Weite und Höhe der Brücken und Rinnen, um die Überzeugung zu geben, dafs für hinreichenden Abflufs der Gewässer gesorgt werde.

Art. 7. Sie sollen verbunden sein, auf ihre Kosten, unter der Eisenbahn und deren Seitenarmen, diejenigen Wasserläufe zu bauen, welche zum Abflusse der Gewässer, so wie zur Bewässerung oder Abtrocknung der angrenzenden Ländereien, nothwendig erachtet werden. Dagegen sollen sie berechtigt sein, Wasserrinnen zum Ablaufe des Wassers aus den Gräben der Eisenbahn machen zu lassen, unter der Bedingung, dafs sie die dabei vorkommenden, durch Vergleich oder gesetzlich zu bestimmenden Entschädigungen bezahlen, und vorbehaltlich bestehender Rechte.

Art. 8. Wenn da, wo die Eisenbahn über fliefsende Gewässer geht, das Gewölbe oder Gebälk der Brücken über dieselben, in der projectirten Richtung der Strafse, nicht wenigstens $\frac{1}{2}$ Meter hoch über das höchste Wasser gelegt werden kann, so sollen die Unternehmer die Entwürfe zu diesen Brücken erst zur Genehmigung des General-Directors der Brücken und Wege vorlegen.

Art. 9. Die Anfahrten der Neben- und Feldwege auf die Eisenbahn sollen kein stärkeres Gefälle als 1 auf 20 bekommen.

Art. 10. Überall, wo bei den Durchschnitten der Eisenbahn mit den Staats- und Departemental-Strafsen den Passanten Schaden geschehen könnte, sollen Geländer oder Pfähle gesetzt werden.

Art. 11. Die Unternehmer werden ermächtigt, den zu der Eisenbahn nöthigen Grund und Boden zu erwerben, und zwar unter Beobachtung der Bestimmungen des Gesetzes vom 8. März 1810.

Art. 12. Der Minister Staatssecretair des Innern ist mit der Aufsicht auf die Ausführung der Vorschriften der Ordonnanz beauftragt.

## V.

## Bericht von der Besichtigung der Eisenbahn der Loire (von Andrezieux bis Roanne) im Jahre 1830 durch Herrn Ch. Dupin, Mitgliede der Akademie der Wissenschaften, und Deputirten von Frankreich.

(Aus dem Journal du génie civil Band 10. S. 53. etc.)

---

Ich habe auf den Wunsch der Herren Verwalter und Actionnairs der Eisenbahn der Loire im September vorigen Jahres die ganze Linie dieser Strafse bis in's kleinste Detail besichtigt. Folgendes ist das Ergebnifs meiner Bemerkungen.

Drei Eisenbahnstrecken werden den neuen, bequemen und Frachtkosten sparenden Weg zwischen der Loire und Rhône von Roanne bis Lyon bilden. Die entfernteste Strecke ist diejenige von Lyon bis St. Etienne. Hierauf folgt die Strecke von St. Etienne bis Andrezieux, am Ufer der Loire, und dann die dritte Strecke, von Andrezieux, oder aus dessen Nähe, bis Roanne. Diese dritte Strecke habe ich insbesondere genau untersucht.

Ich besah zuerst die in der Stadt Roanne angelegten Werkstätten. Sie nehmen einen grofsen Raum ein, dessen Miethzins jedoch nicht theuer ist. In diesen Werkstätten werden die Schmiede- und Stellmacher-Arbeiten zu den Strafsen-Fuhrwerken verfertigt. Auch stellt man daselbst die Versuche mit den verschiedenen Arten von Wagen für die Eisenbahn an, um die vortheilhafteste zu ermitteln.

In der Niederlage von Roanne befinden sich die Vorräthe von Eisenschienen und Lagern zu der neuen Strafse, die gufseisernen Röhren zu den kleinen Wasserdurchlässen u. s. w. Alle diese Gegenstände haben mir zweckmäfsig angeordnet und ausgeführt geschienen.

Die Eisenbahn soll in Roanne auf dem rechten Ufer der Loire beginnen, bei der Anfahrt der neuen Brücke; wenn es aber nöthig befunden wird, auch noch auf der andern Seite des Flusses längs dem Quai fortgehen.

Sie wird hierauf zunächst beinahe parallel mit der Staatsstrafse von Paris nach Lyon (No. 7.) in der Ebene fortlaufen, in deren Mitte der Rhins-Fuſs flieſst. Dieser Theil der Linie, bis zum Eingange in das Dorf l'Hôpital, hat keine Schwierigkeiten. Die Arbeiten werden hier leicht und schnell auszuführen sein. Man hat sie bis gegen den Schluſs der Unternehmung ausgesetzt, und sie können immer noch mit den übrigen zugleich fertig werden.

So wie man sich dem Dorfe Hôpital nähert, wird das Thal des Rhins enger. Beim Eingange in das Dorf befindet man sich schon in einem Seitenthale, dem des Gand-Baches, der unfern Hôpital in den Rhins flieſst. Die Herrn Mellet und Henry glaubten mit der Linie, deren Entwurf man ihren Einsichten verdankt, dem Gand-Thale folgen zu müssen. Dieses Thal ist durchweg sehr eng. Der Bach, welcher darin flieſst, macht ungemein viele Krümmen, und eine Menge Seitenzuflüsse führen in denselben das Wasser von den anliegenden Bergen, besonders von der Loire-Seite her. In diesem engen Thale muſste nun eine Straſse gelegt werden, die nirgend mehr als 1 auf 100 Gefälle hat, und nirgend kleinere Krümmen, als von 200 Met. (53 Ruthen) Halbmesser macht. Nur an zwei Stellen werden die Krümmen der Straſse wirklich so kurz sein. Alle übrigen Wendungen haben wenigstens 500 Met. (133 Rth.) und bis zu 2500 Met. (664 Rth.) Halbmesser. Diese Bedingungen machten mehrere tiefe Einschnitte in das Terrain und mehrere aufgeschüttete Dämme nothwendig, um über die Seitenthäler zu kommen. Jeder solcher Damm erhält eine Brücke zum Durchflusse des Wassers *).

Das erste bedeutende Bauwerk in dem Gand-Thale aufwärts, ist die Brücke von Grandval, welches Thal, wie sein Name es ausdrückt, den stärksten Seitenzufluſs in den Gand einschlieſst. Zur Verminderung der Kosten hat man, ohne gleichwohl der Festigkeit zu schaden, nur die äuſseren Schichten der Brücken-Bögen, und eine Schicht in der Mitte, von Werksteinen gemacht. Der übrige Theil der Mauern und Gewölbe besteht aus rohem Granit. Der Brückenbogen hat $12\frac{3}{4}$ F. Öffnung, 16 F. Höhe im Gipfel, und 51 F. Länge. Die Erd-Arbeiten, das Fundament, die Lehrbogen und das Mauerwerk dieser Brücke kosten zusammen nur 3500 Fr. (933 Rthlr.). Die Brücke von Grandval, so wie alle folgenden, hat an den Ab- und Anfahrten Futtermauern in der Richtung der

*) In den Thälern dieser kleinen Flüsse war es also am Ende auch nicht viel leichter, zu bauen, als in dem Thale der Loire. Anm. d. Herausg.

Stirnmauern, die also zugleich mit zur Widerlage der Gewölbe dienen, und zwischen welchen Mauern der Damm liegt, der die Eisenbahn tragen soll *). Um einen Begriff von der Sparsamkeit bei dem Baue der Brücke von Grandval zu geben, wollen wir bemerken, daſs man nur 7,9 Fr. für den Cub.-Met. (9 Rthlr. 12 Sgr. für die Schacht-Ruthe) zu mauern, und den Kalk und Sand zu liefern (jedoch nicht die Steine zu brechen) bezahlt hat **).

Von der Brücke zu Grandval an erhebt sich der Weg auf dem linken Ufer des Gand mit einem Gefälle von 0,00968 (etwa 1 auf 103). Man kommt zunächst zu einem groſsen Damme, mit mehreren kleineren Brücken zum Durchflusse der Sturzbäche, welche vom Fuſse des Berges Etivaux auslaufen, in dessen Felsen-Abhang man hat zu der Straſse einen tiefen Einschnitt machen müssen.

Zum Transporte der Auf- und Abträge bedient man sich der Eisenschienen der Straſse; aber man legt sie zu diesem Zwecke nicht sogleich auf die steinernen Würfel, sondern einstweilen bloſs auf hölzerne Unterlagen, die perpendiculair auf die Länge des Weges liegen. Die Schienen werden auf diesen Unterlagen mittelst guſseiserner Lager (*coussinets*) festgehalten, welche mit hölzernen Pflöcken auf die Hölzer angenagelt sind. Alle Theile dieser vorläufigen Eisenbahn werden sehr leicht zusammengesetzt und wieder von einander genommen. Die Arbeiter bewegen auf dieser Bahn mit groſser Leichtigkeit ungeheure Lasten fort, und es entsteht also daraus eine groſse Ersparung. Sie ist derjenigen ähnlich, welche die Eisenbahnen überhaupt für den Transport gegen gewöhnliche Straſsen gewähren ***). Es werden noch 200 Arbeitstage nöthig sein, um den Damm bis zu dem Einschnitte von Etivaux zu vollenden.

Vom Ausgange aus dem Einschnitt an läſst sich die Straſse nicht mehr auf dem linken Ufer des Gand fortsetzen, wegen einer langen Reihe steiler Anhöhen, die bis zu dem Bache hinabreichen. Man wird

---

*) Diese Anordnung der Flügelmauern ist, wenn nicht schon die Brücke etwa allzulang ist, und es sonst die Örtlichkeit gestattet, gewiſs sehr angemessen. Man erspart dadurch bedeutend an der Dicke der Widerlagen; die Flügelmauern kann man mit einander verbinden, und dann können sie ebenfalls schwächer sein.
Anm. d. Herausg.

**) Dieses wäre in Deutschland meistens kein ungewöhnlich niedriger Preis.
Anm d. Herausg.

***) Dieses ist ebenfalls ein nicht unbedeutender Nutzen der eisernen Schienen zu Straſsen.
Anm. d. Herausg.

daher, mittelst einer Brücke, von 19 F. Öffnung und 16 F. Höhe unter dem Gewölbe, über den Gand gehen. Diese Brücke wird 6- bis 7000 Fr. (1600 bis 1866 Rthlr.) kosten, also ungefähr doppelt so viel, wie die von Grandval, und zwar wegen der Schwierigkeit der Fundamentirung. Die regnichte Witterung des vorigen Sommers hat diese Fundamentirung noch erschwert. Die Brücke wird übrigens auf dieselbe Weise gebaut, wie die von Grandval. Der Damm, welcher auf die Gand-Brücke von Etivaux aus geschüttet werden und sich 32 F. über den Spiegel des Baches erheben soll, wird in diesem Jahre vollendet werden.

Jenseit des Gand kommt, auf dem rechten Ufer, der Hügel Messire dem Bache so nahe, dafs man in den Felsen 41 F. tief einschneiden mufs. Diese Arbeit wird im nächsten Frühlinge vollendet werden.

Weiterhin schneidet die Eisenbahn die Schlucht von Falabert. Beim Ausgang aus derselben findet man eine Brücke von behauenem Granit, der ganz in der Nähe gebrochen worden ist. Man hat in den aufgeschwemmten Boden $12\frac{3}{4}$ F. tief gehen müssen, um festen Grund zu finden.

Jenseit der Brücke stöfst die Strafse auf ein neues Hindernifs. Sie erfordert nemlich einen Einschnitt in einen ungeheuren Granitfelsen. Dieser, schon von beiden Enden her angefangene Einschnitt, wird 24 Ruthen lang und 41 F. tief werden. Diese Arbeit kann erst im Jahre 1831 vollendet werden.

In dieser Gegend der Strafse liefern die Einschnitte die zu den Würfeln oder Trägern der Eisenbahn bestimmten Granitblöcke. Sie werden nur 8 bis 10 Sous (etwa $3\frac{1}{2}$ Sgr.) das Stück kosten. In andern Gegenden kosten sie 14 bis 16 Sous (etwa 7 Sgr.). Die Würfel müssen wenigstens 1 Fufs lang, breit und hoch sein. Wegen der sehr grofsen Menge nöthiger Würfel ist diese Ersparnifs sehr bedeutend.

Um nicht zu oft den Flufs zu passiren, hat man es vorgezogen, da, wo er sich den Bergen des rechten Ufers zu sehr nähert, sein Bette weiter nach dem linken Ufer zu verlegen, auf die Weise, wie es in dem Golf von Besson geschehen ist. Dieses Verfahren ist für ähnliche Fälle zur Nachahmung zu empfehlen.

Der Einschnitt Garnier und die Brücke Bernichon, unter welche ein Bach und ein Vicinal-Weg zugleich durchgehen werden, können im Jahre 1830 vollendet werden. Der Einschnitt Gonin in den Felsen, 41 F. tief, wird bald geöffnet sein. Wegen solcher Einschnitte ist zu bemerken, dafs die Beschleunigung der Arbeit durch die Zahl der Arbeiter begrenzt ist, welche Raum finden. In offenen Erd-Ausschnitten kann man 14 bis 16 Arbeiter bei einander anstellen, in Felsen nur 6 bis 8. Um das Werk zu fördern, beginnt man daher die Einschnitte immer an beiden Enden zugleich.

Einer der bedeutendsten Einschnitte wird der von Truchet sein, der 150 Met. (40 Rth.) lang ist. Man findet es hier vortheilhaft, nur zwei Drittheile der Länge oben offen zu machen. Der Rest wird einen unterirdischen Gang geben, über welchen ein alter Feldweg geht. Man macht nur dann unterirdische Wege, wenn der Einschnitt tiefer als 13 Met. (41 F.) ist. Sollte hier der Einschnitt überall oben offen sein, so würde er an der tiefsten Stelle 17 Met. (53 F.) tief werden.

Jenseit des Einschnittes Truchet gelangt man zu dem Einschnitte Perronnet, nach der Mühle dieses Namens benannt. Dieser ganze Theil des Weges ist sehr vorgerückt, und am Schlusse von 1830 werden 4000 Met. (1062 Rth.) Strafse völlig fertig sein.

Hier liefern die Einschnitte nicht mehr grauen, sondern dunkelblauen Granit. Die Schwierigkeiten nehmen hier ab. Die Eisenbahn läuft mehr mit dem Bache parallel, welcher hier weniger Krümmen macht.

1200 Met. (320 R.) oberhalb der Mühle Perronnet schneidet die Strafse den Rücken eines Hügels, welcher trefflichen Porphyr liefert. Derselbe lagert zwar sehr unregelmäfsig; aber mit Geschick könnte man kostbare Blöcke zu Bildhauer-Arbeiten gewinnen.

In einiger Entfernung von diesem Einschnitte mufs die Strafse sich von Neuem auf das linke Ufer des Gand begeben.

Von der Staatsstrafse No. 82. bei dem Dorfe Hôpital an, bis zur zweiten Brücke über den Gand, 6684 Met. (1774 R.) lang, wird die Strafse ein gleichförmiges Gefälle von 0,00968 (1 auf 103) bekommen. Dieses Gefälle ist das stärkste auf dieser Strafse, und zugleich dasjenige, welches nicht überschritten werden darf, wenn man von Dampfmaschinen Gebrauch machen will *).

Die obere Brücke über den Gand hat 19 F. Öffnung und 11 F. Höhe unter dem Scheitel. Sie kostet nur 3000 Fr. (800 Rthlr.). Die Ein-

---

*) Wenn man sich der Pferde bedient, findet diese Beschränkung nicht Statt. Anm. d. Herausg.

fassungen und Stirnen der Bögen sind von dunkelblauem Marmor. Die Brücke ist, nach der Richtung des Wasserlaufes, nur 19 F. breit.

Hier folgt eine abhängige Bahn nach der Wasserscheide hinauf, um das Thal des Gand zu verlassen. Sie ist 838 Met. (222 R.) lang, und hat 0,0497 (1 auf 20) Gefälle. Sie geht über zwei Brücken, welche zum Durchgange von Zuflüssen des Gand dienen.

Gegen den Gipfel der abhängigen Fläche befindet sich eine, schief gegen den Weg, einen halben rechten Winkel machende Wasserdurchleitung. Sie ist 218 F. lang, und wird 2000 Fr. (533 Rthlr.) kosten. Die Strafse liegt hier auf einem 41 F. hohen Damme.

Hundert Meter oberhalb der abhängigen Bahn steigt man noch höher, in einer Krümmung von 500 Met. (153 R.) Halbmesser, mit einem Gefälle von 1 auf 125, hinan. Durch diese Wendung gelangt man in das Thal des Grand-riz, einem Seiten-Arme des Gand. Nahe bei einander sind zwei Brücken über den Grand-riz geschlagen, die eine 57 F. lang.

Die Strafse geht nun in dem Thale des Grand-riz weiter hinauf, anfänglich 1329,4 Met. (353 R.) lang, mit dem sanften Gefälle von 0,00662 (1 auf 151). Weiterhin aber folgt eine abhängige Bahn. Der erste Theil derselben, 1220,2 Met. (324 R.) lang, hat ein Gefälle von 1 auf $33\frac{1}{3}$, der andere, 1008,8 Met. (268 R.) lang, ein Gefälle von 0,053 (1 auf $18\frac{4}{5}$). Um den obern Theil der abhängigen Fläche zu bauen, mufs ein tiefer Einschnitt gemacht, und die Erde in den Grund des Thales des Grand-riz gebracht werden, welches die Strafse, in der zweiten Bahn, 21 Met. (67 F.) hoch über dem Bache, passirt.

Vom Gipfel der abhängigen Fläche ist der Weg, 627,7 Met. (166 R.) lang, völlig horizontal. Dieses ist der höchste Theil der Strafse. Er liegt 50 Met. (159 F.) tiefer, als der höchste Punct der Staats-Strafse von Roanne nach St. Etienne beim Dorfe Nullize.

Bisher stieg die Strafse, in der Richtung nach Westen, in Flufsthälern hinauf. Jetzt senkt sie sich, ungefähr in der nemlichen Richtung, nach der grofsen Ebene hinab, die die Loire angeschwemmt hat, und endigt südlich, in der Gegend von Andrezieux.

In dem bisher beschriebenen Theile befinden sich die meisten Schwierigkeiten, die in der Beschaffenheit und Gestalt des Bodens und der unregelmäfsigen Form der Thäler liegen. Diese Schwierigkeiten hat man eben so geschickt als kühn überwunden. Anfangs könnte man sich verwundern über die vielen langen und tiefen Einschnitte, die man gemacht hat, und die Massen, die daraus haben fortgeschafft werden müssen. Aber die Kosten, einmal angewendet, gewähren auch für immer einen gemächlichen und nur sanft gekrümmten Weg, was nur den Verkehr beleben kann, dessen Gedeihen das der Unternehmung selbst ist.

Das Heruntersteigen der Strafse nach der Loire geschieht auf folgende Weise. Zunächst folgt eine abhängige Bahn, 1220,2 Met. (324 R.) lang, mit 0,0315 (1 auf $31\frac{3}{4}$) Gefälle, und darauf 1008,8 Met. (268 R.) lang, mit einem Gefälle von 1 auf 20.

Beim ersten Anblicke könnte diese abhängige Bahn einige Besorgnifs für die Fahrbarkeit des Weges erregen. Eine Dampfmaschine, auf den Gipfel gestellt, mufs nemlich bergauf, 2229 Met. (592 R.) lang, auf der Ebene 166 R. lang, und wiederum bergab 592 R., also zusammen 1350 R. lang, Ketten und Seile in Bewegung setzen, um die Fuhrwerke fortzuziehen. Indessen gewähren schon Erfahrungen Beruhigung dieser Besorgnisse wegen. Sie haben die Möglichkeit und Leichtigkeit dieser Anordnung gezeigt, auf einer Eisenbahn in der Gegend von Canterbury, wo sich noch längere abhängige Bahnen befinden *).

Die beiden abhängigen Bahnen abwärts, liegen in dem Thale des Flusses Champagny. Am Fufse der zweiten fängt eine Krümmung an, von 2500 Met. (664 R.) Halbmesser. Diese Krümme passirt den Berneton-Flufs, in welchen der Champagny fliefst. Die Strafse bleibt nun fortwährend auf dem linken Ufer des Berneton, und umgeht die Anhöhe, auf welcher das Schlofs St. Marcel liegt. Der Besitzer dieses Schlosses hatte zwar das zur Eisenbahn durch seine ausgedehnten Grundstücke nöthige Terrain geschenkt, aber zugleich Anordnungen der Strafse verlangt, die mehr gekostet haben würden, als das Terrain werth war.

Ich habe mich zur Stelle überzeugt, dafs die Unternehmer der Eisenbahn sehr bereit sind, Alles zu thun, was Billigkeit und Erkenntlich-

---

*) Ginge hier die Bahn 1350 Ruthen lang durch den Berg, unter der Wasserscheide hindurch, so hätte man wenigstens an der zu ersteigenden Höhe 283 F. erspart, und es waren weder abhängige Bahnen, noch Dampfmaschinen nöthig, um die Lasten über den Berg zu ziehen. Es ist die Frage, ob die Zinsen der Mehrkosten der unterirdischen Gallerie höher waren, als die Mehrkosten des Transportes der Lasten über den Berg.

Anm. d. Herausg.

keit gegen die Grundbesitzer erheischen. Sie begünstigen dieselben noch durch die Strafse, wo es nur irgend angeht, abgesehen von dem Nutzen, den ihnen dieselbe bei der Ausfuhr der Erzeugnisse ihrer Äcker und Wälder schon bringen wird.

Hier hat die Strafse, auf 4249 Met. (1128 R.) lang, ein Gefälle von 1 auf 500.

Der St. Marcel-Bach fliefst in einer jähen und tiefen Schlucht. Um diese Schlucht zu überschreiten, wird eine Brücke von 3 Bögen, 67 F. hoch, mit steinernen Stirnen und Pfeilern und hölzernen Bögen von 48 F. Spannung, gebaut. Die ganze Länge dieser Brücke, von einem Stirn-Pfeiler zum andern, beträgt 73 Met. (233 F.). Sie wird 20000 Fr. kosten. Ihre Construction wird einfach, kühn und zweckmäfsig sein, und die nemliche, wie die der kürzlich über die Loire gebauten steinernen Brücke zu Montrond. Ein Theil der Baustoffe zu der Brücke ist schon herbeigeschafft. Sie kann in diesem Herbst angefangen, und im nächsten Jahre vollendet werden.

Unfern dieser Brücke über den St. Marcel-Bach schneidet die Eisenbahn die Staatsstrafse No. 82. von Roanne nach St. Etienne unter einem sehr spitzen Winkel. Sie geht 20 F. hoch über dieselbe hin, auf einem Bogen von 17 F. hoch und $25\frac{1}{2}$ F. Öffnung. Jede Widerlage des Bogens ist 19 F. dick. Dieses aus schönen Granitblöcken erbaute Werk hat nur 6000 Fr. (1600 Rthlr.) gekostet.

700 Met. von diesem Bogen entfernt macht die Eisenbahn, 385 Met. (102 R.) lang, eine neue Krümme, von sehr grofsem Halbmesser. 116 Met. weiter findet sich wieder eine abhängige Bahn, deren Ausführung in voller Arbeit ist. Sie ist 1936,8 Met. (514 R.) lang, und hat 0,0446 (1 auf $22\frac{1}{2}$) Gefälle. Diese Abfahrt liegt längs dem nördlichen Abhange einer langen Anhöhe. Unterhalb kann man, mittelst einer kleinen Biegung, über den Bach Bernand, nach Balbigny gelangen, nahe an seinem Ausflufs in die Loire, mit der man sich nun fast gleich hoch befindet.

Von Balbigny bis Feurs macht die Eisenbahn zwei schöne gerade Linien, jede von 4000 Met. (1062 R.) lang, die durch eine Krümmung von grofsem Halbmesser mit einander verbunden sind. Diese Strecke hat weiter keine Schwierigkeiten, als die des Überganges über eine Menge von Bächen, welche die Strafse rechtwinklig schneiden, und die das Wasser aus den langen Thälern der Bergkette auf dem östlichen Ufer der Loire in dieselbe führen.

Eine dritte gerade Linie, von ungefähr 3000 Met. (796 R.) lang, schneidet den Loise-Flufs, und geht dicht an der kleinen Stadt Feurs vorbei, welche der Mittelpunct eines der Abschnitte der Strafse von 10000 Met. (2655 R.) lang ist.

Von diesen 10000 Metern ist schon die Hälfte ganz eröffnet. Am Schlusse der Bauzeit von 1830 wird es auch die andere Hälfte sein, so wie die Erd-Arbeiten fast auf der ganzen Länge.

Ein kleiner Arm der Eisenbahn führt nach den Werkstätten von Feurs, wo die Schienen, die Lager, die Würfel und die Wagen verfertigt, und die beschädigten reparirt werden. In diesen Werkstätten werden die genannten Gegenstände in Verding verfertigt; nur eine kleine Zahl von Arbeitern ist mit den zufälligen Ausbesserungen beschäftigt, deren Preis sich nicht vorher bestimmen läfst. Ich habe in den Werkstätten von Feurs dieselbe gute Ordnung gefunden, wie zu Roanne. Unfern von den Werkstätten befindet sich ein von der Compagnie einem Engländer überlassenes Local, welcher auf seine Rechnung, und für vorausbestimmte Preise, die zur Eisenbahn nöthigen kleinen Gufswaeren verfertigt.

Der gröfste Damm auf dem Abschnitte von Feurs ist der beim Übergange über die Loise. Er wird 500 Met. (133 R.) lang, am tiefsten Puncte 44 F. hoch sein, und etwa 18000 Sch. R. Erde fassen. Um den Transport einer so grofsen Erdmasse zu erleichtern und zu beschleunigen, hat man die Erde rechts und links am Wege gewonnen, aufser derjenigen, welche aus dem Wege selbst kommt *). Hierzu sind gegen 20 verschiedene Transportwege, auf die oben beschriebene Weise, für die Dauer des Transportes, mit Eisenschienen belegt worden. Die Hälfte des Dammes zu beiden Seiten der Loise ist fertig. Man arbeitet nun an der

---

*) Bei Eisenbahnen schadet die Befolgung der leider so beliebten, in ihrer Allgemeinheit aber gänzlich unrichtigen und für gewöhnliche Chausséen so verderblichen Regel, dafs der Abtrag, auch da, wo zweiseitige Einschnitte gemacht werden, den Auftrag decken soll, oder, mit andern Worten: dafs die Erde zu den erhöheten Stellen nur, oder doch vorzugsweise, aus Einschnitten erlangt, oder aus der Strafse selbst gegraben werden soll, weniger. Gleichwohl aber befindet sich auch selbst eine Eisenbahn, wenigstens dann, wenn die Wagen von Pferden gezogen werden, in Einschnitten, zu deutsch Hohlwegen, noch immer weniger gut, als über dem Terrain erhöht; denn die chaussirte Bahn für die Pferde kann auch hier nicht dauerhaft sein, wenn sie in einem Hohlwege liegt. Anm. d. Herausg.

Brücke über die Loise, in dem Damme. Diese Brücke bekommt Einen Bogen von 29 F. Öffnung und 18 F. Höhe. Der Bogen ist ganz mit behauenem Granit bekleidet, und die Brücke wird 468 Sch. R. Mauerwerk enthalten, und 40000 Fr. (10666 Rthlr.) kosten. Die Ausführung dieses Werkes ist seiner Wichtigkeit angemessen.

Nach einer geraden, 3200 Met. (850 R.) langen Linie, von dem Thale der Loise, an Feurs vorbei, wendet sich die Richtung der Strafse um einige Grade, vermittelst einer Krümmung von 2000 Met. (531 R.) Halbmesser. Hierauf folgt eine gerade, 8000 Met. (2124 R.) lange Linie. Diese Linie enthält mehrere Brücken über die Bäche Garollet, Thoranche, Ambreux, Grange-neuve und Plancieux. Alle diese Brücken sind fertig. Die Brücke über den Thoranche-Bach, von 19 F. Öffnung, hat 6000 Fr. (1600 Rthlr.) gekostet, was mehr ist, als die Kosten gleich grofser Brücken in den Thälern des Gand und Grand-riz. Dies kommt daher, dafs es in der Ebene von Feurs keine Steine giebt, sondern dafs man dieselben aus der Entfernung herbeischaffen mufs. Die Häuser in dieser Ebene sind von Pisé gebaut.

Da, wo die Eisenbahn die Staatsstrafse von Lyon nach Montbrison schneidet, fängt eine neue Wendung an, welche die Bahn ein wenig östlich führt. Darauf läuft sie, parallel mit der Staatsstrafse No. 82. von Roanne nach St. Etienne, in gerader Linie, 5000 Met. (1327 R.) lang fort. Hierauf schneidet sie das Thal der Coise, eines ziemlich bedeutenden Flusses, welcher bei Montrond in die Loire fällt.

Wenn man zwischen Bauwerken, welche die Regierung ausführen läfst, und Bauen von Privat-Gesellschaften einen Vergleich anstellen will, so findet sich hier eine Gelegenheit dazu, bei zwei Brücken über die Coise. Die eine, welche die Regierung auf der Staatsstrafse No. 82. gebaut hat, kostet 61000 Fr. (16266 Rthlr.): die andere, welche die Compagnie der Eisenbahn gebaut hat, kostet 23000 Fr. (6133 Rthlr.). Die letzte wird so eben vollendet. Sie ist von der ersten in nichts weiter verschieden, als dafs weniger Werkstücke dazu genommen worden, und einige Maafse um ein wenig kleiner sind. Die wohlfeile Brücke wird übrigens alle Festigkeit und Dauer haben, die sich nur verlangen läfst. Sie hat 3 Bögen, jeden von 29 F. Öffnung und 16 F. Höhe *).

---

*) Nach der Carte liegt die Brücke der Staatsstrafse über eine Meile unterhalb derjenigen der Eisenbahn; auch nimmt der Coise-Flufs, zwischen beiden

Jenseits der Coise geht die Eisenbahn parallel mit dem Volvon-Bache fort, der in die Coise fliefst. Sie schneidet den Volvon, auf einer Brücke von 19 F. Öffnung, die aber nur sehr niedrig ist. Dieselbe wird 4000 Fr. (1066 Rthlr.) kosten. Man beendigt sie so eben. Hiermit endigen so ziemlich die Nebenbauwerke der Eisenbahn.

Wir kommen nun zu einer der wichtigsten Fragen für die beiden Actien-Gesellschaften: derjenigen der Eisenbahn der Loire und derjenigen von St. Etienne. Mit zwei leichten Biegungen wird man die Bahn nach Muron führen, und von hier können zwei verschiedene Linien von ungefähr gleicher Länge gebaut werden: die eine nach Andrezieux, was das ursprüngliche Project war, die andere, mit einer geraden, 4000 Met. (1062 R.) langen Linie, auf Fouillouse, und einem Bogen oberhalb Perrotins, und dann wieder in gerader Linie bis zu der Eisenbahn von Andrezieux nach St. Etienne.

Nach dem ersten Projecte müssen die Steinkohlen, und andere von St. Etienne und aus der Umgegend kommende Frachten, von Andrezieux gebracht werden, um von da nach Roanne zu gelangen, entweder zu Schiffe, auf der Loire, oder zu Wagen, auf der neuen Eisenbahn. Auf diese Weise haben die Frachten einen über 6000 Met. (1593 R.) längere Strecke zu durchlaufen, als geradezu von Fouillouse nach Muron. Es wird daher für den Verkehr und für die Gesellschaft der Loire-Eisenbahn von entschiedenem Vortheil sein, wenn man von Muron geradezu nach la Fouillouse baut. Auch im Interesse der Gesellschaft der Eisenbahn von St. Etienne wird es sein, sich mit derjenigen der Loire zu verständigen, statt sich in Widerstreit mit ihr zu setzen. Die Ausgleichung wird leicht sein, wenn man nur von beiden Seiten der Billigkeit Gehör geben, und über kleinliche Rücksichten sich hinwegsetzen will *).

---

Brücken, einen zweiten Flufs, den Volvon, auf. Das Gewässer, welches die von der Regierung erbaute Brücke zu überschreiten hat, mufs also nothwendig bedeutender sein, als dasjenige unter der Brücke der Eisenbahn-Compagnie; und so kann es, selbst wenn die Maafse der beiden Brücken beinahe gleich sind, möglicher Weise noch andere Umstände geben, die die Brücke in der Staatsstrafse theurer machen mufsten. Um einen richtigen Vergleich anzustellen, müfste man diese Umstände kennen.
Anm. d. Herausg.

*) Das Beste für das Gemeinwesen scheint wohl zu sein, dafs man den einen Arm der Eisenbahn, von Fouillouse nach Andrezieux, nicht aber den von Muron nach Andrezieux baut. Dann kann, was von oberhalb kommt, nach Belieben, entweder auf der Eisenbahn nach Roanne weiter gehen, oder zu Andre-

Als Resultat meiner Besichtigung der Eisenbahn der Loire glaube ich sagen zu können, daſs diese Straſsen-Linie alle Vortheile gewährt, die mit Rücksicht auf die Terrain-Schwierigkeiten zu erlangen möglich waren *). Überall, wo nicht abhängige Flächen gemacht sind, ist das Gefälle weit geringer, als auf der Straſse von Andrezieux nach St. Etienne, und selbst auf derjenigen von St. Etienne nach Lyon. An Länge kommt gleichzeitig die Eisenbahn nicht einmal der Chaussée gleich, die gleichwohl weit stärkere Gefälle haben durfte, und deren Windungen in den Bergen viel zahlreicher und kürzer sind, als die wenigen und sanften Krümmen der Eisenbahn.

Die Brücken und anderen Nebenbauwerke sind ohne Luxus und ohne die eitle Absicht, damit zu glänzen, gebaut; gleichwohl sind sie so fest, als man es nur wünschen kann, und so dauerhaft, daſs sie nur seltene, und nicht kostbare Ausbesserungen nöthig haben werden. Die steinernen Würfel, auf welchen die eisernen Schienen der Bahn ruhen sollen, liegen näher an einander, als auf den andern beiden, oben genannten Strekken, so daſs also die Schienen fester und sicherer werden unterstützt werden. Es werden also auch weniger Einbiegungen entstehen, und das Fuhrwerk wird weniger gehemmt werden. Durch günstige Umstände ist der Preis des Eisens seit dem ersten Entwurfe gesunken, und die Würfel bekommt man auf das Wohlfeilste. Bei den Damm-Arbeiten hat man von dem Nutzen der Schienen Vortheil gezogen, und überall hat man zweckmäſsige Verdinge der Arbeiten angeordnet, während gleichzeitig die beste Aufsicht Statt findet. Die ganze Arbeit ist in zwei Haupt-Abschnitte, in die von Roanne und Feurs, und jeder der beiden Abschnitte weiter in vier Theile getheilt. Für jede Unter-Abtheilung ist ein Ober- und ein Unter-Bau-Aufseher angestellt, die in der Mitte der Abtheilung wohnen. Einen Tag durchgeht der Ober-Aufseher den Theil rechts, der

zieux auf der Loire sich einschiffen. In der entgegengesetzten Richtung findet eine solche Wahl der Straſse nicht Statt, da die Loire, der Beschreibung zufolge, von Andrezieux nur nach unterhalb, nicht nach oben zu, schiffbar ist. Daſs alle Frachten den Umweg über Andrezieux zu machen gezwungen sein sollen, scheint offenbar dem Interesse des Publicums, und folglich auch dem der beiden Eisenbahn-Compagnieen, entgegen zu sein. Der Anschluſs der beiden Eisenbahn-Strecken hat verschiedene Controversen erregt. Konnte die Bahn an der Loire entlang gebaut werden, so fielen auch diese weg. Anm. d. Herausg.

*) Nemlich wohl, in so fern man unbedingt über die Berge, nicht im Stromthale entlang bauen wollte. Anm. d. Herausg.

Unter-Aufseher den Theil links; am folgenden Tage wechseln sie, und so weiter. So wird die gesammte Arbeit jeden Tag inspicirt, alle Werkstätten werden besichtigt, und die Arbeiter gezählt. Durch diese Anordnung ist eine gute Controlle und eine angemessene Ausgleichung des Gewinnes der Arbeiter und der Unternehmer möglich. Die Ober- und Unter-Aufseher, die Unternehmer und Werkmeister, welche schon bei der Ausführung ähnlicher Werke gewesen sind, gewinnen täglich an Erfahrungen, und mehrere von ihnen haben mir vorzügliche Einsichten zu besitzen geschienen; ich nenne insbesondere den Aufseher in dem Abschnitte von Roanne, der die Brücke zu Montrond über die Loire gebaut hat.

Durch alle diese Anordnungen werden die Arbeiten an diesem Werke noch für weniger Geld zu Stande gebracht werden, als man anfänglich geschätzt hat *). Diese Geld-Ersparung ist eins der Resultate, welches den Herren Directoren insbesondere Ehre macht.

Wenn die Directoren zu gehöriger Zeit die nöthigen Geldmittel erhalten, so kann das Werk innerhalb 15, höchstens 18 Monaten vollendet werden, also zwei Jahre früher, als man es gehofft hatte **). Durch diese Ersparung an Zeit werden die angewandten Capitalien früher zinsbar, und zugleich kommt der Verkehr und das Gewerbe eher zur Benutzung der schönen Strafsen-Verbindung der Flufsgebiete der Rhône und Loire.

Folgendes ist die Übersicht der Arbeiten in den gesammten Werkstätten, etwa 60 an der Zahl.

| | | | |
|---|---|---|---|
| Schon eröffnet sind . . . | 16831 Met. | (4469 R.) | Strafse. |
| Noch zu eröffnen sind . . | 50830 - | (13495 R.) | Strafse. |
| Summe . | 67661 Met. | (17964 R.), | die ganze Länge der Strafse. |

An Damm-Arbeiten sind gemacht:

| | |
|---|---|
| Erd-Abträge . . . . . . . | 21711 Sch.-R. |
| Felsen-Abträge . . . . . | 20200 - - |
| Zusammen . | 41911 Sch.-R. |

*) Diese Schätzung befindet sich oben in der Abhandlung No. III. Anm. d. Herausg.

**) Jetzt, im Jahre 1833, ist also wahrscheinlich auch dieser Theil der Eisenbahn schon ganz vollendet. Anm d. Herausg.

Noch sind zu machen:

| | | |
|---|---|---|
| Erd-Abträge . . . . . . . | 108 908 | Sch.-R. |
| Felsen-Abträge . . . . . | 25 271 | - - |
| Zusammen . | 134 179 | Sch.-R. |

Mauerwerk.

| | | |
|---|---|---|
| Ausgeführt sind . . . . . . . | 1929 | Sch.-R. |
| Noch auszuführen . . . . . . | 3731 | - - |
| Zusammen | 5660 | Sch.-R. |

Steinwürfel unter den Schienen.

| | |
|---|---|
| Schon behauen . . . . . . . . . . | 100 099. |
| Noch zu behauen . . . . . . . . . | 108 580. |
| Zusammen . | 208 679. |

Der Geld-Aufwand war am 1. October 1830 folgender:

| | Geschehene Ausgaben. | Noch bevorstehende Ausgaben. |
|---|---|---|
| Für Damm-Arbeiten, Brücken, Steinwürfel und provisorische Auslegung der Eisenschienen . . . . . | 105 610 Rthlr. | 386 615 Rthlr. |
| Für Eisenschienen . . . . . . . | 121 846 - | 126 979 - |
| Für Unterlegen . . . . . . . . | 51 692 - | 7 587 - |
| Für Terrain zur Strafse . . . . | 66 338 - | 40 328 - |
| Für allerhand Materialien und Werkzeuge . . . . . . . . . . | 49 334 - | 146 666 - |
| Für Aufnahme und Aussteckung der Linie, Besoldung der Angestellten, Miethe, Bureaux-Kosten, Reisen etc. | 42 147 - | 48 519 - |
| Zusammen | 436 967 Rthlr. | 756 694 Rthlr. *) |
| | (1 638 628 Fr. 75 Ct.) | (2 837 602 Fr. 16 Ct.) |

Man hätte vielleicht noch wünschen mögen, dafs ich meine Bemerkungen auch auf die Beurtheilung der Transportmittel auf der Eisenbahn der Loire ausdehne. Dieselben würden aber der Gegenstand einer besondern Arbeit sein, die nicht in meinem Vorhaben lag, und die Untersuchung würde nur im Vorbeigehen haben geschehen können. Ich kann

*) Also im Ganzen 4 476 230 Fr. 91 Ct. (1 196 661 Rthlr.); veranschlagt waren für die oben benannten Artikel 6 189 600 Fr. (S. oben S. 278.)
Anm. d. Herausg.

nur sagen, dafs, was ich davon gesehen habe, meine Erwartungen befriedigt hat.

Ich habe mit Herrn Mellet auch die bedeutendsten Werke auf der Eisenbahn besichtigt, die von St. Etienne nach Lyon gebaut wird. Ich wünschte, dort insbesondere die zum Transporte bestimmten Dampfwagen zu sehen. Die schon gangbare Maschine zwischen Rive de Gier und Givors mufs nur als erster Versuch betrachtet werden, der noch vieler Vervollkommnungen fähig ist, wegen deren man auf das Talent der Herren Seguin rechnen darf. So wie die Maschine ist, hat mir indessen der Versuch befriedigend geschienen, und ich glaube, dafs der Erfolg auf Eisenbahnen, wie die bei St. Etienne, wo das Brennmaterial so wohlfeil ist, als sicher betrachtet werden kann.

Paris, den 20. October 1830.

Ch. Dupin.

---

## VI.

## Schreiben eines Ingenieurs der Brücken und Wege an einen Actionnair des Canals von Roanne.

(Aus dem *Journal du génie civil,* Band 8. S. 135 etc.)

---

Sie wünschen, mein Herr, meine Meinung über eine Unternehmung zu erfahren, für welche Sie sich mit einer beträchtlichen Summe interessiren wollen, im Falle dieselbe für das Gemeinwesen und für die Actionnairs vortheilhaft sein könne. Sie glauben, dafs die Erfahrung, welche mir eine lange Dienstzeit müsse verschafft haben, mich in Stand setzen werde, Ihre Fragen mit Bestimmtheit zu beantworten. Ich habe nicht so viel Vertrauen zu mir, als Sie, und glaube vielmehr, dafs für uns Ingenieurs solche Fragen der Staatswirthschaft und der Gewerbthätigkeit fast noch eben so neu sind, als für das Publicum. Daher will ich auch, statt einer bestimmten Entscheidung auf Ihre Frage, Ihnen vielmehr nur Thatsachen und Folgerungen vorlegen, nach welchen Sie dann selbst entscheiden mögen.

Der Canal von Roanne nach Digoin hat, wie Sie wissen, den Zweck, die unterbrochene und kostbare Wasserstrafse auf der Loire zwischen jenen beiden Puncten zu ersetzen, und folglich zum Transporte der Steinkohlen von St. Etienne und anderer Waaren zu dienen, die nach Paris, oder nach der untern Loire gehen. Der Canal ist eine nothwendige Fortsetzung des Seiten-Canals von Digoin nach Briare, welchen die Regierung im Jahre 1822 unternommen hat, und der Eisenbahn zwischen der Loire und Rhône. Ein Gesetz hatte im Jahre 1827 die Regierung ermächtigt, den Canal von Roanne nach Digoin einer Gesellschaft von Privaten zur Ausführung zu überlassen; aber es scheint, dafs noch keine solche Gesellschaft sich bis jetzt dazu gefunden hat. Diese Zurückhaltung der Capitalisten scheint einerseits von der Erfahrung herzukommen, dafs die von der Regierung erbauten Canäle öfters ungeheure Deficits austragen, theils auch von der Furcht der möglichen Concurrenz mit einer Eisenbahn. Sie wünschen zu wissen, ob jene Zurückhaltung gültige Ursachen habe, und ob hier die nemlichen Beweggründe Statt finden, die seit 10 Jahren in Frankreich und England Gesellschaften abgehalten haben, sich für neue Canäle zu interessiren.

Die Baukosten des Canals von Roanne nach Digoin sind von den Ingenieurs auf $6\frac{1}{2}$ Mill. Franken (1733333 Rthlr.) geschätzt worden; aber diese Schätzung beruht auf keiner nähern Berechnung, und die Erfahrung, überall, wo die Regierung hat Canäle bauen lassen, widerspricht ihr. Es könnten daher auch hier wieder leicht gleiche Irrthümer zum Vorschein kommen, wie bei ähnlichen Unternehmungen der Brücken- und Wege-Behörden. Daher wird es immer besser sein, nach den bei vielen Canalbauen so theuer erkauften Erfahrungen zu rechnen.

Ich will die Resultate zu den Vergleichen nicht unter den Canälen mit Scheitelpuncten wählen, die gewöhnlich sehr theuer sind, sondern blofs unter solchen, welche sich in dem günstigsten Falle befinden, nemlich, gleich dem von Roanne, längs eines Flusses hinlaufen.

Dieser Canal hier wird 54 Kilom. (14337 R.) lang sein, und 42 Met. (134 F.) Gefälle haben, welches 16 Schleusen erfordert, ohne die an der Ein- und Ausfahrt mitzurechnen; nebst einer Menge beträchtlicher Aushöhlungen und Dämme.

Der Canal von Beaucaire, längs der Rhône, welcher von einer concessionirten Gesellschaft erbaut ist, und auf $2\frac{1}{2}$ Mill. Franken (666666

Rthlr.) geschätzt wurde, hat bis jetzt 6 Mill. Fr. (1 600 000 Rthlr.) gekostet. Die Arbeiten daran sind noch nicht vollendet; indessen mag das, was noch nöthig sein wird, so wie das, was die Regierung vor Ertheilung der Concession verwendet hat, nicht in Rechnung gebracht werden, da es sich schwer ausmitteln läſst. Dieser Canal hat also, wie gesagt, angenommen 6 Mill. Fr. gekostet. Er ist 50 Kilom. (13275 R.) lang, und hat nur 3 Schleusen. Der Canal von Roanne wird verhältniſsmäſsig 12 Schleusen mehr haben, was, jede zu 70000 Fr. (18666 Rthlr.) gerechnet, 840 000 Fr. mehr, also für 50 Kilom. Canal 6 840 000 Fr., und folglich für 54 Kilom. Canal, von Roanne nach Digoin, 7 387 200 Fr. (1 969 920 Rthlr.) ausmacht.

Unter ähnlichen Umständen, und auf dem andern Ufer der Rhône, ist der Canal von Arles bis zum Hafen von Bouc ursprünglich zu 2 400 000 Fr. angeschlagen. Im Jahre 1822 stieg die Vorausberechnung der Kosten bis auf $5\frac{1}{2}$ Mill. Fr., ungerechnet, was schon gemacht war, und 370 000 Fr. gekostet hatte. Im Jahre 1828 fand man nöthig, noch Eine Million zuzulegen, und im Jahre 1829 noch 200 000 Fr. (Man sehe den Bericht des Herrn Tarbé an die Canal-Commission, Rechnung S. 28. No. 7. des *Journal du génie civil,* Z. 8.) Dieser Canal, welcher 1818, nach 6 Jahren, vollendet sein sollte, ist noch nicht zur Hälfte fertig. Er hat bis jetzt 7 070 000 Fr. (1 885 333 Rthlr.) gekostet, und ist 46 Kilom. (12219 R.) lang, und dies macht auf 54 Kilom. 8 300 000 Fr. (2 213 333 Rthlr.).

Der Canal von Digoin nach Briare wurde ursprünglich im Jahre 1806 durch eine Commission der Brücken und Wege auf 6 958 675 Fr. geschätzt, hierauf vom Ingenieur Boistard auf 10 182 467 Fr. 87 Ct., dann durch eine andere Commission im Jahre 1822 auf 12 Millionen. Der Bau wurde angefangen, und im Jahre 1828 sah man, daſs noch 11 Millionen mehr, und im Jahre 1829, daſs ferner noch 3 Millionen mehr nöthig waren. (Man sehe den Bericht des Herrn Tarbé.) Man kam also auf 26 Mill. Franken *). Dieser Canal, welcher 1830 vollendet sein sollte, ist es noch nicht zum dritten Theile. Er hat 40 Schleusen, auf 190 Kilom. (50445 R.) Länge. Gegen den Canal von Roanne verglichen, hat er verhältniſsmäſsig 16 Schleusen mehr, was noch eine Zulage von 1 120 000 Fr. giebt, so daſs also die 190 Kilom. Canal 27 120 000 Fr. (7 232 000 Rthlr.)

*) Das ist noch eine tüchtige Anschlags- oder Überschlags-Überschreitung: von 7 Millionen bis auf 26!! Anm. d. Herausg.

kosten würden. Dieses giebt für 54 Kilom., oder $\frac{2}{7}$ der Länge, 7750000. Fr. (2066666 Rthlr.).

Nach Erfahrungen, die unter ähnlichen wirklichen Umständen gemacht worden sind, kann also der Canal von Roanne kosten:

| | |
|---|---|
| | 7387200 Fr., |
| | oder 8300000 Fr., |
| | oder 7750000 Fr. |
| Herr Dutens, Inspect. div. der Brücken und Wege, schätzt seiner Seits die Kosten auf . . . . . . . . . | 7000000 Fr. |
| Fügt man noch den fünften Theil, als die Kosten der Bauführung und an Zinsen des Anlage-Capitals während der Ausführung, hinzu, so erhält man ungefähr . . . . | 9000000 Fr. |
| | (2400000 Rthlr.), |

was um ein Drittheil die bisherigen Schätzungen übersteigt.

Verkehr auf dem Canal. Der Verkehr im Thale der obern Loire ist zur Zeit bei weitem geringer, als man es nach der Wichtigkeit des Flusses und dem Reichthum des Landes erwarten sollte. Die Herren Mellet und Henry haben ihn jährlich auf 170000 Tonnen geschätzt. Die Commission für den Canal von Roanne auf 160000, und seitdem sind die Herren Mellet und Henry auf 130000 Tonnen herab gegangen. Wahrscheinlich also beläuft er sich eher noch unter als über diese Zahl, weil man gewöhnlich solche Schätzungen zu übertreiben geneigt ist. In der That sind in dem Hafen von Roanne im Jahre 1829 nur 3500 Schiffe, im Durchschnitte mit 28 Tonnen Kohlen beladen, angelangt, was

| | |
|---|---|
| | 98000 Tonnen |
| ausmacht. An Weinen können angelangt sein . . . . | 12000 - |
| Die übrigen Frachten können höchstens betragen . . . | 20000 - |
| also zusammen . | 130000 Tonnen |
| | (2522000 Ctr.) *). |

*) Der Verkehr wird aber ohne Zweifel zunehmen, wenn der Weg erst besser ist. Man kann meistens annehmen, dafs nicht blofs der Verkehr die Wege hervorbringt, sondern dafs auch die Wege den Verkehr erzeugen, wenigstens vergröfsern. Unter so vielen Beispielen ist der auffallendsten eines das uns hier sehr nahe liegende der Strafse von Berlin nach Potsdam. Man vergleiche den Verkehr auf dieser Strafse jetzt, gegen den, der Statt fand, ehe die Chaussée existirte. Während die Bevölkerung der beiden Städte seitdem höchstens um den dritten Theil zugenommen haben mag, hat der Verkehr sich vielleicht um das Zwanzigfache vergröfsert.
Anm. d. Herausg.

**Die jährlichen Kosten des Canals** sind folgende:

| | |
|---|---|
| Zinsen des Capitals zu 5 pr. C. . . . . . . . . . | 450 000 Fr. |
| Unterhaltungs- und Verwaltungs-Kosten, welche sich bei den meisten Canälen, besonders in den ersten Jahren, auf 2 pr. C. und darüber belaufen, . . . . . . | 180 000 - |
| Zusammen . | 630 000 Fr. |
| | (168 000 Rthlr.) |

**Ertrag des Canals.** Der Tarif ist der nemliche, wie auf dem Canale von **Digoin** nach **Briare**, nemlich 50 Ct. für die Tonne und auf den Myriameter, bei den Steinkohlen, also auf 54 Kilom. . 2 Fr. 70 Ct.

| | |
|---|---|
| 60 Ct. für Waaren, thut auf 54 Kilom. . . . . . . . | 3 - 24 - |
| Für andere Waaren . . . . . . . . . . . 54 Ct. | bis 4 - 75 - |
| Ein Durchschnitt davon ist, ziemlich nahe . . . | 3 Fr. |

(ungefähr 2 Spf. für den Ctr. auf die Meile.)

| | |
|---|---|
| Dieses giebt für 130000 Tonnen . . . . . . . | 390 000 Fr., |
| was nicht zureicht, die oben auf 630 000 Fr. berechneten jährlichen Kosten zu decken. Zieht man die obigen Unterhaltungs- und Verwaltungs-Kosten von . . . . | 180 000 - |
| ab, so bleiben . . . . . . . . . . . . . . . . . | 210 000 Fr. |
| | (56000 Rthlr.), |

was nur $2\frac{3}{9}$ pr. C. Zinsen des Anlage-Capitals giebt. Um 5 pr. C. Zinsen zu bekommen, wäre, wie oben berechnet, ein jährliches Einkommen von 630000 Fr. nöthig, und der Tarif müſste von 3 Fr. auf 4 Fr. 85 Ct. erhöht werden. Durch diese Erhöhung würde aber die Schiffahrt auf dem Canale kostbarer werden, als auf der **Loire**, und man würde Alles verlieren.

**Concurrenz der Loire.** Es ist selbst zweifelhaft, ob sich die thalwärts fahrenden Schiffe des Canals bedienen, und nicht vielmehr die Loire vorziehen würden. Besonders dadurch ist jetzt die Schiffahrt auf der Loire thalwärts so kostbar, daſs die Schiffe nur mit sehr groſser Schwierigkeit zurückkehren können. Ist aber erst der Canal vorhanden, so können die Schiffe sehr leicht und wohlfeil zurückgebracht werden; denn sie bezahlen dann für die ganze Rückfahrt nur 7 Franken. Die Schiffahrt auf der Loire wird dann dadurch eben so wohlfeil, als die auf der Rhône und Seine, und wahrscheinlich um drei Viertheile wohlfeiler, als auf dem Canale. In der That führen auf der Loire zwei Menschen zwei an einander gehängte Schiffe, mit 80 Tonnen beladen, in einem Tage stromab von Roanne bis Digoin. Die Fracht kostet, für die beiden Leute, 24 Franken, und an Schiffssteuer und Neben-Ausgaben noch 50 Fr., also zusammen 74 Fr. Auf dem Canale dagegen würde die Fahrt, für Ein Pferd und Zwei Leute auf jedes Schiff, zu 18 Fr., 36 Fr., also für 2 Tage 72 Fr.: ferner das Canalgeld für 80 Tonnen, zu 3 Fr., 240 Fr., zusammen also 312 Fr. kosten. Also würde die Fahrt auf dem Canale mehr als viermal so theuer sein, als auf dem Flusse stromab, und die einzige sichere Einnahme des Canals würde die für die Rückfahrt der leeren Schiffe sein, welche, zu 7 Fr. für jedes Schiff, 22750 Fr. (6066 Rthlr.) einbringen würde: der Canal würde also im eigentlichen Sinne nur dazu dienen, die Schiffahrt auf der Loire wohlfeiler zu machen.

Concurrenz mit einer Eisenbahn. Um diese zu beurtheilen, würde man erst wissen müssen, was eine Eisenbahn von Roanne nach Digoin kosten kann, was, so viel ich weifs, noch nicht berechnet worden ist. Da indessen hier in dem Loire-Thale weder kostbar zu durchbrechende Felsen, noch überhaupt sehr schwieriges Terrain vorkommt, welches die Krümmen von grofsem Halbmesser erschweren könnte, so darf man annehmen, dafs die Damm-Arbeit nicht über 6000 Fr. der Kilom. (11386 Rthlr. die Meile), und eben so viel das Terrain, die Brücken etc., kosten werden, zusammen also 12000 Fr. der Kilom. (22772 Rthlr. die Meile), was übrigens doppelt so viel ist, als die Departemental-Strafse von Digoin nach Roanne, oberhalb Igrande, gekostet hat. Die übrigen Kosten der Eisenbahn sind bestimmter bekannt. Sie belaufen sich, für Schienen, Steinwürfel etc., auf 30000 Fr. der Kilom. (56930 Rthlr. die Meile). Man kann also rechnen

| | |
|---|---|
| 54 Kilom. zu 42000 Fr. . . . . . . . . . . . . | 2 268 000 Fr. |
| Ausführungs-Kosten in 2 Jahren 4 pr. C. . . . . . | 80 720 - |
| Zinsen auf 2 Jahre zu 5 pr. C. für das allmälig auszuzahlende Capital . . . . . . . . . . . . . . . . . | 117 436 - |
| Zusammen . . | 2 466 156 Fr., |

oder in runder Zahl . $2\frac{1}{2}$ Mill. Fr. (666 666 Rthlr., $46\frac{1}{2}$ Rthlr. für die laufende Ruthe, und 93000 Rthlr. für die Meile) *).

*) Die Kosten-Berechnung der Herren Mellet und Henry, in No. III., für die Eisenbahn-Strecke von Andrezieux bis Roanne, ist freilich viel höher. Nach

Die jährlichen Kosten sind:

| | |
|---|---|
| 5 pr. C. des Anlage-Capitals . . . . . . . . . . . | 125000 Fr. |
| Unterhaltungs- und Verwaltungs-Kosten zu 2 pr. C., wie auf dem Canal, gerechnet, obgleich die Eisenbahn nicht so vielen Beschädigungen unterworfen ist, als der Canal, und folglich nicht so viele Reparaturen erfordert, . . . . | 50000 Fr. |
| | 175000 Fr. |
| | (46666 Rthlr.) |

Damit die Eisenbahn diesen Ertrag gebe, mufs derselbe auf 130000 Tonnen vertheilt werden, was 1 Fr. 35 Ct. (etwa 11 Sgr.) Wegegeld für die Tonne macht, und das Minimum des Tarifs sein würde. Auf dem Canale waren, unter gleichen Umständen, 4 Fr. 85 Ct. nöthig, auf der Eisenbahn also $3\frac{1}{2}$ Fr. oder 72 pr. Cent weniger **). Dieses gewährt, den Verkehr zu 130000 Tonnen gerechnet, eine jährliche Ersparung von 455000 Fr. (121333 Rthlr.), so dafs also die Eisenbahn bei weitem vortheilhafter sein wird.

Das Resultat wird noch entscheidender für die Eisenbahn dadurch, dafs, vermöge der neueren Vervollkommnungen, die Fortschaffungs-Kosten der Lasten auf der Eisenbahn viel weniger betragen, als auf Canälen. Diese letzteren sind, wie bekannt, 15 bis 20 Ct. für die Tonne auf den Myriameter (etwa 1 Sgr. bis 1 Sgr. 4 Pf. für 20 Cntr. auf die Meile). Aber schon vor den Vervollkommnungen, welche die Gesellschaft der Eisenbahn von Liverpool nach Manchester veranlafst hatte, fand eine von ihr ernannte Commission Sachverständiger, dafs die Fortschaffungskosten durch Dampfwagen, auf Eisenbahnen, nur $17\frac{1}{2}$ Ct. betragen, und Herr Séguin, welcher zu gleicher Zeit mit seiner Maschine Versuche anstellte, fand 14 Ct. Spätere Vervollkommnungen haben die Kosten bis auf 10 Ct. heruntergebracht (also etwa auf die Hälfte der obigen), und sie können möglicherweise noch geringer sein, besonders auf Eisenbahnen wie hier, zwischen Roanne und Digoin, wo die meisten Lasten bergab

---

derselben würden hier über 4 Mill. Fr. herauskommen. Allein, wie sich aus No. IV. ergiebt, ist diese Berechnung auch viel zu hoch gewesen.

Anm. d. Herausg.

**) Wenn man nach den Herren Mellet und Henry rechnet, so kommen für die Eisenbahn, statt der obigen 1 Fr. 35 Ct., etwa 2 Fr. 50 Ct. heraus; also doch immer noch beinahe 50 pr. C. weniger, als bei dem Canale. Anm. d. Herausg.

transportirt werden *). In solchen Fällen bekommt eine Eisenbahn ihren ganzen Vorzug, weil die Schwerkraft benutzt werden kann, um die Fahrt zu fördern, während ein Canal, durch sein horizontales Wasser, von einer Schleuse zur andern, gleichsam die Absicht zu haben scheint, mit grofsen Kosten die Kraft der Natur zu zerstören, und vorsätzlich Langsamkeit und Unbeweglichkeit hervorzubringen **).

Mit dem Obigen glaube ich Ihnen meine Meinung über den Gegenstand, wegen dessen Sie mich befragt haben, vollständig vorgelegt zu haben. Folgen dürfte daraus:

1. dafs der Canal von Roanne nach Digoin etwa ein Drittheil mehr kosten wird, als man berechnet hat;
2. dafs er keine zureichenden Zinsen des Anlage-Capitals gewähren wird;
3. dafs er die Concurrenz mit der Loire nicht aushalten kann,
4. und noch weniger diejenige mit einer Eisenbahn.

Ihrem Begehren gemäfs hätte ich mich darauf beschränken dürfen, Ihnen blofs meine Folgerungen zu überliefern; aber ich habe nicht unterlassen wollen, dieselben auch zu rechtfertigen, und ich wünsche, dafs nun Sie Ihrerseits über meine Resultate entscheiden mögen.

---

*) Und auch wohl in den meisten Fällen dann, wenn man sich nicht der Dampfwagen, sondern der Pferde bedient, und nicht über die Berge, sondern in den Flufsthälern baut. Anm. d. Herausg.

**) Wenn alle Fracht bergab geht, so ist eine Landstrafse gegen einen Canal, aus dem im Text angezeigten Grunde, ungeheuer im Vortheil. Dieser Gewinn kann bis zum Betrage fast der gesammten Transportkosten steigen: in dem Falle nemlich, wenn der Abhang der Strafse stetig und von der Art ist, dafs die beladenen Fuhrwerke durch ihr Gewicht allein fortgetrieben werden. Sind aber die Frachten bergab und bergauf ungefähr gleich: so ist die Landstrafse in der angezeigten Beziehung nicht mehr im Vortheil, und gehen alle Frachten bergauf, so ist der Canal bedeutend im Vortheil, weil auf ihm nur gleichviel Kraft nöthig ist, die Last bergan und bergab fortzuschaffen. Anm d. Herausg.

# 17.

# Einiges zur Schonung der Bauhölzer durch Verbesserung der Bauart der Landgebäude in Schlesien.

(Von dem Königl. Bau-Inspector Herrn *Rimann* zu Wohlau in Schlesien.)

---

Man findet in Schlesien noch hie und da alte, vielleicht mehr als hundertjährige Gebäude von Bindwerk, die als wahre Erinnerungsmale jener Zeit, wo diese Gegend noch Überflufs an den schönsten Bauhölzern gehabt haben mufs, betrachtet werden können. Sie sind aus dem stärksten Holze gezimmert, und die Wände aus so vielen Säulen, Riegeln und Streben zusammengesetzt, dafs sie fast ganz aus Holz bestehen. Die Balken liegen dicht an einander, und ihre Zwischenräume sind mit starken Bohlen ausgeschoben; auch enthalten die Dachstühle viel mehr Holzwerk, als zur Haltbarkeit erforderlich wäre. Diese Art zu bauen hat längst aufgehört, sie ist mit der fortschreitenden Abnahme der Bauhölzer verschwunden, und die Nothwendigkeit hat ein sparsameres Verfahren geboten.

Da jetzt der Mangel an Bauholz in mehreren Gegenden immer fühlbarer wird, der Bau von Bindwerk aber in Schlesien und in den angrenzenden Gegenden auf den Dörfern noch fast allgemein Statt findet, und wahrscheinlich auch noch nicht so bald allgemeiner dem Bau von Steinen Platz machen dürfte, so werden vielleicht einige Bemerkungen über die gegenwärtige Bauart der Bindwerksgebäude, die dem Bedürfnisse der Zeit und dem zunehmenden Holzmangel nicht angemessen genannt werden kann, nicht unnütz sein. Mehrere verdiente Baumeister, wie Krubsacius*), Manger**) und vorzüglich Gilly, haben sich bemüht, diejenige Construction der hölzernen Gebäude zu lehren, welche, mit Verbannung aller zwecklosen Verbindungstheile, einen dauerhaften Verband gewährt.

---

*) F. A. Krubsacius Ökonomischer Vorschlag, wie man die wohlfeilsten, dauerhaftesten, bequemsten und feuersichersten Dächer über Wirthschafts-Gebäude anlegen soll. 1786.

**) H. L. Manger, Bemerkungen über die Zimmermannskunst, besonders über die Anbringung der Bänder und Spannriegel. 1786.

Den Anordnungen der Behörden verdanken wir, daſs alle auf Kosten des Staats oder unter Aufsicht desselben auszuführenden landwirthschaftlichen Gebäude die zur Conservation der Schwellen nöthigen Fundamente erhalten, liegende Dachstühle nicht mehr gemacht werden dürfen, und jedes das nothwendige Raumbedürfniſs überschreitende, oder der längern Dauer zuwiderlaufende Verfahren nicht geduldet wird. Es ist nur zu bedauern, daſs solche gute Beispiele noch so wenig wirksam gewesen sind, und daſs, bei der groſsen Zahl der vom freien Willen des Besitzers abhängigen Dorfgebäude, durch die fortdauernden Baufehler noch eine so groſse Menge von Bauhölzern zwecklos verloren geht.

Einer der nachtheiligsten Fehler ist, daſs man die Wohn- und Wirthschaftsgebäude der Bauern und kleinern Grundbesitzer (Gärtner) mehr in die Länge baut und ihnen zu wenig Breite oder Tiefe giebt. Den nöthigen Dachraum sucht man dann durch sogenannte gesenkte Balkenlagen zu erlangen. Es müssen auf diese Weise die Gebäude, auf beschränkten Hofräumen, auch dichter neben einander zu stehen kommen, so daſs auch die Feuergefährlichkeit in einem hohen Grade vergröſsert wird. Viele Feuersbrünste würden weniger verheerend gewesen sein, wenn die Gebäude weniger dicht zusammengebaut gewesen wären.

Abgesehen von diesem gefährlichen Nachtheile, läſst sich ferner leicht an einem Beispiele zeigen, daſs die schmalen Gebäude auch mehr Bauholz erfordern, und weniger dauerhaft, mithin wesentlich holzverschwenderisch sind.

Angenommen, ein Landmann bedürfe eines Stalles für 5 Kühe, 4 Ochsen und drei Pferde, so wird derselbe gewöhnlich ungefähr 50 bis 54 Fuſs lang und nur 17 Fuſs breit gemacht, und erhält vier groſse Abtheilungen zu 13 Fuſs Breite, von welchen die eine zur Futterkammer dient *). Die Wände werden 9 bis 10 Fuſs, der untere Raum aber wird nicht höher als 6 bis $6\frac{1}{2}$ Fuſs hoch gemacht. Das gesenkte Gebälke besteht aus 8 Zoll dickem Mittel-Bauholze, und wird stumpf auf die obern Riegel aufgelegt. Wird mit einem Stallgebäude eine Scheuer verbunden, so wird, so weit solche reicht, das gesenkte Gebälke weggelassen. Der Zimmermann verbindet das Gebäude leicht und aus schwachem Holze, und stellt es auf die bloſse Erde hin.

*) Ich hoffe, daſs diese einfachen Bemerkungen auch ohne Zeichnungen verständlich sein werden.

So ist das gewöhnliche Verfahren. Die Nachtheile, die in wenigen Jahren daraus entstehen, sind: dafs die Senkbalken, welche die Wände nicht zusammenhalten, sich wegen der grofsen Last des Estrichs und des aufgepackten Rauchfutters in der Mitte biegen, und die Wände auseinander treiben oder ausbauchen; dafs ferner, bei der geringen Höhe der Stallungen, das gesenkte Gebälke, durch die warmen und feuchten Dünste schnell verfault, und dafs endlich das ganze Gebäude, wegen seines geringen Verbandes, den Sturmwinden zu wenig Standfähigkeit entgegen setzt, deshalb in kurzer Zeit verschoben wird, oder seine lothrechte Stellung verliert.

Es ist unglaublich, wie schnell hier die Baufälligkeit eintritt. In meiner jetzt funfzehnjährigen Dienstzeit habe ich mehrere solche ländliche Wirthschafts-Gebäude neu bauen, und schon wieder unbrauchbar werden, oder doch einer Hauptreparatur bedürfen gesehen. Die auf verjährten Rechten, Urbarien oder Observanzen beruhende kostenfreie Hergabe der Bauhölzer zur Unterhaltung der Amts-Insassen-Gebäude aus Königlichen Forsten, die unter Controlle des im Staatsdienste stehenden Baumeisters erfolgt, giebt diesem mannigfaltige Gelegenheit, hierüber zu näherer Kenntnifs zu gelangen, und vorzüglich auf diesem Wege habe ich bemerkt, wie schnell die gesenkten Gebälke verderben, und durch neue ersetzt werden müssen *).

So wie Alles seine Vertheidiger findet, so werden auch für jene üble Art zu bauen, Beweggründe angegeben und verfochten. Es wird deshalb gut sein, den Gegenstand, mit Beibehaltung des Beispiels, noch etwas weiter zu prüfen.

Unter allen rechtwinkligen Figuren von gleichem Umfange schliefst bekanntlich das Quadrat die gröfste Fläche ein, und von zwei im Grundrisse parallelogrammatischen Gebäuden von gleichem Umfange wird das tiefere einen gröfseren Flächenraum und bei gleicher Höhe einen gröfsern körperlichen Inhalt haben.

Das obige Stallgebäude, von 54 Fufs Länge, 17 Fufs Breite und 9 Fufs Wandhöhe, hat 140 Fufs Umfangs- und 48 Fufs Scheidewände, zusammen 188 Fufs lange Wände.

*) Die in dem Herrnstädter Amtsdorfe Bobiele vorhandenen sechsig Possessionen geniefsen zur Unterhaltung der Gebäude freies Bauholz, und es sind durchschnittlich jährlich 25 Stämme Mittel-Bauholz nöthig, um die häufig gebrochenen Senkbalken herzustellen.

Ein Gebäude von $33\frac{1}{2}$ Fuſs äuſserer Länge und $27\frac{1}{2}$ Fuſs Breite, durch Scheidewände über's Kreuz getheilt, wird gleich groſsen innern (lichten) Raum haben; aber die Wandlänge wird nur betragen: 120 Fuſs Umfangs- und $58\frac{1}{2}$ Fuſs Scheidewände, zusammen $178\frac{1}{2}$ Fuſs. Das letztere hat mithin $9\frac{1}{2}$ Fuſs Wand weniger, als das erste.

Ferner wird das erste, wegen des vertrumpften Gebälks *), 464 Fuſs Holz zu Balken, jenes aber nur $248\frac{1}{2}$ Fuſs, also $266\frac{1}{2}$ Fuſs, oder beinahe die Hälfte weniger erfordern.

Eine Berechnung und Nachweisung bis in's Einzelne, daſs im ersteren Falle bedeutend mehr Bauholz erforderlich ist, als im letzten, wodurch denn der Mehrbedarf bei der groſsen Anzahl der Gebäude sich sehr vervielfältigt, wird man hier hoffentlich erlassen. Wer zweifelt, wird sich durch die wirkliche Rechnung sehr leicht die Überzeugung davon verschaffen können. Unerfahrne Zimmermeister räumen zwar die Richtigkeit der Behauptung dennoch allerdings nicht ein, und meinen, daſs zu dem schmalen Gebäude, wegen seiner geringern Tiefe, auch schwächeres Holz verarbeitet werden könne, so daſs zu beiden nur gleichviel nothwendig sei. Aber in der Schwäche des Holzes liegt wieder der Fehler und der Grund der geringern Haltbarkeit und kürzern Dauer.

Wir wollen nun sehen: ob beim Raume ein Vortheil erlangt wird.

Das schmale Gebäude hat unten einen cubischen Raum von 4992 Cub.-Fuſs (52.16.6), darüber bis an's Gebälke 1696 Cub.-Fuſs (53.16.2), und von da bis zur Forstspitze 3392 Cub.-Fuſs (53.16.4), zusammen 10080 Cub.-Fuſs. Inhalt.

Das breite Gebäude hat, bei 8 Fuſs lichter und daher viel angemessenerer Höhe, wo das schnelle Verfaulen der Decke nicht zu besorgen ist, 6656 Cub.-Fuſs (32.26.8), und im Dache 5396 Cub.-Fuſs ($32\frac{1}{2}.26\frac{1}{2}.6\frac{1}{2}$), zusammen 12052 Cub.-Fuſs Inhalt. Mithin 1972 Cub.-Fuſs mehr, als das erste.

Dieses dürfte die Unzweckmäſsigkeit der gewöhnlichen Bauart hinreichend darthun.

Gesenkte Gebälke müssen überall bei landwirthschaftlichen Gebäuden möglichst vermieden werden, und will man sich ihrer dennoch bedie-

*) Die gesenkten Gebälke haben dadurch eine Verbesserung erhalten, daſs jetzt, zwischen den durchgehenden Binderbalken, Trumpf- und Stichbalken angebracht werden, statt daſs man sonst die Leersparren auf das Rahmstück setzte. Auch selbst bei gröſseren Gebäuden, z. B. Scheunen, wurden sonst die Stichbalken weggelassen, und es wurde bloſs ein Wechsel oder Trumpfbalken über das Rahmstück gelegt.

nen, so ist es bei Bindwerks-Gebäuden wenigstens höchst fehlerhaft, die Senkbalken auf die Riegel zu legen; vielmehr müssen sie, wie es Gilly*) vorschreibt, mit einem halben Schwalbenschwanz-Zapfen in die Stiele eingelassen werden.

Um mehr Dachraum zu gewinnen, dessen der Landmann eben so sehr bedarf, als des untern Raums, lasse man die Balken 15 bis 18 Zoll über die Frontwände übertreten, und setze die Sparren so weit vor, dafs sie nur das nöthige Hirnholz gegen das Ausweichen finden. Im südlichen Deutschland und der Schweiz findet man Dächer, die in der vordern Front um 3 bis 4 Fufs überstehen, allgemein. Man erreicht dadurch den Vortheil, dafs die Wände durch das vorspringende Dach mehr gegen den Regen geschützt werden, und dafs Geräthschaften unter demselben aufgehängt werden können; auch wäre zu erwägen, ob nicht das Rauchfutter durch Öffnungen unter dem Vorsprunge in den Dachraum gebracht, und dadurch die nachtheiligen Heu- oder Dachluken ganz erspart werden könnten.

Einiges von dem was bei den Bindwerksgebäuden und dem Verbande der Dächer landwirthschaftlicher Gebäude noch oft genug zu erinnern vorkommt, ist Folgendes.

Bei neuen Gebäuden werden die Schwellen, wo sie nicht aus einem Stücke bestehen können, beim Stofse gewöhnlich überblattet, oder mit dem verticalen Blattzapfen, jedoch meistens neben dem Stiel, verbunden. Nach der Regel sollte dagegen die Zusammensetzung der Schwellen durch einen verborgenen Hackenkamm unter einem Stiel geschehen**).

Bei Unterschwellungen alter Gebäude werden die Wände, statt sie mit Schrauben langsam zu heben und zu halten, mit Hebebäumen gehoben; hierauf werden die neuen Schwellen untergebracht und stumpf zusammengestossen, die Stiele aber nicht frisch gezapfet, sondern ohne Zapfen auf die Schwellen gesetzt und verkeilt, welches man fälschlich verdübeln nennt. Man sollte nicht glauben, dafs die Zimmermannskunst noch so unvollkommen sein könnte; doch werden gewöhnlich Landgebäude auch nur mehrentheils von unerfahrnen Dorf-Zimmerleuten, die gegen eine jährliche Abgabe an den nächsten recipirten Zimmer-Meister, unter dessen Firma, ihr Wesen ungestört treiben, gebaut und reparirt.

---

*) D. Gilly's Handbuch der Landbaukunst 2ter Theil §. 8. pag. 37.

**) D. Gilly, a. a. O. 1ster Theil §. 149. pag. 499.

Die Zapfenlöcher in den Schwellen werden gewöhnlich zu grofs gemacht, so dafs sie, wenn das neue Gebäude gerichtet dasteht, neben den Stielen noch sichtbar sind. Beim ersten Regenwetter zieht sich das Wasser in die Löcher, und es entsteht ein sicheres Beförderungsmittel des Verfaulens der Stielzapfen und der Schwellen. Es ist also nöthig, dafs, wenn fertig abgebundene (zugelegte) Gebäude auf dem Abbinde-Platze (der Zulage) noch eine Zeit lang liegen bleiben müssen, die Schwellen umgewendet werden, damit die Zapfenlöcher nach unten kommen und sich nicht mit Wasser füllen können.

Wie begierig kiefernes und fichtenes Bauholz die Nässe an sich saugt, und aufquillt, kann man an der Zunahme des Gewichts geflöfster starker und zu langer Dauer geeigneter Bauhölzer, und an ihrem starken Schwinden sehen, wenn man sie unausgetrocknet verbaut.

Wände von unausgetrockneten Flöfshölzern werden, nachdem sie berohrt und beputzt worden sind, nach Verlauf von höchstens dreifsig Jahren vollständig verfault oder vermodert sein.

Bei gröfsern landwirthschaftlichen Gebäuden unterläfst man nur zu oft, den unter dem Träger (Unterzug) stehenden Stielen festgemauerte Grundpfeiler zu geben. Die Last des Gebälkes, des Lehm-Estrichs und des aufgepackten Rauchfutters drückt dann die zu schwachen Fundamente zusammen, das Gebälke biegt sich in der Mitte, und der Dachstuhl hebt sich aus seiner Verkämmung. Eine Verschiebung des Dachstuhls nach der Länge des Gebäudes ist die natürliche Folge davon.

Die gute Erhaltung des Rauchfutters auf den Bodenräumen über Viehställen ist für den Landwirth von grofsem Werthe. Dringen die Dünste des Stalles durch die Decke, so wird das Futter dumpfig oder modrig, und es entstehen Krankheiten des Viehes, und sogar ansteckende Viehseuchen. Mehrere sorgsame Landwirthe habe ich darüber im Zweifel gesehen: wie stark der Lehm-Estrich über den Decken der Ställe sein müsse, damit das Rauchfutter nicht verderbe. Um nichts zu versehen, läfst man die Estriche bis 8 Zoll dick auftragen. Für eine solche Belastung der Decken ist aber der gewöhnliche Verband der ökonomischen Gebäude nicht eingerichtet; sie erfordert besondere Vorsichts-Maafsregeln.

Selten sind die zur Errichtung eines Landgebäudes bestimmten Bauhölzer vollkantig beschlagen. Bei der Zusammensetzung mufs man, nach meiner Erfahrung, darauf sehen, dafs die scharfen Kanten der Rahmstücke

(Platten) nach oben, die der Balken nach unten gelegt werden; noch nothwendiger ist es, dafs die scharfen Kanten der Stuhlrahmen nach oben, und die der Kehlbalken nach unten liegen. Es ist leicht zu sehen, dafs hierdurch die Verbindung gewinne, und doch findet man diese Regel wenig beobachtet.

Einfache stehende Dachstühle leisten nach der Länge des Gebäudes nur geringen Widerstand gegen den Druck der Sturmwinde. Sie sollten daher bei freistehenden Gebäuden, die über 24 Fufs breit sind, nicht gemacht werden. Doppelte stehende Dachstühle sind allemal besser; die Stuhlrahmen, da, wo sie den Sparren am nächsten liegen, müssen mindestens 6 Zoll von ihnen entfernt sein.

Bei Scheunen, Schafställen, Schüttböden und andern ökonomischen Gebäuden von 36 bis 40 Fufs breit, wird noch häufig nur Ein Unterzug in der Mitte, im Dache aber ein doppelter stehender Stuhl angebracht. Dies ist aber offenbar nicht angemessen; denn wo ein starker Druck Statt findet, mufs auch Unterstützung gegeben werden.

Das vorzeitige Verfaulen der Balkenköpfe in massiven Wänden ist ebenfalls ein Gegenstand, welcher Aufmerksamkeit verdient. Scheinbar fest gebaute Gebäude werden baufällig, weil ein Hauptbestandtheil derselben, das Gebälk, seine ganze Haltbarkeit verloren hat. Es mufs dann der ganze Dachstuhl abgenommen werden, und eine Hauptreparatur erfolgen, weil die Balken herabzustürzen drohen. Die neuere Methode, die Balken nicht mit den Simsen in gleicher Höhe zu legen, sondern, nach der Maurer-Sprache, „das Dach über den Sims zu heben," kann, wenigstens bei Landgebäuden, künftigen Übelstanden in dieser Hinsicht vorbeugen. Auch die Abschaffung der Giebelhäuser und Dachrinnen zwischen den Stadtgebäuden wird dort die nöthige Abhülfe für die Zukunft schaffen. Müssen aber, wo es auch sei, die Endpuncte der Balken eingemauert werden, so mufs man sie sorgfältig mit Pech überstreichen, und in Lehm legen. Zur Belehrung für angehende Zimmer-Meister wäre es zu wünschen, dafs auch dergleichen Dinge bei dem Unterricht in den Bauhandwerks-Schulen berücksichtigt, und darauf hingearbeitet würde, dafs auch niedere Landgebäude eine verbesserte Bauart erhalten, und die Bauhölzer dabei zweckmäfsiger verwendet würden.

Wohlau, den 10. November 1833.

# 18.
# Über die Pflanzung und die Zucht der Bäume.

[Diese über die Pflanzung und die Zucht der Bäume, inbesondere auf Militair-Terrains, für Verdun gegebene, vom Ingenieur-Capitain Piérard redigirte Instruction, haben die *Annales des ponts et chaussées* aus dem *Mémorial de l'officier du génie* aufgenommen. Der Aufsatz scheint uns mancherlei gute, practische Bemerkungen über seinen Gegenstand zu enthalten, die auch in Deutschland bei der Baum-Zucht nützlich sein können; und da nun diese mit dem Bauwesen vielfach in Verbindung kommt, so haben wir den Aufsatz hier beigefügt. D. H.]

---

### 1. Gewöhnliche Ursachen des unvollkommenen Erfolges der Baum-Pflanzungen.

*a.* Entweder werden die Pflanzungen von einen Unternehmer besorgt oder geleitet, der die bessern Verfahrungsarten nicht hinreichend keunt, oder er bedient sich ununterrichteter Arbeiter.

*b.* Die Pflänzlinge werden zuweilen aus entfernten Baumschulen genommen, nicht sorgfältig genug verpackt und nicht vorsichtig genug transportirt, so, dafs die Wurzeln vertrocknen.

*c.* Die in sehr fruchtbarem Boden gezogenen Pflänzlinge werden öfters nicht mit hinreichender Vorsicht ausgehoben, sondern ihrer Pahlwurzel beraubt, hierauf aber in erst kurz vorher gemachte Löcher gepflanzt, und ohne zu beachten, ob der neue Boden für sie passend sei.

*d.* Endlich hat man zuweilen die üble Gewohnheit, einen vor Alter abgestorbenen Baum durch einen andern von der nemlichen Gattung zu ersetzen, ohne die Erde in der Pflanzgrube zu erneuern, oder den Baum mehrere Monate früher auszuheben, und alle alten Wurzeln wegzuschaffen, damit sich die Erde durch die Wirkung der berührenden Luft verbessern könne, die ihr die erforderlichen Eigenschaften zur Wirkung auf die Fibern der Bäume giebt.

### 2. Vor-Erwägungen.

Der grofse Nutzen von Pflanzungen nach richtigen Grundsätzen, und mit Bäumen gemacht, wie sie dem Terrain angemessen sind, ist allgemein bekannt. Desgleichen die Nothwendigkeit von Baumschulen in der Nähe, auf ähnlichem Terrain, und in ähnlicher Lage.

Man mufs also näher in die Untersuchung des Verfahrens eingehen, ländliche, starke, gesunde und dauerhafte Bäume, die auch zu Nutzholz tauglich sein möchten, zu pflanzen und zu erziehen.

### 3. Wahl der Bäume nach den verschiedenen Boden-Arten.

Die passendsten Bäume für Ländereien in den Festungsgebieten sind folgende:

*a.* Auf gutem, tiefem Erdreiche: die gemeine Eiche, der weifse (Zucker-) Ahorn (*acer pseudoplatanus, erable-sycomore*), der weifse und rothe Elsbeerbaum (*crataegus oxyacantha et torminalis, alizier blanc et torminal*), der Haus-Spierlingbaum (*sorbier domestique*), die Virginische Platane (*platanus occidentalis*), die Gleditsie mit drei Spitzen (*gleditschia triacanthos, fevier à trois pointes*), der Indische Castanienbaum (*aesculus hippocastanum*).

*b.* Auf gutem, aber weniger tiefem Boden: die hohe Esche (*fraxinus excelsior, frène élevé*), die Linde, besonders die Holländische, der glatte Ahorn (*acer platanoïdes, erable-plane*), der gemeine und schwarze Nufsbaum (*juglans regia et nigra*), der Ahorn mit Eichenblättern und die orientalische Platane (*platanus orientalis*).

*c.* Auf mittelmäfsigem Boden: der Feld-Ahorn (*acer campestre, erable champêtre*), die weifse Acacie (*robinia pseudo-acacia, robinier blanc*), die Ulmen-Esche (*fraxinus ormus, frène orme*), die weifse und die schwarze oder Canadische Birke (*betula alba et nigra, bouleaux blanc et noir*), die Buche (*fagus, hêtre*) und der Lerchenbaum (*larix, mélèze*).

*d.* Auf feuchtem und der Überschwemmung ausgesetztem Boden: die weifse Weide (*salix alba, saule blanc*), die Erle (*alnus, aune*), die Italienische, Canadische und Holländische Pappel oder Iper (*salix caprea, Ypréau*).

### 4. Bemerkungen über einzelne Baumarten.

*a.* Von den vorhin genannten Baumarten müssen die Castanien, die Platanen, die hohe Esche und der Ahorn mit Eichenblättern in ausgeruhetem Boden gepflanzt werden.

*b.* Der Lerchenbaum gedeiht sehr gut in thonigem und röthlichem Boden und auf den höchsten Stellen des Terrains.

*c.* Die drei Pappeln-Arten verlangen guten Boden.

*d.* Die Buche erträgt keinen feuchten Boden.

5. Maafse der Pflanzgruben.

Die Bäume werden in bestimmten Entfernungen von einander und in Linien, deren Richtung der Ingenieur-Officier bestimmt, in Gruben gepflanzt, die 3 Fufs 2 Zoll bis 5 F. 1 Z. *), im Gevierte, und 1 F. 9 Z. bis 3 F. 2 Z. tief sind, je nach der Ausdehnung der Wurzeln, das heifst, je nachdem die Bäume eine Pfahlwurzel haben, oder nicht. Beim Ausgraben der Löcher müssen die drei oder vier auf einander folgenden Erdschichten, jede besonders, rund um aufgeschichtet, und es müssen die grofsen Steine, desgleichen die Quecken, Winden und andere schädliche Wurzeln entfernt werden.

6. Vorheriges Ausgraben der Löcher.

Die Pflanzgruben müssen wenigstens drei oder vier Monate vorher gegraben werden, ehe die Bäume hineingesetzt werden.

7. Pflanzzeit.

Die günsigste Jahreszeit zum Pflanzen der Bäume mit abfallendem Laube ist der Herbst. Blofs wenn in nassem Boden gepflanzt werden soll, wo die Löcher nicht der Überschwemmung entzogen werden können, darf solches im Frühlinge geschehen. Aber im entgegengesetzten Fall ist auch im nassen Boden, der nur der Erle und verschiedenen Pappeln- und Weiden-Arten zusagt, der Herbst vorzuziehen. Im Allgemeinen kann man, die Zeit des Frostes und starken Regens ausgenommen, vom 15. November bis 15. Merz pflanzen. Es mufs aber unterbleiben, wenn die Erde zu nafs ist, oder sich schwer bearbeiten läfst; denn sonst bildet dieselbe gleichsam einen Kitt, welcher der Entwicklung der jungen Wurzeln hinderlich ist, oder dieselben werden auch durch die Luft ausgetrocknet, welche durch die Spalten eindringt, die sich im Sommer gebildet haben.

8. Ausheben der Bäume.

Da das Verfahren beim Ausheben eines Baumes viel Einflufs auf sein Fortkommen hat, so mufs man dabei mit Vorsicht zu Werke gehen. Man beschreibt einen Kreis um den Baum, von einem zu der Stärke des Baumes im Verhältnisse stehenden Durchmesser. Im Umringe dieses Kreises hebt man die Erde mit einem Grabscheit aus, und so, wie man dabei in die Tiefe dringt, schneidet man die Wurzeln ab, denen man begegnet,

---

*) Das Französische Maafs ist sogleich auf Preufsisches reducirt worden.
D. Herausg.

jedoch ohne sie zu spalten, oder abzustreifen. Hierauf räumt man, mit Hülfe eines langen verstählten Hakens, die Erde zwischen dem kreisförmigen Graben und dem obern Theile der Wurzeln hinweg, um diejenigen Wurzeln, welche in die Tiefe gehen, besser zu entdecken, und sie so lang als möglich abschneiden zu können. Wenn man nun, indem man den Baum rüttelt, bemerkt, daſs er nachgiebt und nur noch an kleinen Wurzeln festhält, die sich mit herausziehen lassen, so hebt man ihn aus, indem man ihn nach allen Seiten niederbiegt und nach sich zieht, jedoch immer Acht habend, daſs die Pfahlwurzel so lang als möglich herausgeschafft werde. Der Durchmesser der Grube muſs wenigstens 2 Fuſs sein.

### 9. Einsetzen der Bäume.

Ehe man einen Baum einsetzt, der aus einer etwas entfernten Baumschule, und entblöſst von seiner Bedeckung, kommt, muſs man seine Wurzeln untersuchen. Sind sie etwas trocken, so legt man sie zuvörderst in ein mit Mistwasser gefülltes Beuchgefäſs. Das Mistwasser erhält man durch Aufweichung von Pferde- oder Kuhmist, mit einen Zusatze von Taubenmist, in einer viermal so groſsen Masse Wasser. Man läſst die Baumwurzeln in diesem Mistwasser 24 Stunden, oder, je nachdem sie trocken sind, auch wohl länger liegen. Hierauf richtet man die Wurzeln zu, und unmittelbar vor dem Einsetzen des Baumes bestreut man sie mit sehr lockerer Erde.

### 10. Zuschnitt der Wurzeln.

Beim Zurichten eines Baumes müssen bloſs die Enden der Wurzeln beschnitten werden, und zwar schräg (*en sifflet*), so daſs der Schnitt auf der Erde aufliegt. Sind die Haarwurzeln noch sehr frisch, so muſs man sie schonen, und sie bloſs anfrischen. Sind sie aber trocken, so werden sie ganz weggeschnitten, bis in's frische Holz, eben wie die andern, etwa vertrockneten und gespaltenen Wurzeln. Denn die verdorrten Haar- und andern Wurzeln verschimmeln in der Erde: und ergreift der Schimmel die übrigen Wurzeln, so stirbt der Baum ab.

### 11. Maaſse der Pflänzlinge.

Die Pflänzlinge müssen wenigstens 1 bis $1\frac{1}{2}$ Zoll mittlern Durchmesser haben, im Schaft etwa $5\frac{3}{4}$ Fuſs und im Ganzen $6\frac{1}{4}$ bis $9\frac{1}{2}$ Fuſs hoch sein, je nach der Art und Form ihrer Zweige. Nachdem die Wurzeln zugerichtet worden sind, thut man ein Gleiches auch mit den Seiten-Zweigen, und zuweilen mit dem Stamme, je nach der Art des Baumes, damit sein Umfang und seine Höhe mit den Wurzeln in Verhältnifs komme.

12. Köpfen der Bäume.

Das Zurichten der Schäfte der Bäume, ehe sie gepflanzt werden, findet nur bei einigen Arten derselben Statt; denn es giebt einige Arten, die nie geköpft werden, z. B. die Ulmen, die Nufsbäume, die Ahorne, die Eschen, die Pappeln, die Eichen, die Lerchenbäume etc., überhaupt alle die Arten, welche sehr dicke Hauptknospen oder eine sehr weite Markröhre haben, oder überhaupt alle, welche Seitenzweige treiben. Zwar gehören die Ulmen und Eichen in keinen dieser Fälle; aber die Erfahrung zeigt, dafs, da die Rinde der Ulmen fester ist, als die vieler andern Bäume, die Hauptknospen, die sich in Zweige ausdehnen sollen, zu schwer sie durchbrechen, und dafs viele beim Pflanzen geköpfte Ulmen aussterben, weil die Knospen nicht die Kraft hatten, das ihnen entgegenstehende Hindernifs zu überwinden. Ferner mufs dieser Baum, wenn man ihn auch in die vortheilhafteste Lage bringt, gerade aufschiefsen, und der Hauptzweig mufs den Stamm ersetzen, der ihm genommen wurde. Wenn aber der Zweig zur Seite hervorbricht, kann er offenbar, vom Anfang an, den Stamm nur sehr unvollkommen ersetzen, besonders wenn man nicht sorgfältig das Auge oder das todte Holz über dem Ansatze des Zweiges weggeschnitten hat. Setzt man nun ferner, dafs auf einander folgende Ringe den Theil bedecken, wo der Stamm abgeschnitten ist, und dafs keine Unterbrechung mehr sichtbar ist, was selten vorkommt, so folgt, dafs ein solcher Baum viel schwächer und weniger werth sein mufs, als ein anderer, weil sein Holz nothwendig weniger elastisch und meistens angefressen ist, welcher Fehler, obgleich für den Gebrauch sehr nachtheilig, nur schwer sich entdecken läfst.

13. Vorzug der jüngern Pflänzlinge.

Im Allgemeinen sind jüngere Pflänzlinge besser, als ältere, weil man ihnen den Stamm ganz lassen kann, ohne sie kappen zu dürfen. Ein gekappter Stamm wächst nie so gerade, als ein unverletzter.

14. Setzen der Schutzpfähle.

Es ist immer gut, dieselben in den bestimmten Linien und an den bestimmten Puncten vorher zu setzen, ehe man pflanzt, weil sonst, wenn die Schutzpfähle mit Hülfe eines dicken, eisenbeschuhten Pfahls gesetzt werden, leicht die Wurzeln der Pflänzlinge beschädigt werden können.

### 15. Ausfüllen der Pflanzgruben.

Beim Pflanzen eines Baumes mufs zunächst der Boden der Pflanzgrube mit dem Karst bearbeitet, und darauf sehr lockere Erde, von der Oberfläche des Bodens genommen, so lange hinein geworfen werden, bis die Grube nur noch $9\frac{1}{2}$ bis $13\frac{1}{2}$ Z. tief ist, je nach der Länge und Dicke der Wurzeln. Hierauf setzt man den Baum in die Mitte der Grube, so senkrecht, als möglich, und lenkt, wenn es nöthig, die besten Wurzeln nach den bessern Erdadern hin; man lehnt ihn an diejenige Seite des Schutzpfahls, die nach Westen gekehrt ist, damit der Pfahl so am besten den Stamm gegen die meistens aus Abend wehenden Stürme schützen könne. Nun wirft man allmälig gute, lockere Erde auf die Wurzeln, breitet dieselben zugleich sorgfältig aus, und bringt überall mit den Händen Erde auf dieselben, so dafs sie ganz von Erde umwickelt werden. So fährt man fort, bis die Grube bis zur Höhe des Terrains ausgefüllt ist, und darauf tritt man die Erde, an den von den Wurzeln freien Stellen, nemlich in dem Umfange zwischen ihren Enden und dem Rande der Grube, schwach mit den Füfsen fest. Man füllt alsdann noch die eingetretenen Fufstapfen, und hierauf den Rest der Grube mit der weniger guten Erde, und zwar so, dafs am Fufse des Baumes eine Senkung bleibt, um das Regenwasser aufzunehmen, und den Baum etwas feucht zu erhalten.

### 16. Besondere Beobachtungen beim Pflanzen.

Der Baum mufs, nachdem er gepflanzt und die Erde in der Pflanzgrube aufgehäuft worden, wieder eben so tief in der Erde sich befinden, als er in der Baumschule stand. Übler ist es, ihn zu tief, als zu flach zu setzen. Anstatt die Erde mittelst einer Schaufel und der Hände zwischen die Wurzeln rieseln zu lassen, begnügt man sich zuweilen, den Stamm etwas zu heben, indem man ihn rüttelt: dieses darf aber nur dann geschehen, wenn die Wurzeln ein wenig stark sind, weil sonst die Last der Erde, die auf ihnen schon ruht, sie leicht in eine schiefe oder nach unten gehende Richtung bringt, die sie vorher nicht hatten. Auch werden die zu stark bedeckten Wurzeln verhindert, an der Oberfläche der Erde fortzuwachsen, und aus der Luft diejenigen Nahrungstheile zu saugen, die ihnen fehlen, weshalb alsdann der Baum beständig kränkelt.

17. Begiefsen der Bäume.

Es ist wesentlich nothwendig, die Pfahlwurzel eines Baumes, den man pflanzt, dann, wenn der Boden nicht tief genug ist, um die Pfahlwurzel zu zwingen, dafs sie Seitenäste treibe, zu biegen. Ist es ohne zu grofse Ausgaben möglich, so wird es immer sehr vortheilhaft sein, einen Pflänzling, nachdem seine Wurzeln gehörig bedeckt worden, mittelst einer Giefskanne mit Brause, zu besprengen.

18. Mittel, das Wachsthum zu beschleunigen.

Es giebt vielerlei Mittel, das Wachsthum der Bäume zu beschleunigen, und der Erde um die Wurzeln herum die zur Zeit der grofsen Hitze so nothwendige Feuchtigkeit zu erhalten; aber alle diese Mittel sind in den Pflanzungen, von welchen wir sprechen, schwer anwendbar. Eine Streu z. B., von einer gewissen Dicke, am Fufse des Baumes, erhält daselbst die Erde frisch, und verhindert sie, zusammenzuballen. Eine Decke von Kohlenbrocken oder Kohlenstaub, wie man ihn in den Wäldern findet, ist als Bedeckung der Erde über den Wurzeln nützlich. Thier-Hörner, Klauen und Haare, auf dieselbe Weise und in geringerer Quantität benutzt, wirken vortrefflich, weil sie bei ihrer Zersetzung, die nur sehr langsam und mit zunehmender Hitze vor sich geht, sehr viel Kohlensäure entwickeln.

19. Anbinden der Bäume.

Die Bäume müssen an die Schutzpfähle mehrmals und hinreichend fest, mittelst Bänder oder hinreichend starker und langer Weidenruthen, angebunden werden. Zwischen den Pfahl und den Baum mufs immer ein Büschel Stroh oder Moos gelegt werden, damit durch das Band am Baume kein Wulst entstehe. Die an Landstrafsen oder auf Viehweiden gepflanzten Bäume müssen mit Dornen umwunden werden, von starken Bändern festgehalten.

20. Wahl der Schutzpfähle.

Die Schutzpfähle in Pflanzungen und Baumschulen sind von zweierlei Art. Die ersten, für Stämme, welche gepflanzt werden sollen, sind $6\frac{1}{2}$ bis 11 F. lang und $2\frac{1}{4}$ bis 4 Zoll im Mittel dick, je nach der Gröfse der Pflänzlinge. Diese Schutzpfähle nimmt man vorzugsweise von Eichen, Vogelkirschholz, Feld-Ahorn und Weiden; sie werden in der guten Jahreszeit gehauen, in ihrer ganzen Länge geschält, unten viereckig zugeschnitten, und einige Monate, nachdem sie gehauen worden, verbraucht.

Die Pfähle zum Schutze der Setzlinge in den Baumschulen dagegen werden aus Stöcken gemacht, von 1 bis $1\frac{1}{2}$ Z. dick, und von einer der Stärke und Höhe des Setzlings angemessenen Länge. Diese Stöcke werden im Winter geschnitten, geschält und wo möglich, vor dem Gebrauche, unter einem Schuppen getrocknet. Es versteht sich, dafs sie von allen Ästen befreit und zugespitzt werden müssen.

21. Anbrennen der Schutzpfähle.

Es ist nicht rathsam, sie unten zu flämmen (anzubrennen); denn der Erfahrung zufolge ist die Dauer der angebrannten Pfähle nur um ein so Geringes länger, als die der ungeflämmten, dafs der Gewinn nicht die Kosten und die Mühe vergütigt. Man hat irrthümlich das Flämmen deshalb für nützlich gehalten, weil die angebrannten Pfähle, wegen der langsamen Zersetzung der Kohle, von aufsen gesunder scheinen, als unbebrannte; aber nimmt man die verkohlte Hülle weg, so findet sich, dafs die Feuchtigkeit durch die Spalten gedrungen ist, und die Holzfasern angegriffen hat.

22. Ersatz der Schutzpfähle.

Wenn in einer Pflanzung nach einigen Jahren neue Schutzpfähle gesetzt werden müssen, so mufs man sich vorsehen, beim Ausziehen der alten Pfähle nicht die Wurzeln der Bäume zu beschädigen. Auch müssen die Dornenhüllen erneuert werden, nachdem die neuen Pfähle gesetzt worden sind.

23. Ausästeln der Bäume.

Das Ausästeln, bestehend im Abschneiden der untern Zweige eines Baumes, mufs im Winter, und möglichst gegen das Ende desselben geschehen, damit der Schnitt, bis zum Vernarben, so kurze Zeit als möglich wund bleibe. Die Bäume werden nur dann ausgeästelt, wenn die zu niedrigen Zweige dem Ertrage des Bodens, worauf sie stehen, nachtheilig sind, oder wenn man die Bäume, nachdem sie eine gewisse Dicke erlangt haben, in die Höhe treiben will, oder wenn sie das Austrocknen irgend einer Strafse hindern.

24. Verfahren beim Ausästeln.

Es geschieht vermittelst des geraden oder krummen Gartenmessers, vermittelst des Beils, oder der Säge, je nach der Stärke der Zweige, oder auch nach Bequemlichkeit. Aber, grofse Pappeln ausgenommen, müssen die Zweige wenigstens 5½ bis 7½ Z. vom Stamm entfernt geschnitten werden, damit einestheils nicht eine Menge von Zweigen rund um den Stamm ausschlagen, wie es nach dem gewöhnlichen Ausästeln zu geschehen pflegt, und um anderntheils einen bedeutenden Verlust an Saft zu verhindern, welches Beides den Baum schwächt und seinen Wuchs verzögert.

25. Bemerkungen über das Ausästeln.

Wenn man wie beschrieben verfährt, so werden, in der Regel, die Auswüchse und Astlöcher vermieden werden, welche sonst meistens eine Folge der tiefen Wunden vom Ausästeln sind. Die Enden der abgeschnittenen Zweigstumpfe trocknen, der Saft hört auf, in gleicher Menge zuzufliefsen, und nimmt eine andere Richtung; der Stumpf stirbt ab, ohne Fäulnifs, zerfällt, und zuletzt verschwindet die Schnittwunde. Bei diesem Verfahren bedeckt sich der Baum, während des Sommers, in dem Maafse mit Laube, als es zur Förderung des Stammwuchses nöthig ist, und ohne den Ertrag des Bodens unter dem Baume zu beeinträchtigen. Der Baum wird dicker, gerader, dauert länger, und leidet weniger, als bei dem gewöhnlichen Ausästeln.

26. Periodisches Ausästeln.

Wenn der Baum erst einen Theil seines Wuchses zurückgelegt hat, oder erst seit einigen Jahren gepflanzt ist (seit 10, 15 oder 20 Jahren, je nach seiner Art), so kann man ihn periodisch ausästeln. Man kann jährlich, oder in bestimmten Zwischenräumen, zwei oder drei der untersten Zweige abschneiden, welche in der Folge von Neuem abgeschnitten werden können, wenn der Stamm noch nicht die verlangte Höhe erreicht hat, mit Rücksicht jedoch auf den Wuchs des Baumes, oder wenn das Ausästeln nur solche Wunden macht, die bald vernarben. Es versteht sich, dafs man bei Bäumen mit Markröhren, oder bei solchen, deren Holz mehr der Fäulnifs ausgesetzt ist, sparsamer zu Werke gehen mufs.

27. Ausästeln in Alléen.

Man schneidet von den untern Zweigen solcher Bäume nur diejenigen ab, oder stutzt sie, welche in der Richtung der Linie sind, damit sie einander nicht ersticken, und der Baum sich erfrischen und belauben könne. Die andern, vortretenden Zweige werden von Jahr zu Jahr einander genähert, und nehmen so die verlangte Lage an. In allen Fällen mufs man auch die abgestorbenen Zweige und die kleinen Stumpfe und angefressenen oder sonst schadhaften Äste wegschaffen, weil sie den ganzen übrigen Baum anstecken.

28. Hakenschnitt (*taille en crochet*).

Diese Operation, welche für die in einer Baumschule gepflanzten Bäume pafst, hat den Zweck, den Wuchs derselben und die Bildung des Stammes möglichst zu beschleunigen, damit der Baum recht bald sich selbst möge beschützen können, ohne jedoch die Dauer und die Güte des Holzes zu vermindern. Der Schnitt, Hakenschnitt genannt, geschieht im Winter. Man schneidet dicht am Stamme alle Zweige ab, welche mit dem Stamme oder der Krone wetteifern, und, etwa Einen Zoll lang vom Stamm entfernt, alle übrigen Zweige; die schwächeren bleiben etwas länger stehen.

Wenn ein Baum belaubt ist, darf ein Zweig niemals dicht am Stamme weggeschnitten werden, damit der Saft nicht austrete; die Entfernung des Schnittes vom Stamme mufs um so gröfser sein, je dicker der Zweig ist, und je mehr er also den Stamm auszusaugen vermag.

Das Verschneiden beruht darauf, dafs die Bäume vermittelst ihrer Blätter eben so viele Nahrung an sich ziehen, als durch ihre Wurzeln. Hat man nun dicht am Stamme alle die stärksten Schöfslinge weggeschnitten, die kleinen mit 5, 7 bis 11 Zoll langen Stumpfen, so wird man dadurch den gröfsten Theil des Saftes zwingen, sich in die übrig gebliebenen Zweige zu begeben, welches dieselben in die Höhe treibt, während der übrige Saft aus dem Stumpfe der erhaltenen Zweige zahlreiche Knospen hervortreibt, die in der Regel mehr Laub geben, als der Baum ohne den Schnitt bekommen haben würde. Der Wuchs der Bäume wird also dadurch befördert, und der Stamm gerader und schöner. Man wiederholt die Operation, so oft es nöthig, und immer an der Hälfte oder dem dritten Theile des untern bezweigten Theiles; die schwächsten Zweige läfst man jedesmal gegen Einen Zoll länger stehen, die mittleren kürzet man, die dicksten werden ebenfalls abgeschnitten, aber nicht dicht am Stamme, sondern 1 bis 2 Zoll davon entfernt. Hat der Baum eine zu seiner Höhe verhältnifsmäfsige Dicke erreicht, so schneidet man allmälig dicht am Stamme alle Zweige (*crochet*) ab, von dem dicksten anfangend, niemals aber zwei dicht neben einander befindliche oder gegenüberstehende, einander begrenzende, Zweige zugleich.

29. Bemerkungen über den Stamm einiger Bäume.

Der Stamm einiger Bäume wächst schnell in die Höhe, aber nicht zugleich verhältnifsmäfsig in die Dicke, z. B. der Stamm der Ulme, der Gleditzia, der weifsen Acazie, der Platane u. s. w.

Um diesem Übelstande vorzubeugen, verlängert man an solchen Bäumen den Hakenschnitt, und kappt im Frühlinge den Schaft um einige Viertelfufse, damit, er dicker werde, und den Stürmen besser widerstehen könne. Indessen darf das Letztere nur dann geschehen, wenn man nicht hinreichende Stützpfähle zur Hand hat. Ist Letzteres der Fall, so wird der junge Stamm an den Schutzpfahl um so öfter angebunden, je mehr er sich verlängert. Den untern Theil des Stammes befestigt man mit zwei oder drei Weidenbändern, den obern, noch nicht holzigen Theil, mit Binsen, um das Einschnüren zu vermeiden. Überhaupt wird der Baumzüchter, wenn er erst den Wuchs jeder Baumgattung, die Art des Bodens, worin die Pflänzlinge stehen, und die Fürsorge, welche sie erfordern, kennt, leicht diejenigen Verfahren, und die Zeitpuncte dazu finden, welche die besten Erfolge gewähren.

30. Abschneiden der Bäume.

Es giebt Bäume, deren Stamm zickzackförmig, oder gewunden, und mit einer Menge kleiner, unregelmäfsiger Zweige bedeckt ist, so, dafs sich schwer oder gar nicht durch Stützpfähle, und die übrigen oben beschriebenen Verfahren, ein gerader und regelmäfsiger Stamm ziehen läfst. In solchen Fällen schneidet man den Stamm, am Ende des Winters, unten ab, und behält dann denjenigen Schöfsling bei, der sich, in der Mitte des Sommers, am kräftigsten zeigt; zwischen dem Eintritt und Austritte des Saftes schneidet man allmälig alle andern Schöfslinge weg. Da nun der einzige übrig gebliebene Schöfsling nur Eine Ablenkung des Saftes zu bezwingen hat, und dies unweit der Wurzel: so wird er diejenige Höhe und Dicke erlangen, die mit der Art des Baumes, der Beschaffenheit des Bodens und den übrigen Einflüssen auf die Vegetation im Verhältnifs ist. Schon im ersten Jahre wird zuweilen der Schöfsling stärker und höher geworden sein, als der alte Stamm. Weiterhin wird der neue Stamm auf eben die Weise behandelt und gepflegt, wie oben beschrieben.

### 31. Bemerkungen über das Abschneiden.

Dasselbe geschieht im Allgemeinen, wenn die Setzlinge zwei oder drei Jahre alt sind, je nach der Beschaffenheit des Bodens und nach Art der Bäume, und zwar auf schlechtem Boden und bei langsam wachsenden Bäumen, wie Eichen, Linden, Birken, Platanen etc., später. Geschieht es zu spät, so erhält man nicht mehr gleiche Erfolge, weil die Schöfslinge dann schwächer sind, und die Schnitte schwieriger vernarben.

### 32. Bäume, welche nicht abgeschnitten werden dürfen.

Einige Bäume dürfen nur dann abgeschnitten werden, wenn man sie gar nicht anders zu ziehen vermag. Dergleichen sind: der Ahorn, die Castanie, die Bäume, welche eine Spitze (*flèche*) haben, und die, welche jung sehr stark treiben, wie die Pappeln, Weiden etc. Andern ist das Abschneiden wenigstens schädlich, wie zum Beispiel denen, deren Fäulnifs durch eine weite Markröhre befördert wird, so wie auch den Nadelhölzern.

### 33. Zeit des Abschneidens.

Sie ist das Ende des Winters, weil früher der Frost den Schnittwunden schädlich sein könnte, später der Saft in Bewegung ist, und dann der Trieb durch den Schnitt verzögert wird.

### 34. Verfahren beim Abschneiden.

Man bedient sich zum Abschneiden eines recht scharfen Rebenmessers, sowohl um die Arbeit zu fördern, als um den Stamm nicht zu spalten. Der Schnitt mufs möglichst nahe an der Erde, sehr schräg, und nach Norden gerichtet, geschehen. Nach geschehenem Schnitte überarbeitet man die Erde gegen die Mitte des Sommers. Sobald die Vegetation nachläfst, schneidet man die schwächlichen und nicht erwünscht sich erstreckenden Knospen weg, und behält nur die stärksten und geradesten, einander möglichst gegenüberstehenden, bei. Einen Monat darauf, also in der Mitte zwischen den Saftwechseln, schneidet man von den gegenüberstehenden Knospen eine weg, so, dafs der ganze Trieb auf Eine Knospe gelenkt wird. Es würde selbst besser sein, die Knospen einzeln, in Zwischenräumen von einigen Tagen, als, bis auf zwei, alle zugleich, wegzuschneiden. Jedoch gestatten solches meistens die Ordnung der Arbeit, wenn sie ein wenig ausgedehnt ist, und die Kosten nicht, und man kann nur wie beschrieben verfahren.

35. Aufzuziehende Bäume.

Im ersten Jahre nach der Pflanzung bedürfen die aufzuziehenden Bäume gar keines Verschnittes. Man begnügt sich, die Schöſslinge des Stumpfes mit Binsen oder dünnen Weidenruthen, je nach ihrer Dicke, an die Schutzpfähle festzubinden. Ist ein Schutzpfahl nicht hoch genug, um die Verlängerung des Stammes daran befestigen zu können, so bindet man an denselben, mit zwei oder drei starken Bändern, eine Schiene an, von einer Stärke und Länge, die zu der der Schöſslinge im Verhältniſs ist, um so schöneres und besseres Holz liefernde Bäume zu bekommen.

36. Ackern, Zwiebrachen, Netzen.

Um den Wuchs der Bäume zu beschleunigen, ist, je nach der Beschaffenheit des Bodens, nach dem Alter der Setzlinge und dem Zustande der Luft, die Bearbeitung des Bodens, das Zwiebrachen und das Benetzen der Pflanzungen einzurichten.

37. Zeit des Ackerns.

Gegen das Ende des Herbstes, oder während des Winters, muſs die Erde um den Fuſs der vorhandenen Bäume, oder derjenigen in der Baumschule, mit dem Grabscheit, oder dem Karst mit zwei und drei Spitzen, je nach Art des Bodens und der Pflanzung, bearbeitet werden. Das Ackern um den Fuſs der Bäume herum, wenn sie schon mehrere Jahre alt sind, geschieht in einer mit ihrer Dicke im Verhältnisse stehenden Ausdehnung, und zwar in einem Umkreise von 4 bis 6 F. Durchmesser. Man muſs bei dieser Umarbeitung des Bodens Acht haben, daſs die Baumwurzeln weder zerschnitten, noch geschält werden, desgleichen, daſs die Quecken, und andere, die Erde aussaugende Wurzeln weggeschafft werden. Die Oberfläche des Bodens um den Baum herum macht man concav oder convex, je nachdem der Baum in trocknem oder feuchtem Boden steht.

38. Zwiebrachen (*binages*).

Dasselbe geschieht, in den Baumschulen und um neugepflanzte Bäume herum, so oft es nöthig, aber immer, besonders da, wo die Schöſslinge aus Samen gezogen wurden, in nasser Jahreszeit, um die Wurzeln nicht der trocknen Luft auszusetzen, welche sie bald zerstören, und oft eine Menge von Pflanzen schwächen würde.

### 39. Jäten (*sarclages*).

Das Jäten oder Nach-Zwiebrachen hat den Zweck, das der Saat oder den Schöſslingen schädliche Unkraut wegzuschaffen. Es geschieht in den Baumschulen mit dem Karst (*houe*), und auf den besäeten Beeten mit der Gartenhaue (*serfouette*), oder mit der Hand, je nach der Gröſse der Beete. Die besäeten Beete werden nur bald nach eine mgelinden Regen, und wenn die Erde etwas feucht ist, gejätet. In Baumschulen dagegen, wo die Schöſslinge schon mehrere Jahre alt sind, jätet man in trocknem Wetter, damit die ausgereuteten Pflanzen bald verdorren und nicht von Neuem Wurzeln schlagen, was in nassem Wetter bald geschehen würde. Um das Ausreuten des Unkrauts zu erleichtern, und um die Baumschule zu reinigen, bedient man sich hinterher der Rechen mit kurzen Zähnen, wodurch zugleich die etwa entblöſsten Wurzeln wieder mit Erde bedeckt werden.

### 40. Benetzen.

Es geschieht bei neu gepflanzten Bäumen mit der Gieſskanne ohne Brause. Die Erde wird zuvor wiederholt aufgelockert, damit sie alles darauf gebrachte Wasser einsaugen konne. Bekanntlich darf man zum Begieſsen nur stehendes Wasser, oder doch nur solches nehmen, welches die nemliche Temperatur wie der Boden hat, weil kälteres oder wärmeres Wasser die Vegetation hemmen würde. Durchaus nothwendig ist es, daſs man nur des Morgens, oder, noch besser, des Abends gieſse; denn wenn die Sonne etwas hoch steht und brennt, oder auch nur der Himmel nicht bedeckt ist, wird der Boden nach dem Begieſsen hart.

# 19.
# Über Dünen-Bepflanzung.

[Diese Abhandlung ist gleichsam ein Pendant zu derjenigen No. 18. über Baumpflanzungen. Sie ist ebenfalls aus den *Annales des ponts et chaussées* genommen, und dürfte für ihren Gegenstand von nicht minderem Interesse sein. D. H.]

---

Herr Bremoutier, General-Inspector der Brücken und Wege, hat vor 40 Jahren, in einer interessanten Abhandlung über die Dünen des Meerbusens von Gascogne, das Verfahren beschrieben, durch welches es ihm möglich schien, den beweglichen Dünen-Sand zu befestigen. Das Verfahren dieses Ingenieurs ist auf eine große Strecke der Küste zur Ausführung gebracht worden, und hat den vollständigsten Erfolg gehabt. Erfahrungen und sorgfältige Überlegungen haben seitdem Vervollkommnungen des ältern Verfahrens an die Hand gegeben, und neue Mittel gelehrt. Da diese Art von Arbeiten nicht sehr bekannt ist, so wird man vielleicht mit einigem Interesse die gegenwärtige Notiz lesen, in welchem das jetzt gebräuchliche Verfahren bei der Befestigung der Dünen beschrieben werden soll. Am Schlusse findet man ein Preis-Verzeichniſs der Arbeiten beigefügt.

### Ursprung der Dünen.

Die Küste des Oceans, von der Mündung der Gironde, bis zur Mündung des Adour, ist aus einem mehr oder weniger feinen Sande gebildet, den das Meer bei hohen Fluthen ausspült, und welcher beim Zurücktritt der Fluth liegen bleibt. Dieser Sand ist trocken, und der Wind führt ihn mit sich fort. Dieses geschieht insbesondere bei starken Stürmen, die auf dieser Küste häufig sind. Dadurch häuft sich dann der Sand in Hügeln an, die zuweilen über 150 F. hoch sind, und sich mehrere Meilen lang erstrecken. Diese Hügel insbesondere heiſsen Dünen. Sie rücken immer weiter: man kann annehmen: im Durchschnitt jährlich etwa 30 Fuſs, und bedrohen bei ihrem Vorrücken Ländereien und Wohnungen. Sie verstopfen die Ausflüsse der Wasserläufe, welche sich in's Meer ergiefsen, und erzeugen dadurch Überschwemmungen, die höchst verderblich sein würden, wenn nicht die ganze Bevölkerung der Gegend, mit Karsten und Schaufeln bewaffnet, sich beeilte, den Flüssen einen neuen Ausgang zu graben. Man sieht bald, wie wichtig es sei, das Übel, welches immer weiter vorrückt, möglichst zu hemmen.

Der Anblick der Dünen, weiter landwärts, die denen seewärts im Wesentlichen ganz ähnlich, aber stabil geworden sind, und mit Fichtenwäldern sich bedeckt haben, brachte Herrn Bremoutier auf den Gedanken, die äufsern Dünen durch Besamung auf gleiche Weise zu befestigen. Es kam nur darauf an, dem Sande so viel Ruhe zu verschaffen, dafs der Samen Wurzel fassen könne. Daher die Besamung mit Bedeckung, deren Erfinder er ist. Man säet Kiefern-Äpfel, mit Samen von Pfriemenkraut (*genêt*) und Meerbinsen (*ajonc*), auf den Boden, und bedeckt die Saat mit Zweigen von Meerbinsen, Pfriemenkraut, Fichten und Haidekraut (*bruyère*).

### Herrschende Stürme.

Ehe wir die Art der Dünen-Befestigung näher beschreiben, ist es nöthig, die Richtung der auf dieser Küste herrschenden Stürme, gegen welche man sich zu schützen hat, anzugeben. Sie ist, in dem Meerbusen von Gascogne, die von Südwest nach Nordost, bis zu West. Besonders der Südwestwind ist heftig und schädlich.

### Flechtzäune (*clayonnages*).

Sie waren früher zum Schutze der Besamung gebräuchlich. Man trieb Pfähle von Fichtenholz, etwa $1\frac{1}{2}$ F. von einander entfernt, senkrecht, 2 F. tief in den Sand, und durchflocht sie, $3\frac{3}{4}$ F. hoch, mit allerhand Zweigen. Die Pfähle waren an der Spitze etwa $1\frac{1}{2}$ Zoll dick. Diese Flechtzäune waren aber meistens zu schwach, um den Stürmen zu widerstehen, und wurden bald umgeworfen.

### Bohlen-Zäune.

Ferner setzte man Bretter von $\frac{3}{4}$ bis $1\frac{1}{4}$ Zoll dick, $9\frac{1}{2}$ Fufs von einander entfernt, grade auf, und verband sie mit Querhölzern. Nachdem der Sand gegen diese Zäune in die Höhe gestiegen war, war es aber sehr schwer, das Holzwerk herauszuziehen. Man verliefs daher diese Art, und setzt statt ihrer jetzt Pallisaden und Bohlen von $5\frac{3}{4}$ Fufs lang, 6 bis $11\frac{1}{2}$ Zoll breit und 2 bis 2¼ Zoll dick, etwa 2 Fuſs tief in den Sand. Dergleichen Bohlen werden auf 3 Fuſs 2 Zoll (1 Meter) fünf gesetzt, und, nachdem sie versandet sind, nimmt man sie nach einander wieder heraus.

### Schutz-Einfassungen.

Zuweilen sind zum Schutze der Flanken des besäeten Strichs, wenn sie dem gefährlichen Winde sich ausgesetzt finden, bloſse Einfassungen aus Meerbinsen, Ginster, oder Fichtenzweigen hinreichend. Man steckt solche Zweige mit ihrem Wurzel-Ende 1 bis 1¼ Fuſs tief in den Sand, und legt sie über einander, unter einem halben rechten Winkel gegen die Richtung von Westen nach Osten. Man macht zwei solcher Einfassungen, etwa 10 Zoll von einander entfernt, und legt dazwischen Zweige, damit der Wind sie nicht aufhebe. Diese Einfassungen werden 1½ Fuſs hoch gemacht.

### Küsten-Dünen.

Man hat die Bildung einer Küsten-Düne vermittelst der Pallisaden hervorgebracht, was dann den Sand abhält, ferner in's Innere des Landes vorzudringen. Aber die Erhaltung derselben ist sehr kostbar, wenn die Pallisaden senkrecht auf die mittlere Richtung der Stürme stehen. Denn die Bohlen müssen in diesem Falle öfters aufgehoben werden, damit der Sand nicht darüber hinweg dringe. Es ist also ein wohlfeileres Schutzmittel zu wünschen, von welchem später die Rede sein wird.

### Von Winden ausgehöhlte Schlucht.

In dem Bezirke von Mimizan findet sich ein besonderer Fall: sehr geeignet, um die Wirkung der Pallisaden und diejenige der Stürme zu zeigen. Der Bach von Mimizan, welcher aus dem Weiher von Aureilhan entspringt, ist allmälig, von Nord gegen Süd, durch den Einbruch des Sandes zurückgedrängt worden. Durch die Verlängerung seines Bettes hat der Bach immer mehr an Geschwindigkeit verloren, und kann also nur mit verminderter Kraft den Sand vor sich her treiben, der seine Ausmündung zu verstopfen trachtet. Um nun diesen Übelstand zu heben, muſste man den Bach so weit als möglich von Osten gegen Westen lenken. Man hat den glücklichen Gedanken gehabt, den Canal dazu von den Stürmen selbst aushöhlen zu lassen.

Man hat Pallisaden in parallele Reihen gesetzt, die, wie die Gräten eines Fischrückens, gegen einander laufen. Die eine Hälfte der Reihen läuft von Nordwest nach Südost, die andere von Südwest nach Nordost, so, daſs sie auf einander perpendiculair zulaufen. Nicht jede Reihe der ersten Art stöſst aber mit einer Reihe der andern zusammen, sondern nur je die vierte oder fünfte, und diese Reihen bilden nun Spitzen oder Trichter, welche die Wirkung des Windes noch verstärken. Die Winde, welche von Südwest bis gegen West wehen, treiben den Sand zwischen den Pallisaden-Reihen hinweg, die in eben dieser Richtung stehen, ohne zwischen die anderen Reihen Sand bringen zu können, weil letztere senkrecht darauf stehen. Die Nordwest- und Westwinde äuſsern dagegen eine gleiche Wirkung umgekehrt auf den Sand zwischen diesen und jenen Reihen. Die Winde aus Westen endlich treiben den Sand gegen die Spitzen der Reihen, wo er sich theilen muſs, und weiter geführt wird.

Diese sinnreiche Anordnung hat den vollständigsten Erfolg gehabt. Man sieht denselben auf eine Länge von mehrern Tausend Meter.

### Richtung der Vertheidigungs-Linien.

Da die Nordwest- und Südwestwinde die heftigsten sind, so müssen insbesondere nach diesen die Vertheidigungs-Linien angeordnet werden. Die Flanken des besäeten Terrains müssen immer durch Einfassungen aus Zweigen geschützt werden. Aber, wenn die Umstände erfordern, daſs sie, statt auf der Nordseite nach Nordwest, und auf der Südseite nach Südwest zu laufen, die entgegengesetzte Richtung bekommen müssen: so müssen die Flanken, die alsdann gegen Westen laufen, durch Bohlenpallisaden geschützt werden. Die angemessensten Richtungen lassen sich nur an Ort und Stelle finden. Wir bemerken nur noch, daſs die beweglichen Dünen zum Theil durch alte Pflanzungen und sogenannte Letten geschieden sind. Diese Letten sind Flecke, wo von selbst Pflanzen wachsen. Man muſs also immer die Pflanzungen so auszudehnen suchen, daſs man zugleich die Letten benutzt.

Dieser Theil der Dünen-Arbeiten, nemlich die Kunst, die Richtung der Schutzwehren nach den Winden einzurichten, ist eine der wichtigsten. Denn ein leichter Flechtzaun, nach einer guten Richtung gesetzt, bringt oft, mit geringen Kosten, mehr Wirkung hervor, als eine Verpallisadirung, die dem stärksten Sturme zu widerstehen vermag. Eine tiefe Schlucht, die sich, am Fuſse eines nach Nordwest gerichteten Flechtzauns, an der Pflanzung von Huchet ausgehöhlt hat, giebt ein Beispiel davon.

### Befestigung, mit Bedeckung.

Nachdem die Schutzwehren angeordnet sind, kommt es darauf an: zu säen. Zur Saat unter Bedeckung nimmt man jetzt auf 700 Quadrat-Ruthen (1 Hectare) 32 Pfund Kiehnensamen, 8 Pfund Ginster- oder Meerbinsensamen, 4 Pfund Haidekrautsamen und 10 Pfund Grassamen. Die Zweige zur Bedeckung werden in Bündel von 40 Pfund schwer gebunden. Auf jede Quadrat-Ruthe ist Ein solcher Bündel nöthig.

Man zieht über den Sand, parallel mit einer vorher bestimmten Richtung, einen Rechen mit 6 Zähnen von Gufseisen, die $2\frac{1}{4}$ Zoll lang und $7\frac{1}{2}$ Zoll von einander entfernt sind. Dadurch werden die Furchen vorgezeichnet, in welche man abwechselnd den Kiehensamen und den Samen vom Ginster und den Meerbinsen legt. In jede Furche kommt nur einerlei Art von Samen. Darauf kehrt man den Rechen um, und zieht ihn in entgegengesetzter Richtung über den Samen hin, um denselben zu bedecken. Der Samen von Haidekraut und Gras, welcher leichter ist, wird geworfen.

Während hierauf Arbeiter die Zweige so zubereiten, dafs sie recht platt auf den Boden gelegt werden können, stecken Andere, den Rücken nach Abend gekehrt, die Zweige, etwa 3 Zoll tief, schräg in den Sand. Nachdem die erste Reihe Zweige gelegt ist, bedeckt man sie, um den dritten und vierten Theil ihrer Länge, mit einer zweiten, und so fort, bis der besäete Streifen bedeckt ist.

In den öfters sehr steilen Schluchten der Dünen böscht man zuvor den Sand, mit etwa 3 Fufs Auslauf auf 1 Fufs Höhe, ab, ehe man ihn besäet. Die Oberfläche wird dadurch fester.

### Befestigung mit Sandschilf (*gourbet*).

Man hatte bemerkt, dafs die Fichtensaat am Rande des Meeres nicht gedieh, und dafs, auf 460 Morgen Sand, den man, an der Mündung des Adour und der Bäche Cap-Breton, Alt-Boucau und Huchet, mit Kiehnensamen, Ginster und Meerbinsen besäet hatte, nur Sandschilf (*arundo arenaria*) aufging. Man schlug daher vor, auf den Streifen, welcher die Küste begrenzt, Sandschilf, der dort von selbst wächst, zu pflanzen. In der letzten Zeit ist der so bepflanzte Streifen auf 80 bis 100 Ruthen breit ausgedehnt worden.

Wenn die Schilfbüschel 19 Zoll von einander entfernt gesetzt werden, so gehören etwa 57 Büschel auf die Quadrat-Ruthe. Jeder Büschel wiegt etwa 4 Loth, und man macht Bündel daraus von 20 Pfund schwer. Nachdem der nöthige Vorrath herbeigeschafft ist, zieht ein Arbeiter, parallel mit den Küsten-Pallisaden, einen Rechen, mit 3 Zähnen von Gufseisen, die $2\frac{1}{4}$ Zoll lang und 19 Zoll von einander entfernt sind, über den Sand, welches die Furchen für die Schilfpflanzen giebt. Während einige Arbeiter die Schilfpflanzen in Büschel von 4 bis 5 Halmen vertheilen, die etwa 4 Loth wiegen, stellen sich die Bohrer an ein Ende des zu bepflanzenden Streifens in eine schräge Reihe, schief über die mit dem Rechen gezogenen Furchen, hin, und rücken auch in dieser Richtung vor, um einander nicht zu hindern. Jeder hält ein Pflanz-Eisen, und macht damit, von 19 zu 19 Zoll, Löcher, von $7\frac{1}{2}$ bis $9\frac{1}{2}$ Zoll tief, und zwar so, dafs die Löcher der einen Reihe, gegen die Mitte, zwischen den Löchern der nächsten treffen, also schachbrettartig; auf welche Weise der Sand besser gegen den Wind geschützt wird. Den Bohrern folgen die Pflanzer, welche in die von Erstern eingetriebenen Löcher die Schilfpflanzen einsetzen, die sie mit dem Sande umgeben, der mit den Füfsen stark angetreten wird.

### Befestigung mit Büscheln (*aigrettes*).

Eine landwärts, in der Gemeinde Lit, versuchte Pflanzung von Sandschilf war nicht gediehen; indessen war auf der ganzen Fläche der Sand fest geworden, und in Ruhe, obgleich die Schilfpflanzen abgestorben waren, während aufserhalb der Pflanzung der Sand tief aufgewühlt sich fand. Man kam dadurch auf den Gedanken, die Saaten, statt mit lebenden, mit abgestorbenen Schilfhalmen zu beschützen. Dieses wurde in dem Bezirk von Mimizan versucht, und ist vollkommen gelungen.

Man nimmt bei der Befestigung mit Büscheln die nemlichen Arten von Samen, und eben so viel davon, als bei der Befestigung unter Bedeckung. Zuweilen fügte man auf 700 Quadrat-Ruthen noch 10 Pfund Schilfsamen hinzu, der geworfen wurde. Allein es schien, dafs der Schilf dem Kiehnensamen, wegen der Beweglichkeit seiner Halme, mehr schädlich als nützlich sei. Der übrige Same wird, wie oben bei der Befestigung unter Bedeckung beschrieben, ausgelegt, nur mit dem Unterschiede, dafs man, statt den Rechen umzukehren, einen andern Rechen zu Hülfe nimmt, welcher die Samenkörner bedeckt, und, wie bei dem Schilfe, die Linien für die

Pflanzung der Büschel zieht. Man nimmt zu den Büscheln Ginster, Haidekraut und Fichtenzweige. Der Ginster ist am vortheilhaftesten; er ist bequem zu handhaben', und ein Bündel Ginster von 40 Pfund giebt eben so viele Büschel, als zwei Bündel Fichtenzweige, jeder von 40 Pfund. Jedoch gilt nicht das Gleiche von dem dornigen Ginster, welcher sehr schwierig zu handhaben ist, so, daſs die Anwendung desselben zu theuer wird.

Man bindet die Zweige recht fest, in runde Bündel, die man darauf 19 Zoll lang zuschneidet, worauf jedes ungefähr 13 Loth wiegt, so daſs zu 700 Quadrat-Ruthen 400 Bündel, jeder 40 Pfd. schwer, erforderlich sind. Die Büschel werden übrigens wie der Sandschilf gepflanzt. Man setzt sie senkrecht etwa $7\frac{1}{2}$ Zoll tief ein, und umgiebt sie mit Sande, der stark mit dem Fuſse angetreten wird.

### Offene Saat, und Nachstecken (*repiguage*).

Die Letten, oder flachen Stellen, welche schon Pflanzen tragen, kann man oft bloſs besäen. Das Nemliche geschieht auch, wenn einem Saatfelde, das nicht recht gediehen ist, aufgeholfen werden soll, was alsdann Nachstecken heiſst. Sonst pflegte man, von Stelle zu Stelle, die Oberfläche des Bodens mit einer kleinen Schaufel aufzuheben, und darauf einige Samenkörner einzustecken; dadurch können aber die Keime der andern beschädigt werden. Gegenwärtig bedient man sich mit Nutzen eines Säers von Guſseisen. Ein Arbeiter macht die Löcher, während der andere säet. Die Löcher sind 28 Zoll von einander entfernt, und es werden so viel Kiehnen- Meerbinsen-, oder Ginster-Samenkörner eingelegt, daſs auf 700 Quadrat-Ruthen 6 Pfund Kiehnensamen und 2 Pfund Meerbinsen- und Ginster-Samen aufgehen. Die Arbeiter stellen sich in eine schräge Reihe: wie bei dem Pflanzen mit Sandschilf oder Büscheln.

Alle diese Arbeiten geschehen natürlich niemals in der trockenen Jahreszeit.

### Bemerkungen über diese verschiedenen Verfahren.

Wir haben nun Betrachtungen über die Wahl unter diesen verschiedenen Verfahren anzustellen. Einige bestimmte Erfahrungen erleichtern dieselben. Die Vegetationskraft der Fichte hängt nemlich von der Entfernung vom Meere und von der Grobkörnigkeit des Sandes ab. Sie nimmt zu mit der erstern, und ab mit der letztern, freilich nur innerhalb gewisser Grenzen, die aber gerade bei dem Gegenstande, von welchem wir handeln, angetroffen werden. Die Ursache dieser Regel ist leicht einzusehen. Dem Meere näher sind die Salztheile häufiger, und sie verbrennen die jungen Pflanzen. Ferner sind, je gröber der Sand ist, die Zwischenräume zwischen den Körnern desselben um so gröfser; also um so geringer ist die Haarröhren-Wirkung, und um so heftiger die der Sonne, so, dafs die Feuchtigkeit erst in einer gröfsern Tiefe angetroffen wird. In der That ist der Boden in den nördlichen Bezirken des Landes, während der gröfsten Hitze, auf den höchsten Dünen, in einer Tiefe von etwa 2 Zoll feucht: in den südlichen Bezirken dagegen, wo die Sandkörner gröber sind, erst 11 Zoll unter der Oberfläche. Es folgt daraus, dafs in den südlichen Bezirken die Bepflanzung unter Bedeckung besser gedeihen wird, als die mit Büscheln, weil die Bedeckung die Pflanzen besser gegen die Wirkung der Sonne schützt, und den Boden feuchter erhält. In den nördlichen Bezirken dagegen werden die Büschel besser sein. Denn sie kosten weniger, bedürfen weniger Strauchwerk, welches selten zu werden anfängt, und schützen die jungen Pflanzen länger gegen die Wirkung der Stürme, die ihnen in dem feinen Sande schädlicher sind, als die heifsen Sonnenstrahlen. Auch hat die Büschel-Pflanzung noch den Vortheil, dafs man nicht gezwungen ist, östlich von dem besäeten Felde anzufangen, weil die Büschel von einander nicht abhängig sind. Also, anstatt die Arbeit gegen den Wind anzufangen, und rückwärts zu gehen, wie es bei der Bedeckung nöthig ist, kann man mit dem Winde gehen; nemlich aus dem Westen des besäeten Feldes beginnen, so, dafs das Werk keinen Beschädigungen von etwanigen Stürmen, die während der Arbeit vorkommen könnten, ausgesetzt ist.

Die Erfahrung bestätigt diese aus Betrachtungen entnommenen Regeln. Es sind deren in den Dünen von Côte und Rosé, im Bezirk von Mimizan, gemacht worden.

Von Cap Bréton bis Boucau-neuf trifft man, von den Küsten-Pallisaden ausgehend, drei von Natur sehr bestimmt verschiedene Streifen an. Einen mit sehr lebendigem Sandschilfe bewachsenen Streifen, etwa 26 Ruthen breit: einen zweiten Streifen, mit Sand-Immortellen und andern Kriech-Pflanzen bewachsen, etwa 80 Ruthen breit, und einen dritten, mit Fichten bewachsenen. Diese Andeutung der Natur hat sich ferner bestätigt an Bepflanzungen aufserhalb jener Grenzen, die mifslungen sind. Man mufs daher bestimmte Rücksicht darauf nehmen, wenn nicht etwa örtlicher Umstände wegen Abweichungen nothwendig sind, wie z. B. wenn eine Küsten-Düne beschützt werden soll, oder wenn Wassergüsse abgesetzten Sand wegwaschen, und dergleichen.

Der Sandschilf gedeiht nicht, wenn er nicht von Zeit zu Zeit an der Wurzel mit Sand bedeckt wird (*chaussé*), er stirbt aufserdem nach zwei oder drei Jahren ab; deshalb sieht man ihn auch am Rande des Meeres fortkommen. Andrerseits wird er erstickt, wenn die Bedeckung mit Sand zu stark ist. Da der Sandschilf die Küsten-Dünen sehr gut und wohlfeil befestigt, so hat man sich gefragt, ob sich nicht durch denselben die kostbaren Pallisaden ersetzen lassen möchten. Wahrscheinlich wird solches auch angehen, wo nur die Küsten-Düne schon so hoch ist, dafs die spätere Versandung nicht die Vegetation erstickt. Diese Höhe mufs man berücksichtigen.

## Details wegen der Dünen-Pflanzung.

Es folgen hier die Preise der Lieferungen, Zubereitungen und Verarbeitungen, mit Ausschlufs der Kosten des Transports, der Aufsicht und der zufälligen Ausgaben.

### I. Preis-Einzelnheiten.

#### 1. Preise der Tages-Arbeiten, zu 8 Stunden.

| | | | | |
|---|---|---|---|---|
| 1. | Anordner der Pallisaden-Arbeit . . . . . . . . . . . . | | | 16 Sgr. |
| 2. | Pallisadirer . . . . . . . . . . . . . . . . . . . . . . . | | | 12 - |
| 3. | Gewöhnliche Arbeiter . . . . . . . . . . . . . . . . . | | | 10 - |
| 4. | Weiber und junge Leute über 15 Jahren . . . . . . . | | | 6 - |
| 5. | Kinder unter 15 Jahren . . . . . . . . . . . . . . . . | | | $4\frac{4}{5}$ - |
| 6. | Ein Arbeiter-Trupp, bestehend | | | |
| | aus dem Anordner No. 1. . | — Rthlr. | 16 Sgr. | |
| | aus 6 gewöhnlichen Arbeitern No. 3. zu 10 Sgr. . . . | 2 - | — - | |
| | aus 12 Weibern No. 4. zu 6 Sgr. | 2 - | 12 - | |
| | aus 6 Kindern unter 15 Jahren No. 5. zu $4\frac{4}{5}$ Sgr. . . . | — - | $28\frac{4}{5}$ - | |
| | | | | 5 Rthlr. $26\frac{4}{5}$ - |

Transport mit Wagen.

7. Ein Wagen, mit zwei Ochsen bespannt und mit einem Führer, der zugleich aufladet . . . . . 1 Rthlr. 10 Sgr.

8. Dieser Wagen legt täglich 5310 Ruthen Weges zurück, nach Abzug der Zeit zum Auf- und Abladen. Er ladet 10 Ctr.

9. Die Zeit des Aufladens und diejenige des Abladens beträgt zusammen ungefähr 25 Minuten, in welcher 265 Ruthen Weges zurückgelegt werden könnten.

Transport auf dem Rucken der Menschen.

10. Ein Mensch legt in Einem Tage nahe an 4 Meilen (30000 Meter) zurück, nach Abzug der Zeit zum Auf- und Abpacken, und trägt dabei 43 Pfund (20 Kilogr.).

11. Die Zeit des Auf- und Abladens beträgt zusammen etwa 3 Minuten, in welcher Zeit 53 Ruthen Weges zurückgelegt werden könnten.

2. Materialien.

12. 100 Bündel Strauch, zu 43 Pf., zu suchen, zu schneiden und zu binden, kosten . . . . . . . . . — - 20 -

13. 100 Bündel Sandschilf, von $21\frac{1}{2}$ Pf., zu suchen, zu schneiden, zu binden und zu bedecken (*bardage*); erfordern $\frac{3}{5}$ Tagewerke des Arbeiter-Trupps No. 6., und kosten also . . . . . . . . . . . . . 3 - 17 -

14. 100 Bohlen, an Kaufpreis, Schnitt und Zurichtung 7 - 6 -

15. Ein Pfund Kiehnensamen, bis zur Stelle . . . — - $1\frac{3}{4}$ -

16. Ein Pfund Meerschilfsamen, desgleichen . . . — - 10 -

17. Ein Pfund Ginstersamen, desgl. . . . . . . . — - 3 -

18. Ein Pfund Haidekrautsamen, desgl. . . . . . . — - 1 -

19. Ein Pfund Heusamen, desgl. . . . . . . . . — - $\frac{5}{12}$ -

II. Besamung.

20. 700 Quadr.-Ruth. Sand mit Ginster, Heidekraut oder Fichtensamen zu bestellen, kosten:

| | | |
|---|---|---|
| Für 700 Bündel, zu 20 Sgr. das Hundert (No. 12.), | 4 Rthlr. | 20 Sgr. |
| 34 Pf. Kiehnensamen, zu 1 Sgr. 9 Pf. bis zur Stelle (No. 16.), . . . . . . . . . . . . . . . . | 1 - | $29\frac{1}{2}$ - |
| 4 Pf. Meerschilfsamen, zu 10 Sgr. (No. 16.), . . | 1 - | 10 - |
| 4 Pf. Ginstersamen, zu 3 Sgr. (No. 17.), . . . | — - | 12 - |
| 4 P. Heidekrautsamen, zu 1 Sgr. (No. 18.), . . | — - | 4 - |
| 13 Pf. Heusamen, zu 5 Sgr. (No. 19.), . . . . . | — - | $5\frac{1}{2}$ - |
| Hand-Arbeit, $1\frac{7}{10}$ Tagewerke des Trupps No. 6., . | 10 - | — - |
| | 18 Rthlr. | 21 Sgr. |

21. 700 Quadrat-Ruthen mit Ginster, Haidekraut oder Kiehnen-Büschel zu bestellen, kosten:

| | | |
|---|---|---|
| Für 400 Bündel, zu 20 Sgr. das Hundert (No 12.), | 2 Rthlr. | 20 Sgr. |
| Samen, wie No. 20. . . . . . . . . . . . . | 4 - | 1 - |
| Hand-Arbeit, $1\frac{9}{10}$ Tagewerke von No. 6., . . | 11 - | 6 - |
| | 17 Rthlr. | 27 Sgr. |

22. 700 Quadrat-Ruthen offene Saat, und mit Nachstecken kosten:

| | | |
|---|---|---|
| Für 6 Pf. Kiehnensamen, zu 1 Sgr. 9 Pf. bis zur Stelle (No. 15.), . . . . . . . . . . . . | — Rthlr. | $10\frac{1}{2}$ Sgr. |
| 1 Pf. Meerschilfsamen (No. 16.) . . . . . . . . | — - | 10 - |
| 1 Pf. Ginstersamen (No. 17.) . . . . . . . . . | — - | 3 - |
| Hand-Arbeit, $\frac{3}{25}$ Tagewerk von No. 6., . . . . | — - | $29\frac{1}{2}$ - |
| | 1 Rthlr. | 22 Sgr. |

23. 700 Quadrat-Ruthen Dünen mit Sandschilf zu befestigen, kosten:

| | | |
|---|---|---|
| 240 Bündel Sandschilf, zu 3 Rthlr. 17 Sgr. das Hundert (No. 13.) . . . . . . . . . . . . . | 8 Rthlr. | 17 Sgr. |
| Hand-Arbeit, 1 Tagewerk No. 6. . . . . . . . | 5 - | 27 - |
| | 14 Rthlr. | 14 Sgr. |

### III. Schutz-Arbeiten.

24. Eine laufende Ruthe einfacher Schutzwehr, mit zwei Reihen Zweigen, kostet:

| | | |
|---|---|---|
| 2 Bündel Strauch, zu 20 Sgr. (No. 12.) das Hundert, . . . . . . . . . . . . . . . . . | — Sgr. | 5 Pf. |
| Hand-Arbeit, $\frac{1}{12}$ Tagewerk zu 10 Sgr. (No. 3.), . | — - | 10 - |
| | 1 Sgr. | 3 Pf. |

25. Eine laufende Ruthe fichtene Pallisaden kostet:

| | | |
|---|---|---|
| 19 Bohlen, zu 7 Rthlr. 6 Sgr. das Hundert (No. 24.), | 1 Rthlr. | 11 Sgr. |
| Hand-Arbeit, $\frac{1}{6}$ Tagewerk zu 12 Sgr. (N. 2.), . | — - | 2 - |
| | 1 Rthlr. | 13 Sgr. |

## Inhaltsverzeichniſs des vierten Hefts siebenten Bandes.



Berlin, gedruckt bei G. Reimer.

1.

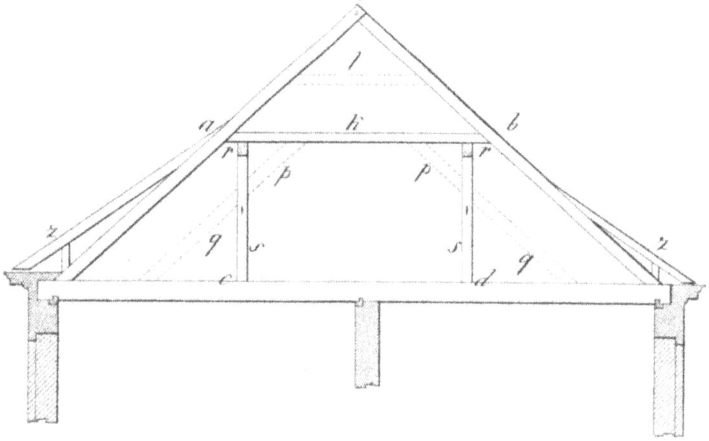


8

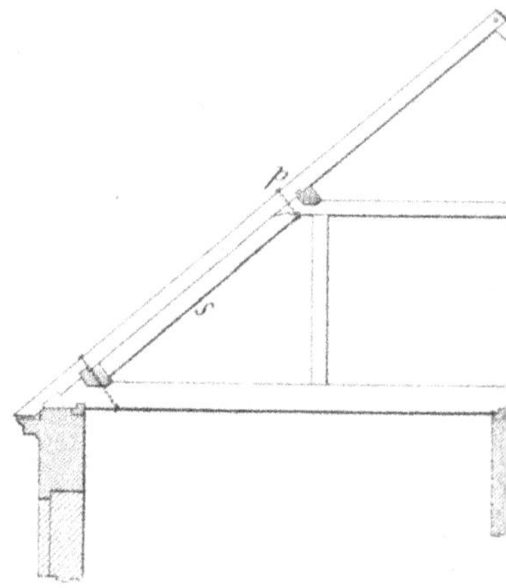


2.

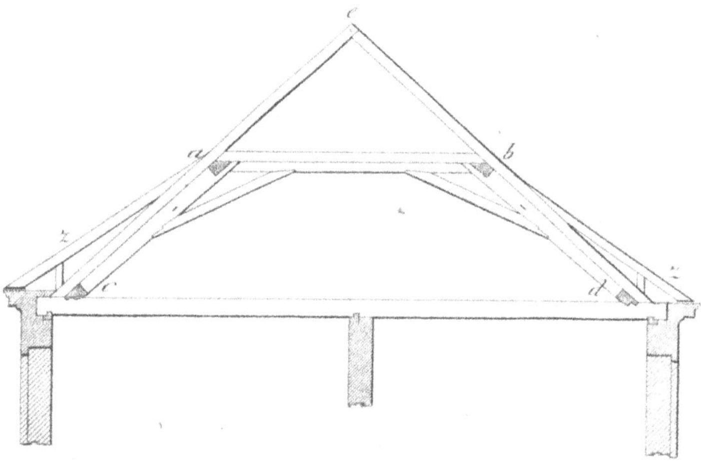


9

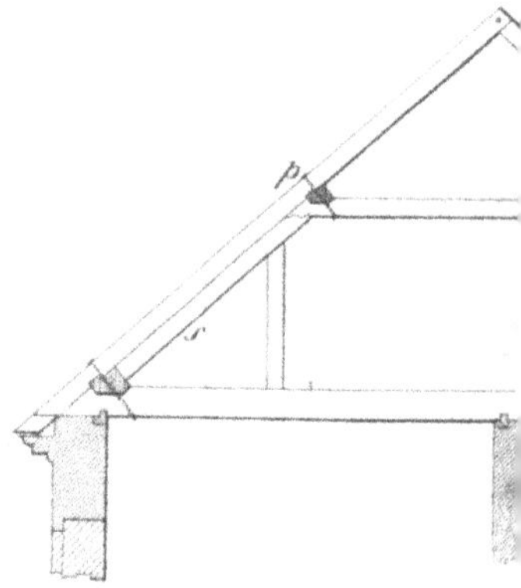


3.

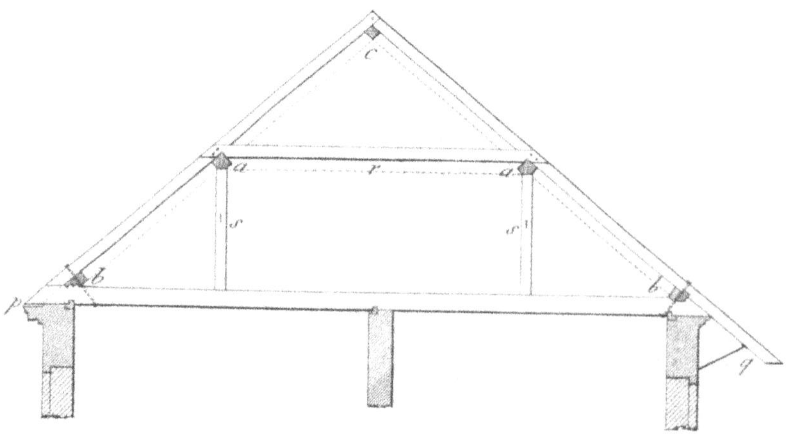


10

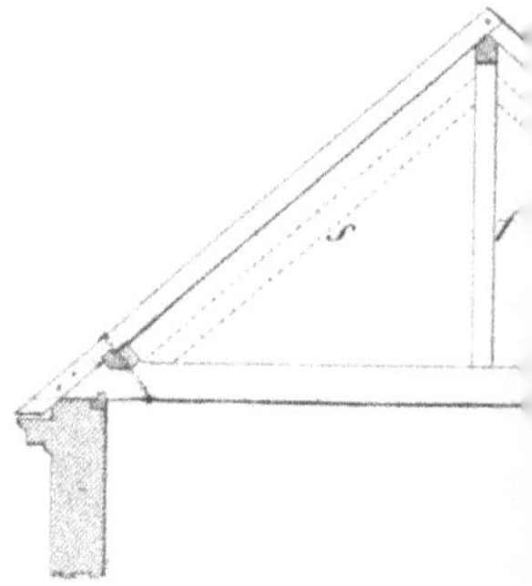


10 5 0 10 20 30 40 50 F. R.

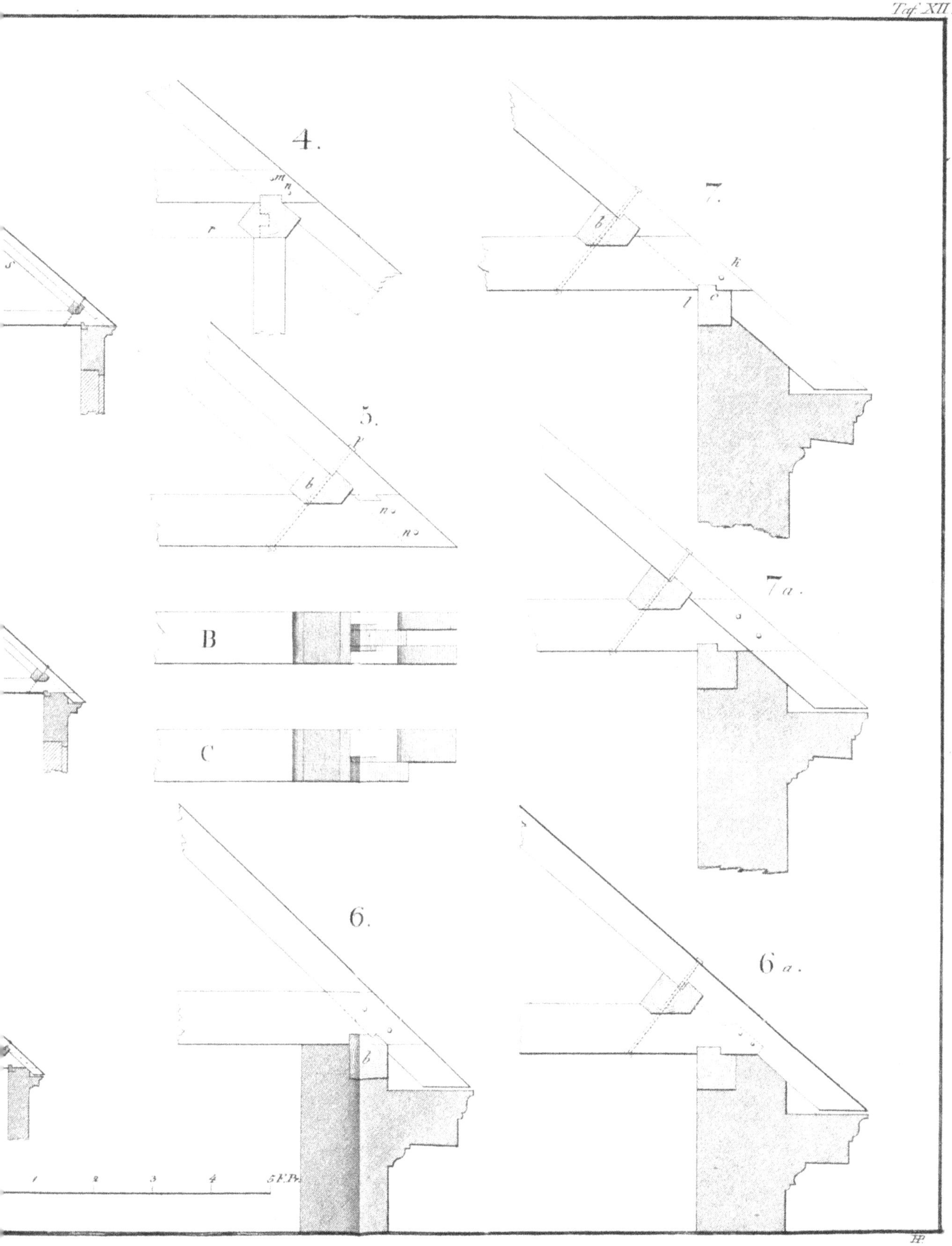


HP

11.

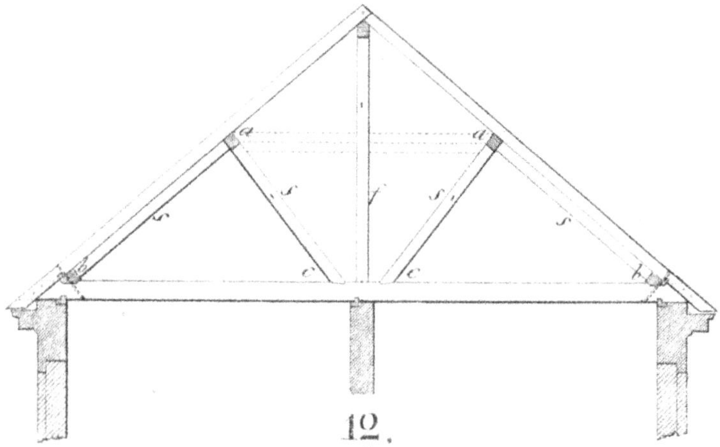

12.

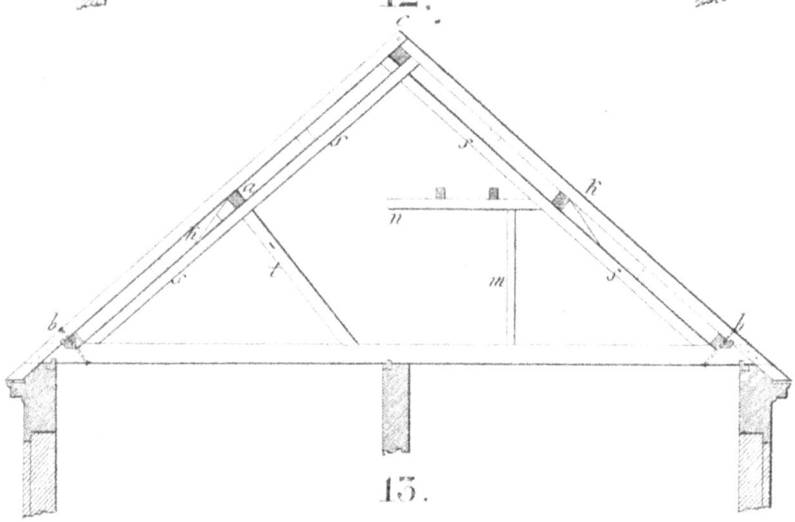

13.

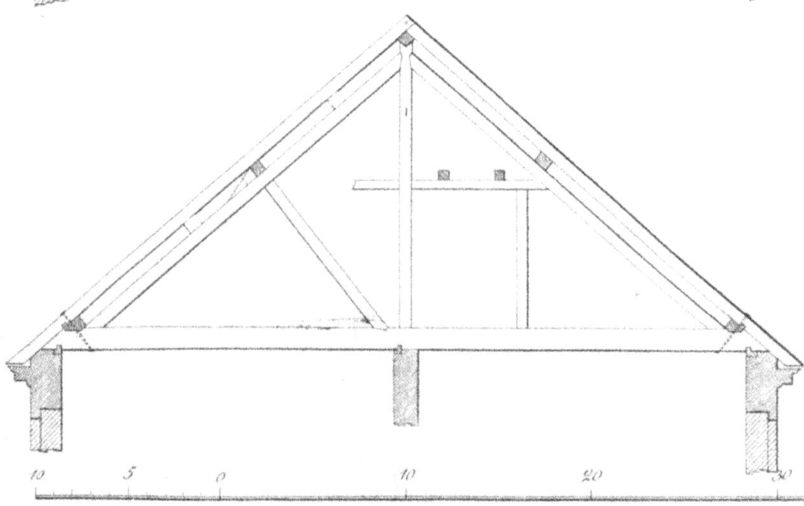

14.

15.

16.

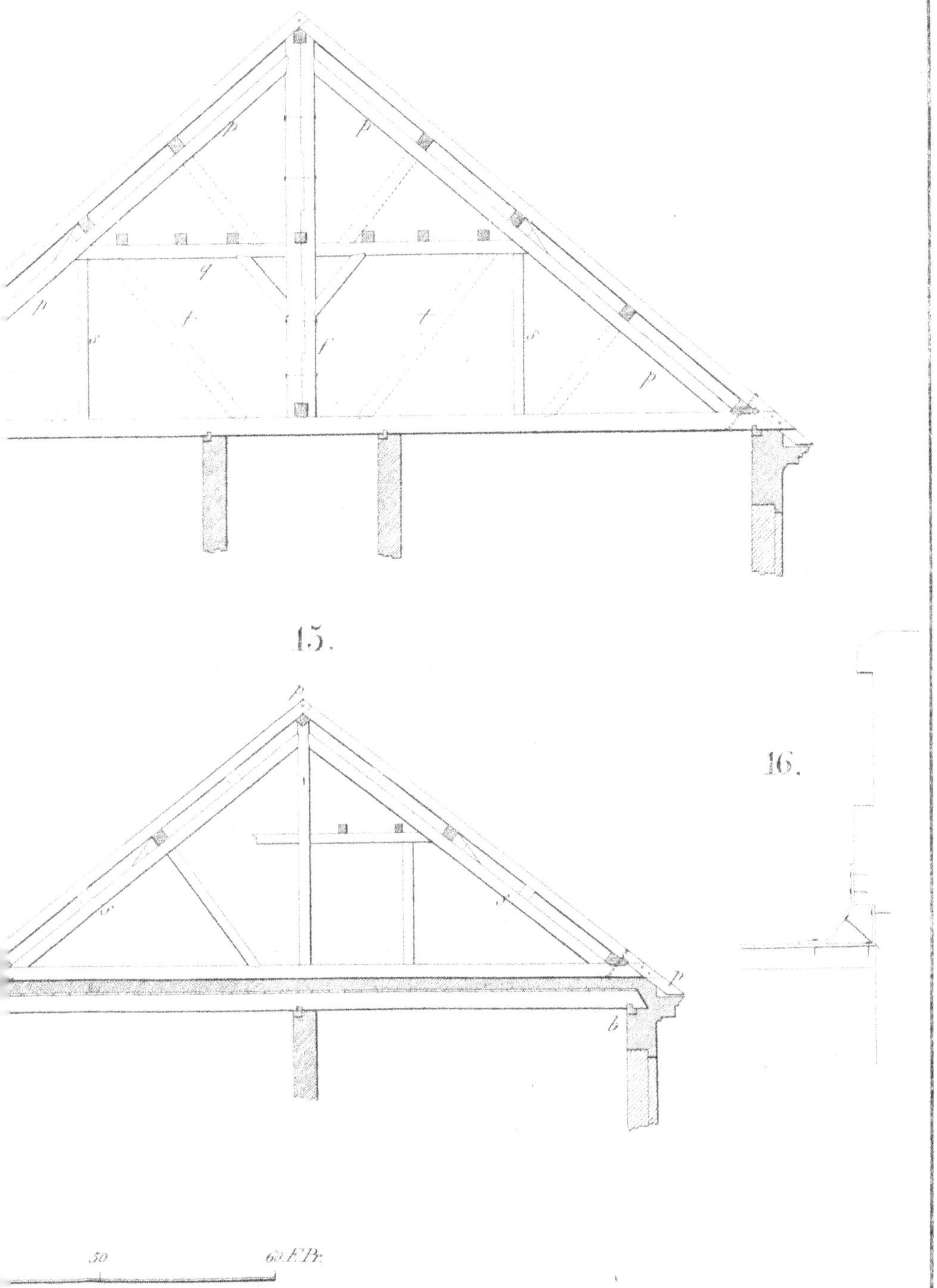

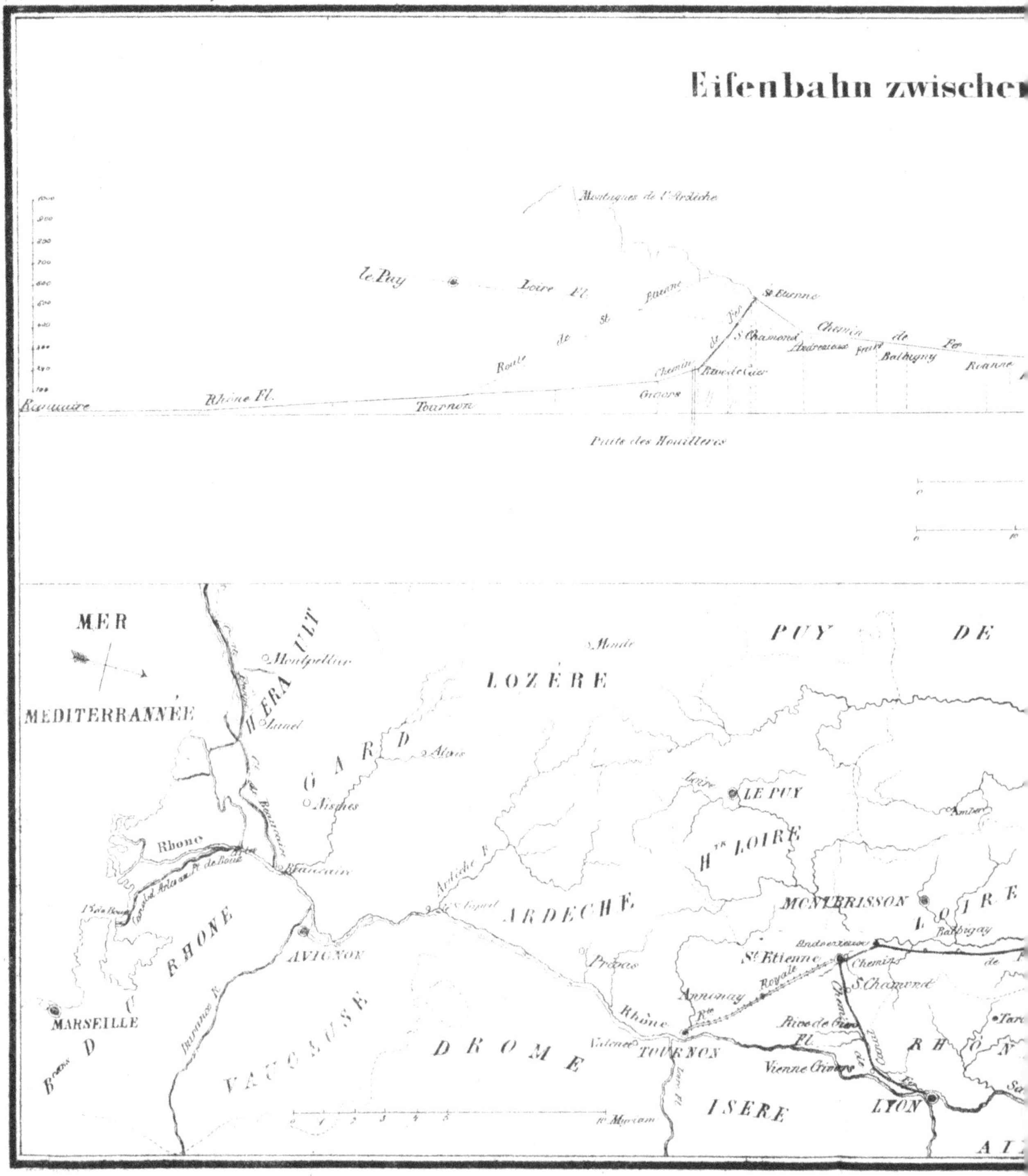
Eifenbahn zwischen
Montagnes de l'Ardèche
le Puy
Loire Fl.
Route de St. Etienne
St. Etienne
Chemin de Fer
S. Chamond
Chemin de Fer
Andrezieux
Balbigny
Roanne
Rive de Gier
Givors
Rhône Fl.
Tournon
Puits des Houillères
MER
MEDITERRANNÉE
HERAULT
Montpellier
Lunel
LOZÈRE
Mende
PUY
DE
GARD
Alais
Nismes
Rhone
Beaucaire
LE PUY
Hte LOIRE
ARDECHE
MONTBRISSON
LOIRE
Balbigny
AVIGNON
RHONE
MARSEILLE
Privas
St. Etienne
S. Chamond
Annonay
Route Royale
Rive de Gier
Rhône Fl.
Valence
TOURNON
DROME
VAUCLUSE
Vienne
ISERE
LYON
10 Myriam

## re und der Rhône

**EISENBAHN**

*von St. Etienne nach Lyon.*

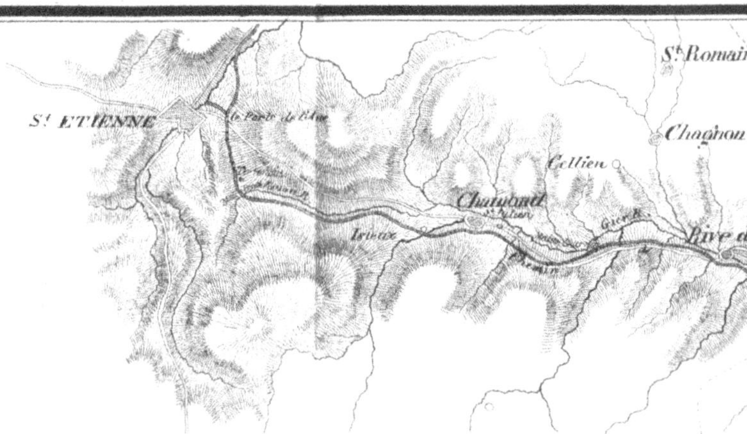


Brücke la Mulatière

Erstes, zurückgewiesenes Project

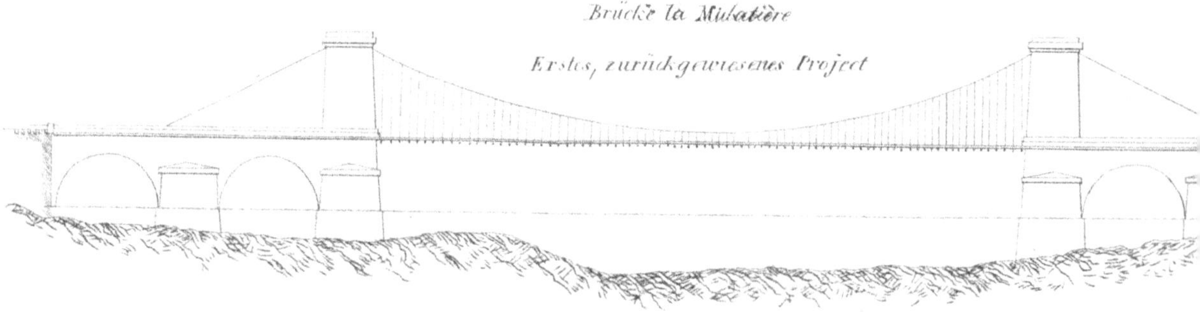

Taf. XIII.

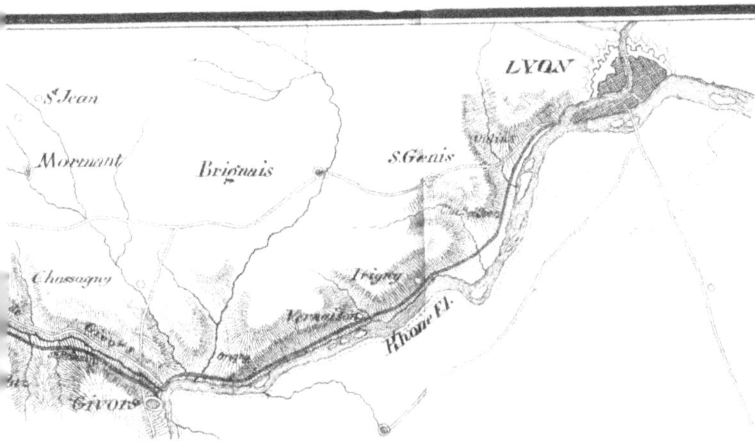
LYON
S.t Jean
Mornant
Brignais
S. Genis
Oullins
Chassagny
Irigny
Vernaison
Rhône Fl.
Givors

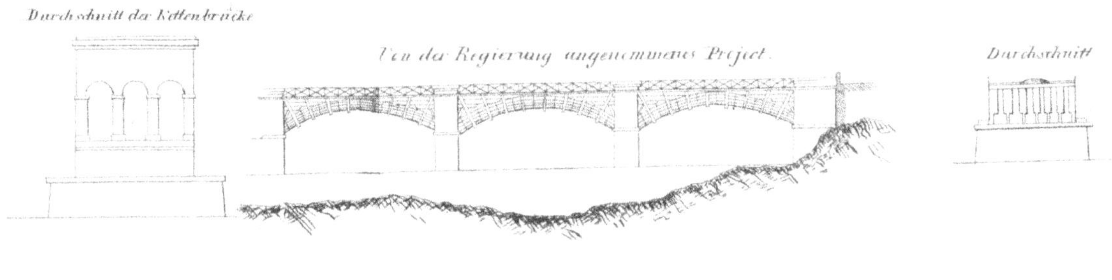
Durchschnitt der Kettenbrücke
Von der Regierung angenommenes Project.
Durchschnitt

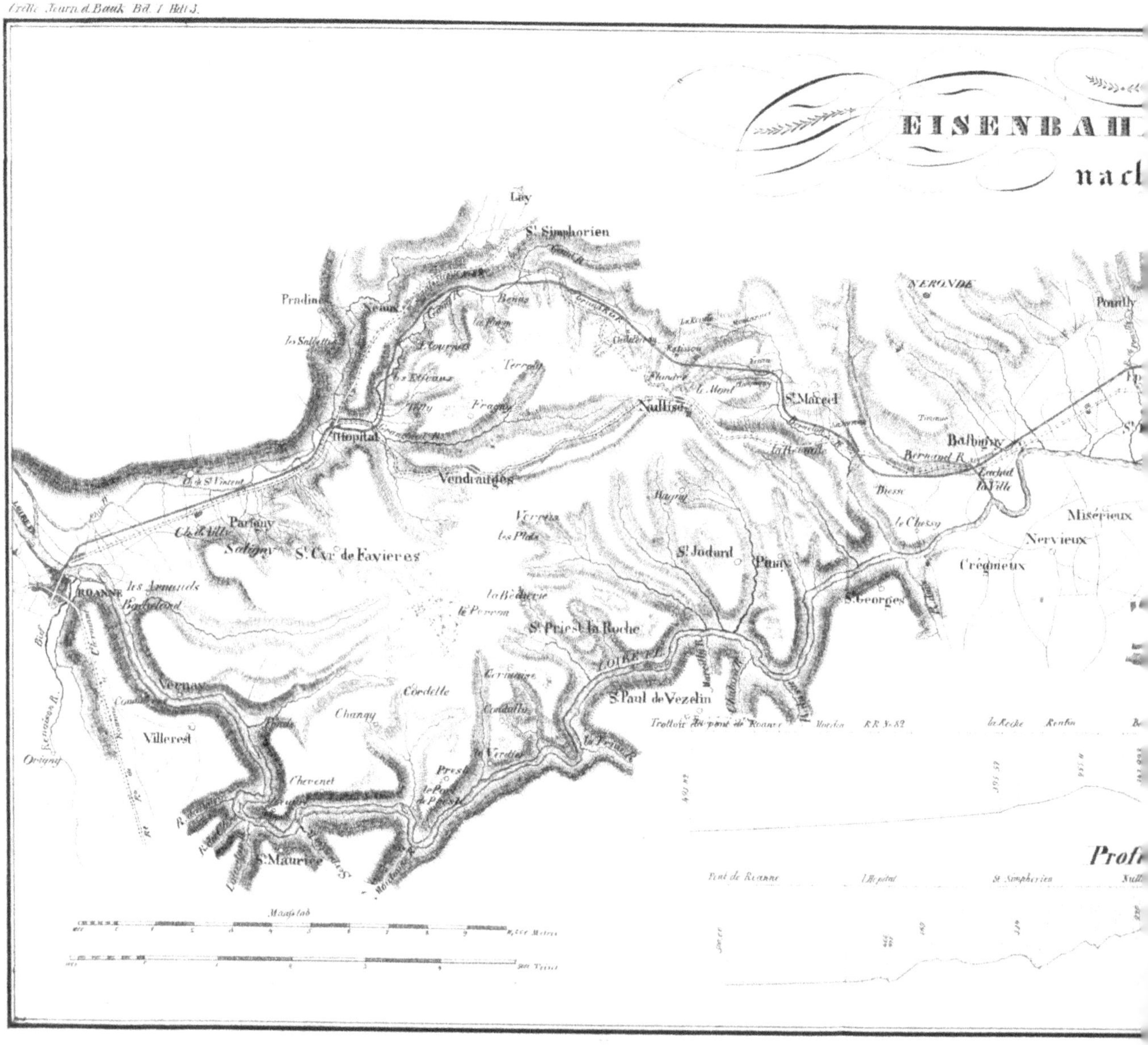
EISENBAH
Lay
St. Simphorien
Pradines
Hôpital
Vendranges
Parigny
St. Cyr de Favieres
ROANNE
les Arnauds
Villerest
Changy
Cordelle
Chevenet
St. Maurice
Nullise
St. Marcel
NERONDE
Balbigny
Pouilly
Misérieux
Nervieux
Crégneux
St. Georges
Pinay
St. Jodard
St. Priest la Roche
St. Paul de Vezelin
LOIRE
Maaßstab
Trottoir du pont de Roanne
Pont de Roanne
l'Hôpital
St. Simphorien

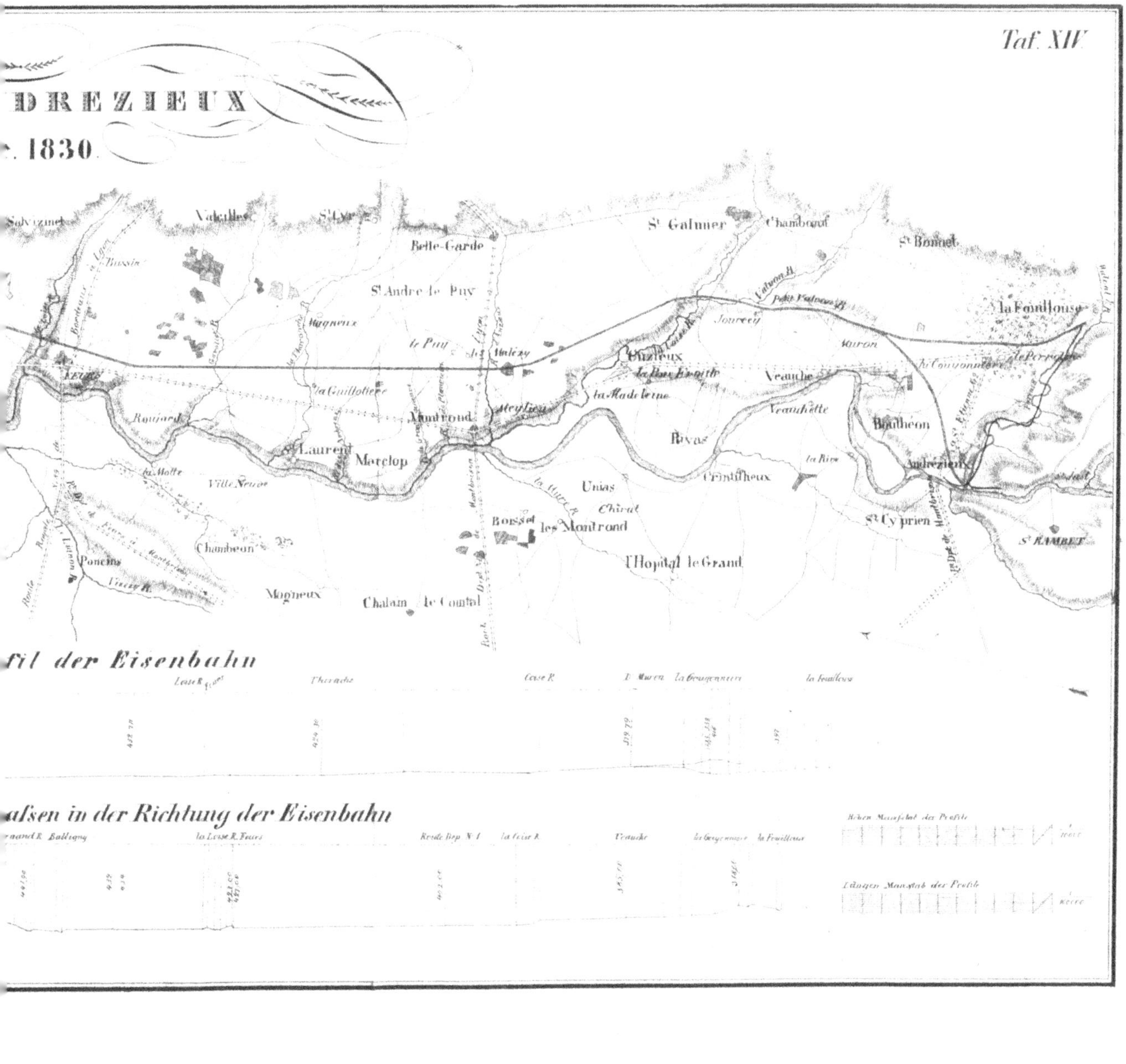

Taf. XIV
DREZIEUX
. 1830.
St. Galmier
Chambœuf
St. Bonnet
Belle-Garde
St. Andre le Puy
la Fouillouse
Feurs
Montrond
Marclop
St. Laurent
Andrézieux
Bouthéon
St. Cyprien
St. RAMBET
Unias
Rivas
Craintilleux
Veauche
Veauchette
l'Hopital le Grand
les Montrond
Chambéon
Poncins
Magneux
Chalain le Comtal
fil der Eisenbahn
afsen in der Richtung der Eisenbahn

www.ingramcontent.com/pod-product-compliance
Lightning Source LLC
LaVergne TN
LVHW080753300926
849162LV00008BA/1806